SOTHIS PRESS

Sothis Press aims to completely reimagine the public domain book with an emphasis on universal access to captivatingly designed print editions. We believe that technology will enable every single book ever published to be perpetually accessible in beautiful print form. Sothis is beauty in ubiquity.

Printed and bound by CPI Group (UK) Ltd, Croydon, CR0 4YY

www.sothis.press
1 Waterhouse Square, London, EC1N 2ST

Traité de Mécanique

Siméon Denis Poisson

SOTHIS PRESS

ISBN 978-1-0365-0452-6

Traité de Mécanique
is in the public domain.

This edition is published by
Sothis Press © 2023. The company
is registered in England and Wales.
The Company Number is 14900389.

TRAITÉ

DE

MÉCANIQUE;

PAR S. D. POISSON,

Membre de l'Institut, du Bureau des Longitudes et de l'Université de France; des Sociétés royales de Londres et d'Édimbourg; des Académies de Berlin, de Stockholm, de Saint-Pétersbourg, de Boston, et de différentes villes d'Italie; de l'Université de Wilna; des Sociétés, astronomique de Londres, philomatiques de Paris et de Varsovie, et des Sciences et Arts d'Orléans.

SECONDE ÉDITION,

CONSIDÉRABLEMENT AUGMENTÉE.

TOME PREMIER.

PARIS,

BACHELIER, IMPRIMEUR-LIBRAIRE

POUR LES MATHÉMATIQUES,

QUAI DES AUGUSTINS, N° 55.

1833

AVERTISSEMENT.

Cet ouvrage pouvant servir à l'enseignement, j'ai dû entrer souvent dans des détails minutieux, et suivre, pour l'exposition des matières, l'ordre le plus propre à en faciliter l'intelligence. L'ordre que j'ai adopté est celui que l'on suit maintenant dans les cours de Mécanique de l'École Polytechnique. On s'en formera une idée précise, en parcourant les tables analytiques des matières qui précèdent les deux volumes. Je me suis aussi attaché à multiplier les exemples nécessaires pour éclaircir les théories générales; ceux que j'ai choisis ont été pris, surtout, dans l'Astronomie et la Physique, et quelques-uns dans l'Artillerie.

Sa destination principale est de servir d'introduction à un *Traité de Physique mathématique*, dont la *Nouvelle théorie de l'Action capillaire*, que j'ai publiée il y a un an, est déjà une partie; les autres parties se composeront des différens Mémoires que j'ai écrits, soit sur l'équilibre et le mouvement des corps élastiques et des fluides, soit sur les fluides impondérables, et que je me propose de réunir et de rendre aussi complets qu'il me sera donné de le faire.

On trouvera, à la fin du second volume, une *addition* relative à l'usage du *principe des forces vives* dans le calcul des machines en mouvement.

TABLE DES MATIÈRES

CONTENUES DANS LE PREMIER VOLUME.

INTRODUCTION.

LIVRE PREMIER.

STATIQUE,

PREMIÈRE PARTIE.

CHAPITRE IV. *Considérations générales sur les corps pesans et sur les centres de gravité,* page 106

LIVRE DEUXIÈME.

DYNAMIQUE,

PREMIÈRE PARTIE.

LIVRE TROISIÈME.

STATIQUE,

SECONDE PARTIE.

FIN DE LA TABLE DES MATIÈRES DU PREMIER VOLUME.

Errata.

Page 11,	ligne 8,	$\cos\alpha \cos\alpha' \cos\beta + \cos\beta'$, *lisez* $\cos\alpha \cos\alpha' + \cos\beta \cos\beta'$
29,	2	en remontant, $\frac{dz}{ds^3}$, *lisez* $\frac{dx}{ds^3}$
		$\frac{dx}{ds^3}$, *lisez* $\frac{dy}{ds^3}$
30,	12 et 16,	MO, *lisez* mO
	8	en remontant, Mm, *lisez* Mm et mm'
82,	9,	angle AMB, *lisez* AMA′
185,	8	en remontant, le point O, *lisez* le point O (fig. 32)
237,	6,	$\frac{ds}{dt}$, *lisez* $\frac{dx}{dt}$
285,	5	en remontant, OMN, *lisez* MN
372,	8,	le centre, *lisez* le centre de courbure
411,	10,	$OH = r$, *lisez* $OH = \frac{r}{\sin\beta}$
416,	7	en remontant, $\frac{1}{2}ct$, *lisez* ct
478,	4	en remontant, 27,5, *lisez* 29,5
479,	5,	27 fois, *lisez* 29 fois
	6,	135 mètres, *lisez* 145 mètres
524,	14,	trois, *lisez* quatre
565,	2	en remontant, un autre point, *lisez* un autre point M′
601,	16,	ces deux, *lisez* les deux
623,	5	en remontant, $\frac{1}{\pi}$, *lisez* $\frac{1}{-}$
658,	14,	CB, *lisez* CA
	16,	AC, *lisez* BC

Nota. Les fautes des pages 478, 479 et 623, ont été corrigées dans le plus grand nombre des exemplaires.

TRAITÉ DE MÉCANIQUE.

INTRODUCTION.

1. La *matière* est tout ce qui peut affecter nos sens d'une manière quelconque.

Les *corps* sont des portions de matière limitées en tous sens, et qui ont, par conséquent, une *forme* et un *volume* déterminés. On appelle *masse* d'un corps, la quantité de matière dont il est composé.

Un *point matériel* est un corps infiniment petit dans toutes ses dimensions ; en sorte que la longueur de toute ligne comprise dans son intérieur, est infiniment petite, c'est-à-dire, moindre que toute longueur qu'on puisse assigner. On peut regarder un corps de dimensions finies, comme un assemblage d'une infinité de points matériels, et sa masse comme la somme de toutes leurs masses infiniment petites.

2. Un corps est en *mouvement*, lorsque ce corps ou ses parties occupent successivement différens lieux dans l'espace. Mais l'*espace* étant infini et partout identique, nous ne pouvons juger de l'état de mouvement ou de repos d'un corps, qu'en le comparant à d'autres corps ou à nous-mêmes; et, pour

cette raison, tous les mouvemens que nous observons sont nécessairement des mouvemens relatifs.

Tous les corps sont *mobiles;* mais la matière ne se meut jamais spontanément; car il n'y aurait pas de raison pour qu'un point matériel se dirigeât plutôt d'un côté que de l'autre; et, en effet, si nous considérons un corps à l'instant où il passe de l'état de repos à l'état de mouvement, nous reconnaissons toujours que ce changement est dû à l'action d'une cause étrangère ou sans laquelle nous concevons que ce corps pourrait d'ailleurs exister.

On donne, en général, le nom de *force* à la cause quelconque qui met un corps en mouvement, ou seulement qui tend à le mouvoir, lorsque son effet est suspendu ou empêché par une autre cause.

3. Lorsque plusieurs forces sont appliquées à la fois à un même corps, elles se modifient réciproquement, en vertu de la liaison qui existe entre ses parties, et qui les empêche de prendre le mouvement que tend à imprimer à chacune d'elles, la force à laquelle elle est soumise. Il peut même arriver que ces forces se détruisent complètement, de sorte que le corps ne prenne aucun mouvement : on appelle *équilibre* cet état particulier d'un mobile, qui reste en repos quoiqu'il soit sollicité par plusieurs forces, ou autrement, on dit que ces forces se font *équilibre.*

La *Mécanique* est la science qui traite de l'équilibre et du mouvement des corps. La partie dont le but est, en général, de découvrir les conditions de l'équilibre, se nomme *Statique.* On appelle *Dynamique* l'autre partie, qui a pour objet de déterminer le mouvement que prend un mobile, quand les forces qui lui sont appliquées ne se font pas équilibre.

Les géomètres étant parvenus, comme on le verra dans la suite, à réduire toutes les questions de mouvement à de simples problèmes d'équilibre, il serait naturel d'exposer d'abord la Statique entière et ensuite la Dynamique; mais, pour faciliter l'intelligence des matières, il a paru préférable, dans l'enseignement, de s'occuper de la partie la plus simple de la Dynamique, avant de considérer les questions générales de l'équilibre. C'est cet ordre que je suivrai dans cet ouvrage.

4. Il y aura trois choses à considérer dans une force agissant sur un point matériel : la position de ce point, l'intensité de la force et sa direction, c'est-à-dire, l'espace rectiligne qu'elle tend à faire parcourir à son point d'application. Toutefois, on ne doit pas confondre un point matériel avec ce qu'on appelle un *point* en Géométrie, où ce mot désigne l'extrémité d'une ligne, ou l'intersection de deux lignes qui se coupent; l'espace que parcourt un point matériel n'est pas non plus une ligne privée de deux dimensions; mais ce corps étant infiniment petit en tous sens, et la largeur et l'épaisseur de l'espace que la force tend à lui faire décrire, étant aussi infiniment petites, on déterminera sa position et la direction de cette force, de la même manière que l'on détermine la position d'un point et la direction d'une droite en Géométrie.

Ainsi, d'abord, la position dans l'espace, du point d'application d'une force, se déterminera, en général, au moyen de ses trois coordonnées parallèles aux intersections de trois plans rectangulaires; ce qui, comme on sait, ne laissera aucune indécision, quand on aura égard, en même temps, au signe et à la grandeur de chaque coordonnée. Quelquefois aussi, nous emploierons les coordonnées polaires, savoir : le rayon vecteur du point donné, ou sa distance à leur origine, l'angle que fait ce rayon avec une droite fixe menée par cette origine, et l'angle compris entre le plan de ces deux droites et un plan fixe passant par la seconde.

5. Les forces ne peuvent se mesurer qu'en prenant pour *unité* une force convenue, et en exprimant par des nombres les rapports des autres forces à cette unité; ce qui exige que l'on définisse, d'une manière précise, ce que l'on doit entendre par une force égale à une autre, et par une force double, triple, quadruple,... d'une autre, indépendamment de la nature particulière de ces diverses causes de mouvement.

Deux forces sont *égales* lorsqu'étant appliquées en sens contraire l'une de l'autre, à un même point matériel ou à deux points liés par une droite qui ne peut changer de longueur, elles se font équilibre.

Si, après avoir reconnu que deux forces sont égales, on les applique dans la même direction à un même point, on aura une force *double;* si l'on réunit ainsi trois forces égales, on aura une force *triple;* si l'on en réunit quatre, on aura une force *quadruple;* et ainsi de suite.

Lors donc que nous dirons qu'une force, appliquée à un point matériel, est un certain multiple d'une autre force, il faudra entendre que la première peut être regardée comme formée d'un certain nombre de forces reconnues égales à la seconde, et agissant dans une même direction. C'est de cette manière que les forces deviennent, quelle que soit leur nature particulière, des quantités mesurables que l'on peut exprimer par des nombres, comme toutes les autres sortes de quantités, en les rapportant à une unité de leur espèce. On peut aussi représenter leurs intensités par des lignes proportionnelles à ces nombres, que l'on porte sur leurs directions, à partir du point où elles sont appliquées; ce qui a l'avantage de simplifier l'énoncé des théorèmes.

6. Les points d'application des forces et leurs intensités étant ainsi déterminés, il ne nous reste plus qu'à nous occuper de leurs directions.

Soit M (fig. 1re), le point d'application d'une force; représentons sa direction par la droite MD, de manière que cette force tende à faire avancer le point M, de M vers D; par le point M menons trois axes rectangulaires MA, MB, MC, qui seront, en général, parallèles aux axes des coordonnées, et dirigés dans le sens des coordonnées positives; désignons par α, β, γ, les angles aigus ou obtus que la direction MD fait avec ces axes, de sorte qu'on ait

$$AMD = \alpha, \quad BMD = \beta, \quad CMD = \gamma;$$

je dis que cette direction sera complètement déterminée quand ces trois angles seront donnés.

En effet, en ayant seulement égard aux deux angles α et β, il faudra que la ligne MD se trouve à la fois sur deux cônes droits, dont le sommet commun est au point M, et qui ont pour axes les droites MA et MB. Il faudra donc que α et β soient tels, que ces deux cônes puissent se couper; ce qui aura lieu alors suivant deux arètes situées dans un même plan perpendiculaire au plan AMB, et qui feront, avec l'axe MC, deux angles supplémens l'un de l'autre. La droite MD pourra donc encore avoir deux positions différentes; mais l'angle γ étant aussi donné, on saura s'il est aigu ou obtus, et l'on pourra choisir entre ces deux positions celle qui convient à la direction de la force.

Cette construction montre, en outre, que les angles α, β, γ, ne peuvent pas être pris tous les trois au hasard. Il existe effectivement entre les cosinus des angles qu'une même droite MD fait avec trois axes rectangulaires, une équation

$$\cos^2\alpha + \cos^2\beta + \cos^2\gamma = 1, \qquad (1)$$

que l'on démontre en prenant sur la droite MD, à partir du point M, une ligne égale à l'unité, et formant un parallélépipède rectangle, dont cette ligne soit la diagonale, et qui ait ses trois côtés adjacens sur les trois axes MA, MB, MC. Ces trois côtés seront les cosinus des angles α, β, γ; et la somme de leurs carrés devant être égale au carré de la diagonale, d'après une théorème connu, il en résultera l'équation qu'on vient d'écrire.

7. On adoptera, dans ce Traité, la division de la circonférence en 360°, du degré en 60 minutes et de la minute en 60 secondes. La lettre π sera constam-

ment employée à représenter la demi-circonférence, dont le rayon est égal à l'unité ; de sorte que l'on aura

$$\pi = 3,1415926...$$

Le quart de la circonférence répond à l'angle droit ou à l'angle de 324000″; il s'ensuit que la longueur de l'arc correspondant à un angle d'un nombre quelconque n de secondes, sera le quatrième terme d'une proportion, dont les trois premiers seront $\frac{1}{2}\pi$, n et 324000″. En désignant cette longueur par ϖ, il en résultera

$$\varpi = \frac{n}{206264,8...}.$$

Le logarithme ordinaire de ce diviseur constant est

$$5,3144251.$$

Dans les calculs numériques, ce sont les arcs ainsi calculés qu'on devra employer à la place des angles qui ne seront pas compris sous les signes trigonométriques *sin, cos, tang.*

Pour qu'on puisse, au moyen des angles α, β, γ, représenter la direction d'une force dans toutes les positions possibles autour de son point d'application, il faudra et il suffira qu'ils s'étendent depuis zéro jusqu'à 180° inclusivement. Si, par exemple, l'axe MC est au-dessus du plan des deux autres axes MA et MB, l'angle γ devra être plus petit ou plus grand que 90°, selon que la droite MD sera située au-dessus ou au-dessous de ce plan ; il sera zéro quand la direction MD coïncidera avec MC, et égal à 180° quand MD coïncidera avec le prolongement MC′ de MC. Les cosinus de α, β, γ, pourront donc être positifs ou négatifs; mais leurs sinus seront toujours positifs, puisque ces angles ne dépasseront jamais 180°.

En général, si nous considérons le prolongement MD′ de la droite quelconque MD, il est évident que les angles qu'il fait avec les trois axes sont supplémens de α, β, γ. En faisant donc

$$AMD' = \alpha', \quad BMD' = \beta', \quad CMD' = \gamma',$$

nous aurons

$$\cos\alpha' = -\cos\alpha, \quad \cos\beta' = -\cos\beta, \quad \cos\gamma' = -\cos\gamma;$$

d'où il suit que les directions de deux forces qui agissent en sens contraire sur un même point M, l'une suivant MD, l'autre suivant MD′, se distingueront l'une de l'autre par les signes des cosinus des angles qui leur correspondent.

8. Au lieu des trois angles α, β, γ, liés entre eux par l'équation (1), on pourra n'employer que deux angles indépendans l'un de l'autre, pour déterminer la direction d'une force.

En effet, soit ME la projection de MD sur le plan AMB; appelons δ l'angle que fait cette projection avec l'axe MA, de sorte qu'on ait

$$AME = \delta.$$

Lorsque cet angle δ sera donné, il fera connaître la position du plan CME, et l'angle γ achèvera ensuite de déterminer celle de la droite MD comprise dans ce plan. Il faudra que l'angle δ soit compté, à partir de MA, dans un sens convenu, et qu'il puisse s'étendre depuis zéro jusqu'à 360°; l'angle γ ne s'étendra toujours que depuis zéro jusqu'à 180°.

La projection sur le plan AMB de la diagonale du parallélépipède précédemment indiqué (n° 6) sera le cosinus de l'angle DME, ou égale à sin γ. Si l'on projette de nouveau cette projection sur l'axe MA, cette seconde projection se déduira de la première, en la multipliant par cos δ; elle coïncidera, d'ailleurs, avec la projection de la diagonale du parallélépipède sur ce même axe MA, et sera, conséquemment, égale à cos α; par conséquent, on aura

$$\cos\alpha = \sin\gamma\cos\delta.$$

On trouvera de même

$$\cos\beta = \sin\gamma\sin\delta;$$

et ces deux formules serviront à transformer les équations où l'on aura fait usage des angles α, β, γ, en d'autres où l'on n'emploiera plus que γ et δ. On vérifie immédiatement qu'elles satisfont à l'équation (1).

9. Il existe une autre équation qui comprend, comme cas particulier, cette équation (1), et qui nous sera souvent utile.

Pour la former, soient x, y, z, les coordonnées d'un point quelconque M (fig. 2) rapportées aux trois axes rectangulaires Ox, Oy, Oz. Appelons r son rayon vecteur OM, et α, β, γ, les angles aigus ou obtus que fait ce rayon avec les trois axes, de sorte qu'on ait, par exemple,

$$z\text{OM} = \gamma.$$

Si l'on abaisse du point M une perpendiculaire MN

sur l'axe Oz, la droite ON sera l'ordonnée z, et dans le triangle rectangle MON, on aura

$$z = r \cos \gamma;$$

on trouvera de même

$$y = r \cos \beta, \quad x = r \cos \alpha.$$

Soit M' un autre point, et désignons par x', y', z', r', α', β', γ', ses coordonnées, son rayon vecteur et les angles relatifs à cette droite; nous aurons aussi

$$x' = r' \cos \alpha', \quad y' = r' \cos \beta', \quad z' = r' \cos \gamma'.$$

Appelons u la distance MM'; on aura, comme on sait,

$$u^2 = (x' - x)^2 + (y' - y)^2 + (z' - z)^2;$$

et si l'on représente par ε l'angle MOM', on aura en même temps

$$u^2 = r^2 + r'^2 - 2rr' \cos \varepsilon,$$

dans le triangle dont r, r', u, sont les trois côtés. A cause de

$$x^2 + y^2 + z^2 = r^2, \quad x'^2 + y'^2 + z'^2 = r'^2,$$

la première valeur de u^2 est la même chose que

$$u^2 = r^2 + r'^2 - 2(xx' + yy' + zz');$$

en la comparant à la seconde, on en conclura

$$rr' \cos \varepsilon = xx' + yy' + zz';$$

et si l'on substitue dans cette équation les valeurs précédentes de x, y, z, x', y', z', il en résultera

$$\cos\varepsilon = \cos\alpha\cos\alpha' + \cos\beta\cos\beta' + \cos\gamma\cos\gamma'; \quad (2)$$

ce qu'il s'agissait de trouver.

Lorsque les deux droites OM et OM' coïncident, les angles α', β', γ', sont les mêmes que α, β, γ, et cette formule se réduit à l'équation (1). Quand ces deux droites sont perpendiculaires l'une à l'autre, on a $\varepsilon = 90°$, et par conséquent

$$\cos\alpha\cos\alpha' \cos\beta + \cos\beta' + \cos\gamma\cos\gamma' = 0.$$

En mettant dans les valeurs de x, y, z, celles de $\cos\alpha$ et $\cos\beta$, qu'on a trouvées dans le numéro précédent, on aura

$$x = r\sin\gamma\cos\delta,\ y = r\sin\gamma\sin\delta,\ z = r\cos\gamma;$$

formules dans lesquelles les trois variables r, γ, δ sont les trois coordonnées polaires du point M, telles qu'elles ont été définies dans le n° 4, et qui serviront, par conséquent, à transformer les coordonnées rectangulaires en coordonnées polaires.

10. La considération des projections dont on s'est servi dans le n° 8, sera souvent employée dans cet ouvrage; il convient donc d'exposer ici leurs premiers principes.

La *projection* d'une droite sur une autre droite est la partie de celle-ci qui est comprise entre les pieds des perpendiculaires abaissées des deux extrémités de la droite projetée. Ainsi, les différences $x'-x$, $y'-y$, $z'-z$, des coordonnées extrêmes sont les projections de la droite MM' sur les axes des x, y, z; et, d'après la première valeur de u^2, la somme des carrés des projections d'une même droite sur trois axes rectangulaires est égale au carré de cette droite. Si la droite projetée et celle sur laquelle on la projette sont dans un même plan, la projection est égale et parallèle à la base d'un triangle rectangle, dont la droite projetée est l'hypoténuse; en sorte que si l'on désigne par l la longueur de cette droite, par λ celle de sa projection, et par i l'angle de ces deux droites, on a

$$\lambda = l \cos i.$$

La projection d'une surface plane sur un autre plan, est la partie de ce plan terminée par la projection du contour de la surface projetée, c'est-à-dire, par la courbe que forment les pieds des perpendiculaires abaissées de tous les points de ce contour. Or, l'équation précédente subsiste encore, si l'on y met à la place de l l'aire de la surface projetée, et au lieu de λ l'aire de sa projection; i étant alors l'inclinaison d'un plan sur l'autre, pour laquelle on peut aussi prendre l'angle compris entre les perpendiculaires à ces deux plans.

En effet, décomposons l'aire de la surface projetée en élémens d'une largeur infiniment petite et perpendiculaires à l'intersection de son plan et de celui sur lequel on la projette; la projection de chaque élément sera égale à cet élément multiplié par le cosinus de leur inclinaison mutuelle; par conséquent, cette inclinaison étant la même et égale à i pour tous les élémens, la somme de leurs projections, ou λ, sera égale à leur somme, ou à l'aire totale l multipliée par $\cos i$; ce qu'il s'agissait de prouver. On conclut de là que le carré de l'aire d'une surface plane est égal à la somme des carrés de ses projections sur trois plans rectangulaires, en prenant pour l'inclinaison sur chaque plan l'angle que fait la normale à la surface donnée avec les perpendiculaires à ce plan, et ayant égard à l'équation (1).

11. Lorsque dans une question, on considérera un système de forces parallèles, on pourra supposer que l'un des trois axes rectangulaires MA, MB, MC, (fig. 1re), leur est aussi parallèle. Alors deux des trois angles α, β, γ, les deux derniers, par exemple, seront droits pour toutes ces forces; et l'équation (1) se réduira à

$$\cos^2\alpha = 1\,;$$

d'où l'on tire $\alpha = 0$ ou $\alpha = 180°$.

De cette manière, la direction de chaque force serait fixée, en disant qu'elle fait avec l'axe MA un angle nul ou un angle de 180°; mais dans ce cas particulier, il sera plus simple de déterminer cette direction par le signe de la force, en regardant comme positives les forces qui agissent dans un sens, et comme négatives celles qui agissent dans le sens opposé.

Au reste, le cas des forces parallèles sera le seul où nous considérerons des forces positives et des forces négatives; dans tous les autres cas, les quantités qui représenteront les grandeurs des forces, dans le calcul, seront positives, et la variation de signe ne tombera que sur les cosinus des angles que leurs directions font avec des axes fixes.

12. Ce qui précède renferme les définitions préli-

minaires, et des détails suffisans sur la détermination des grandeurs et des directions des forces; mais, dans cet ouvrage, j'emploierai exclusivement la méthode des *infiniment petits;* c'est pourquoi il est nécessaire de rappeler, dans cette introduction, les principes de l'Analyse infinitésimale, et parmi les formules qui s'en déduisent le plus immédiatement, celles dont nous pourrons avoir besoin par la suite.

Un *infiniment petit* est une grandeur moindre que toute grandeur donnée de la même nature.

On est conduit nécessairement à l'idée des infiniment petits, lorsque l'on considère les variations successives d'une grandeur soumise à la loi de continuité. Ainsi, le temps croît par des degrés moindres qu'aucun intervalle qu'on puisse assigner, quelque petit qu'il soit. Les espaces parcourus par les différens points d'un corps, croissent aussi par des infiniment petits; car chaque point ne peut aller d'une position à une autre, sans traverser toutes les positions intermédiaires; et l'on ne saurait assigner aucune distance, aussi petite que l'on voudra, entre deux positions successives. Les infiniment petits ont donc une existence réelle, et ne sont pas seulement un moyen d'investigation imaginé par les géomètres.

Un infiniment petit peut être double, triple, quadruple, ..., d'un autre : les quantités infiniment petites ont entre elles des rapports quelconques, dont la détermination est un objet essentiel de l'Analyse infinitésimale.

Si a et b sont des infiniment petits, et que le rapport de b à a soit aussi infiniment petit, b est ce qu'on appelle un infiniment petit du second ordre. Par exemple, la corde d'un arc de cercle étant supposée infiniment petite, le sinus verse du même arc est un infiniment petit du second ordre, puisque le rapport du sinus verse à la corde est toujours le même que celui de la corde au diamètre, et devient, par conséquent, infiniment petit en même temps que le second rapport.

De même, b étant déjà un infiniment petit du second ordre, si l'on suppose que le rapport de c à b soit infiniment petit du premier ordre, on apellera c un infiniment petit du troisième ordre; et ainsi de suite.

Il suit de là qu'un produit composé d'un nombre n de facteurs infiniment petits du premier ordre, devra être rangé dans la classe des infiniment petits de l'ordre n.

L'aire d'une surface infiniment petite dans toutes ses dimensions est au moins un infiniment petit du second ordre; car elle est moindre que le carré de la droite la plus longue qu'on puisse mener d'un point à un autre de son contour, laquelle droite est infiniment petite, par hypothèse. On verra de même qu'un volume dont toutes les dimensions sont infiniment petites, est au moins un infiniment petit du troisième ordre, puisqu'il est moindre que le cube de la plus longue droite menée d'un point à un autre de sa superficie.

Cela posé, le principe fondamental de l'Analyse infinitésimale consiste en ce que deux quantités finies, qui ne diffèrent l'une de l'autre que d'un infiniment petit, doivent être regardées comme égales, puisqu'on ne saurait assigner entre elles aucune inégalité, aussi petite que l'on voudra.

Il en sera de même à l'égard de deux quantités infiniment petites du premier ordre, dont la différence est infiniment petite du second ordre, et, généralement, à l'égard de deux infiniment petits d'un ordre quelconque, qui ne diffèrent l'un de l'autre que d'un infiniment petit d'un ordre supérieur : on les considérera comme des quantités rigoureusement égales, et leur rapport, comme égal à l'unité.

On énonce encore ces principes d'une autre manière, en disant qu'il est permis de négliger dans un calcul, sans crainte d'altérer aucunement les résultats, soit les infiniment petits ajoutés à des quantités finies, soit les quantités infiniment petites d'un ordre quelconque, ajoutées à des quantités d'un ordre inférieur.

13. La *différentielle* dx d'une variable indépendante x, est l'accroissement infiniment petit qu'on attribue à cette variable; la différentielle dy d'une fonction y de x, est l'accroissement correspondant de cette fonction, réduit au même ordre de grandeur que celui de la variable indépendante, par la suppression des infiniment petits d'un ordre supérieur; d'où il résulte que cette différentielle dy est toujours de la forme $\mathrm{X}dx$; X étant une autre fonction de x. Pour quelques valeurs particulières de x, il peut arriver que le coefficient différentiel X devienne infini, ce qui rendra la différentielle $\mathrm{X}dx$ indéterminée;

mais cette circonstance ne se présentera pas dans la Mécanique.

Soient fx une fonction donnée de x, c une constante arbitraire, et $Fx+c$ l'intégrale complète ou *indéfinie* de $fxdx$. Soient encore a et b deux constantes données. En déterminant la constante c de manière que cette intégrale soit nulle ou commence quand $x=0$, et faisant ensuite $x=b$, le résultat $Fb-Fa$ sera ce qu'on appelle l'intégrale *définie*, prise depuis $x=a$ jusqu'à $x=b$. Je la désignerai par $\int_a^b fxdx$, suivant la notation très commode que Fourier a proposée; et j'écrirai, en conséquence,

$$Fb-Fa=\int_a^b fxdx.$$

Si l'on donne successivement à x une infinité de valeurs, croissantes depuis a jusqu'à b par des différences infiniment petites, et que l'on prenne ces différences égales ou inégales, pour les valeurs de dx, il est facile de faire voir que la somme de toutes les valeurs de la différentielle $fxdx$ sera égale à l'intégrale définie $Fb-Fa$.

En effet, en négligeant les infiniment petits d'un ordre supérieur au premier, on a, d'après la définition de la différentielle,

$$F(x+dx)-Fx=fxdx.$$

Si donc on représente par $\delta_1, \delta_2, \delta_3, \ldots \delta_n$, un nombre infini de quantités infiniment petites, telles que l'on ait

$$\delta_1+\delta_2+\delta_3\ldots+\delta_n=b-a;$$

et que l'on prenne successivement, pour x et dx, les couples de valeurs a et δ_1, $a+\delta_1$ et δ_2, $a+\delta_1+\delta_2$ et δ_3, . . . $b-\delta_n$ et δ_n, il en résultera

$$F(a+\delta_1)-Fa=fa\delta_1,$$
$$F(a+\delta_1+\delta_2)-F(a+\delta_1)=f(a+\delta_1)\delta_2,$$
$$F(a+\delta_1+\delta_2+\delta_3)-F(a+\delta_1+\delta_2)=f(a+\delta_1+\delta_2)\delta_3,$$
. . . .
$$Fb-F(b-\delta_n)=f(b-\delta_n)\delta_n\,;$$

équations dont la somme est

$$Fb-Fa=fa\delta_1+f(a+\delta_1)\delta_2+f(a+\delta_1+\delta_2)\delta_3 \ldots\ldots+f(b-\delta_n)\delta_n\,;$$

ce qui renferme le théorème qu'il s'agissait de démontrer.

Lorsque la fonction fx deviendra infinie entre les deux limites a et b, cette démonstration n'aura plus lieu, et le théorème sera en défaut. Dans ce cas d'exception, que nous ne rencontrerons pas dans la suite, l'intégrale définie n'a plus aucun rapport avec la somme des valeurs de la différentielle, et elle peut même être négative, lorsque toutes ces valeurs sont positives, ou positive, quand elles sont toutes négatives. Pour faire reparaître le théorème, il faut alors empêcher que fx ne devienne infinie entre $x=a$ et $x=b$, en faisant passer la variable x de l'une à l'autre de ces limites, par une série de valeurs imaginaires (*).

(*) *Voyez*, sur ce point, le *Journal de l'École Polytechnique*, 18e cahier, page 320.

Le théorème précédent s'étend sans difficulté aux intégrales multiples. Ainsi, par exemple, si $f(x,y)$ est une fonction donnée de deux variables indépendantes x et y; que l'on donne successivement à ces variables des séries de valeurs croissantes par des différences infiniment petites; et que l'on prenne en même temps pour dx, les différences entre les valeurs consécutives de x, et pour dy, celles des valeurs consécutives de y, la somme de toutes les valeurs de $f(x,y)dxdy$, sera l'intégrale $\int\int f(x,y)dxdy$, prise entre des limites convenables.

14. Lorsque la fonction fx renfermera une quantité α considérée comme une constante dans l'intégration, la valeur de l'intégrale $\int_a^b fxdx$ sera elle-même une fonction de α. Il y a des questions dans lesquelles cette intégrale n'étant pas connue sous forme finie, on aura besoin, néanmoins, de déterminer sa différentielle par rapport à α. Or, cette opération présentera deux cas différens, selon que les limites a et b seront indépendantes de α, ou qu'elles en dépendront d'une manière quelconque.

Dans le premier cas, il suffira de différentier fx par rapport à α sous le signe $\int$; en sorte que l'on aura

$$\frac{d.\int_a^b fxdx}{d\alpha} = \int_a^b \frac{dfx}{d\alpha}dx.$$

En effet, d'après le théorème du numéro précédent, le premier membre de cette équation est le coefficient différentiel par rapport à α de la somme des valeurs de $fxdx$, comprises depuis $x=a$ jusqu'à $x=b$; tandis que son second membre est la somme des valeurs, entre les mêmes limites, du coefficient différentiel de $fxdx$ relatif à α; et il est évident que ces deux sommes sont identiques.

Dans le second cas, lorsque α se change en $\alpha+d\alpha$, la limite b devient $b+\frac{db}{d\alpha}d\alpha$, et pour cette raison, la somme des valeurs de $fxdx$, ou l'intégrale $\int_a^b fxdx$ se trouve augmentée de la valeur de $fxdx$ qui répond à $x=b$ et $dx=\frac{db}{d\alpha}d\alpha$, c'est-à-dire, de $fb.\frac{db}{d\alpha}d\alpha$; en même temps la limite a se change en $a+\frac{da}{d\alpha}d\alpha$, ce qui diminue cette intégrale de la valeur de fx, correspondante à $x=a$ et $dx=\frac{da}{d\alpha}d\alpha$, ou de $fa.\frac{da}{d\alpha}d\alpha$; donc, à cause de la variation simultanée des deux limites a et b, produite par celle de α, l'intégrale se trouvera augmentée de la différentielle

$$\left(\frac{db}{d\alpha}fb-\frac{da}{d\alpha}fa\right)d\alpha,$$

et son coefficient différentiel par rapport à α, de ce coefficient de $d\alpha$. Par conséquent, en l'ajoutant au second membre de l'équation précédente, on aura

$$\frac{d.\int_a^b fxdx}{d\alpha}=\int_a^b \frac{dfx}{d\alpha}dx+\frac{db}{d\alpha}fb-\frac{da}{d\alpha}fa,$$

pour la valeur complète du coefficient différentiel de $\int_a^b fxdx$.

Quand α n'entrera pas dans fx, que cette quantité sera l'une des deux limites b ou a, et que ces deux limites ne dépendront pas l'une de l'autre, cette expression se réduira à

$$\frac{d.\int_a^b fxdx}{db}=fb, \text{ ou } \frac{d.\int_a^b fxdx}{da}=-fa;$$

ce qui est, d'ailleurs, évident en soi-même.

Des remarques semblables s'appliqueront aux intégrales multiples, dont les coefficiens différentiels par rapport à une quantité qu'on a d'abord regardée comme constante, s'obtiendront aussi en différentiant sous les signes d'intégration, et en ajoutant au résultat des termes dépendans des variations des limites, quand elles dépendront de cette quantité devenue variable.

15. Le calcul intégral fournit des règles pour déterminer exactement ou par approximation, les valeurs numériques des intégrales définies, simples ou multiples; en sorte qu'un problème est censé résolu, lorsqu'on est parvenu à exprimer les inconnues par des intégrales de cette nature. On dit alors que le problème est réduit aux *quadratures*, parce que, d'une part, une intégrale multiple n'est autre chose qu'une intégrale simple plusieurs fois répétée, et que, d'un autre côté, une intégrale $\int_a^b fxdx$ peut toujours être représentée par le carré égal à l'aire

d'une courbe plane, dans laquelle x et fx sont les coordonnées d'un point quelconque, et a et b les abscisses des points extrêmes.

Parmi les différentes formules dont on fait usage pour calculer les valeurs approchées de cette intégrale $\int_a^b fxdx$, nous citerons la suivante, qui suppose que les fonctions fx et $\frac{dfx}{dx}$ ne deviennent point infinies entre les limites a et b.

Conservons toutes les notations précédentes, et faisons de plus

$$\frac{dfx}{dx} = f'x, \quad \frac{d^2fx}{dx^2} = f''x, \quad \text{etc.}$$

Supposons que les différences δ_1, δ_2, δ_3, etc., ne sont pas infiniment petites, mais seulement très petites; prenons-les égales, et représentons par δ leur grandeur commune. Nous aurons, d'après le théorème de Taylor,

$$\begin{aligned}
F(a+\delta) &= Fa + \delta fa + \tfrac{1}{2}\delta^2 f'a + \text{etc.},\\
F(a+2\delta) &= F(a+\delta) + \delta f(a+\delta) + \tfrac{1}{2}\delta^2 f'(a+\delta) + \text{etc.},\\
F(a+3\delta) &= F(a+2\delta) + \delta f(a+2\delta) + \tfrac{1}{2}\delta^2 f'(a+2\delta) + \text{etc.};\\
&\ldots\ldots\ldots\ldots\ldots\ldots\ldots\ldots\ldots\ldots\\
F(a+n\delta) &= F(a+n\delta-\delta) + \delta f(a+n\delta-\delta)\\
&\quad + \tfrac{1}{2}\delta^2 f'(a+n\delta-\delta) + \text{etc.}
\end{aligned}$$

Donc, en supposant $n\delta = b - a$, et faisant la somme de ces équations, on aura

$$\begin{aligned}
Fb - Fa = \delta\Sigma f(a+i\delta) &+ \tfrac{1}{2}\delta^2\Sigma f'(a+i\delta)\\
&+ \tfrac{1}{6}\delta^3\Sigma f''(a+i\delta) + \text{etc.};
\end{aligned}$$

i étant un nombre entier ou zéro, et les caractéristiques Σ indiquant des sommes qui s'étendent aux n

valeurs de i comprises depuis $i=0$ jusqu'à $i=n-1$. En prenant successivement fx et $f'x$, $f'x$ et $f''x$, etc., au lieu de Fx et fx, on aura de même

$$fb-fa=\delta\Sigma f'(a+i\delta)+\tfrac{1}{2}\delta^2\Sigma f''(a+i\delta)+\text{etc.},$$
$$f'b-f'a=\delta\Sigma f''(a+i\delta)+\text{etc.},$$
etc.

Cela posé, si l'on veut négliger les puissances de δ supérieures au carré dans la valeur de $Fb-Fa$, on pourra prendre, d'après les dernières équations,

$$\tfrac{1}{2}\delta^2\Sigma f'(a+i\delta)=\tfrac{1}{2}\delta(fb-fa)-\tfrac{1}{4}\delta^2(f'b-f'a),$$
$$\tfrac{1}{6}\delta^3\Sigma f''(a+i\delta)=\tfrac{1}{6}\delta^2(f'b-f'a),$$

pour les valeurs de ses deux derniers termes. Sa valeur entière deviendra donc

$$Fb-Fa=\delta\Sigma f(a+i\delta)+\tfrac{1}{2}\delta(fb-fa)$$
$$-\tfrac{1}{12}\delta^2(f'b-f'a),$$

ou, ce qui est la même chose,

$$\int_a^b fxdx=\delta\left[\tfrac{1}{2}fa+f(a+\delta)+f(a+2\delta)\ldots\right.$$
$$\left.\ldots+f(a+n\delta-\delta)+\tfrac{1}{2}fb\right]-\tfrac{1}{12}\delta^2(f'b-f'a).$$

Cette formule sera d'autant plus exacte, que la différence δ, ou $\frac{1}{n}(b-a)$, sera plus petite, et que les valeurs de fx varieront moins rapidement entre les limites a et b. Le plus souvent on pourra négliger le terme dépendant de δ^2; la formule ne renfermera alors que des valeurs de fx qui pourront être données en nombres, sans que la forme de cette fonction soit connue.

16. Dans la théorie des infiniment petits, on con-

sidère les courbes comme des polygones d'un nombre infini de côtés infiniment petits. Cela suppose que la corde d'un arc infiniment petit est égale à cet arc, ou que le rapport de leurs longueurs peut être pris pour l'unité; c'est effectivement ce que l'on peut démontrer de la manière suivante.

Soit $Mmm'M'$ (fig. 3) un arc de courbe infiniment petit; tirons les cordes Mm, mm', $m'M'$, et prolongeons la troisième, jusqu'à ce qu'elle rencontre le prolongement MT de la première, en un point K. L'arc mm' est plus grand que la corde mm', et moindre que la ligne brisée mKm'; il suffira donc de prouver que cette ligne et cette corde, infiniment petites, ne diffèrent que d'un infiniment petit d'un ordre supérieur, et que l'on peut prendre le rapport de l'une à l'autre pour l'unité : cela sera vrai, *à fortiori*, à l'égard de l'arc mm' et de sa corde.

Or, s'il n'y a dans l'étendue de l'arc $Mmm'M'$ aucun point singulier où la direction de la courbe change brusquement, les cordes qui vont d'un de ses points à un autre comprendront des angles infiniment peu différens de deux droits. L'angle TKM', supplément de MKM', sera donc infiniment petit; je le désignerai par δ; et en faisant, en outre,

$$mK = a, \quad m'K = b, \quad mm' = c,$$

on aura, dans le triangle mKm', l'équation

$$c^2 = a^2 + b^2 + 2ab \cos \delta,$$

que l'on peut changer en celle-ci :

$$c^2 = (a + b)^2 - 4ab \sin^2 \tfrac{1}{2}\delta,$$

en observant que

$$\cos \delta = 1 - 2 \sin^2 \tfrac{1}{2} \delta.$$

Nous aurons donc

$$\frac{c^2}{(a+b)^2} = 1 - \frac{4ab}{(a+b)^2} \sin^2 \tfrac{1}{2} \delta,$$

pour le carré du rapport de la corde mm' à la ligne brisée $m\mathrm{K}m'$. On a d'ailleurs

$$\frac{4ab}{(a+b)^2} = 1 - \left(\frac{a-b}{a+b}\right)^2;$$

ce qui prouve que le coefficient de $\sin^2 \frac{1}{2} \delta$ ne peut pas devenir infini, puisqu'il est toujours moindre que l'unité. En négligeant l'infiniment petit du second ordre, on aura donc l'unité pour le rapport de c à $a+b$; ce qu'il s'agissait de démontrer.

17. Une courbe étant considérée comme un polygone infinitésimal, les tangentes seront les prolongemens de ses côtés infiniment petits; au point M, où le côté est Mm, la tangente sera la droite indéfinie T'MmT.

Si l'on désigne par x, y, z, les trois coordonnées rectangulaires du point M, celles du point m seront $x+dx$, $y+dy$, $z+dz$. En appelant ds l'élément de la courbe, c'est-à-dire, son côté Mm, les différentielles dx, dy, dz, seront ses projections sur les axes des x, y, z; par conséquent, si l'on représente par α, β, γ, les trois angles que fait la direction de la droite MT avec des parallèles à ces axes, menées par le point M, on aura

$$\cos \alpha = \frac{dx}{ds}, \quad \cos \beta = \frac{dy}{ds}, \quad \cos \gamma = \frac{dz}{ds}, \quad (1)$$

et en même temps

$$dx^2 + dy^2 + dz^2 = ds^2.$$

En prenant, sur la courbe que l'on considère, un point fixe C, et supposant que s soit l'arc CM compté de cette origine, cet arc pourra être la variable indépendante, dont x, y, z, seront des fonctions données par les équations de la courbe. Dans ce cas, ds sera positif; mais dx, dy, dz, et par suite $\cos\alpha$, $\cos\beta$, $\cos\gamma$, pourront être positifs ou négatifs. Les angles α, β, γ, se rapporteront toujours au prolongement mT du côté Mm, ou à la partie MmT de la tangente; les angles relatifs à l'autre partie MT′ seront les supplémens de α, β, γ, (n° 7).

La direction de la tangente au point M étant déterminée par les équations (1), on en peut conclure l'équation du *plan normal* en ce même point; mais on obtient directement cette équation par la considération suivante.

Soit k le rayon d'une sphère qui a son centre au point M; son équation sera

$$(x' - x)^2 + (y' - y)^2 + (z' - z)^2 = k^2;$$

x', y', z', désignant les coordonnées courantes. L'équation de la sphère du même rayon, qui a son centre au point m, se déduira de celle-là, en y mettant $x + dx$, $y + dy$, $z + dz$, à la place de x, y, z; en retranchant ces équations l'une de l'autre, et négligeant les infiniment petits du second ordre, il vient

$$(x' - x)\,dx + (y' - y)\,dy + (z' - z)\,dz = 0;$$

équation qui appartiendra à l'intersection des deux surfaces sphériques. Comme elle est l'équation d'un plan dont x', y', z', sont les coordonnées courantes, ce sera celle du plan de cette courbe, et, par conséquent, l'équation demandée du plan normal, puisque les deux sphères se coupent suivant un cercle perpendiculaire à la droite TT′ qui passe par leurs centres M et m.

En la divisant par ds, et ayant égard aux formules (1), cette équation devient

$$(x'-x)\cos\alpha+(y'-y)\cos\beta+(z'-z)\cos\gamma=0.$$

Si donc

$$a(x'-x)+b(y'-y)+c(z'-z)=0$$

représente l'équation d'un plan mené par le point dont les coordonnées sont x, y, z, et perpendiculaire à la droite dont la direction est déterminée par les angles α, β, γ, il faudra qu'elle s'accorde avec la précédente; ce qui exigera qu'on ait

$$a=h\cos\alpha,\quad b=h\cos\beta,\quad c=h\cos\gamma,$$

h étant un facteur indéterminé. En vertu de l'équation (1) du n° 6, on en conclura d'ailleurs

$$a^2+b^2+c^2=h^2;$$

ce qui fait connaître la valeur de h, abstraction faite du signe. On aura ensuite

$$\cos\alpha=\frac{a}{h},\quad \cos\beta=\frac{b}{h},\quad \cos\gamma=\frac{c}{h};\qquad (2)$$

ce qui coïncide avec les formules connues d'après lesquelles on détermine la direction de la perpendiculaire à un plan donné. Le signe de h reste indéterminé, parce que les angles α, β, γ, peuvent se rapporter à l'une ou à l'autre des parties de cette droite qui sont situées des deux côtés du plan.

18. On appelle *angle de contingence* l'angle infiniment petit compris entre deux tangentes consécutives. Ainsi Mm et mm' (fig. 4), étant deux côtés consécutifs de la courbe, cet angle, au point M, est le supplément de Mmm', ou l'angle Tmt, sous lequel la tangente MmT est coupée par la tangente suivante $mm't$. Je le représenterai par δ; en supposant que les angles α, β, γ, se rapportent toujours à la direction de MT, et désignant par α', β', γ', ce qu'ils deviennent relativement à la direction de mt, on aura, en vertu de l'équation (2) du n° 9,

$$\sin^2\delta = 1 - (\cos\alpha\cos\alpha' + \cos\beta\cos\beta' + \cos\gamma\cos\gamma')^2.$$

D'après le théorème de Taylor, on aura aussi

$$\cos\alpha' = \cos\alpha + d.\cos\alpha + \tfrac{1}{2}d^2.\cos\alpha + \text{etc.},$$
$$\cos\beta' = \cos\beta + d.\cos\beta + \tfrac{1}{2}d^2.\cos\beta + \text{etc.},$$
$$\cos\gamma' = \cos\gamma + d.\cos\gamma + \tfrac{1}{2}d^2.\cos\gamma + \text{etc.}$$

Or, si l'on substitue ces valeurs dans celles de $\sin^2\delta$, et qu'on ait égard à l'équation

$$\cos^2\alpha + \cos^2\beta + \cos^2\gamma = 1,$$

et à sa différentielle

$$\cos\alpha\, d.\cos\alpha + \cos\beta\, d.\cos\beta + \cos\gamma\, d.\cos\gamma = 0,$$

on voit que les quantités finies et les infiniment petits du premier ordre se détruisent; en sorte qu'en négligeant les infiniment petits des ordres supérieurs au second, il vient

$$\sin^2\delta = -(\cos\alpha d^2.\cos\alpha + \cos6 d^2.\cos6 + \cos\gamma d^2.\cos\gamma).$$

En différentiant l'équation précédente, on a, d'ailleurs,

$$\cos\alpha d^2.\cos\alpha + \cos6 d^2.\cos6 + \cos\gamma d^2.\cos\gamma$$
$$+ (d.\cos\alpha)^2 + (d.\cos6)^2 + (d.\cos\gamma)^2 = 0;$$

ce qui change la valeur de $\sin^2\delta$ en celle-ci :

$$\sin^2\delta = (d.\cos\alpha)^2 + (d.\cos6)^2 + (d.\cos\gamma)^2,$$

laquelle sera aussi la valeur de δ^2, à cause que l'arc infiniment petit δ est égal à son sinus.

Les différentielles de $\cos\alpha$, $\cos6$, $\cos\gamma$, se déduiront des formules (1) du numéro précédent. En ne spécifiant pas la variable indépendante, on aura

$$d.\cos\alpha = \frac{ds^2 d^2x - dx ds d^2s}{ds^3};$$

et comme on a

$$ds^2 = dx^2 + dy^2 + dz^2,$$
$$ds d^2s = dx d^2x + dy d^2y + dz d^2z,$$

il en résultera

$$d.\cos\alpha = \frac{dy}{ds^3}(dy d^2x - dx d^2y) + \frac{dz}{ds^3}(dz d^2x - dx d^2z);$$

on aura de même

$$d.\cos6 = \frac{dx}{ds^3}(dx d^2y - dy d^2x) + \frac{dz}{ds^3}(dz d^2y - dy d^2z),$$
$$d.\cos\gamma = \frac{dz}{ds^3}(dx d^2z - dz d^2x) + \frac{dx}{ds^3}(dy d^2z - dz d^2y);$$

or, en faisant la somme des carrés de ces trois valeurs, on trouve, après quelques réductions, que l'expression de $\sin^2 \delta$ ou de δ^2, peut se mettre sous la forme

$$\delta^2 = \frac{1}{ds^4}\left[(dxd^2y - dyd^2x)^2 + (dzd^2x - dxd^2z)^2 + (dyd^2z - dzd^2y)^2\right].$$

Le *cercle osculateur* est celui qui a deux côtés consécutifs communs avec la courbe. Au point M, ce cercle est donc celui qui passe par les trois points M, m, m', dont le centre se trouve à l'intersection O des deux perpendiculaires élevées sur les milieux de Mm et mm' dans le plan de ces deux élémens consécutifs, et qui a pour rayon la droite MO. Si ces deux élémens sont supposés égaux, cette droite divisera l'angle Mmm' en deux parties égales : nous ferons cette hypothèse sans craindre d'altérer la valeur de MO; car il est aisé de voir que le rapport numérique des deux côtés infiniment petits Mm et mm' n'influe que d'une quantité infiniment petite sur la grandeur de ce rayon qui est, par conséquent, la même, soit qu'on prenne ces deux côtés consécutifs égaux, ou qu'ils soient inégaux.

La longueur des côtés Mm étant ds, et en représentant par ρ celle de mO, la projection de ρ sur Mm sera $\frac{1}{2}ds$; en sorte que l'on aura

$$\tfrac{1}{2}ds = \rho \cos MmO;$$

et puisque cet angle MmO est la moitié du supplément de δ ou égal à $\frac{1}{2}\pi - \frac{1}{2}\delta$, il en résultera

$$\tfrac{1}{2}ds = \rho \sin \tfrac{1}{2}\delta = \tfrac{1}{2}\rho\delta,$$

en prenant l'arc $\frac{1}{2}\delta$ à la place de son sinus.

Cela étant, si le *rayon de courbure* ρ était connu d'une autre manière, on aurait

$$\delta = \frac{ds}{\rho},$$

pour la valeur de l'angle de contingence ; et réciproquement, d'après la valeur précédente de δ^2, celle de ρ sera

$$\rho = \frac{ds^3}{[(dxd^2y - dyd^2x)^2 + (dzd^2x - dxd^2z)^2 + (dyd^2z - dzd^2y)^2]^{\frac{1}{2}}}.$$

19. Pour achever de connaître la nature intime de la courbe au point quelconque M, il faut encore déterminer son *plan osculateur*, c'est-à-dire le plan des deux côtés consécutifs M*m* et *mm'*.

Ce plan passant par le point M, on pourra représenter son équation par

$$A(x' - x) + B(y' - y) + C(z' - z) = 0;$$

x', y', z', étant les coordonnées courantes. A cause qu'il doit aussi passer par les points m et m', les différentielles première et seconde de cette équation, savoir :

$$Adx' + Bdy' + Cdz' = 0,$$
$$Ad^2x' + Bd^2y' + Cd^2z' = 0,$$

devront être satisfaites comme l'équation même, en y faisant $x' = x$, $y' = y$, $z' = z$; en sorte que l'on aura

$$Adx + Bdy + Cdz = 0,$$
$$Ad^2x + Bd^2y + Cd^2z = 0.$$

Les valeurs de A, B, C, qui remplissent ces deux conditions sont, comme il est aisé de le vérifier,

$$C = D(dxd^2y - dyd^2x),$$
$$B = D(dzd^2x - dxd^2z),$$
$$A = D(dyd^2z - dzd^2y);$$

D étant un facteur indéterminé. En les substituant dans l'équation du plan osculateur, et supprimant ce facteur commun à tous ses termes, elle devient

$$(z' - z)(dxd^2y - dyd^2x) + (y' - y)(dzd^2x - dxd^2z) + (x' - x)(dyd^2z - dzd^2y) = 0.$$

Si l'on appelle λ, μ, ν, les angles que fait la normale au plan osculateur, avec des parallèles aux axes des x, y, z, menées par le point M, on aura, d'après les équations (2) du nº 17,

$$\left.\begin{aligned} \cos\lambda &= \frac{1}{h}(dyd^2z - dzd^2y), \\ \cos\mu &= \frac{1}{h}(dzd^2x - dxd^2z), \\ \cos\nu &= \frac{1}{h}(dxd^2y - dyd^2x), \end{aligned}\right\} \quad (3)$$

en désignant par h^2 la somme des carrés des trois numérateurs.

On déterminera aussi l'angle infiniment petit compris entre deux normales consécutives, et qui sera l'angle de deux plans osculateurs consécutifs, comme on a déterminé tout à l'heure l'angle de deux tangentes. En le désignant par ε, on aura, par un calcul semblable à celui du numéro précédent,

$$\varepsilon^2 = (d.\cos\lambda)^2 + (d.\cos\mu)^2 + (d.\cos\nu)^2.$$

20. Le centre de courbure O se trouve à la fois sur le plan osculateur et sur l'intersection des deux plans

normaux consécutifs; ce qui fournit le moyen de déterminer ses coordonnées d'après les équations de ces trois plans, qui sont maintenant connues.

L'équation du plan normal en M étant (n° 17)

$$(x'-x)dx+(y'-y)dy+(z'-z)dz=0,$$

celle du plan consécutif s'en déduira en y mettant $x+dx$, $y+dy$, $z+dz$, au lieu de x, y, z; par conséquent, la différentielle de l'équation du premier de ces deux plans, prise par rapport à x, y, z, savoir :

$$(x'-x)d^2x+(y'-y)d^2y+(z'-z)d^2z=ds^2,$$

appartiendra à leur intersection.

On tire de ces deux équations

$$(x'-x)(dxd^2y-dyd^2x)=(z'-z)(dyd^2z-dzd^2y)-ds^2dy,$$
$$(y'-y)(dyd^2x-dxd^2y)=(z'-z)(dxd^2z-dzd^2x)-ds^2dx;$$

et au moyen de l'équation du plan osculateur, on en conclut

$$z'-z=\frac{\rho^2}{ds^4}[dy(dyd^2z-dzd^2y)$$
$$-dx(dzd^2x-dxd^2z)],$$

en désignant, pour abréger, par ρ la même expression que dans le n° 18. On aura de même

$$y'-y=\frac{\rho^2}{ds^4}[dx(dxd^2y-dyd^2x)$$
$$-dz(dyd^2z-dzd^2y)],$$
$$x'-x=\frac{\rho^2}{ds^4}[dz(dzd^2x-dxd^2z)$$
$$-dy(dxd^2y-dyd^2x)];$$

ce qui fait connaître les trois coordonnées x', y', z', du centre de courbure O, et, par conséquent, le sens de la courbure dont le rayon osculateur ne détermine que la grandeur.

En ajoutant les carrés de ces valeurs de $x'-x$, $y'-y$, $z'-z$, et réduisant, on a

$$(x'-x)^2+(y'-y)^2+(z'-z)^2=\rho^2;$$

d'où il résulte que la quantité ρ est la distance du point O au point M, ou le rayon de courbure MO, comme on le savait déjà.

21. Les formules des cinq numéros précédens renferment tout ce qui est relatif à la direction et à la courbure d'une ligne quelconque, plane ou à double courbure. Relativement à une surface quelconque, on a aussi à considérer la courbure et la direction de son plan tangent; quant à sa courbure, je renverrai au Mémoire que j'ai inséré sur ce sujet dans le 21e cahier du *Journal de l'École Polytechnique*, et je ne m'occuperai ici que de ce qui concerne le plan tangent et la normale.

En un point M, dont les coordonnées sont x, y, z, l'équation du plan tangent peut être représentée par

$$A(x'-x)+B(y'-y)+C(z'-z)=0;$$

x', y', z', étant les coordonnées courantes. Ce plan devra aussi passer par tout autre point M' de la surface, infiniment voisin de M; il faudra donc qu'on satisfasse à cette équation, au moyen de $x'=x+dx$, $y'=y+dy$, $z'=z+dz$, ou à sa différentielle relative à x', y', z', en y mettant x, y, z, à la place de ces variables. Par conséquent, on aura

$$Adx+Bdy+Cdz=0.$$

L'équation de la surface donnera

$$dz = pdx + qdy;$$

p et q désignant des fonctions connues de x, y, z. L'équation précédente devient donc

$$(A + pC)dx + (B + qC)dy = 0;$$

et comme elle doit subsister pour toutes les directions de la droite MM', c'est-à-dire, pour tous les rapports qu'on peut établir entre dx et dy, il faudra égaler séparément à zéro les coefficiens de ces différentielles; d'où il résultera

$$A + pC = 0, \quad B + qC = 0.$$

Je tire de là les valeurs de A et B, je les substitue dans l'équation du plan tangent, et je supprime le facteur commun C; il vient

$$z' - z - p(x' - x) - q(y' - y) = 0.$$

Si a, b, c, sont les angles que fait la normale au point M, avec les prolongemens des coordonnées x, y, z, on aura, d'après les équations (2) du n° 17,

$$\left.\begin{aligned} \cos a &= -\frac{p}{\sqrt{1 + p^2 + q^2}}, \\ \cos b &= -\frac{q}{\sqrt{1 + p^2 + q^2}}, \\ \cos c &= \frac{1}{\sqrt{1 + p^2 + q^2}}. \end{aligned}\right\} \quad (4)$$

Le radical sera positif ou négatif dans ces trois formules, selon que la partie de la normale qu'on voudra considérer fera un angle c aigu ou obtus avec la droite menée par le point M, suivant la direction des z positives.

En appelant ω l'élément de la surface dont la projection sur le plan des x et y est $dxdy$, on aura

$$dxdy = \pm \omega \cos c,$$

selon que c sera aigu ou obtus; car cet élément infiniment petit en tous sens, est compris dans le plan tangent dont l'inclinaison sur le plan des x et y est l'angle c ou son supplément; et le théorème du n° 10 convient également à la projection d'une surface plane infiniment petite. D'après cela on aura

$$\omega = dxdy \sqrt{1 + p^2 + q^2},$$

en regardant toujours le radical comme une quantité positive.

Soit L une fonction donnée de x, y, z; représentons par

$$L = 0,$$

l'équation de la surface que l'on considère; en la différentiant successivement par rapport à x et à y, on aura

$$\frac{dL}{dx} + p\frac{dL}{dz} = 0, \quad \frac{dL}{dy} + q\frac{dL}{dz} = 0.$$

Je tire de là les valeurs de p et q, et je les substitue dans l'équation du plan tangent qui prend la forme

$$(x' - x)\frac{dL}{dx} + (y' - y)\frac{dL}{dy} + (z' - z)\frac{dL}{dz} = 0.$$

En même temps, les formules (4) deviennent

$$\cos a = V\frac{dL}{dx}, \ \cos b = V\frac{dL}{dy}, \ \cos c = V\frac{dL}{dz}, \quad (5)$$

en faisant, pour abréger,

$$\left[\left(\frac{dL}{dx}\right)^2+\left(\frac{dL}{dy}\right)^2+\left(\frac{dL}{dz}\right)^2\right]^{-\frac{1}{2}}=V.$$

22. Je placerai ici une remarque qui sera utile pour vérifier ou déduire les unes des autres les formules analogues qui répondent à différens axes.

Supposons que dans une question tout soit semblable à l'égard des trois axes des coordonnées x, y, z. Si l'on a une équation $X=o$, relative à l'axe des x, il en existera une semblable $Y=o$, qui répondra à l'axe des y, et une troisième $Z=o$, relative à l'axe des z; et ces deux autres équations $Y=o$ et $Z=o$, se déduiront de $X=o$, par de simples changemens de lettres. Or, voici comment ces permutations devront s'effectuer.

On mettra dans X toutes les quantités relatives à l'axe des x, à la place des quantités analogues qui répondent à l'axe des y, puis celles-ci à la place de celles qui répondent à l'axe des z, et, enfin, ces dernières quantités à la place des premières, qui répondaient à l'axe des x. Par cette permutation *tournante*, on déduira Z de X; par une seconde permutation de la même nature, effectuée sur Z, on obtiendra Y; et par une troisième permutation tournante, effectuée sur Y, on retrouverait X.

S'il s'agit, par exemple, des équations (3) du n° 19, dont la première répond à l'axe des x, la seconde à l'axe des y, et la troisième à l'axe des z, j'écrirai sur une même ligne, mais en deux parties, les coordonnées x, y, z, et les angles λ, μ, ν, qui leur correspondent respectivement; puis, sur une seconde ligne, je disposerai ces six quantités, aussi en deux parties, et dans un ordre différent, de sorte qu'on ait

$$x,\ y,\ z,\qquad \lambda,\ \mu,\ \nu;$$
$$z,\ x,\ y,\qquad \nu,\ \lambda,\ \mu.$$

Cela fait, je remplacerai dans la première équation (3), chacune des quantités de la ligne supérieure par la quantité correspondante de la ligne inférieure; par cette permutation, h ne changera pas, et l'on obtiendra la troisième équation (3). Je mettrai de nouveau, dans celle-ci, les quantités de la ligne inférieure à la place de celles qui leur correspondent dans la ligne supérieure; ce qui donnera la seconde équation (3); et en opérant de même sur cette équation, on retrouvera la première équation (3), d'où l'on est parti.

Chacune de ces opérations revient à un changement d'axes des coordonnées, dans lequel on fait d'abord tourner les axes des x et des y dans leur plan, de manière que l'axe des x positives vienne tomber sur l'axe des y positives, puis celui-ci sur l'axe des x négatives; et où l'on fait tourner ensuite cet axe des y positives, ainsi déplacé, et l'axe des z positives, de manière que le premier vienne tomber sur l'axe des z positives, puis celui-ci sur l'axe primitif des x positives; en sorte que, finalement, chaque axe des coordonnées positives ait pris la place d'un autre axe des coordonnées positives. C'est pour cela que les équations relatives aux trois axes des coordonnées se déduisent l'une de l'autre par de simples permutations de lettres, et sans aucun changement de signe ; ce qui n'aurait pas lieu si l'on ne permutait pas simultanément les trois coordonnées et les quantités qui s'y rapportent de la manière qu'on vient d'indiquer.

23. Voici encore une observation générale, par laquelle je terminerai cette introduction.

Les équations que nous aurons à considérer renfermeront des nombres abstraits, tels que le nombre π, les logarithmes, les lignes trigonométriques, etc.; elles contiendront, en outre, d'autres quantités de diverses natures, qui y seront aussi représentées par des nombres exprimant leurs rapports à des unités choisies arbitrairement, pourvu que chaque unité soit la même pour toutes les quantités d'une même espèce. Or, en changeant la grandeur d'une ou de plusieurs unités, les nombres qui expriment les quantités correspondantes, varieront en raison inverse de cette grandeur; et, malgré ce changement, tout-à-fait arbitraire, les équations qui les renferment devront encore subsister. Il faudra, pour cela, que leur forme remplisse certaines conditions, faciles à vérifier dans chaque cas particulier, et qu'on appelle, dans l'acception la plus étendue, les conditions de l'*homogénéité des quantités*. Toute équation qui n'y satisfera pas sera, par cela seul, inexacte, et devra être rejetée.

Ainsi, en indiquant par F une fonction donnée, supposons qu'on ait

$$F(f, f', \ldots l, l', \ldots m, m', \ldots t, t', \ldots) = 0; \quad (a)$$

$f, f', \ldots$ désignant des forces, $l, l', \ldots$ des lignes, ... $m, m', \ldots$ des masses, $t, t', \ldots$ des temps. Si l'on représente par n, n', n'', n''', des nombres abstraits, et que l'on diminue à la fois l'unité de force dans le rapport de un à n, l'unité linéaire dans le rapport de un à n', l'unité de masse dans le rapport de un à n'', l'unité de temps dans le rapport de un à n''', les nombres $f, f', \ldots l, l', \ldots m, m', \ldots t, t', \ldots$ deviendront $nf, nf', \ldots n'l, n'l', \ldots n''m, n''m', \ldots n'''t, n'''t', \ldots$, et l'équation (a) devra encore avoir lieu, c'est-à-dire, qu'on devra encore avoir

$$F(nf, nf', \ldots n'l, n'l', \ldots n''m, n''m', \ldots n'''t, n'''t', \ldots) = 0,$$

quels que soient n, n', n'', n'''. Si l'équation (a) renfermait des surfaces $s, s', \ldots$ et des volumes $v, v', \ldots$ leurs dimensions devraient être rapportées à la même unité que les lignes $l, l', \ldots$, et ces quantités $s, s' \ldots v, v', \ldots$ deviendraient conséquemment $n'^2 s, n'^2 s', \ldots n'^3 v, n'^3 v', \ldots$ par le changement de cette unité.

L'équation du n° 18, qui donne la valeur de ρ, satisfait évidemment à cette condition; car elle ne renferme que des lignes finies ou infiniment petites ρ, ds, dx, dy, dz, d^2x, d^2y, d^2z; et quand on change l'unité linéaire et qu'on multiplie, comme on vient de le dire, chacune de ces lignes par un même nombre n', ce nombre disparaît et l'équation n'est pas changée. Celle du même numéro, d'où dépend la valeur de δ^2, satisfait également à la condition de l'homogénéité, en observant que δ^2 est un nombre abstrait qui ne change pas, non plus que cette valeur, avec la grandeur de l'unité linéaire.

Il sera impossible que l'équation (a) ne renferme qu'une seule quantité d'une même espèce; lorsqu'elle en contiendra deux, par exemple deux forces f et f', et qu'on la résoudra par rapport à l'une d'elles, ce qui donnera

$$f' = F(f, l, l', \ldots m, m', \ldots t, t', \ldots),$$

il faudra, pour l'homogénéité des quantités, que f soit facteur à tous les termes de la nouvelle fonction F, ou, autrement dit, il faudra qu'on ait

$$f' = Nf;$$

N étant un facteur qui ne contiendra aucune quantité de la nature de f et f', et ne variera plus avec l'unité de force.

Quelquefois le principe de l'homogénéité des quantités paraîtra n'avoir pas lieu, parce qu'on aura pris pour unité de force l'une des forces que l'on considère dans la question, ou bien pour unité linéaire la distance de deux des points matériels dont on s'occupe, ou bien pour unité de masse celle de l'un des corps du problème, etc. Mais, alors, si l'on change arbitrairement ces unités, et que la force, la ligne, la masse, le temps, qu'on avait d'abord pris pour unités, soient maintenant exprimés par φ, λ, μ, θ, les autres quantités de ces différentes natures qui entrent dans l'équation (a) deviendront $\frac{f}{\varphi}, \frac{f'}{\varphi}, \ldots \frac{l}{\lambda}, \frac{l'}{\lambda}, \ldots\ldots \frac{m}{\mu}, \frac{m'}{\mu}, \ldots \frac{t}{\theta}, \frac{t'}{\theta}, \ldots$; il faudra donc qu'on ait

$$F\left(\frac{f}{\varphi}, \frac{f'}{\varphi}, \ldots \frac{l}{\lambda}, \frac{l'}{\lambda}, \ldots \frac{m}{\mu}, \frac{m'}{\mu}, \ldots \frac{t}{\theta}, \frac{t'}{\theta}, \ldots\right) = 0;$$

équation qu'on pourra écrire ainsi

$$F_1(\varphi, f, f', \ldots \lambda, l, l', \ldots \mu, m, m', \ldots \theta, t, t', \ldots) = 0,$$

et qui devra maintenant satisfaire à la condition de l'homogénéité : F_1 indique ici une fonction qui se déduira, dans chaque cas, de la fonction donnée F.

LIVRE PREMIER.

STATIQUE,

PREMIÈRE PARTIE.

CHAPITRE PREMIER.

DE LA COMPOSITION ET DE L'ÉQUILIBRE DES FORCES APPLIQUÉES A UN MÊME POINT.

24. Lorsqu'un point matériel est soumis à l'action simultanée de plusieurs forces qui ne se font pas équilibre, il se meut suivant une direction déterminée, et l'on peut attribuer le mouvement qu'il prend à une force unique agissant suivant cette direction. Cette force est ce qu'on appelle la *résultante* des forces qui ont mis le mobile en mouvement, et celles-ci sont nommées les *composantes* de la première. Appliquée en sens contraire de sa direction, la résultante fait équilibre aux composantes, puisqu'elle tend à imprimer au mobile un mouvement égal et contraire à celui qu'il recevrait de l'action simultanée des composantes, et qu'il n'y a pas de raison, par conséquent, pour qu'il se meuve plutôt d'un côté que de l'autre.

Si toutes les composantes sont dirigées suivant une

même droite, et agissent dans le même sens, il suit de la notion que nous avons donnée de la mesure des forces (n° 5), que la résultante sera égale à leur somme. Si le mobile est sollicité par deux forces directement contraires, on décomposera la plus grande en deux autres, dont l'une, égale à la plus petite, sera détruite par celle-ci, et dont l'autre, égale à l'excès de la plus grande sur la plus petite, sera la résultante. On conclut de ces deux propositions que s'il y a un nombre quelconque de composantes, dirigées, en partie suivant une droite, et en partie suivant son prolongement, la résultante sera égale à la somme de celles qui agissent dans un même sens, moins la somme de celles qui agissent en sens contraire, et qu'elle agira dans le sens de la plus grande somme. Quand les deux sommes seront égales, la résultante sera nulle, et les forces données se feront équilibre.

25. Il y a un autre cas dans lequel on détermine aussi très aisément la grandeur et la direction de la résultante.

Soient MA, MB, MC (fig. 5), les directions de trois forces égales appliquées au point M; supposons ces forces comprises dans un même plan, et les trois angles AMB, BMC, CMA, égaux entre eux, ou chacun à 120°; le point M demeurera en équilibre; car il n'y aurait pas de raison pour qu'il sortît du plan des trois forces, ni pour qu'il se mît en mouvement plutôt dans l'un que dans l'autre de ces trois angles. Chacune des trois forces sera donc égale et contraire à la résultante des deux autres. Or, si l'on prend sur les directions MA et MB de deux d'entre elles des lignes égales MG et MH, pour représenter leurs intensités, et qu'on achève le losange GMHK, la diagonale MK tombera sur le prolongement MD de MC; l'angle MGK sera de 60°, comme chacun des deux autres angles du même triangle, qui sera équilatéral; on aura donc MK = MG; par conséquent la diagonale MK du losange construit sur les deux forces MG et MH représente, en grandeur et en direction, la résultante de ces deux forces.

Cette proposition est comprise dans une autre que nous allons d'abord démontrer dans le cas de deux forces égales, dont les directions font un angle quelconque, et que nous étendrons ensuite à des forces inégales.

26. La résultante de deux forces égales coupe toujours en deux parties égales l'angle compris entre leurs directions; car il n'y aurait pas de raison pour qu'elle se rapprochât davantage de l'une de ces deux forces, ni pour que sa direction s'écartât de leur plan plutôt d'un côté que de l'autre; sa direction est donc connue, et nous n'aurons que sa grandeur à déterminer.

Soient, pour y parvenir, MA et MB (fig. 6) les directions des composantes dont la valeur commune sera représentée par P. Soient aussi $2x$ l'angle AMB, et MD la direction de la résultante, de sorte qu'on ait AMD = BMD = x. Son intensité ne peut dépendre que des quantités P et x; en la désignant donc par R, nous aurons

$$R = f(P, x).$$

Dans cette équation, R et P sont les seules quantités dont l'expression numérique varie avec l'unité de force; d'après le principe de l'homogénéité des quantités (n° 23), il faut donc que la fonction $f(\mathrm{P},x)$ soit de la forme $\mathrm{P}\varphi x$. Ainsi l'on a

$$\mathrm{R}=\mathrm{P}\varphi x;$$

et la question se réduit à déterminer la forme de la fonction φx.

Pour cela, je mène arbitrairement par le point M les quatre lignes MA′, MA″, MB′, MB″; je suppose les quatre angles A′MA, A″MA, B′MB, B″MB, égaux entre eux, et je représente chacun d'eux par z. Je décompose la force P dirigée suivant MA, en deux forces égales dirigées suivant MA′ et MA″, c'est-à-dire que je regarde la force P comme la résultante de deux forces égales dont la valeur est inconnue et qui agissent suivant MA′ et MA″; en désignant cette valeur par Q, j'aurai

$$\mathrm{P}=\mathrm{Q}\varphi z;$$

car il doit exister entre les quantités P, Q, z, la même relation qu'entre les quantités R, P, x. Je décompose de même la force P dirigée suivant MB, en deux forces Q, dirigées suivant MB′ et MB″; de cette manière, les deux forces P se trouvent remplacées par les quatre forces Q; par conséquent, la résultante de celles-ci devra coïncider, en grandeur et en direction, avec la force R, résultante des deux forces P.

Or, en appelant Q′ la résultante des deux forces Q, dirigées suivant MA′ et MB′, et observant que $\mathrm{A'MD}=\mathrm{B'MD}=x-z$, cette force Q′ sera dirigée suivant MD, et l'on aura

$$\mathrm{Q}'=\mathrm{Q}\varphi\,(x-z).$$

De même, la résultante des deux autres forces Q sera encore dirigée suivant MD, puisque cette droite coupe aussi l'angle A″MB″ en deux parties égales; et à cause de A″MD = B″MD = $x + z$, on aura

$$Q'' = Q\varphi(x + z);$$

Q″ désignant cette seconde résultante. Les deux forces Q′ et Q″ étant dirigées suivant la même droite MD, leur résultante, qui est aussi celle des quatre forces Q, sera donc égale à leur somme; par conséquent, on doit avoir

$$R = Q' + Q''.$$

Mais on a déjà

$$R = P\varphi x = Q\varphi z\varphi x;$$

et en substituant cette valeur de R et celles de Q′ et Q″ dans l'équation précédente, et supprimant le facteur Q commun à tous les termes, il vient

$$\varphi x\varphi z = \varphi(x + z) + \varphi(x - z). \qquad (1)$$

C'est cette équation qui nous reste à résoudre pour en déduire l'expression de φx.

27. On voit d'abord qu'on y satisfait en prenant

$$\varphi x = 2 \cos ax;$$

a étant une constante arbitraire, de sorte qu'on ait, en même temps,

$$\varphi z = 2 \cos az,$$
$$\varphi(x + z) = 2 \cos a(x + z),$$
$$\varphi(x - z) = 2 \cos a(x - z);$$

et, effectivement, si l'on substitue ces valeurs dans

l'équation (1), on obtient l'équation connue

$$2 \cos ax \cos az = \cos a(x+z) + \cos a(x-z).$$

Or, je dis que cette expression de la fonction φx est la seule qui satisfasse à l'équation (1), et que de plus, dans la question qui nous occupe, la constante a est l'unité; en sorte que l'on a

$$\varphi x = 2 \cos x. \qquad (2)$$

Cela est évident quand $x=0$; car alors les directions des deux forces P coïncident, et la résultante R est égale à 2P, ce qui suppose $\varphi x = 2$. Admettons qu'il y ait une autre valeur α de x, pour laquelle on ait aussi $\varphi\alpha = 2 \cos \alpha$; je dis que l'équation (2) subsistera également pour toutes les valeurs 2α, 3α, 4α, ..., $\frac{1}{2}\alpha$, $\frac{1}{4}\alpha$, $\frac{1}{8}\alpha$,..., de x, et généralement pour

$$x = \frac{m\alpha}{2^n}; \qquad (3)$$

m et n étant des nombres entiers quelconques.

En effet, si l'équation (2) se vérifie pour les trois angles x, z, $x-z$, de manière qu'on ait

$$\varphi x = 2\cos x, \quad \varphi z = 2\cos z, \quad \varphi(x-z) = 2\cos(x-z),$$

elle aura encore lieu pour un quatrième angle $x+z$; car, en vertu de l'équation (1), on aura alors

$$\varphi(x+z) = 4 \cos x \cos z - 2 \cos(x-z);$$

équation qui se réduit à

$$\varphi(x+z) = 2 \cos(x+z).$$

Ainsi l'équation (2) ayant lieu pour $x=0$ et $x=\alpha$,

il s'ensuit qu'elle subsiste pour $x = 2\alpha$; ayant lieu pour $x = \alpha$ et $x = 2\alpha$, elle subsistera pour $x = 3\alpha$; et, en continant de même, on verra qu'elle aura lieu pour $x = m\alpha$.

Je fais maintenant $m\alpha = \beta$; on aura donc

$$\varphi\beta = 2\cos\beta;$$

et de là on conclura que l'équation (2) aura encore lieu pour $x = \frac{1}{2}\beta$; car en faisant $x = z = \frac{1}{2}\beta$, l'équation (1) deviendra

$$(\varphi\tfrac{1}{2}\beta)^2 = 2\cos\beta + 2;$$

d'où l'on tire

$$\varphi\tfrac{1}{2}\beta = 2\cos\tfrac{1}{2}\beta.$$

En faisant ensuite $x = z = \frac{1}{4}\beta$, on aura, d'après l'équation (1) et cette dernière,

$$(\varphi\tfrac{1}{4}\beta)^2 = 2\cos\tfrac{1}{2}\beta + 2, \quad \varphi\tfrac{1}{4}\beta = 2\cos\tfrac{1}{4}\beta;$$

et, en continuant ainsi, l'équation (2) sera démontrée pour $x = \frac{\beta}{2^n}$, c'est-à-dire, pour toutes les valeurs de x comprises dans la formule (3).

Or, les nombres m et n étant aussi grands qu'on voudra, et pouvant même devenir infinis, on peut faire croître ces valeurs de x par degrés infiniment petits. La formule (3) comprend donc toutes les valeurs possibles de l'angle x, et l'équation (2) est complètement démontrée, si toutefois elle est vraie pour une valeur particulière $x = \alpha$, différente de zéro. Mais, d'après le théorème du n° 25, la résultante R est égale à P, dans le cas de $x = 60°$; on a donc alors

$$\varphi x = 1 = 2 \cos 60^\circ ;$$

donc l'équation (2) a lieu pour $x = 60^\circ$, et conséquemment pour toutes les valeurs de x.

28. Au moyen de cette équation, on aura

$$R = 2P \cos x.$$

Si donc la résultante R et les deux composantes P sont réprésentées, comme dans le n° 25, par des droites prises sur leurs directions respectives, à partir de leur point d'application, la force R sera le double de la projection de P sur sa diréction, ou égale à la diagonale du losange construit sur les deux forces P.

Soient maintenant deux forces inégales P et Q, appliquées au point M (fig. 7) suivant les directions MA et MB; représentons leurs intensités par les lignes MG et MH, prises sur leurs directions, et achevons le parallélogramme MGKH : il y aura deux cas à considérer, le premier où l'angle AMB sera droit, le second où il sera aigu ou obtus.

Dans le premier cas, tirons les deux diagonales MK et GH qui se coupent au point L; par les points G et H, menons les parallèles GN et HO à ML, qui rencontrent en N et O la parallèle à GH, menée par le point M. Le point L est le milieu de MK et de GH; et comme, dans un rectangle, les deux diagonales sont égales, il s'ensuit qu'on a

$$GL = LH = LM.$$

Les deux parallélogrammes GLMN et HLMO sont

donc des losanges; par conséquent, d'après la proposition précédente, la force MG pourra être regardée comme la résultante des deux forces MN et ML, et la force MH comme la résultante de MO et ML. Donc, en substituant aux deux forces données leurs composantes, nous aurons, au lieu de MH et MG, les deux forces MN et MO, qui se détruisent, puisqu'elles sont égales et contraires, et les deux forces ML, qui s'ajoutent et donnent une résultante représentée en grandeur et en direction par la diagonale MK.

Dans le second cas, menons par les points G et H (fig. 8) les perpendiculaires GE et HF à la diagonale MK, et les parallèles GN et HO à cette même droite; par le point M, menons aussi la perpendiculaire NMO à cette droite MK. Les deux parallélogrammes GEMN et HFMO seront des rectangles qui auront leurs côtés MN et MO égaux, comme étant les hauteurs des deux triangles égaux GMK et HMK. D'après le premier cas, on pourra remplacer les forces MG et MH par leurs composantes rectangulaires ME et MN, MF et MO; au lieu des deux forces données, on aura donc les deux forces MN et MO, qui se détruiront, comme étant égales et contraires, et les deux forces ME et MF de même direction, qui s'ajouteront et donneront, à cause de ME = FK, une résultante représentée en grandeur et en direction par la diagonale MK.

Concluons donc que la résultante de deux forces quelconques, appliquées en un même point et représentées par des lignes prises sur leurs directions à partir de ce point, est représentée, en grandeur et en direction, par la diagonale du parallélogramme construit sur les deux forces données.

29. Voici les conséquences qui se déduisent le plus immédiatement de ce théorème.

On voit d'abord que toutes les questions qu'on peut proposer sur la *composition* de deux forces en une seule et sur la *décomposition* d'une force en deux autres, sont ramenées à la résolution d'un triangle. En effet, les grandeurs de la résultante et des deux composantes sont représentées par les trois côtés MK, MG, GK, du triangle MGK; et les trois angles de ce triangle sont ceux que fait la résultante avec chacune des composantes et le supplément de l'angle compris entre les deux composantes. Il s'ensuit donc que trois de ces six choses, les trois forces et les trois angles compris entre leurs directions, étant données, on trouvera les trois autres en résolvant le triangle MGK; ce qui suppose une force au moins au nombre des données. Par exemple, soient P et Q les valeurs des deux composantes, et m l'angle compris entre leurs directions; on demande leur résultante R et l'angle x qu'elle fait avec la force P. On aura d'abord l'équation

$$R^2 = P^2 + Q^2 + 2PQ\cos m,$$

pour déterminer la valeur de R; et celle de x se déduira de cette proportion :

$$\sin x : \sin m :: Q : R.$$

Si l'équilibre a lieu entre trois forces P, Q, S, appliquées en un même point M (fig. 9), suivant les directions MA, MB, MC, il faut que chacune de ces forces soit égale et directement opposée à la résultante des deux autres; et comme cette résultante est comprise dans le plan de ces deux forces, il s'ensuit d'abord que les trois forces données doivent aussi être dans un même plan. Soit MD le prolongement de MC; la résultante de P et Q sera dirigée suivant MD, et si on la représente par R, on aura $R = S$. D'ailleurs, en comparant la force R à chacune de ses composantes, on a, d'après ce qu'on vient de dire,

$$R : Q :: \sin AMB : \sin AMD,$$

$$R : P :: \sin AMB : \sin BMD;$$

à cause de

$$\sin AMD = \sin AMC, \quad \sin BMD = \sin BMC,$$

il en résultera donc

$$S : Q : P :: \sin AMB : \sin AMC : \sin BMC;$$

ce qui montre que quand trois forces sont en équilibre autour d'un même point, la grandeur de chacune d'elles peut être représentée par le sinus de l'angle compris entre les directions des deux autres.

Du point O, pris sur la direction de la résultante R ou sur son prolongement, j'abaisse des perpendiculaires OE et OF sur les directions des composantes P et Q; on aura

$$OE = MO \sin AMD, \quad OF = MO \sin BMD.$$

Si donc on multiplie par MO les deux derniers

termes de la proportion

$$P : Q :: \sin BMD : \sin AMD,$$

il en résultera

$$P : Q :: OF : OE;$$

en sorte que les composantes sont en raison inverse des perpendiculaires abaissées sur leurs directions, d'un point quelconque appartenant à la direction de la résultante. Réciproquement, si les composantes P et Q sont en raison inverse des perpendiculaires OE et OF, abaissées sur leurs directions, d'un point O pris dans leur plan, ce point appartiendra à la direction de la résultante; car, en divisant par MO les deux derniers termes de la dernière proportion, on obtient la précédente, qui détermine cette direction.

30. La résultante de deux forces étant connue, il est aisé d'en déduire celle d'un nombre quelconque de forces appliquées à un même point et situées ou non situées dans un même plan. On prendra d'abord la résultante de deux de ces forces; ensuite, on composera cette résultante avec une troisième force, ce qui donnera une seconde résultante, que l'on composera de même avec une quatrième force; et l'on continuera de même jusqu'à ce qu'on ait épuisé toutes les forces données. Dans cette construction, il est aisé de voir que si les grandeurs de toutes les forces sont représentées par les côtés d'une portion de polygone, parallèles à leurs directions et tracés dans le sens de leurs actions, la résultante sera représentée, en gran-

deur et en direction, par la droite qui joindra les deux extrémités de cette ligne brisée et fermera le polygone. L'ordre dans lequel les côtés parallèles aux forces se succéderont sera indifférent. Quand le polygone se fermera de lui-même, la résultante sera nulle, et les forces données se feront équilibre.

Il suit de là que quand les forces données sont au nombre de trois, non situées dans un même plan, leur résultante est, en grandeur et en direction, la diagonale du parallélépipède dont ces trois forces sont les côtés adjacens.

31. On peut effectuer d'une manière plus simple cette réduction d'un nombre quelconque de forces à une seule, en considérant d'abord le cas particulier de trois forces rectangulaires, auquel on ramène ensuite le cas général.

Soient X, Y, Z, les trois composantes, R leur résultante, a, b, c, les angles qu'elle fait avec X, Y, Z. D'après ce qu'on vient de voir, R est la diagonale du parallélépipède dont X, Y, Z, sont les trois côtés adjacens; or, ce parallélépipède étant rectangle, il s'ensuit qu'on aura

$$R^2 = X^2 + Y^2 + Z^2. \qquad (a)$$

Il s'ensuit aussi que si l'on joint l'extrémité de la diagonale R à celles des trois côtés X, Y, Z, on formera trois triangles rectangles, dont R sera l'hypoténuse commune; d'où l'on conclura

$$X = R\cos a,\ Y = R\cos b,\ Z = R\cos c; \qquad (b)$$

équations qui s'accordent avec la précédente, à cause

que les trois angles a, b, c, sont liés entre eux par cette équation (nº 6)

$$\cos^2 a + \cos^2 b + \cos^2 c = 1.$$

Lorsque les composantes X, Y, Z, seront données, l'équation (a) fera connaître la valeur de la résultante, et les équations (b) en détermineront la direction au moyen des trois angles a, b, c; si, au contraire, la force R est donnée, et qu'il s'agisse de la décomposer en trois forces rectangulaires X, Y, Z, qui fassent avec elle des angles donnés a, b, c, les valeurs des forces demandées seront immédiatement déterminées par les équations (b).

Si l'une des composantes, la force Z par exemple, est nulle, R n'est plus la résultante que des deux forces X et Y; elle est comprise dans leur plan, et sa direction dépend seulement des deux angles a et b. Ces angles et la valeur de R sont alors déterminés par les équations

$$R^2 = X^2 + Y^2, \quad X = R\cos a, \quad Y = R\cos b.$$

32. Supposons actuellement que M (fig. 1re) soit le point d'application d'un nombre quelconque de forces données. Représentons ces forces par P, P', P'', etc.; et, pour fixer les idées, supposons que la droite MD soit la direction de la force P. Les directions des autres forces sont inutiles à indiquer dans la figure. Soient α, β, γ, les angles que fait la direction MD avec les trois axes rectangulaires MA, MB, MC, menés arbitrairement par le point M. Désignons de même par α', β', γ', les angles que fait la force P'

avec ces mêmes axes; par α'', $6''$, γ'', ceux qui répondent à la force P″; etc. Tous ces angles sont donnés et doivent s'étendre depuis zéro jusqu'à 180° (n° 7), afin que les forces P, P′, P″, etc., puissent avoir toutes les positions possibles autour du point M.

Décomposons chacune de ces forces en trois autres dirigées suivant les axes MA, MB, MC. Les composantes de la force P seront $P \cos \alpha$, $P \cos 6$, $P \cos \gamma$; celles de la force P′ seront $P' \cos \alpha'$, $P' \cos 6'$, $P' \cos \gamma'$; etc.; et ces composantes agiront suivant les axes ou suivant leurs prolongemens, selon qu'elles seront positives ou négatives. Par exemple, la direction MD tombant, ainsi que l'axe MC, au-dessus du plan AMB des deux autres axes, la composante $P \cos \gamma$ de la force P tend à élever le point M, c'est-à-dire qu'elle agit suivant MC; et, dans ce cas, $P \cos \gamma$ est une quantité positive, puisqu'on a $\gamma < 90°$. Au contraire, si cette direction MD tombait au-dessous du plan AMB, on aurait $\gamma > 90°$; la composante $P \cos \gamma$ serait négative, et, en même temps, elle tendrait à abaisser le point M, c'est-à-dire qu'elle agirait suivant le prolongement de MC. En ayant donc égard aux signes des composantes, on voit, d'après ce qu'on a dit dans le n° 24, que toutes les forces dirigées suivant un même axe et son prolongement se réduisent à une seule, égale à leur somme.

De cette manière, les forces données P, P′, P″, etc., seront remplacées par trois forces rectangulaires; et en désignant celles-ci par X, Y, Z, on aura

$$\left.\begin{aligned} X &= P\cos\alpha + P'\cos\alpha' + P''\cos\alpha'' + \text{etc.}, \\ Y &= P\cos\beta + P'\cos\beta' + P''\cos\beta'' + \text{etc.}, \\ Z &= P\cos\gamma + P'\cos\gamma' + P''\cos\gamma'' + \text{etc.} \end{aligned}\right\} \quad (c)$$

Les valeurs de X, Y, Z, pourront être positives ou négatives, et leurs signes feront connaître le sens de leur action. Si la force X est positive, c'est qu'elle agit suivant l'axe MA ou dans le sens des composantes $P\cos\alpha$, $P'\cos\alpha'$, etc., qui sont positives; si elle est négative, il en faut conclure qu'elle agit suivant le prolongement de MA ou dans le sens des composantes négatives; et de même pour les forces Y et Z.

Cela posé, soit R la résultante des forces données P, P′, P″, etc., ou des trois forces X, Y, Z; soient aussi a, b, c, les angles que sa direction inconnue fait avec les axes MA, MB, MC. Les valeurs de R, a, b, c, seront données par les équations (a) et (b), dans lesquelles on mettra les formules (c) à la place de X, Y, Z. Les angles a, b, c, pourront être aigus ou obtus; à cause que la force R doit toujours être une quantité positive, les signes de leurs cosinus seront les mêmes que ceux des quantités X, Y, Z, en vertu des équations (b). De cette manière, la force R sera complètement déterminée en grandeur et en direction.

33. La grandeur de la résultante R ne saurait dépendre de la direction arbitraire des axes MA, MB, MC; elle dépend seulement de la grandeur des forces données et des angles compris entre leurs directions; et, en effet, on en peut trouver une expression qui ne contienne que ces quantités.

Pour cela, désignons par PMP′, PMP″, P′MP″, etc., les angles compris entre les directions des forces P et P′, P et P″, P′ et P″, etc. D'après l'équation (2) du n° 9, nous aurons

$$\cos PMP' = \cos\alpha\cos\alpha' + \cos6\cos6' + \cos\gamma\cos\gamma',$$
$$\cos PMP'' = \cos\alpha\cos\alpha'' + \cos6\cos6'' + \cos\gamma\cos\gamma'',$$
$$\cos P'MP'' = \cos\alpha'\cos\alpha'' + \cos6'\cos6'' + \cos\gamma'\cos\gamma'',$$
etc.

Nous aurons aussi

$$\cos^2\alpha + \cos^2 6 + \cos^2\gamma = 1,$$
$$\cos^2\alpha' + \cos^2 6' + \cos^2\gamma' = 1,$$
$$\cos^2\alpha'' + \cos^2 6'' + \cos^2\gamma'' = 1,$$
etc.;

et, cela étant, si l'on ajoute les carrés des formules (*c*), et qu'on ait égard à l'équation (*a*), il vient

$$R^2 = P^2 + P'^2 + P''^2 + \text{etc.} + 2PP'\cos PMP' + 2PP''\cos PMP'' + 2P'P''\cos P'MP'' + \text{etc.},$$

pour le carré de la valeur de R dont il s'agit.

34. On déduit aussi des équations (*b*) et (*c*) une propriété de la résultante, qui nous sera utile dans un des numéros suivans.

Dans une direction quelconque, je mène par le point M une droite, dont j'appelle O l'autre extrémité. Soient *g*, *h*, *k*, les angles AMO, BMO, CMO, que cette droite fait avec les trois axes MA, MB, MC. Désignons par RMO, PMO, P′MO, etc., les angles compris entre cette même droite MO et les directions des forces R, P, P′, P″, etc.; on aura, comme tout à l'heure,

$$\cos \text{RMO} = \cos g \cos a + \cos h \cos b + \cos k \cos c,$$
$$\cos \text{PMO} = \cos g \cos \alpha + \cos h \cos \beta + \cos k \cos \gamma,$$
$$\cos \text{P}'\text{MO} = \cos g \cos \alpha' + \cos h \cos \beta' + \cos k \cos \gamma',$$
etc.

D'après la première de ces formules et les équations (*b*), on aura

$$\text{R} \cos \text{RMO} = \text{X} \cos g + \text{Y} \cos h + \text{Z} \cos k;$$

et, en vertu des formules suivantes, si l'on ajoute les équations (*c*) après les avoir multipliées, la première par $\cos g$, la deuxième par $\cos h$, la troisième par $\cos k$, il en résultera

$$\text{R} \cos \text{RMO} = \text{P} \cos \text{PMO} + \text{P}' \cos \text{P}'\text{MO} + \text{etc.};$$

ce qui montre déjà que la composante de la résultante R, suivant une direction quelconque MO, est égale à la somme des composantes de P, P′, P″, etc., suivant cette même direction.

Cela posé, je projette la droite MO sur les directions des forces R, P, P′, P″, etc.; j'appelle r, p, p', p'', etc., ses projections, de sorte qu'on ait

$$r = \text{MO} \cos \text{RMO},$$
$$p = \text{MO} \cos \text{PMO}, \quad p' = \text{MO} \cos \text{P}'\text{MO}, \text{ etc.},$$

en considérant chacune des quantités r, p, p', p'', etc., comme positive ou comme négative, selon que la projection qu'elle représente tombe sur la direction même de la force ou sur son prolongement. Si donc on multiplie par MO l'équation précédente, on aura

$$Rr = Pp + P'p' + P''p'' + \text{etc.}; \qquad (d)$$

ce qui renferme la propriété de la résultante qu'il s'agissait de démontrer.

35. Pour que les forces P, P', P'', etc., soient en équilibre, il suffit que leur résultante R soit nulle, et cette condition est nécessaire si leur point d'application M est entièrement libre; mais l'équation $R = 0$, ou

$$X^2 + Y^2 + Z^2 = 0,$$

ne peut avoir lieu, à moins qu'on n'ait séparément

$$X = 0, \quad Y = 0, \quad Z = 0,$$

c'est-à-dire, en vertu des équations (c),

$$\left.\begin{array}{l} P\cos\alpha + P'\cos\alpha' + P''\cos\alpha'' + \text{etc.} = 0, \\ P\cos\beta + P'\cos\beta' + P''\cos\beta'' + \text{etc.} = 0, \\ P\cos\gamma + P'\cos\gamma' + P''\cos\gamma'' + \text{etc.} = 0. \end{array}\right\} \quad (e)$$

Telles sont donc les *équations d'équilibre* d'un point matériel qu'on suppose entièrement libre. Dans cet état, chacune des forces qui le sollicitent doit être égale et directement contraire à la résultante de toutes les autres; c'est, en effet, ce qu'il est aisé de vérifier.

Soit R' la résultante des forces P', P'', etc. Appelons a', b', c', les angles qu'elle fait avec les axes MA, MB, MC, et faisons, pour abréger,

$$X' = P' \cos \alpha' + P'' \cos \alpha'' + \text{etc.},$$
$$Y' = P' \cos \beta' + P'' \cos \beta'' + \text{etc.},$$
$$Z' = P' \cos \gamma' + P'' \cos \gamma'' + \text{etc.};$$

nous aurons, d'après le n° 32,

$$X' = R' \cos a', \quad Y' = R' \cos b', \quad Z' = R' \cos c',$$

et par conséquent, en vertu des équations d'équilibre,

$$P \cos \alpha = - R' \cos a',$$
$$P \cos \beta = - R' \cos b',$$
$$P \cos \gamma = - R' \cos c'.$$

En ajoutant ces équations, après avoir élevé leurs deux membres au carré, on a

$$P^2 = R'^2,$$

à cause de (n° 6)

$$\cos^2 \alpha + \cos^2 \beta + \cos^2 \gamma = 1,$$
$$\cos^2 a' + \cos^2 b' + \cos^2 c' = 1;$$

on aura donc $P = \pm R'$; mais comme ces forces doivent être toutes deux des quantités positives, il faut prendre $P = R'$. Les équations précédentes deviennent alors

$$\cos \alpha = -\cos a', \quad \cos \beta = -\cos b', \quad \cos \gamma = -\cos c';$$

par conséquent, les angles α, β, γ, sont supplémens de a', b', c', et répondent à une force dont la direction est le prolongement de la force R' (n° 7). Il s'ensuit donc que la force P est égale et directement opposée à la résultante R' de toutes les autres forces P', P'', etc.; ce qu'il s'agissait de vérifier.

36. Si le point M, auquel sont appliquées les forces P, P′, P″, etc., est assujetti à rester sur une surface donnée, il ne sera plus nécessaire, pour l'équilibre, que leur résultante soit nulle; il suffira qu'elle soit normale à la surface, puisqu'alors elle ne pourra faire glisser le point M dans aucun sens sur cette surface; et, de plus, cette condition sera nécessaire; car si elle n'était pas remplie, la résultante se décomposerait en deux forces, l'une normale à la surface et qui serait détruite, l'autre tangente et que rien n'empêcherait de faire glisser le mobile. On n'aurait donc qu'à chercher, dans chaque cas, la direction de la résultante des forces P, P′, P″, etc., et à examiner si elle est perpendiculaire à la surface donnée, pour savoir si l'équilibre existera; mais il vaut mieux, comme nous venons de le faire pour un point libre, exprimer les conditions de l'équilibre par des équations entre les données de la question.

Or, la composante normale de chacune des forces qui agissent sur le point M est détruite par la résistance de la surface; par conséquent, cette résistance équivaut à une force égale et contraire à la totalité des forces détruites. On conçoit donc que l'on peut faire abstraction de la surface donnée, et considérer le point matériel comme entièrement libre, pourvu que l'on joigne aux forces données P, P′, P″, etc., une nouvelle force de grandeur inconnue et perpendiculaire à cette surface.

Soient donc N cette force, et λ, μ, ν, les angles que sa direction fait avec les axes MA, MB, MC; chacune des équations d'équilibre qu'on vient de trouver sera augmentée d'un nouveau terme, de sorte qu'au-lieu des équations (e), on aura

$$\left.\begin{array}{l} N\cos\lambda+P\cos\alpha+P'\cos\alpha'+P''\cos\alpha''+\text{etc.}=o, \\ N\cos\mu+P\cos\beta+P'\cos\beta'+P''\cos\beta''+\text{etc.}=o, \\ N\cos\nu+P\cos\gamma+P'\cos\gamma'+P''\cos\gamma''+\text{etc.}=o. \end{array}\right\} (f)$$

Je désigne par x, y, z, les trois coordonnées de M rapportées à des axes parallèles à MA, MB, MC, et par $L=o$ l'équation de la surface donnée; la direction de la force N étant, par hypothèse, celle de la normale au point M, on aura, d'après les équations (5) du n° 21,

$$\cos\lambda=V\frac{dL}{dx}, \quad \cos\mu=V\frac{dL}{dy}, \quad \cos\nu=V\frac{dL}{dz},$$

en faisant, pour abréger,

$$V=\pm\left[\left(\frac{dL}{dx}\right)^2+\left(\frac{dL}{zy}\right)^2+\left(\frac{dL}{dz}\right)^2\right]^{-\frac{1}{2}}.$$

Le signe de V sera inconnu, parce qu'on ne sait pas d'avance suivant quelle partie de la normale doit être dirigée la force N; mais V disparaît lorsqu'on élimine N entre les équations (f); et si l'on a égard aux formules (c), on trouve

$$Y\frac{dL}{dx}-X\frac{dL}{dy}=o, \quad Z\frac{dL}{dx}-X\frac{dL}{dz}=o, \quad (g)$$

pour les deux équations nécessaires et suffisantes de l'équilibre d'un point matériel assujetti à demeurer sur une surface donnée.

37. Si la position de ce point sur cette surface n'est pas connue, les équations (g), jointes à l'équa-

tion donnée $L = 0$, serviront à déterminer les coordonnées des différens points de cette surface, où le mobile pourra demeurer en équilibre. Lorsque sa position sera donnée, on aura seulement à vérifier si les coordonnées x, y, z, des points d'application des forces données satisfont aux équations (g). Mais, dans ce cas, on aura des équations plus simples en faisant coïncider l'un des axes MA, MB, MC, le premier, par exemple, avec l'une des deux parties de la normale; d'où il résultera

$$\cos\lambda = \pm 1, \quad \cos\mu = 0, \quad \cos\nu = 0;$$

ce qui change les équations (f) en celles-ci :

$$\begin{aligned} \pm N + P\cos\alpha + P'\cos\alpha' + P''\cos\alpha'' + \text{etc.} &= 0, \\ P\cos\beta + P'\cos\beta' + P''\cos\beta'' + \text{etc.} &= 0, \\ P\cos\gamma + P'\cos\gamma' + P''\cos\gamma'' + \text{etc.} &= 0. \end{aligned}$$

Ces deux dernières équations font voir, ce qui est d'ailleurs évident, que dans le plan tangent à la surface donnée, les composantes des forces appliquées au mobile doivent se faire équilibre, comme si cette surface n'existait pas.

La résistance N, que la surface oppose aux forces P, P′, P″, etc., est égale et contraire à la *pression* qu'elle en éprouve. En vertu des équations (f), cette pression, dans l'état d'équilibre, est la résultante même de ces forces. Dans la pratique, il en faudra calculer la grandeur au moyen de l'équation (a), pour savoir si la surface est capable de la supporter. Si le mobile est seulement posé sur cette surface, qui sera celle d'un corps solide, il faudra, de plus, que le sens de cette pression soit tel qu'elle appuie le mobile sur cette surface; condition qui ne peut être exprimée par une équation, et qu'on devra vérifier dans chaque cas, en déterminant la direction de cette force d'après les équations (*b*). Cette vérification se fera plus simplement au moyen de la première des trois équations précédentes.

En effet, supposons, pour fixer les idées, que la partie de la normale avec laquelle on a fait coïncider l'axe MA, soit la partie située dans la concavité de la surface. On saura si les angles donnés α, α', α'', etc., sont aigus ou obtus; et le signe de la somme X des composantes dirigées suivant cette droite sera connu. La quantité N devant être positive, il faudra, dans l'équation dont il s'agit, c'est-à-dire,

$$\pm N + X = 0,$$

prendre le signe $-$ ou le signe $+$ devant N, selon que la somme X sera positive ou négative. Dans le premier cas, on aura $\cos \lambda = -1$, et la pression contraire à N sera dirigée suivant MA; dans le second cas, on aura $\cos \lambda = 1$, et la pression agira suivant le prolongement de cette partie déterminée de la normale.

38. Lorsque le point matériel M sur lequel agissent les forces P, P', P'', etc., sera assujetti à rester sur deux surfaces données ou sur leur courbe d'intersection, il suffira, pour l'équilibre, que la résultante de toutes ces forces puisse se décomposer en deux forces perpendiculaires aux surfaces données, et qui seront détruites par leurs résistances. En joignant donc aux forces P, P', P'', etc., deux forces nor-

males à ces surfaces, mais inconnues en grandeur, on pourra faire abstraction des surfaces, et considérer le mobile comme entièrement libre.

N et N′ étant donc ces nouvelles forces; λ, μ, ν, les angles qui déterminent la direction de N par rapport aux axes MA, MB, MC, et λ', μ', ν', ceux qui déterminent de même la direction de N′; les équations (e) deviendront

$$\left.\begin{array}{l} N\cos\lambda + N'\cos\lambda' + P\cos\alpha + P'\cos\alpha' + \text{etc.} = 0, \\ N\cos\mu + N'\cos\mu' + P\cos6 + P'\cos6' + \text{etc.} = 0, \\ N\cos\nu + N'\cos\nu' + P\cos\gamma + P'\cos\gamma' + \text{etc.} = 0. \end{array}\right\} \quad (h)$$

D'ailleurs, en représentant par x, y, z, les coordonnées du point M rapportées à des axes parallèles à MA, MB, MC, et par $L = 0$ et $L' = 0$, les équations des deux surfaces données, les valeurs de $\cos\lambda$, $\cos\mu$, $\cos\nu$, seront les mêmes que précédemment, et celles de $\cos\lambda'$, $\cos\mu'$, $\cos\nu'$, s'en déduiront en y changeant L en L′. Si l'on substitue ces valeurs dans les trois équations (h), et qu'on élimine ensuite N et N′ entre elles, on aura l'équation d'équilibre à laquelle devront satisfaire les forces données P, P′, P″, etc.; ou bien, si la position du mobile n'est pas donnée sur l'intersection des deux surfaces, cette équation d'équilibre, et les équations $L = 0$ et $L' = 0$, détermineront ses trois coordonnées x, y, z.

Quand la position du mobile est donnée sur la courbe où il doit rester, on obtient immédiatement l'équation d'équilibre des forces P, P′, P″, etc., en prenant les axes MB et MC, auxquels répondent les angles μ, 6, $6'$, etc., ν, γ, γ', etc., dans le plan des normales aux deux surfaces données. Le troisième axe MA tombe alors sur la tangente à leur courbe d'intersection ; il est donc perpendiculaire aux forces normales N et N'; en sorte que l'on a $\lambda = 90°$, $\lambda' = 90°$, et, en vertu de la première équation (h),

$$P \cos \alpha + P' \cos \alpha' + P' \cos \alpha'' + \text{etc.} = 0,$$

pour l'équation demandée.

Cette équation exprime que la somme des composantes de P, P', P'', etc., tangentes à l'intersection des deux surfaces données, est égale à zéro ; ce qui est, en effet, la condition pour que le point M ne puisse pas glisser sur cette courbe. Après s'être assuré qu'elle est remplie, on déterminera les valeurs des forces N et N', et le sens dans lequel elles agissent, au moyen des deux dernières équations (h). Si l'on prend ensuite des forces égales et contraires à N et N', et qu'on les réduise à une seule par la règle du parallélogramme des forces, celle-ci sera la résultante des forces P, P', P'', etc., et fera connaître la pression exercée sur la courbe donnée, à laquelle elle sera perpendiculaire.

39. Par ce qui précède, on voit que quand le mobile est astreint à demeurer sur une courbe donnée, il n'y a qu'une équation d'équilibre ; qu'il y en a deux lorsqu'il peut se mouvoir sur une surface donnée, et trois lorsqu'il est entièrement libre ; en sorte que le nombre de ces équations augmente, comme cela doit être effectivement, à mesure que les mouvemens possibles du mobile sont moins limités. Ces diverses équations peuvent être renfermées dans une

seule formule, qui deviendra, par la suite, l'équation générale de l'équilibre, applicable à un système quelconque de points matériels.

Pour obtenir cette formule, supposons que le mobile soit transporté d'un point M, qu'il occupe dans sa position d'équilibre, en un autre point O infiniment voisin de M, et tel que ce déplacement soit compatible avec la condition à laquelle le mobile est assujetti, s'il n'est pas entièrement libre. Désignons par r, p, p', p'', etc., les projections de la droite infiniment petite MO sur les directions des forces R, P, P', P'', etc., dans la première position du mobile; et considérons chacune de ces projections comme une quantité positive ou négative, selon qu'elle tombe sur la direction même de la force à laquelle elle répond, ou sur son prolongement. Si l'on suppose que la force R soit la résultante des forces P, P', P'', etc., le produit $\mathrm{R}r$ sera toujours nul dans le cas de l'équilibre : il sera nul pour un point matériel entièrement libre, parce qu'alors la résultante R devra être égale à zéro; il le sera encore pour un point assujetti à demeurer sur une surface ou sur une courbe donnée, parce que, d'une part, la force R devra être dirigée suivant la normale, et que, d'un autre côté, la droite infiniment petite MO appartiendra au plan tangent ou à la tangente, ce qui rendra nulle sa projection r sur la direction R. D'après l'équation (d), qu'on a démontrée précédemment, et qui a également lieu quand la droite MO est infiniment petite, on aura donc

$$\mathrm{P}p + \mathrm{P}'p' + \mathrm{P}''p'' + \text{etc.} = 0, \qquad (i)$$

toutes les fois que les forces P, P′, P″, etc., se feront équilibre. Réciproquement, l'équilibre existera quand cette équation aura lieu pour tous les déplacemens possibles d'un point matériel entièrement libre, ou astreint à rester sur une surface ou sur une courbe donnée.

On appelle *vitesse virtuelle* d'un point matériel en équilibre toute droite infiniment petite, telle que MO, qu'on peut lui faire décrire, en observant les conditions auxquelles il peut être assujetti; et le principe d'équilibre contenu dans l'équation qu'on vient d'écrire, sur lequel nous reviendrons par la suite, se nomme le *principe des vitesses virtuelles.* En l'appliquant successivement à un point matériel entièrement libre, assujetti à rester sur une surface, astreint à demeurer sur une courbe, on retrouvera sans difficulté les équations d'équilibre que nous avons précédemment obtenues. Chacune des équations (*e*) se déduira de la formule (*i*), en prenant pour MO le déplacement de M sur l'un des axes MA, MB, MC; on obtiendra les équations d'équilibre qui ont lieu dans le cas d'un point assujetti à rester sur une surface donnée, en considérant ses déplacemens suivant deux axes tracés dans le plan tangent; et la formule (*i*) fournit immédiatement l'équation d'équilibre d'un point astreint à rester sur une courbe donnée, en prenant pour MO l'élément de cette courbe, et pour p, p', p'', etc., les projections de cet élément sur les directions des forces P, P′, P″, etc. Les angles que ces directions font avec la tangente à la courbe étant α,

α', α'', etc., on aura alors

$$p = \text{MO} \cos \alpha, \quad p' = \text{MO} \cos \alpha', \quad p'' = \text{MO} \cos \alpha'', \quad \text{etc.};$$

en supprimant le facteur MO commun à tous les termes de l'équation (i), il en résultera

$$\text{P} \cos \alpha + \text{P}' \cos \alpha' + \text{P}'' \cos \alpha'' + \text{etc.} = 0,$$

comme précédemment.

CHAPITRE II.

DE L'ÉQUILIBRE DU LEVIER.

40. On considérera ici un *levier* comme une ligne droite ou courbe ECF (fig. 10) inextensible, et de forme invariable, qui ne peut que tourner, dans un plan, autour d'un de ses points C supposé fixe, que l'on appelle le point d'*appui* du levier. Ordinairement il n'y a que deux forces qui soient appliquées à cette *machine*, et dont l'une a pour objet de tenir l'autre en équilibre; la première s'appelle la *puissance*, et la seconde la *résistance*. Mais, pour plus de généralité, nous supposerons qu'un nombre quelconque de forces dirigées dans le plan du levier agissent en différens points de cette ligne; et il s'agira de trouver les conditions de leur équilibre.

Je ne me propose pas, dans cet ouvrage, d'appliquer aux diverses machines les lois de l'équilibre qui y seront exposées. Pour ce qui regarde les machines simples, je renverrai aux Traités élémentaires de Statique; mais la loi de l'équilibre dans le levier étant un principe de la Mécanique, il est nécessaire de nous en occuper; et l'on va montrer comment ce principe est lié à celui de la composition des forces qui agissent sur un point isolé.

41. Lorsque plusieurs forces sont appliquées à un corps qu'on suppose de forme invariable, on peut

transporter le point d'application de chacune de ces forces en un autre point du corps pris sur sa direction ou sur son prolongement. Si une force donnée P agit, par exemple, à l'extrémité E du levier, suivant la droite AE, et que M soit un autre point appartenant à cette direction, qu'on suppose lié au levier d'une manière invariable, il est permis de remplacer la force P par une autre force de même intensité, agissant au point M suivant la droite MA. En effet, on peut d'abord appliquer au point M deux forces égales entre elles, agissant en sens contraires, l'une suivant MA, l'autre suivant son prolongement MA'; si, de plus, on suppose que chacune de ces forces soit égale à P, celle qui agit suivant MA' détruira la force P appliquée au point E suivant EA, puisque ces deux forces égales agissent en sens contraires aux extrémités de la droite ME, de longueur invariable, par hypothèse; il ne restera donc plus que la force P agissant au point M dans la direction MA, et par laquelle la force donnée P, qui agissait au point E, se trouvera remplacée.

Les forces agissent souvent sur les corps qu'elles mettent en mouvement ou qu'elles tendent à mouvoir, soit en les tirant par le moyen d'un fil qui leur est attaché, soit en les poussant par le moyen d'une barre appuyée contre leur surface. Ce fil ou cette barre s'étend ou se contracte plus ou moins; c'est quand ils ont cessé de s'allonger ou de se raccourcir qu'on les considère comme des lignes invariables qui représentent la direction de chaque force, dont l'action est la même alors que si elle s'exerçait immédiatement aux points de la surface du mobile où ces lignes viennent aboutir. Un levier n'est pas non plus, comme on le suppose ici, une ligne de forme invariable; c'est une barre qui fléchit un tant soit peu, et s'étend ou se contracte aussi d'une petite quantité, en raison des forces qui y sont appliquées. La forme qu'il doit prendre serait très difficile à déterminer d'avance; mais c'est quand il y est parvenu qu'on le considère comme invariable, et c'est à cette figure, très peu différente de sa forme naturelle, que se rapporteront les conditions d'équilibre qu'il s'agit de trouver.

42. Supposons qu'une seconde force Q agisse à l'autre extrémité F du levier, suivant la droite FB, et que les deux directions EA et FB soient comprises dans le plan où le levier peut tourner; ces deux droites, ou leurs prolongemens, viendront se couper en un certain point M, que l'on pourra prendre, d'après ce qu'on vient de prouver, pour le point d'application commun à P et Q. Cela étant, par la règle du parallélogramme des forces on déterminera la résultante de ces deux forces, de laquelle M sera aussi le point d'application. Or, pour qu'elle soit détruite et que le levier demeure en équilibre, il sera nécessaire que sa direction vienne passer par le point d'appui C; et cela suffira, puisqu'en y transportant cette résultante, elle sera détruite par la résistance de ce point fixe. D'après ce qu'on a vu dans le n° 29, si l'on abaisse du point C des perpendiculaires CG et CH sur les directions des forces P et Q, on aura donc, dans le cas de

l'équilibre,

$$P : Q :: CH : CG;$$

et, réciproquement, l'équilibre existera quand cette proportion aura lieu. Par conséquent, en appelant p et q les perpendiculaires CG et CH, l'équation d'équilibre sera

$$Pp = Qq.$$

On appelle *moment d'une force par rapport à un point*, le produit de cette force par la perpendiculaire abaissée de ce point sur sa direction. Ainsi, la condition d'équilibre dans le levier consiste en ce que les momens de la puissance et de la résistance, pris par rapport au point d'appui, sont égaux; ces deux forces tendant d'ailleurs à faire tourner le levier en sens opposés.

Si l'on suppose les droites CG et CH liées invariablement au levier, on pourra prendre G et H pour les points d'application des forces P et Q, et remplacer le levier de figure quelconque ECF par le levier coudé GCH (fig. 11). Les perpendiculaires CG et CH s'appellent les *bras de levier*, de la puissance et de la résistance. La condition de l'équilibre ne dépend pas de la grandeur de l'angle GCH; et c'est aussi ce que l'on peut voir *à priori*.

En effet, si du point C et d'un rayon CH on décrit l'arc de cercle HH', qu'on le suppose lié invariablement au levier, et qu'on applique au point H' deux forces égales à Q, agissant en sens contraires, suivant les parties H'B' et H'B'' de la tangente en ce point, il est évident que la force Q, dirigée suivant H′B″, sera détruite par la force Q dirigée suivant HB; car ces deux forces tendent à faire tourner le système en des sens opposés, et il n'y aurait pas de raison pour qu'il obéît plutôt à l'une qu'à l'autre. La seconde de ces deux forces se trouvera donc remplacée par la force Q dirigée suivant H′B′, et l'angle GCH sera changé dans l'angle GCH′, plus grand ou plus petit, sans que l'équilibre soit troublé.

Par ce changement, l'angle des deux bras du levier pourra devenir 180° ou zéro; alors le levier sera droit; la puissance et la résistance seront des forces parallèles dirigées dans le même sens ou en sens contraires; et, pour l'équilibre, il faudra toujours que leurs intensités soient en raison inverse des longueurs de leurs bras de levier.

43. Si l'on appelle R la résultante des deux forces P et Q concourantes au point M (fig. 10), et *m* l'angle AMB compris entre leurs directions, on aura (n° 29)

$$R^2 = P^2 + Q^2 + 2PQ \cos m;$$

et la valeur de R fera connaître la *charge* que le point d'appui C aura à supporter dans l'état d'équilibre. Appliquée en ce point, la force R aura pour direction la droite CD, prolongement de MC. La figure 10 suppose le point C situé entre les points d'application E et F de la puissance et de la résistance. Le contraire a lieu dans la figure 12; mais les raisonnemens qu'on vient de faire s'appliquent à ces deux cas : ils diffèrent l'un de l'autre en ce que, dans le premier cas, les forces P et Q agissent de deux côtés différens du levier, et l'angle AMB est aigu, au lieu que, dans le second cas, elles agissent d'un même côté, et l'angle AMB est obtus.

Les trois points E, F, C, restant les mêmes, si le point de concours M des trois forces P, Q, R, s'éloigne à l'infini, ces forces deviendront parallèles. Dans le cas de la figure 10, l'angle m devient alors infiniment petit; on a $\cos m = 1$, et conséquemment

$$R = P + Q.$$

Dans le second cas, c'est le supplément de l'angle m qui devient infiniment petit; on a donc $\cos m = -1$, et

$$R = Q - P,$$

en supposant $P < Q$. Par conséquent, la résultante de deux forces parallèles est égale à leur somme ou à leur différence, selon que ces forces agissent dans le même sens ou en sens opposés; et quand leurs directions sont contraires, la résultante agit dans le sens de la plus grande. Dans ces deux cas, les composantes P et Q sont en raison inverse de leurs distances CG et CH à la résultante.

Cela étant, si l'on mène une perpendiculaire commune aux trois forces parallèles, et qu'on appelle a la partie GH de cette droite (fig. 13 et 14) comprise entre les deux composantes P et Q, et x la distance CH de la résultante R à la composante Q qu'on suppose la plus grande, on aura

$$P : Q :: x : a \mp x,$$

en prenant le signe supérieur ou le signe inférieur,

selon que P et Q agiront dans le même sens (fig. 13) ou en sens contraires (fig. 14). On en déduit

$$P : Q \pm P :: x : a,$$

et, par conséquent,

$$x = \frac{aP}{Q \pm P};$$

ce qui fera connaître la position de la résultante, dont la valeur sera en même temps $Q \pm P$.

44. Lorsque les forces P et Q agissent en sens contraires, et qu'elles diffèrent très peu l'une de l'autre, leur résultante, toujours dirigée dans le sens de la plus grande, se trouvera située à une très grande distance des forces données. Mais quand elles seront rigoureusement égales, cette distance deviendra infinie; ce qui signifie que deux forces égales, parallèles et agissant en sens opposés, ne peuvent être remplacées par une seule force; et, en effet, il n'y aurait aucune raison pour que cette force unique agît plutôt dans un sens que dans l'autre.

Deux semblables forces agissant aux extrémités d'une droite GH (fig. 15), feront tourner cette ligne autour de son milieu K; effet qui, évidemment, ne saurait être produit par l'action d'une seule force. On peut les remplacer d'une infinité de manières différentes par deux autres forces qui tombent dans le même cas; car on ne changera rien à leur action en appliquant, par exemple, aux points G et H, suivant les prolongemens GE et HF de la droite GH, des forces égales et de grandeur quelconque; or, la résultante des forces dirigées suivant GA et GE, et celle des forces dirigées suivant HB et HF, seront encore des forces égales, parallèles et dirigées en sens opposés, suivant des droites GC et HD, et ces résultantes remplaceront les forces primitives qui agissaient suivant GA et HB. Si l'on appelle P la grandeur commune de ces deux forces, et a leur distance mutuelle, l'une et l'autre de ces deux quantités changeront par l'opération que nous indiquons; mais leur produit aP demeurera constant, ainsi qu'on le prouvera tout à l'heure.

45. Au reste, ce cas particulier est le seul dans lequel un système d'un nombre quelconque de forces P, P′, P″, etc., comprises dans un même plan et agissant sur des points matériels liés entre eux d'une manière invariable, ne puisse pas se réduire à une seule force. En effet, soit que les deux forces P et P′ concourent en un point, ou qu'elles soient parallèles, on les réduira à une seule force Q, par la règle du parallélogramme des forces, ou par celle du numéro précédent. On réduira de même à une seule force Q′, cette première résultante Q et P″; puis à une seule force Q″, la seconde résultante Q′ et P‴; et ainsi de suite, jusqu'à ce qu'on ait réduit toutes les forces données à deux seulement, qui se réduiront elles-mêmes à une seule force R, à moins qu'elles ne tombent dans le cas d'exception dont il s'agit.

Dans le cas général, cette force R est la résultante des forces données P, P′, P″, etc.; et si l'on joint aux composantes une force R′ égale et contraire à R, il y aura équilibre dans le système. La grandeur de R et sa position dans le plan des forces données ne dépendra nullement de l'ordre dans lequel on aura pris ces forces dans les réductions successives qu'on vient d'indiquer; car, en changeant cet ordre, si l'on parvenait à une force S différente de R en grandeur ou en direction, il faudrait que l'une de ces deux forces prise en sens contraire fît équilibre à l'autre; ce qui serait impossible.

Pour l'équilibre des forces P, P′, P″, etc., quand elles seront appliquées à un levier situé dans leur plan, il faudra d'abord qu'elles se réduisent à une seule force; car si elles se réduisaient à deux forces parallèles S et S′ non réductibles à une seule, et que S′ fût la plus rapprochée du point d'appui, on pourrait décomposer S′ en deux forces Q et Q′, parallèles et agissant dans le même sens, dont la première serait directement opposée à S et la seconde passerait par le point d'appui : ces deux composantes seraient l'une et l'autre moindres que S′ ou S, la force Q′ serait détruite, et il ne resterait qu'une force S — Q, qui ferait tourner le levier dans le sens de S. Les forces données étant réduites à une force unique R, il faudra, en outre, pour l'équilibre du levier, que cette force vienne passer par son point d'appui. Cette condition s'exprimera par une équation, au moyen du théorème que nous allons démontrer.

46. Considérons d'abord deux forces seulement et leur résultante. Le moment de cette résultante, par rapport à un point situé dans le plan des trois forces, sera égal à la somme ou à la différence des momens des deux composantes par rapport au même point : à la différence, quand le centre des momens est situé dans

l'angle des composantes, ou, dans son opposé, au sommet; à la somme, quand ce point est hors de ces deux angles.

En effet, soient P et P′ ces deux forces, MA et MA′ (fig. 16 et 17) leurs directions, Q leur résultante agissant suivant MB, C le centre des momens, p, p', q, les perpendiculaires Ca, Ca', Cb, abaissées du point C sur la direction de P, P′, Q. Décomposons chacune de ces trois forces en deux autres, dirigées suivant la droite MC et suivant la perpendiculaire KMK′ à cette droite; et considérons les composantes perpendiculaires. On a évidemment

$$\cos \mathrm{BMK} = \sin \mathrm{BMC} = \frac{q}{c},$$

en désignant par c la longueur de la droite MC; donc la composante de Q suivant MK sera égale à $\frac{\mathrm{Q}q}{c}$. De même, les composantes de P et P′ perpendiculaires à MC seront $\frac{\mathrm{P}p}{c}$ et $\frac{\mathrm{P}'p'}{c}$. Elles agissent en sens contraire, quand la ligne MC traverse l'angle AMA′ (fig. 16), et dans le même sens, quand elle tombe hors de cet angle. Or, la somme de ces composantes, dans le second cas, et l'excès de la plus grande sur la plus petite, dans le premier, doit reproduire la composante de Q, puisque Q est la résultante de P et P′; en supposant la composante de P plus grande que celle de P′, et supprimant le diviseur commun c, on aura donc

$$\mathrm{Q}q = \mathrm{P}p \pm \mathrm{P}'p';$$

ce qu'il s'agissait de prouver.

Si l'on imagine que le point C soit fixe et que les perpendiculaires Ca, Ca', Cb, forment un système invariable, les forces P, P', Q, qui peuvent être censées agir aux extrémités a, a', b, de ces droites, ne pourront produire qu'un mouvement de rotation autour du centre des momens. Or, l'inspection de la figure 17, à laquelle répond le signe supérieur dans l'équation précédente, montre que quand le point C tombe hors de l'angle AMB, et de son opposé au sommet, les trois forces P, P', Q, tendent à faire tourner leurs points d'application dans le même sens autour du point C; au contraire, lorsque ce point tombe dans l'un de ces deux angles, la figure 16, qui répond au signe inférieur, fait voir que les forces P et P' tendent à faire tourner les points a et a' en sens opposés; et l'on voit aussi que, dans ce cas, la résultante Q tend à faire tourner son point d'application dans le même sens que la composante qui a le plus grand moment. D'après cette remarque, le théorème qu'on vient de démontrer revient à dire que le moment de la résultante de deux forces est égal à la somme ou à la différence des momens de ces deux forces, selon que les composantes tendent à faire tourner leurs points d'application dans le même sens ou en sens opposés autour du centre des momens, et que la résultante tend à faire tourner dans le sens de la composante qui a le plus grand moment.

Ce théorème ayant lieu pour des forces dont les directions font un angle quelconque, doit encore subsister lorsqu'elles deviennent parallèles; c'est effectivement une conséquence facile à déduire de la composition des forces de ce genre (n° 43).

47. L'avantage de ce dernier énoncé est de pouvoir facilement s'étendre à un nombre quelconque de forces P, P', P'', etc., dirigées dans un même plan. En regardant le centre des momens comme un point fixe, autour duquel les forces tendent à faire tourner le système de leurs points d'application, liés entre eux d'une manière invariable, le moment de la résultante est égal à la somme des momens des forces qui tendent à faire tourner dans le même sens qu'elle, moins la somme des momens des forces qui tendent à faire tourner en sens contraire.

Pour fixer les idées, supposons que les trois premières forces P, P', P'', tendent à faire tourner dans un même sens, et toutes les autres dans un sens opposé. Reprenons la série de réductions du n° 45. Soient Q, la résultante de P et P', et Q' celle de Q et P'', ou de P, P', P''. Soient aussi p, p', p'', q, q', les perpendiculaires abaissées du centre des momens sur les directions de P, P', P'', Q, Q'; nous aurons, d'après ce qu'on vient de voir,

$$Qq = Pp + P'p', \qquad Q'q' = Qq + P''p'',$$

et, par conséquent,

$$Q'q' = Pp + P'p' + P''p''.$$

De même, si l'on désigne par $Q_{,}$ la résultante de toutes les autres forces P''', P^{IV}, etc.; par $q_{,}$ la perpendiculaire abaissée du centre des momens sur sa direction; par p''', p^{IV}, etc., les perpendiculaires abaissées du même point sur les directions de P''', P^{IV}, etc., on aura aussi

$$Q_{,}q_{,} = P'''p''' + P^{IV}p^{IV} + \text{etc.}$$

Or, la résultante R de toutes les forces données sera celle des deux forces Q' et $Q_{,}$; si, donc, on représente par r la perpendiculaire abaissée du centre des momens sur la direction de R, et si l'on considère que ces forces Q' et $Q_{,}$ tendent à faire tourner en sens opposés, on aura

$$Rr = \pm\,(Q'q' - Q_{,}q_{,}),$$

selon que $Q'q'$ sera plus grand ou moindre que $Q_{,}q_{,}$. Dans le premier cas, la force R tendra à faire tourner dans le même sens que la force Q', et, conséquemment, dans le même sens que les trois forces P, P', P''. Nous supposerons que ce soit ce premier cas qui ait lieu; et en substituant pour $Q'q'$ et $Q_{,}q_{,}$ leurs valeurs, nous aurons alors

$$Rr = Pp + P'p' + P''p'' - P'''p''' - P^{IV}p^{IV} - \text{etc.}; \quad (1)$$

équation qui renferme le théorème qu'on voulait démontrer.

En supposant que le centre des momens soit le point d'appui du levier auquel les forces P, P', P'', etc., sont appliquées, il faudra, pour l'équilibre de ce levier, qu'on ait

$$Pp + P'p' + P''p'' - P'''p''' - P^{IV}p^{IV} - \text{etc.} = 0, \quad (2)$$

puisque, dans ce cas, ces forces doivent avoir une résultante qui doit passer par le point d'appui (n° 45), et pour laquelle on a donc $r = 0$.

48. On peut rendre l'équation (1) plus générale, en supposant que par des décompositions et recompositions des forces P, P', P'', etc., on les ait transformées en d'autres forces S, S', S'', etc., dont l'ensemble soit équivalent aux forces données. En désignant par s, s', s'', etc., les perpendiculaires abaissées du centre des momens sur les directions de S, S', S'', etc., on trouvera, par le même raisonnement que dans le numéro précédent,

$$Ss + S's' + S''s'' + \text{etc.} = Pp + P'p' + P''p'' - P'''p''' - P^{\text{IV}}p^{\text{IV}} - \text{etc.}; \quad (3)$$

équation dans laquelle on devra prendre avec le signe +, les momens des forces S, S', S'', etc., qui tendent à faire tourner dans le même sens que P, P', P''; et avec le signe —, les momens de celles qui tendent à faire tourner dans le même sens que P''', P^{IV}, etc.

Le cas particulier où les forces P, P', P'', etc., sont irréductibles à une seule, est compris dans cette dernière équation. Soient alors S et S' deux forces égales, parallèles et non directement opposées; et appelons h leur distance mutuelle. Si le centre des momens est situé entre leurs directions, on aura $s + s' = h$; elles tendront à faire tourner dans le même sens autour de ce point; on donnera donc le même signe à leurs momens, et il en résultera

$$Ss + S's' = Sh.$$

Si, au contraire, le centre des momens n'est pas compris entre S et S', et qu'on suppose $s > s'$, on aura $s - s' = h$; ces deux forces tendront à faire tourner en sens opposés; on devra donner le signe + au moment de S et le signe — au moment de S'; et il en résultera

$$Ss - S's' = Sh.$$

Par conséquent, l'équation (3) deviendra toujours

$$Sh = Pp + P'p' + P''p'' - P'''p''' - P^{IV}p^{IV} - \text{etc.}$$

Son second membre se composant de quantités qui sont toutes données, il en résulte que si les valeurs de S et h viennent à changer, leur produit demeurera constant, ainsi qu'on l'avait déjà dit plus haut.

On conclut aussi de cette dernière équation que, quand son second membre est nul, les forces données ne peuvent pas tomber dans le cas d'exception où elles sont irréductibles à une seule; il s'ensuit donc que l'équation (2) exprime à la fois que les forces P, P', P'', etc., ont une résultante unique, et que cette résultante passe par le centre des momens; par conséquent, elle est l'équation nécessaire et suffisante pour l'équilibre du levier, dont ce centre est le point d'appui. La résultante R que l'on obtiendra par la série de réductions du n° 45, exprimera la charge qu'il aura à supporter; quand elle sera nulle, les forces P, P', P'', etc., se feront équilibre dans leur plan sans le secours de ce point fixe.

49. La condition de l'équilibre dans le levier peut aussi s'exprimer par une équation analogue à la formule (i) du n° 39.

Soient, par exemple, M, M', M'' (fig. 18), les points d'application des trois forces P, P', P'', qui agissent sur le levier ECF, suivant des directions MA, M'A', M''A'', comprises dans son plan. Faisons tourner infiniment peu ce levier autour de son point d'appui C, de sorte que M, M', M'', viennent en m, m', m''. D'après la définition du n° 39, les arcs infiniment petits Mm, $M'm'$, $M''m''$, que l'on peut prendre pour des lignes droites, seront les vitesses virtuelles des points d'application M, M', M'', des trois forces que l'on considère. J'abaisse de m, m', m'', des perpendiculaires ma, $m'a'$, $m''a''$, sur les droites MA, M'A', M''A'', ou sur leurs prolongemens; Ma sera la projection de Mm sur la direction même de la force P, qui tend à faire tourner le levier dans le sens de la rotation qui a eu lieu; $M'a'$ et $M''a''$ seront les projections de $M'm'$ et $M''m''$ sur les prolongemens des deux autres forces P' et P'', qui tendent à le faire tourner dans le sens opposé. Pour cette raison, je considère la première de ces projections comme une quantité positive, et les deux autres comme des quantités négatives. Je représenterai ces trois quantités par ϖ, ϖ', ϖ''.

Cela posé, en vertu du principe des vitesses virtuelles, la somme des forces données multipliées respectivement par les projections ainsi définies des vitesses virtuelles de leurs points d'application, est nulle dans le cas de l'équilibre, et réciproquement l'équilibre a lieu quand cette somme est zéro; en sorte que l'équation d'équilibre du levier est

$$P\varpi + P'\varpi' + P''\varpi'' = 0; \qquad (4)$$

et, en effet, il est aisé de vérifier qu'elle coïncide avec celle que l'on a déduite de la considération des momens.

Pour cela, désignons par p, p', p'', les perpendiculaires CG, CG′, CG″, abaissées du point C sur les directions des forces P, P′, P″; par c, c', c'', les distances CM, CM′, CM″, de leurs points d'application au point C; et par γ, γ', γ'', les vitesses virtuelles Mm, M′m', M″m''. L'arc infiniment petit Mm se confondant avec sa tangente, les triangles Mma et CMG ont leurs côtés perpendiculaires l'un à l'autre, et sont semblables; on a donc

$$\mathrm{M}a : \mathrm{M}m :: \mathrm{CG} : \mathrm{CM};$$

et à cause de

$$\mathrm{M}a = \varpi, \quad \mathrm{M}m = \gamma, \quad \mathrm{CG} = p, \quad \mathrm{CM} = c,$$

on en déduit

$$\varpi = \frac{p\gamma}{c}.$$

On aura de même

$$\varpi' = -\frac{p'\gamma'}{c'}, \qquad \varpi'' = -\frac{p''\gamma''}{c''},$$

en observant que ϖ' et ϖ'' sont, par hypothèse, des quantités négatives. De plus, la forme du levier étant supposée invariable, les trois arcs Mm, M′m', M″m'', décrits en même temps, répondent à un même angle; et en les divisant par leurs rayons respectifs CM, CM′, CM″, on aura trois rapports égaux. En désignant par θ la grandeur commune de ces rapports, on aura donc

$$\frac{\gamma}{c} = \frac{\gamma'}{c'} = \frac{\gamma''}{c''} = \theta,$$

et, par conséquent,

$$\varpi = p\theta, \qquad \varpi' = -p'\theta, \qquad \varpi'' = -p''\theta.$$

Or, si l'on substitue ces valeurs dans l'équation (4), et qu'on supprime ensuite le facteur θ commun à tous ses termes, elle deviendra

$$Pp - P'p' - P''p'' = 0\,;$$

ce qui est effectivement l'équation d'équilibre du levier que nous considérons. Réciproquement, si l'on multiplie cette dernière équation par θ, elle se changera dans l'équation (4).

Le raisonnement serait évidemment le même, quels que fussent le nombre des forces données P, P', P'', etc., et le sens dans lequel elles tendent à faire tourner le levier.

CHAPITRE III.

DE LA COMPOSITION ET DE L'ÉQUILIBRE DES FORCES PARALLÈLES.

50. La composition des forces parallèles se déduit, ainsi qu'on l'a vu précédemment (n° 43), de la règle du parallélogramme des forces, en considérant les forces données comme des forces dont le point de concours est à l'infini; mais en s'appuyant toujours sur cette règle, on peut aussi obtenir la résultante de deux forces parallèles par un autre moyen qu'il est bon de connaître.

Soient P et Q les deux composantes, agissant aux points E et F de la droite inflexible EF, suivant les directions parallèles EA et FB, dans le même sens (fig. 19), ou en sens opposés (fig. 20). On ne changera rien à ce système de forces, en appliquant aux extrémités de cette droite des forces égales, dirigées en sens contraire l'une de l'autre, suivant ses prolongemens EC et FD, et dont la grandeur commune sera représentée par S. Je prends la résultante des forces P et S appliquées au point E, qui sera une force P′ agissant suivant une droite EA′ comprise dans l'angle AEC; de même la résultante des forces Q et S, qui agissent au point F, sera une force Q′ dirigée suivant une droite FB′, comprise dans l'angle BFD; et si l'on excepte le cas du n° 44, où les forces données

P et Q sont égales et agissent en sens opposés, les deux droites EA′ et FB′ ne seront pas parallèles. Par conséquent, en supposant leur point d'intersection K lié invariablement à la droite EF, il sera permis de le prendre pour le point d'application commun aux deux forces P′ et Q′ (n° 41). Par ce point K, je mène les droites E′F′ et KH′, parallèles à la droite EF et à la direction des forces P et Q, puis je décompose chacune des forces P′ et Q′ suivant ces parallèles : il est évident qu'on retrouvera de cette manière les composantes S et P, dirigées suivant KE′ et KH, et les composantes S et Q, dirigées suivant KF′ et KH (fig. 19), ou suivant KF′ et KH′ (fig. 20). Nous aurons donc les quatre mêmes forces qu'auparavant, mais appliquées toutes quatre à un même point K. En supprimant les deux forces S, il restera les deux forces P et Q, dirigées suivant la même droite KH, dans le cas de la figure 19, ou suivant cette droite KH et son prolongement KH′, dans le cas de la figure 20, qui suppose que Q est la plus grande des deux forces données. Donc, la résultante de ces deux forces leur sera parallèle; et en la désignant par R, nous aurons

$$R = Q \pm P,$$

selon qu'elles seront dirigées dans le même sens ou en sens opposés.

Pour déterminer le point O, où sa direction viendra couper la droite EF ou son prolongement, je supposerai que E′ et F′ soient les intersections des lignes AE et BF avec la droite E′F′; les deux quadrilatères

EE'KO et FF'KO seront des parallélogrammes; et si l'on prend leurs diagonales KE et KF pour représenter les résultantes P' et Q', on aura

$$S : P :: EO : KO,$$
$$S : Q :: FO : KO,$$

pour les rapports des composantes. On conclut de là

$$P : Q :: FO : EO;$$

ce qui fera connaître la position du point O, qu'on pourra prendre pour le point d'application de la résultante R.

On en déduit aussi

$$P : Q \pm P :: FO : EF,$$
$$Q : Q \pm P :: EO : EF;$$

les signes supérieurs se rapportant à la figure 19, et les signes inférieurs à la figure 20; en ayant égard à la valeur précédente de R, on aura donc, dans les deux cas,

$$P : Q : R :: FO : EO : EF;$$

ce qui montre que chacune des trois forces P, Q, R, est proportionnelle à la distance comprise entre les points d'application des deux autres.

Cette proportion, et, par suite, la position du point O, sont indépendantes de l'angle sous lequel les directions des forces données sont coupées par la ligne EF, qui peut être une droite quelconque aboutissant par ses extrémités à ces deux directions.

51. On résoudra maintenant, sans aucune diffi-

culté, toutes les questions qui peuvent se présenter sur la composition de deux forces parallèles en une seule et sur la décomposition d'une force en deux autres qui lui soient parallèles. Nous n'entrerons dans aucun détail à ce sujet; et nous ne reviendrons pas non plus sur le cas particulier des forces égales et non directement opposées, que nous avons exclu de la démonstration précédente, et qui a été suffisamment examiné dans le n° 44.

Je vais actuellement considérer un nombre quelconque de forces parallèles, dont une partie agit dans un sens et l'autre partie dans le sens opposé, qui sont situées ou non situées dans un même plan, et appliquées à des points liés entre eux d'une manière invariable, par exemple, à différens points d'un corps solide.

En composant deux de ces forces en une seule, puis celle-ci et une troisième encore en une seule, et ainsi de suite, on parviendra à déterminer la grandeur et la position dans l'espace de la résultante de toutes les forces données, à moins que les deux dernières forces qu'on aura à considérer ne tombent dans le cas d'exception du n° 44. Cette résultante sera évidemment parallèle à la direction commune des composantes; de plus, elle sera égale à la somme de celles qui agissent dans un même sens, moins la somme de celles qui agissent en sens contraire, et elle agira dans le sens de la plus grande somme. Si donc on regarde les unes comme des quantités positives, et les autres comme des quantités négatives (n° 11); qu'on les représente toutes par P, P′, P″, etc., et leur résultante par R, on aura toujours

$$R = P + P' + P'' + \text{etc.}$$

52. Si les forces données viennent à tourner autour de leurs points d'application sans cesser d'être parallèles, leur résultante tournera aussi autour d'un des points de sa direction; car son point d'application, qu'on trouve en composant successivement les forces données, comme on vient de l'indiquer, ne dépend en aucune manière de la direction commune de ces forces, et reste, conséquemment, le même quand cette direction vient à changer.

Ainsi, par exemple, supposons que les forces données soient au nombre de trois, P, P′, P″, dirigées suivant les droites MA, M′A′, M″A″ (fig. 21). Soit d'abord NB la direction de la résultante de P et P′, qui sera égale à P + P′; soit ensuite N′B′ la direction de la résultante de P + P′ et P″; cette dernière force P″ étant supposée, dans la figure, agissante en sens contraire de P et P′, et plus grande que P + P′. Concevons maintenant que les trois forces P, P′, P″, tournent autour des points M, M′, M″, en conservant leur parallélisme et le sens relatif de leurs actions. Soient M*a*, M′*a*′, M″*a*″, leurs nouvelles directions. Dans ce nouvel état, la résultante des forces P et P′ rencontrera la droite MM′ au même point N qu'auparavant, puisque la position de ce point ne dépend que du rapport des composantes, et nullement de l'angle que la droite MM′ fait avec leurs directions (n° 50); elle sera présentement dirigée suivant la droite Nb parallèle à Ma et $M'a'$, et encore égale à $P + P'$. Par la même raison, la résultante de $P + P'$ et P'' rencontrera le prolongement de la droite MM' au même point N' qu'auparavant, et sera dirigée suivant une droite $N'b'$ parallèle à Nb; par conséquent, les trois forces P, P', P'', tournant autour de leurs points d'application M, M', M'', leur résultante tournera aussi autour d'un même point N'.

53. Nous appellerons *centre des forces parallèles* le point dans lequel viennent se couper toutes les directions successives de la résultante, quand ses composantes tournent autour de leurs points d'application, qu'on suppose invariables.

On verra par la suite combien le centre des forces parallèles est important à considérer, surtout dans les questions relatives à l'équilibre et au mouvement des corps pesans. On peut déjà observer que si un corps solide est sollicité par des forces parallèles quelconques, que l'on détermine le centre de ces forces, et qu'on le suppose fixe, l'équilibre aura lieu dans toutes les positions que le corps pourra prendre autour de ce point, pourvu que les forces données restent toujours parallèles et appliquées aux mêmes points de ce corps; car alors leur résultante passera constamment par le point fixe, ce qui suffit pour qu'elle soit détruite.

Les coordonnées du centre des forces parallèles, rapportées à trois axes rectangulaires, dépendent, comme on va le voir, des produits de ces forces multipliées par les coordonnées de leurs points d'application. A cause que ces produits se présentent dans un grand nombre de cas, on leur a donné un nom particulier; on appelle *moment d'une force par rapport à un plan,* le produit de cette force et de sa distance à ce plan. Ainsi, P étant l'intensité d'une force appliquée en un point dont les coordonnées sont x, y, z, les produits Pz, Py, Px, seront ses momens par rapport aux plans des x et y, des x et z, des y et z. Les momens de cette espèce n'ont rien de commun, en général, avec les momens par rapport à un point qu'on a définis dans le n° 42. Ceux-ci dépendent de la direction de la force, et sont indépendans de son point d'application; les momens par rapport à un plan dépendent, au contraire, de la position du point d'application de la force, et sont indépendans de sa direction. On ne fait usage des derniers que dans le cas des forces parallèles; en sorte qu'ils peuvent être des quantités positives ou négatives, à raison du signe de la force et des coordonnées du point où elle est appliquée.

54. Soient M, M′, M″, etc. (fig. 22), les points d'application des forces parallèles P, P′, P″, etc., dont il sera inutile d'indiquer les directions. Menons arbitrairement trois axes rectangulaires Ox, Oy, Oz, qui seront ceux des coordonnées; désignons par x, y, z, les coordonnées de M; par x', y', z', celles de M′; par x'', y'', z'', celles de M″, etc.; et supposons que toutes ces coordonnées et ces forces sont des quantités données qui peuvent être positives ou négatives. Soient encore Q, Q′, Q″, etc., les projections des points M, M′, M″, etc., sur le plan des x et y;

en sorte qu'on ait

$$MQ = z, \quad M'Q' = z', \quad M''Q'' = z'', \quad \text{etc.}$$

Enfin, représentons par x_1, y_1, z_1, les trois coordonnées du centre des forces parallèles dont il s'agit de trouver les valeurs.

La résultante $P + P'$ des deux forces P et P' rencontrera en un point N la droite MM' ou son prolongement, selon que ces deux forces seront de même signe ou de signe contraire; mais dans les deux cas on aura

$$P' : P + P' :: MN : MM'.$$

Soit K la projection de N sur le plan des x et y. Par le point M, menons la parallèle MGH à la droite QKQ', qui rencontre les droites NK et M'Q' aux points G et H, de sorte qu'on ait

$$MQ = GK = HQ';$$

on aura aussi

$$MN : MM' :: NG : M'H;$$

et de cette proportion, jointe à la précédente, on conclura

$$(P + P') NG = P'.M'H.$$

A cette équation, j'ajoute l'équation identique

$$(P + P') GK = P.MQ + P'.HQ';$$

ce qui donne

$$(P + P') NK = Pz + P'z'.$$

La résultante des deux forces $P + P'$ et P'' rencontrera en un point N′ la droite NM″ ou son prolongement, selon que ces deux forces auront le même signe ou des signes contraires; et si K′ est la projection de N′ sur le plan des x et y, on trouvera, comme dans le cas précédent,

$$(P + P' + P'')N'K' = (P + P')NK + P''z'';$$

par conséquent, on aura

$$(P + P' + P'')N'K' = Pz + P'z' + P''z''.$$

On continuera de même jusqu'à ce qu'on ait épuisé toutes les forces données P, P′, P″, etc.; et si R est leur résultante totale, on aura finalement

$$Rz_1 = Pz + P'z' + P''z'' + \text{etc.}$$

La figure 22 suppose que tous les points M, M′, M″, etc., N, N′, etc., sont situés d'un même côté du plan des x et y, ou que leurs ordonnées parallèles à l'axe des z sont toutes de même signe; mais il est aisé de voir que si l'équation précédente est vraie dans ce cas, elle le sera encore lorsque ces ordonnées seront en partie positives et en partie négatives. En effet, transportons le plan des x et y, parallèlement à lui-même, à une distance quelconque h de sa position primitive. Par rapport à ce nouveau plan, soient Z, Z′, Z″, etc., les coordonnées de M, M′, M″, etc., et Z_1 celle du centre des forces parallèles, de sorte qu'on ait

$$Z_1 = z_1 - h,\quad Z = z - h,\quad Z' = z' - h,\quad Z'' = z'' - h,\ \text{etc.};$$

si l'on retranche de l'équation précédente l'équation

identique

$$Rh = Ph + P'h + P''h + \text{etc.},$$

il en résultera

$$RZ_1 = PZ + P'Z' + P''Z'' + \text{etc.};$$

équation dans laquelle les ordonnées Z, Z′, Z″, etc., peuvent être positives ou négatives.

On voit donc que, dans tous les cas, le moment de la résultante d'un nombre quelconque de forces parallèles par rapport à un plan choisi arbitrairement, est égal à la somme des momens de ces forces par rapport au même plan.

55. En prenant successivement les momens par rapport aux trois plans des coordonnées, on aura, d'après les notations précédentes,

$$\left.\begin{aligned} Rx_1 &= Px + P'x' + P''x'' + \text{etc.}, \\ Ry_1 &= Py + P'y' + P''y'' + \text{etc.}, \\ Rz_1 &= Pz + P'z' + P''z'' + \text{etc.}; \end{aligned}\right\} \quad (1)$$

et à cause de

$$R = P + P' + P'' + \text{etc.}, \qquad (2)$$

les trois coordonnées du centre des forces parallèles seront complètement déterminées. En menant par ce point une droite parallèle aux forces données, dans le sens indiqué par le signe de R, on aura la direction de la résultante. Ces quatre équations renfermeront, de la manière la plus générale, la théorie des forces parallèles.

La somme des momens des forces P, P′, P″, etc., est égale à zéro, par rapport à tout plan passant par le centre des forces parallèles; car, en prenant ce plan pour celui des x et y, il faudra qu'on ait $z_1 = 0$, et, conséquemment,

$$Pz + P'z' + P''z'' + \text{etc.}$$

Dans le cas particulier où P, P′, P″, etc., se réduisent à deux forces égales, agissant en sens opposé, leur somme R est égale à zéro; ce qui rend infinies les valeurs de x_1, y_1, z_1. Le centre des forces parallèles est donc alors situé à l'infini, ou plutôt ce centre n'existe pas, non plus que la résultante.

56. Lorsque tous les points d'application M, M′, M″, etc., des forces données sont situés dans un même plan, il est évident, par la nature du centre des forces parallèles (n° 52), que ce point, s'il existe, devra aussi se trouver dans ce plan; c'est aussi ce que l'on peut conclure des équations (1) et (2).

En désignant par a, b, c, trois constantes données, on aura, dans ce cas,

$$\begin{aligned} z &= ax + by + c, \\ z' &= ax' + by' + c, \\ z'' &= ax'' + by'' + c, \\ &\text{etc.} \end{aligned}$$

Je substitue ces valeurs de z, z', z'', etc., dans la troisième équation (1); il vient

$$\begin{aligned} Rz_1 = {} & (Px + P'x' + P''x'' + \text{etc.})\,a \\ & + (Py + P'y' + P''y'' + \text{etc.})\,b \\ & + (P + P' + P'' + \text{etc.})\,c. \end{aligned}$$

En vertu des deux autres équations (1) et de l'équation (2), on peut remplacer par Rx_1, Ry_1, R, les coefficiens de a, b, c; et en supprimant ensuite le facteur commun R, on a

$$z_1 = ax_1 + by_1 + c\,;$$

ce qui montre que le centre des forces parallèles appartient au plan des points M, M′, M″, etc.

Lorsque tous ces points sont sur une même ligne droite, ce centre s'y trouve également; et il suffit de la première des équations (1) pour déterminer sa position, en prenant cette droite pour l'axe des x. Si, de plus, les forces P, P′, P″, etc., sont perpendiculaires à cette droite, les momens que nous considérons actuellement se confondent avec les momens par rapport à un point, qui est ici l'origine O des abscisses x, et la première équation (1) coïncide avec l'équation (1) du n° 47. Il est aisé de voir, en effet, que parmi les forces données P, P′, P″, etc., celles qui tendent à faire tourner autour du point O dans le même sens que la résultante R, sont toutes les forces qui ont le même signe que leurs distances x, x', x'', etc., à ce point, et que celles qui tendent à faire tourner dans le sens opposé sont les forces qui ont un signe contraire à celui de ces mêmes distances; par conséquent, les momens des premières s'ajoutent, et ceux des dernières se retranchent, conformément à l'énoncé du numéro cité.

57. Les équations d'équilibre des forces parallèles P, P′, P″, etc., se déduisent aisément de la théorie qu'on vient d'exposer.

S'il n'existe aucun point fixe dans le système, il

faut, pour l'équilibre, qu'en séparant l'une de ces forces, par exemple la force P, toutes les autres aient une résultante qui soit égale et directement opposée à P. Soit donc R′ la résultante des forces P′, P″, etc.; puisque les forces P et R′ sont égales et dirigées en sens contraires, elles doivent être égales et de signes différens, ou, autrement dit, on doit avoir $P + R' = 0$. Mais R′ est la somme des composantes P′, P″, etc.; il en résulte donc, pour la première équation d'équilibre,

$$P + P' + P'' + \text{etc.} = 0. \qquad (a)$$

Pour exprimer, en outre, que les forces P et R′ sont directement opposées, soient α, β, γ, les trois coordonnées du centre des forces parallèles P′, P″, etc., de manière qu'on ait

$$R'\alpha = P'x' + P''x'' + \text{etc.},$$
$$R'\beta = P'y' + P''y'' + \text{etc.},$$
$$R'\gamma = P'z' + P''z'' + \text{etc.}$$

Ce centre étant le point d'application de leur résultante R′, il sera nécessaire qu'il se trouve sur la direction de la force P, pour que R′ soit directement opposée à cette force, ou, ce qui revient au même, ce centre et le point d'application M de la force P doivent être sur une même parallèle à la direction commune des forces données. Si donc on prend, pour plus de simplicité, le plan des x et y perpendiculaire à cette direction, il faudra que ces deux points soient situés sur une même perpendiculaire à ce plan; ils auront alors la même projection sur ce plan ; par conséquent, leurs coordonnées seront les mêmes parallèlement aux axes des x et y, de sorte que l'on aura

$$\alpha = x, \quad \beta = y.$$

Je substitue donc x et y à la place de α et β dans les deux premières équations précédentes, et, à cause de $R' = -P$, il vient

$$\left.\begin{array}{l} Px + P'x' + P''x'' + \text{etc.} = 0, \\ Py + P'y' + P''y'' + \text{etc.} = 0; \end{array}\right\} \quad (b)$$

équations qui signifient que la somme des momens de toutes les forces P, P', P'', est nulle, etc., par rapport aux plans des x et z, et des y et z, parallèles à leur direction.

Ainsi, l'équilibre de ces forces exige que les équations (a) et (b) aient lieu en même temps. Réciproquement, quand ces trois équations sont satisfaites, l'équilibre existe; car si l'on considère la résultante R' de toutes ces forces moins une, on aura, en vertu de ces équations,

$$R' = -P, \quad R'\alpha = -Px, \quad R'\beta = -Py,$$

et, par conséquent,

$$\alpha = x, \quad \beta = y;$$

en sorte que cette résultante sera égale et directement opposée à la force P, qu'on avait omise. Il n'est pas nécessaire, pour cela, que les deux plans par rapport auxquels la somme des momens des forces données est zéro, soient perpendiculaires l'un à l'autre ; il suffit qu'ils soient parallèles à la direction de ces forces ; et l'on peut aussi s'assurer facilement que si cette condition est remplie par rapport à deux plans parallèles à cette direction, elle le sera également par rapport à tous les autres.

Concluons donc que pour l'équilibre d'un système de forces parallèles, appliquées à un corps solide entièrement libre, il est nécessaire et il suffit,

1°. Que la somme de ces forces soit égale à zéro ;

2°. Que la somme de leurs momens soit nulle par rapport à deux plans quelconques parallèles à leur direction commune. Quand toutes les forces seront comprises dans un même plan, cette seconde condition sera déjà remplie par rapport à ce plan, et il suffira qu'elle le soit, en outre, par rapport à un autre plan.

58. Si l'un des points de ce corps solide est supposé fixe, il suffira, pour l'équilibre des forces parallèles, que la somme de leurs momens soit nulle par rapport à deux plans passant par ce point et parallèles à leur direction, et il ne sera plus nécessaire que leur résultante soit égale à zéro ; car alors les distances de cette résultante à ces deux plans seront nulles : elle coïncidera donc avec leur intersection, et sera détruite par la résistance du point fixe.

Lorsque ce point sera le centre des forces parallèles, la somme des momens sera zéro par rapport à tous les plans passant par ce point ; par conséquent, les forces données se feront équilibre, quelle que soit leur direction commune ; ce que nous savions déjà (n° 53).

Si le corps solide est retenu par un axe fixe, autour duquel il ait seulement la liberté de tourner, il suffira, pour l'équilibre des forces parallèles appliquées en ses différens points, que la somme de leurs momens soit égale à zéro, par rapport au plan mené par cet axe parallèlement à leur direction; car leur résultante tombant alors dans ce plan, elle y rencontrera l'axe fixe, et sera détruite par sa résistance. Lorsque l'axe fixe est lui-même parallèle aux forces données, le plan dont il s'agit est indéterminé; la condition d'équilibre s'évanouit par conséquent; ce qui doit être, puisque des forces qui sont toutes parallèles à un axe fixe ne peuvent faire tourner un corps solide autour de cette droite, de sorte que, dans ce cas, l'équilibre a lieu indépendamment de leurs intensités et de leurs distances à cet axe.

CHAPITRE IV.

CONSIDÉRATIONS GÉNÉRALES SUR LES CORPS PESANS ET SUR LES CENTRES DE GRAVITÉ.

59. On appelle indifféremment *pesanteur* ou *gravité,* la force qui précipite les corps vers la surface de la terre aussitôt qu'ils ne sont plus soutenus. Son action s'exerce sur tous les points matériels, dans des directions perpendiculaires à cette surface, ou suivant des lignes *verticales.* Les directions prolongées de la pesanteur en différens lieux de la terre convergent donc vers son centre, à cause de sa forme à peu près sphérique; mais en ayant égard à la grandeur du rayon terrestre, relativement aux dimensions des corps que l'on considère ordinairement, on peut supposer, sans erreur sensible, la pesanteur parallèle à elle-même dans toute l'étendue d'un même corps.

L'observation a prouvé que l'intensité de cette force varie à la surface de la terre avec la latitude, et que sur une même verticale elle varie aussi avec l'élévation au-dessus de cette surface; mais il faut que les changemens de hauteur et de latitude soient très considérables pour que ces variations deviennent sensibles, et elles ne le sont nullement dans l'étendue d'un corps de dimensions ordinaires.

60. On conclut de là que la résultante des forces parallèles, en nombre infini, qui agissent sur tous

les points d'un corps pesant, est indépendante de sa forme; cette résultante est ce qu'on appelle le *poids* du corps. Dans les corps *homogènes,* le poids est évidemment proportionnel au volume; mais une expérience journalière nous montre que les corps de nature différente n'ont pas le même poids sous le même volume; ce qui peut provenir de ce que l'attraction de la terre, qui est la cause principale de la pesanteur, comme on le verra par la suite, dépend de la nature des points matériels sur lesquels elle agit, ou bien, de ce que les corps *hétérogènes* renferment, sous des volumes égaux, des quantités différentes de points matériels également pesans. Nous expliquerons, dans un autre chapitre, comment on a conclu, du mouvement observé des corps pesans, que c'est le second de ces deux cas qui a lieu dans la nature.

Il en résulte que le poids d'un corps quelconque est en raison composée de sa masse et de l'intensité de la pesanteur dans le lieu où il est situé. Ainsi, en appelant P ce poids, M la masse, et g la mesure de la gravité, on a

$$P = gM.$$

Cette quantité g, indépendante de la nature particulière de chaque corps, est, comme on voit, le poids de celui dont on prend arbitrairement la masse pour unité. On verra par la suite comment sa valeur a été déterminée en différens points de la terre, d'après le mouvement des corps soumis à la seule action de la gravité.

Nous pouvons aussi écrire

$$P = \varpi V,$$

en désignant par ϖ le poids du corps sous l'unité de volume, et son volume par V. Le poids ϖ est ce qu'on appelle la *pesanteur spécifique* du corps que l'on considère; dénomination impropre, puisque la pesanteur est commune à tous les corps d'espèces différentes, et qu'on devrait remplacer par celle de *poids spécifique*.

Enfin, si l'on représente par D la masse, sous l'unité de volume, du corps que l'on considère, D sera ce qu'on nomme la *densité* de ce corps, et l'on aura

$$M = DV, \quad P = gDV.$$

Telles sont les équations qui ont lieu entre les cinq quantités P, g, M, D, V, dont chacune doit être exprimée numériquement, en la rapportant à une unité de son espèce.

61. Le *gramme*, ou l'unité de poids, est celui d'un centimètre cube d'eau distillée et prise à son *maximum* de densité, qui répond à environ 4° du thermomètre centigrade. Ce poids varie avec le lieu qu'il occupe; mais comme les poids des autres corps, qu'il sert à peser, varient exactement dans le même rapport, il s'ensuit que le poids d'un corps quelconque, exprimé en grammes, est partout le même, et qu'on n'a pas besoin de dire en quel endroit il a été déterminé. D'après les expériences de M. Hallström, le poids du centimètre cube d'eau distillée, à la température zéro, est

$$0^{\text{gram.}},9998918.$$

On prend communément pour unité de densité, celle de l'eau distillée à cette dernière température. Les densités d'un grand nombre de substances ont été déterminées par l'expérience, et exprimées en nombres au moyen de cette unité. Ainsi, par exemple, la densité du mercure à cette même température est

$$13,5975,$$

et elle augmente ou diminue de

$$\frac{1}{5550},$$

pour chaque degré de diminution ou d'augmentation de la température. La densité de l'air, prise aussi à la température de la glace fondante, sous la pression barométrique de 76 centimètres et à l'Observatoire de Paris, a été trouvée égale à

$$\frac{1}{769,4};$$

et, pour chaque variation d'un degré dans la température, elle varie, en sens contraire, de

$$0,00375,$$

comme celle de tout autre gaz.

Le poids de la colonne de mercure qui exprime la pression barométrique variant avec la latitude et l'élévation au-dessus de la surface de la terre, la densité de l'air, soumise à une pression d'une hauteur donnée, varie en même temps. Voilà pourquoi il ne suffit pas d'assigner cette hauteur; il faut encore dire à quel lieu elle se rapporte, comme ici à l'Observatoire de Paris. Le rapport de la densité du mercure à celle de l'air, qui répond aux nombres précédens, est

10462.

Dès qu'on attribue un phénomène, tel que la chaleur, par exemple, à une substance matérielle, cette substance est soumise à la pesanteur; et l'expression *impondérable* ne doit s'entendre que d'une matière dont la densité est si faible, qu'elle échappe à tous nos moyens d'investigation; en sorte que sa présence n'augmente ni le poids ni la masse mesurables du corps dont elle fait partie, en quelque quantité qu'elle s'y trouve.

62. Les poids sont les forces qui nous sont le plus familières, et dont nous pouvons, au moyen de la balance, déterminer les rapports avec le plus d'exactitude et de facilité. C'est pourquoi il est naturel de les faire servir de terme de comparaison aux forces d'une autre nature. Ainsi, lorsque la force musculaire d'un animal, ou tout autre force, agit sur un corps par l'intermédiaire d'une corde attachée à sa surface, nous pouvons toujours concevoir que cette force soit équivalente à un certain poids déterminé, et nous pouvons même, sans changer sa direction, remplacer son action par celle de ce poids, en le suspendant à l'extrémité de la corde, après avoir fait passer celle-ci sur une poulie fixe convenablement placée.

Le poids fournit la mesure la plus commode de la masse; sans le secours de la pesanteur, il serait, en effet, très difficile de déterminer le rapport des masses de deux corps. On verra par la suite qu'on pourrait, à la rigueur, le conclure du choc mutuel de ces corps; mais il est beaucoup plus simple de remplacer le rapport des masses par celui des poids, auquel il est égal en chaque lieu de la terre, en vertu de l'équation $P = gM$. Toutefois, on doit avoir une idée préalable de l'égalité et du rapport des masses, indépendamment de la pesanteur, qui n'est qu'une propriété secondaire des corps, puisqu'elle deviendrait tout-à-fait insensible, sans que les masses eussent changé, en les transportant à une distance suffisamment grande de la terre. Nous reviendrons sur ce point dans un autre endroit de cet ouvrage.

63. Puisque tous les points d'un corps pesant sont sollicités par des forces parallèles, il s'ensuit que si on lui fait prendre successivement diverses positions par rapport à la direction de ces forces, leur résultante passera constamment par un certain point de ce corps. Ce point, que nous avons appelé, en général, *centre des forces parallèles* (nº 53), prend ici le nom particulier de *centre de gravité*. Sa propriété caractéristique dans les corps solides, qui ne sont soumis qu'à la seule action de la pesanteur, consiste en ce que, s'il est supposé fixe, le corps auquel il appartient reste en équilibre dans toutes les positions possibles autour de ce point, puisque, dans toutes ces positions, la résultante des forces appliquées à tous les points du corps vient passer par le point fixe.

On conçoit aussi que quand un corps solide pesant est retenu par un autre point fixe, il est nécessaire et il suffit, pour l'équilibre, que la droite qui joint ce point et le centre de gravité soit verticale; ce centre pouvant d'ailleurs se trouver au-dessus ou au-dessous du point fixe. En effet, le poids du corps étant une force verticale appliquée à son centre de gravité, sa direction coïncidera, dans cette hypothèse, avec la droite qui joint ce centre et le point fixe, ou avec son prolongement; par conséquent, cette force sera détruite par la résistance du point fixe, comme si elle y était immédiatement appliquée.

Par la même raison, si l'on suspend un corps solide pesant à un point fixe, par le moyen d'un fil dont l'extrémité inférieure est attachée à un point de sa surface, la direction de ce fil sera verticale dans l'état d'équilibre, et son prolongement ira passer par le centre de gravité du corps. Il en sera de même si l'on suspend, une ou plusieurs autres fois, ce même corps au point fixe, en attachant l'extrémité inférieure du fil à d'autres points de sa surface. Les prolongemens du fil, tracés successivement dans l'intérieur du corps, s'y couperont à son centre de gravité; ce qui fournit un moyen pratique de déterminer la position de ce centre dans un corps de forme quelconque, homogène ou hétérogène.

Dans toutes les questions d'équilibre relatives à un corps solide, on pourra faire abstraction de la pesanteur de ses diverses parties, pourvu qu'on ajoute aux autres forces données qui agissent sur ce corps, une force égale à son poids, et appliquée verticalement à son centre de gravité. Ainsi, par exemple, dans le cas de l'équilibre du levier, il faudra comprendre au nombre des forces données dont la somme des momens doit être nulle, par rapport au point d'appui (n° 47), le poids du levier agissant à son centre de gravité suivant la direction de la pesanteur.

64. Lorsque l'on connaît les centres de gravité G et G′ des deux parties d'un corps, et leurs poids p et p', on en déduit immédiatement le centre de gravité K de ce corps; car ce centre est le point d'application sur la droite GG′, de la résultante des forces parallèles p et p', qui agissent dans le même sens à ses extrémités G et G′; et, pour en déterminer la position, on a conséquemment

$$GK : GG' :: p' : p + p'.$$

De même, si l'on connaît les centres de gravité K et G d'un corps et de l'une de ses parties, et que les poids du corps et de cette partie soient P et p, on en conclura le centre de gravité G′ de l'autre partie; car ce point sera situé au-delà du point K sur le prolongement de la droite GK, et sa distance au point G sera déterminée par la proportion

$$GG' : GK :: P : P - p.$$

Si un corps est divisé en un nombre quelconque de parties dont les poids et les centres de gravité soient connus, on en pourra déduire son centre de gravité par une suite de proportions; mais il conviendra mieux de déterminer ses trois coordonnées au moyen du théorème relatif aux momens des forces parallèles (n° 54).

Soient, pour cela, p, p', p'', etc., les poids des différentes parties du corps, et P son poids total, de sorte qu'on ait

$$P = p + p' + p'' + \text{etc.}$$

Soient aussi x, y, z, les coordonnées du centre de gravité de la partie dont p est le poids; x', y', z', celles du centre de gravité de la partie dont le poids est p'; etc. Toutes ces quantités seront données par hypothèse; et si l'on appelle x_1, y_1, z_1, les coordonnées du centre de gravité du corps entier, rapportées aux mêmes axes que les précédentes, on aura, d'après le théorème cité,

$$\begin{aligned} Px_1 &= px + p'x' + p''x'' + \text{etc.}, \\ Py_1 &= py + p'y' + p''y'' + \text{etc.}, \\ Pz_1 &= pz + p'z' + p''z'' + \text{etc.}; \end{aligned}$$

ce qui fait connaître les valeurs de x_1, y_1, z_1.

65. On peut, dans ces équations, remplacer les poids par les masses auxquelles ils sont proportionnels. En désignant donc par m, m', m'', etc., les masses des différentes parties du corps dont les poids sont représentés par p, p', p'', etc., et représentant par M la masse totale, de sorte qu'on ait

$$M = m + m' + m'' + \text{etc.},$$

il en résultera

$$\left.\begin{aligned} Mx_1 &= mx + m'x' + m''x'' + \text{etc.}, \\ My_1 &= my + m'y' + m''y'' + \text{etc.}, \\ Mz_1 &= mz + m'z' + m''z'' + \text{etc.}; \end{aligned}\right\} (1)$$

ce qui montre que le centre de gravité est indépendant de l'intensité de la pesanteur, et qu'il sera toujours le même point du corps, à différentes latitudes et à différentes hauteurs au-dessus de la surface de la terre. En considérant que ce point ne suppose pas l'action de la gravité, et qu'il ne dépend que des masses et de leur disposition respective, Euler et d'autres auteurs l'appellent *centre d'inertie;* mais la dénomination de centre de gravité a plus généralement prévalu.

Si la masse M a été divisée en un nombre infini de parties infiniment petites m, m', m'', etc., on pourra prendre tel point qu'on voudra de chacune d'elles pour son centre de gravité, puisque les coordonnées, suivant chaque axe de tous les points d'un même élément, ne différeront entre elles que d'un infiniment petit. Les seconds membres des équations (1) se composeront alors d'une infinité de termes infiniment petits, dont les sommes seront des intégrales définies, d'après le théorème du n° 13 étendu aux intégrales multiples. Par conséquent, on pourra toujours, par les règles du calcul intégral, déterminer exactement ou par approximation le centre de gravité d'un corps quelconque, sans connaître celui d'aucune de ses parties.

Dans un corps dont toutes les parties sont homogènes, leurs masses sont entre elles comme les volumes; on peut donc alors substituer les volumes aux masses, dans les équations (1); et si l'on représente par V le volume entier, et par v, v', v'', etc., ses parties correspondantes à m, m', m'', etc., on aura

$$\begin{aligned}
V &= v + v' + v'' + \text{etc.},\\
Vx_1 &= vx + v'x' + v''x'' + \text{etc.},\\
Vy_1 &= vy + v'y' + v''y'' + \text{etc.},\\
Vz_1 &= vz + v'z' + v''z'' + \text{etc.}
\end{aligned}$$

Le point qu'on détermine par ces équations est le centre des forces parallèles appliquées à tous les points d'un corps, et proportionnelles aux élémens de son volume; ce point s'appelle le *centre de gravité* du volume, quoiqu'un volume n'ait ni masse ni pesanteur. On appelle aussi *centre de gravité* d'une surface ou d'une ligne, le centre des forces parallèles appliquées à tous leurs points, et proportionnelles à leurs élémens. On déterminera ses coordonnées en remplaçant, dans les équations précédentes, les volumes V, v, v', v'', etc., soit par les aires de la surface et de ses parties, soit par les longueurs de la ligne et de ses parties.

66. Les masses M, m, m', m'', etc., et les distances mutuelles de leurs centres de gravité, sont liées entre elles par une équation facile à déduire des équations (1).

Pour cela, plaçons l'origine des coordonnées au centre de gravité de M; ces équations deviendront

$$\begin{aligned}
mx + m'x' + m''x'' + \text{etc.} &= 0,\\
my + m'y' + m''y'' + \text{etc.} &= 0,\\
mz + m'z' + m''z'' + \text{etc.} &= 0.
\end{aligned}$$

En faisant le carré de la première, on en conclut

$$m^2x^2 + m'^2x'^2 + m''^2x''^2 + \text{etc.} =$$
$$- 2mm'xx' - 2mm''xx'' - 2m'm''x'x'' - \text{etc.}$$

J'ajoute, aux deux nombres de cette équation, la quantité

$$m(m' + m'' + \text{etc.})\,x^2 + m'(m + m'' + \text{etc})\,x'^2$$
$$+ m''(m + m' + \text{etc.})\,x''^2 + \text{etc.};$$

il en résulte

$$M(mx^2 + m'x'^2 + m''x''^2 + \text{etc.}) = mm'(x - x')^2$$
$$+ mm''(x - x'')^2 + m'm''(x' - x'')^2 + \text{etc.}$$

La seconde et la troisième équation (1) donneront de même

$$M(my^2 + m'y'^2 + m''y''^2 + \text{etc.}) = mm'(y - y')^2$$
$$+ mm''(y - y'')^2 + m'm''(y' - y'')^2 + \text{etc.},$$

$$M(mz^2 + m'z'^2 + m''z''^2 + \text{etc.}) = mm'(z - z')^2$$
$$+ mm''(z - z'')^2 + m'm''(z' - z'')^2 + \text{etc.}$$

Or, si nous ajoutons ces trois dernières équations, et que nous fassions

$$x^2 + y^2 + z^2 = r^2,$$
$$x'^2 + y'^2 + z'^2 = r'^2,$$
$$x''^2 + y''^2 + z''^2 = r''^2,$$
$$\text{etc.},$$

$$(x - x')^2 + (y - y')^2 + (z - z')^2 = \rho^2,$$
$$(x - x'')^2 + (y - y'')^2 + (z - z'')^2 = \rho'^2,$$
$$(x' - x'')^2 + (y' - y'')^2 + (z' - z'')^2 = \rho''^2,$$
$$\text{etc.},$$

nous aurons

$$M(mr^2 + m'r'^2 + m''r''^2 + \text{etc.}) = mm'\rho^2$$
$$+ mm''\rho'^2 + m'm''\rho''^2 + \text{etc.},$$

pour l'équation qu'il s'agissait d'obtenir, et dans laquelle ρ, ρ', ρ'', etc., sont les distances mutuelles des centres de gravité de m, m', m'', etc., et r, r', r'', etc., les distances de ces points au centre de gravité de M.

67. On déduit aussi des équations (1) une propriété curieuse de l'équilibre d'un point matériel entièrement libre. Voici en quoi elle consiste.

Soit O (fig. 23) le point en équilibre; représentons en grandeurs et en directions, par les droites OA, OA′, OA″, etc., les forces qui le sollicitent; si leurs extrémités A, A′, A″, etc., sont les centres de gravité de masses égales, le point O sera le centre de gravité de ce système entier.

En effet, en appliquant les équations (1) à ces masses, et supposant que n soit leur nombre, on aura

$$nx_1 = x + x' + x'' + \text{etc.},$$
$$ny_1 = y + y' + y'' + \text{etc.},$$
$$nz_1 = z + z' + z'' + \text{etc.}$$

D'un autre côté, si l'on désigne par α, 6, γ, les angles que fait la force OA avec trois axes rectangulaires menés par le point O; par α', $6'$, γ', ce que ces angles deviennent relativement à la force OA′; par α'', $6''$, γ'', ce qu'ils deviennent relativement à la force OA″; etc., les équations d'équilibre de ces forces seront

$$\text{OA}\cos\alpha + \text{OA}'\cos\alpha' + \text{OA}''\cos\alpha'' + \text{etc.} = 0,$$
$$\text{OA}\cos 6 + \text{OA}'\cos 6' + \text{OA}''\cos 6'' + \text{etc.} = 0,$$
$$\text{OA}\cos\gamma + \text{OA}'\cos\gamma' + \text{OA}''\cos\gamma'' + \text{etc.} = 0.$$

Or, en plaçant l'origine des coordonnées au point O,

on aura

$$x = \text{OA} \cos\alpha, \quad y = \text{OA} \cos\beta, \quad z = \text{OA} \cos\gamma,$$
$$x' = \text{OA}' \cos\alpha', \quad y' = \text{OA}' \cos\beta', \quad z' = \text{OA}' \cos\gamma',$$
$$x'' = \text{OA}'' \cos\alpha'', \quad y'' = \text{OA}'' \cos\beta'', \quad z'' = \text{OA}'' \cos\gamma'',$$

etc.,

pour les coordonnées des points A, A′, A″, etc. En vertu des équations d'équilibre, on aura donc

$$x + x' + x'' + \text{etc.} = 0,$$
$$y + y' + y'' + \text{etc.} = 0,$$
$$z + z' + z'' + \text{etc.} = 0;$$

d'où l'on conclut

$$x_1 = 0, \quad y_1 = 0, \quad z_1 = 0,$$

pour les coordonnées du centre de gravité des masses égales; par conséquent, ce centre coïncidera avec le point O; ce qu'il s'agissait de démontrer.

68. Il y a beaucoup de cas particuliers où le centre de gravité est immédiatement connu. Ainsi, le centre de gravite d'une sphère ou d'un ellipsoïde est évidemment au centre de figure; celui d'un parallélépipède, à l'intersection de ses quatre diagonales; celui d'un cylindre à bases parallèles, au milieu de son axe. Le centre de gravité d'un cercle ou d'une ellipse est aussi au centre de figure, et celui d'un parallélogramme, à l'intersection des deux diagonales. Le centre de gravité d'une ligne droite est le milieu de cette droite; d'où l'on conclut sans difficulté le centre de gravité du contour d'un polygone quelconque, soit par une suite de proportions (nº 64), soit par les

équations des momens des forces parallèles. On voit de même que quand on aura trouvé les centres de gravité d'un triangle et d'une pyramide triangulaire, on en déduira, par l'un ou l'autre de ces deux moyens, les centres de gravité d'un polygone et d'un polyèdre donnés, que l'on peut toujours décomposer, soit en triangles, soit en pyramides triangulaires.

Mais, en général, la détermination des centres de gravité exige l'emploi du calcul intégral; et dans le chapitre suivant nous allons donner tous les détails qu'on peut désirer sur ce problème.

CHAPITRE V.

DÉTERMINATION DES CENTRES DE GRAVITÉ.

§ 1er. *Centres de gravité des lignes courbes.*

69. Soit s l'arc de la courbe donnée, aboutissant à un point quelconque M, et compté à partir d'un point fixe que j'appellerai C. Soient aussi x, y, z, les trois coordonnées rectangulaires de M. On considérera cette courbe comme un polygone d'une infinité de côtés; ds sera le côté ou l'élément de la courbe qui répond au point M; et quelque part que soit le centre de gravité de cet élément, on prendra x, y, z, pour ses trois coordonnées, qui ne sauraient, effectivement, différer de x, y, z, que de quantités infiniment petites.

Appelons l la longueur de la partie déterminée de la courbe dont il s'agit de déterminer le centre de gravité; et représentons par s_0 et s_1 les valeurs données de s qui répondent aux deux extrémités de l. Soient x_1, y_1, z_1, les coordonnées du centre de gravité de cet arc l, rapportées aux axes des x, y, z. D'après le théorème du n° 13, la somme des valeurs de chacun des produits xds, yds, zds, dans toute l'étendue de l, sera une intégrale définie prise depuis $s = s_0$ jusqu'à $s = s_1$, en regardant x, y, z, comme des fonctions de s données par la nature de la courbe que l'on considère. Nous aurons donc (n° 65)

$$lx_1 = \int_{s_0}^{s_1} xds, \quad ly_1 = \int_{s_0}^{s_1} yds, \quad lz_1 = \int_{s_0}^{s_1} zds, \quad (1)$$

pour les trois équations qui serviront à déterminer x_1, y_1, z_1.

Supposons, par exemple, que la ligne donnée soit une droite, et que sa partie l aboutisse au point C, de sorte qu'on ait $s_0 = 0$ et $s_1 = l$. Désignons par α, β, γ, les trois angles que fait cette partie l avec des axes menés par le point C suivant la direction des x, y, z, positives; soient aussi a, b, c, les trois coordonnées du point C; pour le point quelconque M nous aurons

$$x = a + s\cos\alpha, \quad y = b + s\cos\beta, \quad z = c + s\cos\gamma.$$

Je substitue ces valeurs dans les équations (1); et en effectuant les intégrations et divisant ensuite par l, il vient

$$x_1 = a + \tfrac{1}{2}l\cos\alpha, \quad y_1 = b + \tfrac{1}{2}l\cos\beta, \quad z_1 = c + \tfrac{1}{2}l\cos\gamma;$$

ce qui montre, comme cela devait être, que le centre de gravité de la droite l est situé à son milieu.

70. Lorsqu'il s'agira d'une courbe plane, et qu'on prendra son plan pour celui des x et y, il suffira des deux premières équations (1) pour déterminer la position de son centre de gravité dans ce plan. Si, de plus, la portion l de la courbe est symétrique de part et d'autre du point C, on aura $s_0 = -\frac{1}{2}l$ et $s_1 = \frac{1}{2}l$; le centre de gravité sera situé sur la nor-

male au point C; et en prenant cette droite pour l'axe des x, il suffira de déterminer la valeur de x_1, qui sera donnée par l'équation

$$lx_1 = \int_{-\frac{1}{2}l}^{\frac{1}{2}l} xds.$$

L'arc de cercle est compris dans ce cas particulier, en prenant pour axe des x, le diamètre qui passe par son milieu. Si l'on place en même temps l'origine des coordonnées au centre du cercle, et qu'on appelle a son rayon, on aura

$$x = a \cos \frac{s}{a},$$

pour l'abscisse du point quelconque M. On en conclut

$$lx_1 = 2a^2 \sin \frac{l}{2a};$$

et en appelant c la corde de l'arc l, on aura

$$c = 2a \sin \frac{l}{2a}, \qquad lx_1 = ac;$$

ce qui montre que la distance x_1 du centre de gravité d'un arc de cercle au centre du cercle, est quatrième proportionnelle au rayon, à la corde et à l'arc.

71. L'équation de la courbe plane fera connaître l'une des deux variables x et y en fonction de l'autre. Si l'on suppose la valeur de y donnée en fonction de x, on prendra

$$ds = \sqrt{1 + \frac{dy^2}{dx^2}}\, dx;$$

et en appelant α et β les valeurs de x qui répondent aux deux extrémités de l'arc l, on aura, au lieu des équations précédentes,

$$\left.\begin{aligned} l &= \int_\alpha^\beta \sqrt{1 + \frac{dy^2}{dx^2}}\,dx, \\ lx_1 &= \int_\alpha^\beta x\sqrt{1 + \frac{dy^2}{dx^2}}\,dx, \\ ly_1 &= \int_\alpha^\beta y\sqrt{1 + \frac{dy^2}{dx^2}}\,dx. \end{aligned}\right\} \quad (2)$$

Si la courbe donnée est une section conique, on obtiendra sous forme finie, par les règles ordinaires, les valeurs des intégrales contenues dans les deux dernières équations (2). Dans le cas de la parabole, on obtiendra de même la valeur de l'intégrale que renferme la première de ces équations; en sorte que les deux coordonnées du centre de gravité d'un arc de parabole pourront toujours s'obtenir en fonctions des abscisses α et β de ses extrémités. D'après un théorème de Landen, l'arc d'hyperbole s'exprime au moyen de deux arcs d'ellipse et d'une partie algébrique; quant à l'arc d'ellipse, on le regarde comme une fonction irréductible à d'autres fonctions plus simples; et M. Legendre a calculé des tables fort étendues de cette fonction, qui en font connaître les valeurs numériques avec une grande approximation. Par conséquent, lorsque les valeurs numériques de α et β et celles des axes de l'hyperbole ou de l'ellipse seront données, il sera facile de calculer la valeur de l, et par suite les coordonnées x_1 et y_1 du centre de gravité d'un arc appartenant à l'une ou l'autre de ces deux courbes.

72. Je prendrai l'arc de *cycloïde* pour un autre exemple de l'application des équations (2). Dans cette courbe, la longueur, l'aire, la surface et le volume engendrés par sa révolution, et les coordonnées de leurs centres de gravité, se déterminent exactement. La construction de la tangente en un point quelconque de cette courbe est aussi très simple; sa développée est une autre cycloïde; et, de plus, par une série de développemens successifs, une courbe quelconque approche de plus en plus de se confondre avec la cycloïde, et s'y confondrait rigoureusement à l'infini (*). C'est encore la cycloïde que l'on trouve, comme on le verra par la suite, lorsqu'on cherche la courbe qui jouit des propriétés les plus remarquables, par rapport au mouvement curviligne des corps pesans. Cette réunion singulière d'un grand nombre de propriétés curieuses et de nature différente sur une même courbe, en rend la considération très utile et très fréquente en Géométrie et dans la Mécanique. Voici comment on obtient son équation.

La cycloïde est une courbe plane ACB (fig. 24), engendrée par un point déterminé M de la circonférence d'un cercle pendant qu'il roule sans glisser sur une droite AB. Si le point générateur se trouve d'abord au point A, et qu'il arrive ensuite au point B de cette droite, l'intervalle AB sera égal à la circonférence du cercle donné; on voit aussi que son

(*) *Journal de l'École Polytechnique,* 18e cahier, page 431.

diamètre sera égal à la perpendiculaire CD, abaissée du sommet C de la cycloïde sur AB, et qui divise la courbe en deux parties symétriques. En appelant c le rayon du cercle donné, on aura donc

$$AB = 2\pi c, \quad CD = 2c.$$

Dans une position quelconque du cercle, soient HG son diamètre perpendiculaire à la base AB, et H son point de contact avec cette droite. Du point M, abaissons les perpendiculaires MP et MK sur AB et GH, et faisons

$$AP = p, \quad PM = q;$$

nous aurons

$$AH = AP + MK = p + \sqrt{2cq - q^2},$$

$$\text{arc } MH = c.\text{arc}\left(\sin = \frac{\sqrt{2cq - q^2}}{c}\right).$$

Mais le cercle générateur tournant sans glisser sur la droite AB, il s'ensuit qu'on a constamment

$$AH = \text{arc } MH;$$

l'équation demandée de la cycloïde sera donc

$$p + \sqrt{2cq - q^2} = c.\text{arc}\left(\sin = \frac{\sqrt{2cq - q^2}}{c}\right);$$

p et q étant les coordonnées courantes.

En la différentiant, on a

$$dp = \frac{qdq}{\sqrt{2cq - q^2}},$$

pour son équation différentielle. On en conclut que

les deux cordes MG et MH du cercle générateur sont la tangente et la normale à la cycloïde qui répondent au point M. En déterminant par la formule connue son rayon de courbure au même point, on le trouve égal au double de MH; d'où il résulte qu'en prolongeant MH d'une quantité HN égale à MH, le point N sera le centre de courbure. En faisant de même la droite CDE double de CD, le point E sera le centre de courbure qui répond au sommet C; et de là on conclut aisément que la développée ANE de la demi-cycloïde AMC est la même courbe, renversée de manière que son sommet C soit transporté en A et son origine A en E. Il s'ensuit que la longueur de ANE ou de AMC est égale à la droite CDE, et que, par conséquent, la longueur totale de la cycloïde est égale à quatre fois le diamètre de son cercle générateur.

73. Dans les usages que nous ferons de cette équation, il sera plus commode de transporter l'origine des coordonnées au sommet C (fig. 25). Je prendrai pour axes des x et des y les droites Cx et Cy, perpendiculaires et parallèles à la base AB. En abaissant du point quelconque M une perpendiculaire MP sur Cx, on aura donc

$$CP = x, \qquad MP = y;$$

et si l'on compare ces coordonnées aux précédentes, et que l'on appelle a le diamètre CD du cercle générateur, on voit que

$$p = \tfrac{1}{2}\pi a - y, \qquad q = a - x;$$

donc, en substituant ces valeurs dans l'équation différentielle de la cycloïde, et mettant aussi a au lieu de $2c$, elle deviendra

$$dy = \frac{(a - x)\,dx}{\sqrt{ax - x^2}}. \qquad (a)$$

Il en résulte

$$ds = \sqrt{\frac{a}{x}}\,dx.$$

En prenant l'intégrale de manière qu'elle s'évanouisse quand $x = 0$, on a

$$s = 2\sqrt{ax},$$

pour la longueur de l'arc CM, dont l'origine est au sommet C. Au point A, on a $x = a$; ce qui donne, comme précédemment, $2a$ pour la longueur de la demi-cycloïde CMA. On peut remarquer que $s^2 = 4ax$ est une équation de la cycloïde semblable à celle de la parabole, dont elle ne diffère qu'en ce que l'ordonnée y s'y trouve remplacée par l'arc s.

En appliquant les deux dernières équations (2) au centre de gravité de l'arc CM, nous aurons

$$sx_1 = \int x\sqrt{\frac{a}{x}}\,dx, \quad sy_1 = \int y\sqrt{\frac{a}{x}}\,dx,$$

où l'on prendra les intégrales de manière qu'elles s'évanouissent avec x. En y mettant pour s sa valeur, il en résulte

$$2x_1\sqrt{x} = \int\sqrt{x}\,dx, \quad 2y_1\sqrt{x} = \int\frac{y\,dx}{\sqrt{x}}.$$

On aura donc

$$x_1 = \tfrac{1}{3}x;$$

d'où l'on conclut d'abord que le centre de gravité

d'un arc M'CM symétrique de part et d'autre du sommet C, qui doit appartenir à la droite CD, se trouve au tiers de CP, à partir du point C.

En intégrant par partie, on a

$$\int \frac{ydx}{\sqrt{x}} = 2y\sqrt{x} - 2\int \sqrt{x}\,dy.$$

Si l'on substitue pour dy sa valeur donnée par l'équation (a), on aura donc

$$y_1\sqrt{x} = y\sqrt{x} - \int \sqrt{a-x}\,dx,$$

et, par conséquent,

$$y_1 = y + \frac{2}{3\sqrt{x}}\left[(a-x)^{\frac{3}{2}} - a\sqrt{a}\right];$$

ce qui, joint à la valeur de x_1, détermine complètement le centre de gravité de l'arc CM. Dans le cas de la demi-cycloïde, on a $x = a$ et $y = \frac{1}{2}\pi a$; d'où il résulte

$$x_1 = \frac{1}{3}a, \quad y_1 = a\left(\frac{1}{2}\pi - \frac{2}{3}\right).$$

74. Quand une courbe plane tourne autour d'une droite comprise dans son plan et que je prendrai pour l'axe des abscisses, elle engendre une surface de révolution dont l'étendue peut se déduire de la longueur de cette courbe et de l'ordonnée de son centre de gravité.

Pour le faire voir, soient x et y l'abscisse et l'ordonnée du point quelconque M de cette courbe, et s l'arc CM aboutissant à ce point et compté d'un point fixe C; l'élément ds engendrera la surface d'un cône tronqué, et son milieu décrira une circonférence égale à $2\pi(y + \frac{1}{2}dy)$, ou simplement à $2\pi y$, à cause que dy est un infiniment petit. D'après la règle connue, on aura donc $2\pi y ds$ pour cet élément de surface. Donc, si l'on appelle s_0 et s_1 les valeurs de s qui répondent aux deux extrémités de la courbe génératrice, et S la surface engendrée, on aura, d'après le théorème du n° 13,

$$S = 2\pi \int_{s_0}^{s_1} y ds.$$

On remarquera que cette expression suppose que la courbe génératrice n'est pas coupée par l'axe des x, sans quoi ses parties situées des deux côtés de cet axe décriraient deux surfaces différentes, dont S n'exprimerait plus que la différence. Avec cette restriction, elle subsistera encore lorsque la génératrice sera une courbe fermée; et, pour l'appliquer à ce cas, il suffira de prendre pour s_1 l'arc s_0 augmenté de la circonférence entière de cette courbe.

Cela posé, si l'on compare cette formule à la troisième équation (2), on en conclut

$$S = 2\pi l y_1;$$

ce qui montre que la surface engendrée S est égale à la longueur l de la courbe génératrice, multipliée par la circonférence $2\pi y_1$ que décrit son centre de gravité.

Ce théorème servira à déterminer la valeur de S toutes les fois que le centre de gravité de la génératrice sera connu sans aucun calcul, et, pour ainsi dire, à l'inspection de cette courbe; il ne servirait plus à rien s'il fallait calculer l'ordonnée y_1, puisque ce calcul serait le même que celui de S. En supposant, par exemple, que la courbe génératrice soit un cercle; désignant par a son rayon, par c la distance de son centre à l'axe de rotation, et supposant qu'on n'ait pas $c < a$, on aura

$$l = 2\pi a, \quad y_1 = c,$$

et, par conséquent,

$$S = 4\pi^2 ac.$$

Quand le cercle touchera l'axe de rotation, on aura $c = a$, et la surface engendrée sera équivalente au carré dont le côté est égal à la circonférence $2\pi a$ du cercle générateur.

§ II. *Centres de gravité des surfaces.*

75. Soient toujours x, y, z, les coordonnées d'un point quelconque M, et x_1, y_1, z_1, celles du centre de gravité qu'il s'agit de déterminer. Je considère z comme une fonction donnée de x et y; je fais

$$\frac{dz}{dx} = p, \quad \frac{dz}{dy} = q,$$

et j'appelle ω l'élément de la surface donnée qui ré pond au point M; on aura (n° 21)

$$\omega = dxdy\sqrt{1 + p^2 + q^2}.$$

Quel que soit le point de ω où se trouve le centre de gravité de cet élément, ses coordonnées différeront infiniment peu de x, y, z; on pourra donc prendre ωx, ωy, ωz, pour les momens de ω par rapport aux trois plans des coordonnées, et il en résultera (n°s 13 et 65)

$$\lambda = \iint \omega, \quad \lambda x_1 = \iint x\omega, \quad \lambda y_1 = \iint y\omega, \quad \lambda z_1 = \iint z\omega;$$

λ étant l'aire de la portion de surface dont on demande le centre de gravité, et les intégrales doubles s'étendant à tous les élémens de λ.

Dans le cas d'une surface plane, et en prenant son plan pour celui des x et y, les quantités p et q seront nulles, et l'on aura seulement à considérer les trois équations

$$\lambda = \iint dxdy, \quad \lambda x_1 = \iint xdxdy, \quad \lambda y_1 = \iint ydxdy.$$

Supposons que λ soit alors terminée par la courbe ABC (fig. 26); à chaque abscisse x ou OP répondront deux ordonnées PM et PN, que je représenterai par y et y', et qui seront données en fonctions de x par l'équation de cette courbe. Soient aussi α et β les abscisses OD et OE des points A et B où les tangentes sont parallèles aux ordonnées. Les intégrales devront être prises, d'abord depuis $y = \text{PN}$ jusqu'à $y = \text{PM}$, et ensuite depuis $x = \alpha$ et $x = \beta$; et il en résultera

$$\left.\begin{aligned} \lambda &= \int_\alpha^\beta (y - y')\,dx, \\ \lambda x_1 &= \int_\alpha^\beta (y - y')\,xdx, \\ \lambda y_1 &= \tfrac{1}{2}\int_\alpha^\beta (y^2 - y'^2)\,dx. \end{aligned}\right\} \quad (1)$$

Au lieu d'être circonscrite par une courbe fermée

ABC, si l'aire λ est comprise entre deux courbes différentes et entre deux droites parallèles à l'axe Oy des ordonnées, on tirera de l'équation de la courbe supérieure la valeur de y, et de l'équation de la courbe inférieure celle de y', et l'on prendra pour α et β les distances de ces deux parallèles au point O. Dans le cas le plus ordinaire, la courbe inférieure sera remplacée par l'axe Ox des abscisses; on aura donc $y'=0$, et simplement

$$\lambda=\int_{\alpha}^{\beta} y dx, \quad \lambda x_1=\int_{\alpha}^{\beta} yx dx, \quad \lambda y_1=\tfrac{1}{2}\int_{\alpha}^{\beta} y^2 dx, \qquad (2)$$

pour déterminer l'aire et le centre de gravité d'une portion de surface plane comprise entre une courbe donnée, l'axe des abscisses et deux ordonnées de cette courbe.

Observons aussi qu'on parvient directement aux équations (1) de la manière suivante.

Je partage l'aire ABC en élémens tels que MNN'M', infiniment minces et parallèles à l'axe Oy. J'appelle u la longueur de la droite MN; par ses deux extrémités M et N, si l'on mène des parallèles à l'axe Ox, on ajoutera à l'élément MNN'M', ou l'on en retranchera, des triangles infiniment petits du second ordre, qui n'en altéreront pas la grandeur; par conséquent, cet élément sera égal à udx. Si l'on désigne par v la distance du milieu de MN à l'axe Ox, on pourra prendre x et v pour les deux coordonnées du centre de gravité de cet élément; car il est évident qu'elles n'en pourront différer que de quantités infiniment petites. D'après les autres notations précédentes, on aura donc

$$\lambda=\int_{\alpha}^{\beta} udx,\ \lambda x_1=\int_{\alpha}^{\beta} xudx,\ \lambda y_1=\int_{\alpha}^{\beta} vudx. \quad (3)$$

D'ailleurs, y et y' étant toujours les ordonnées PM et PN qui répondent à une même abscisse quelconque, on a aussi

$$u = y - y', \quad v = \tfrac{1}{2}(y + y');$$

ce qui fait coïncider ces dernières formules avec les équations (1).

76. Pour premier exemple, je suppose qu'on demande le centre de gravité du triangle ABC (fig. 27).

Je place l'origine des coordonnées au sommet C, et je prends l'axe des x perpendiculaire à la base AB; je représente cette base par b, et la hauteur CD par h. Par le point quelconque P appartenant à CD, je mène la perpendiculaire MN à cette droite; CP et MN seront les variables x et u, et l'on aura la proportion

$$u : x :: b : h,$$

de laquelle on tire

$$u = \frac{bx}{h}.$$

On aura, en outre, $\alpha = 0$ et $\beta = h$. Au moyen de ces valeurs, les deux premières équations (3) donneront

$$\lambda = \tfrac{1}{2}bh, \quad \lambda x_1 = \tfrac{1}{3}bh^2;$$

d'où il résulte

$$x_1 = \tfrac{2}{3}h.$$

On n'aura pas besoin de calculer la valeur de y_1;

car si E est le milieu de AB, et qu'on tire la droite CE, elle coupera en deux parties égales tous les élémens du triangle parallèles à AB, et contiendra, conséquemment, son centre de gravité. Si donc on prend sur CD une partie

$$CF = \tfrac{2}{3}\,CD = x_1,$$

et qu'on élève la droite FG perpendiculaire à CD, le point G où elle rencontrera CE sera le centre de gravité du triangle. La droite FG coupant CD et CE en parties proportionnelles, on aura aussi

$$CG = \tfrac{2}{3}\,CE;$$

ce qui montre que le centre de gravité d'un triangle se trouve sur la droite qui joint son sommet au milieu de sa base, aux deux tiers de cette droite à partir du sommet, ou au tiers à partir de la base.

77. On démontre aussi ce théorème sans le secours du calcul intégral.

En effet, par la décomposition du triangle ABC (fig. 28) en élémens parallèles au côté AB, on prouvera que son centre de gravité se trouve sur la droite CD, qui joint le sommet C au milieu D de ce côté. En le décomposant en élémens parallèles au côté CA, on prouvera de même que ce centre de gravité est aussi sur la droite BE qui va du sommet B au milieu E de CA; ce point sera donc situé à l'intersection G des deux droites CD et BE. Or, si l'on tire la droite DE, elle sera parallèle à CB, puisqu'elle coupe CA et AB en parties proportionnelles; il en résultera donc

DE : CB :: AD : AB :: 1 : 2,

DG : CG :: DE : CB :: 1 : 2;

en sorte que DG sera la moitié de CG, et, conséquemment, le tiers de CD; ce qu'il s'agissait de démontrer.

On en peut conclure que les trois droites qui vont des sommets d'un triangle aux milieux des côtés opposés, doivent se couper en un même point; ce qui est conforme à un théorème connu.

Si les sommets A, B, C, du triangle sont les centres de gravité de trois masses égales, le centre de gravité de ces trois corps coïncidera avec celui du triangle; car le centre de gravité des deux masses qui répondent à A et B se trouvera d'abord au milieu D de la droite AB; et ensuite le centre de gravité de ces deux masses et de la troisième sera le point G de la droite CD, tel que GD est moitié de CG ou le tiers de CD.

Il suit de là et du théorème du n° 67, que si l'on applique au centre de gravité G d'un triangle, des forces représentées en grandeur et en direction par les droites GA, GB, GC, qui vont de ce point aux trois sommets, ces trois forces seront en équilibre.

78. Connaissant le centre de gravité d'un triangle, on en déduit successivement ceux d'un secteur et d'un segment circulaires.

Soient CADB (fig. 29) le secteur, et C le centre du cercle. Si l'on considère l'arc ADB comme une portion de polygone d'une infinité de côtés égaux, on pourra décomposer le secteur en élémens triangulaires aussi égaux, qui auront tous ces côtés pour bases et leur sommet commun au point C. On appliquera ensuite la force qui agit sur chacun de ces élémens à son centre de gravité; et comme la distance au point C de chaque centre de gravité est les deux tiers du rayon du cercle, il en résultera un système de forces parallèles et égales, appliquées à tous les élémens de l'arc A'D'B', décrit du point C comme centre, et d'un rayon égal à $\frac{2}{3}$ CD. Par conséquent, le centre de gravité du secteur sera le centre de ces forces parallèles, c'est-à-dire, le centre de gravité de cet arc A'D'B'. Or, en désignant par a, l, c, le rayon CD, l'arc ADB et la corde AB, les quantités analogues, relativement à A'D'B', seront $\frac{2}{3}a$, $\frac{2}{3}l$, $\frac{2}{3}c$; si donc G est le centre de gravité demandé, et qu'on fasse CG $= x$, on aura, d'après le théorème du n° 70,

$$x = \frac{2ac}{3l}.$$

Maintenant, soient S, S', S_1, les surfaces du secteur CADB, du triangle CAB et du segment ADBE; appelons G, G', G_1, leurs centres de gravité, qui seront évidemment sur le rayon CD aboutissant au milieu D de l'arc ADB; si l'on désigne par x, x', x_1, les distances de ces trois points au centre C, et qu'on y applique des forces parallèles et proportionnelles à S, S', S_1, la première sera la résultante des deux autres; en considérant les momens de ces forces, on aura donc

$$Sx = S'x' + S_1x_1.$$

On a, d'ailleurs,

$$S = \frac{1}{2}al, \qquad x = \frac{2ac}{3l}.$$

En appelant h la hauteur CE du triangle dont la base est AB ou c, on a aussi

$$S' = \tfrac{1}{2} ch, \qquad x' = \tfrac{2}{3} h.$$

Donc, à cause de

$$S_1 = S' - S = \tfrac{1}{2}(al - ch);$$

l'équation des momens deviendra

$$\tfrac{1}{3} a^2 c = \tfrac{1}{3} ch^2 + \tfrac{1}{2}(al - ch)\, x_1;$$

et elle fera connaître la distance x_1 du centre de gravité du segment ADBE au centre du cercle. En observant que

$$c = 2a \sin \frac{l}{2a}, \qquad h = a \cos \frac{l}{2a},$$

on en déduira

$$x_1 = \frac{4a^2 \sin^3 \dfrac{l}{2a}}{3\left(l - a \sin \dfrac{l}{a}\right)}.$$

Lorsque l'arc l est la demi-circonférence, on a $l = \pi a$; le secteur et le segment coïncident, ainsi que les distances x et x_1, dont la valeur commune est

$$x = x_1 = \frac{4a}{3\pi}.$$

79. Si l'on prend successivement les trois sections coniques pour la courbe à laquelle répondent les formules (2), les intégrations s'effectueront par les règles connues, et l'on pourra obtenir, sous forme finie, les valeurs des deux coordonnées x_1 et y_1 du centre de

gravité. J'indique cet exemple comme exercice de calcul, et je passe immédiatement à la détermination du centre de gravité de l'aire de la cycloïde.

Soit CPM (fig. 25) le segment dont on veut trouver le centre de gravité ; en désignant par x et y l'abscisse CP et l'ordonnée PM, comme dans l'équation (a) du n° 73, il faudra que les intégrales contenues dans les formules (2) s'évanouissent quand $x = 0$; et en intégrant par partie, ces formules deviendront

$$\left.\begin{aligned} \lambda &= xy - \int x dy, \\ \lambda x_1 &= \tfrac{1}{2} x^2 y - \tfrac{1}{2}\int x^2 dy, \\ \lambda y_1 &= \tfrac{1}{2} xy^2 - \int xy dy; \end{aligned}\right\} \quad (4)$$

les nouvelles intégrales s'évanouissant aussi en même temps que x.

En vertu de l'équation (a), on a

$$\int x dy = \int \sqrt{ax - x^2}\, dx;$$

mais si N est le point où l'ordonnée PM rencontre le cercle décrit sur CD comme diamètre, cette dernière intégrale exprime le demi-segment circulaire CNP ; en représentant, pour abréger, par γ l'aire de ce demi-segment, on aura donc

$$\lambda = xy - \gamma.$$

Dans le cas où le point M coïncide avec le point A, on aura

$$x = \text{CD} = a, \quad y = \text{DA} = \tfrac{1}{2}\pi a, \quad \gamma = \tfrac{1}{8}\pi a^2,$$

et, par conséquent,

$$\lambda = \tfrac{3}{8}\pi a^2.$$

L'aire CAD de la demi-cycloïde est donc triple de celle du demi-cercle CND, dont le rayon est $\frac{1}{2}a$, ou, autrement dit, l'aire de la cycloïde entière est égale à trois fois celle de son cercle générateur.

On aura aussi

$$\int x^2 dy = \int x\sqrt{ax - x^2}\, dx,$$

ou, ce qui est la même chose,

$$\int x^2 dy = \tfrac{1}{2}a\int \sqrt{ax - x^2}\, dx - \int(\tfrac{1}{2}a - x)\sqrt{ax - x^2}\, dx.$$

La dernière intégrale s'obtient immédiatement; et à cause qu'elle doit s'évanouir, quand $x = 0$, nous aurons

$$\lambda x_1 = \tfrac{1}{2}x^2 y - \tfrac{1}{4}a\gamma + \tfrac{1}{6}(ax - x^2)^{\frac{3}{2}};$$

équation qui fera connaître la valeur de x_1 d'après celle de λ.

Dans le cas de la demi-cycloïde CAD, où l'on a, en même temps,

$$x = a,\ y = \tfrac{1}{2}\pi a,\ \gamma = \tfrac{1}{8}\pi a^2,\ \lambda = \tfrac{3}{8}\pi a^2,$$

on en conclura

$$x_1 = \frac{7a}{12},$$

pour la distance de son centre de gravité à l'axe Cy. Ainsi, le centre de gravité de l'aire entière de la cycloïde se trouve aux sept-douzièmes de la hauteur CD, à partir du sommet C.

Relativement à un segment quelconque CMP, il reste à déterminer l'ordonnée y_1; ce qui exige un calcul plus compliqué.

80. En vertu de l'équation (a), on a

$$\int xydy = \int y\sqrt{ax - x^2}\,dx,$$

et la valeur de y peut s'écrire ainsi :

$$y = \int \frac{(\frac{1}{2}a - x)\,dx}{\sqrt{ax - x^2}} + \frac{a}{2}\int \frac{dx}{\sqrt{ax - x^2}};$$

en faisant donc, pour un moment,

$$\int \frac{dx}{\sqrt{ax - x^2}} = z,$$

et supposant que cette intégrale soit nulle comme toutes les autres, quand $x = 0$, on aura

$$y = \sqrt{ax - x^2} + \tfrac{1}{2}az;$$

d'où il résultera

$$\int xydy = \tfrac{1}{2}ax^2 - \tfrac{1}{3}x^3 + \tfrac{1}{2}a\int z\sqrt{ax - x^2}\,dx. \quad (5)$$

Parce que l'on a fait

$$\gamma = \int \sqrt{ax - x^2}\,dx,$$

on aura, en intégrant par partie,

$$\int z\sqrt{ax - x^2}\,dx = z\gamma - \int \gamma dz. \quad (6)$$

On peut écrire l'expression de γ sous la forme

$$\gamma = \frac{1}{4}a^2\int \frac{dx}{\sqrt{ax - x^2}} - \int \frac{(\frac{1}{2}a - x)^2\,dx}{\sqrt{ax - x^2}};$$

et en intégrant par partie dans le second terme, il vient

$$\gamma = \frac{1}{4}a^2\int \frac{dx}{\sqrt{ax - x^2}} - \left(\frac{1}{2}a - x\right)\sqrt{ax - x^2} - \int \sqrt{ax - x^2}\,dx;$$

d'où l'on conclut

$$y = \tfrac{1}{8}a^2z - \tfrac{1}{2}(\tfrac{1}{2}a - x)\sqrt{ax - x^2}.$$

A cause de $\sqrt{ax - x^2}dz = dx$, on aura donc

$$\int ydz = \tfrac{1}{16}a^2z^2 - \tfrac{1}{4}(ax - x^2).$$

Je substitue ces valeurs de y et $\int ydz$ dans l'équation (6); il en résulte

$$\int z\sqrt{ax - x^2}dx = \frac{1}{16}a^2z^2 - \frac{z}{2}\left(\frac{1}{2}a - x\right)\sqrt{ax - x^2} + \frac{1}{4}(ax - x^2);$$

ce qui change l'équation (5) en celle-ci :

$$\int xydy = \tfrac{1}{8}a^2x + \tfrac{3}{8}ax^2 - \tfrac{1}{3}x^3 \\ + \tfrac{1}{32}a^3z^2 - \tfrac{1}{4}az(\tfrac{1}{2}a - x)\sqrt{ax - x^2}. \quad (7)$$

Au moyen de cette valeur et de celle de z, savoir :

$$z = arc\left(\cos = \frac{a - 2x}{a}\right),$$

la troisième équation (4) ne contiendra plus rien d'inconnu, et fera connaître la valeur de y, pour un segment quelconque CMP.

Dans le cas de la demi-cycloïde CAD, on aura

$$x = a, \quad z = arc(\cos = -1) = \pi;$$

la formule (7) se réduira à

$$\int xydy = a^3\left(\frac{1}{6} + \frac{\pi^2}{32}\right);$$

et à cause de

$$y = \tfrac{1}{2}\pi a, \qquad \lambda = \tfrac{3}{8}\pi a^2,$$

la troisième équation (4) donnera

$$y_1 = \frac{\pi a}{4}\left(1 - \frac{4}{9\pi^2}\right);$$

ce qui, joint à la valeur de x_1 du numéro précédent, déterminera complètement la position du centre de gravité.

81. Soit S l'aire d'une zone de surface de révolution, comprise entre deux plans perpendiculaires à son axe de figure. Cet axe renfermera le centre de gravité de S : je le prendrai pour l'axe des x; et je désignerai par x_1 la distance de ce centre à l'origine des coordonnées, et par α et β les distances à la même origine, des deux plans qui terminent S; la détermination du centre de gravité de cette zone se réduira à celle de la valeur de x_1.

Je décompose S en élémens dont chacun sera la surface d'un cône tronqué décrite par le côté infiniment petit de la courbe génératrice, comme dans le n° 74; celui qui répond au point M de cette courbe dont les coordonnées sont x et y, sera égal à $2\pi y\sqrt{dx + dy^2}$; il aura aussi son centre de gravité sur l'axe des x, et l'on pourra prendre x pour la distance de ce point à l'origine des coordonnées, puisqu'elle ne pourra différer de x que d'un infiniment petit. Cela étant, on aura (n°s 13 et 65),

$$\left.\begin{aligned} S &= 2\pi\int_\alpha^\beta y \sqrt{1 + \frac{dy^2}{dx^2}}dx, \\ Sx_1 &= 2\pi\int_\alpha^\beta xy \sqrt{1 + \frac{dy^2}{dx^2}}dx, \end{aligned}\right\} \quad (8)$$

en considérant y comme une fonction de x, donnée par l'équation de la génératrice.

Si cette courbe est, par exemple, un arc de cercle; que l'on place l'origine des coordonnées à son centre, et qu'on appelle a son rayon, on aura

$$y = \sqrt{a^2 - x^2};$$

d'où il résultera

$$S = 2\pi a(\beta - \alpha),$$
$$Sx_1 = \pi a(\beta^2 - \alpha^2),$$

et, par conséquent,

$$x_1 = \tfrac{1}{2}(\alpha + \beta);$$

ce qui montre que le centre de gravité d'une zone sphérique est au milieu de la partie du diamètre comprise entre les deux plans qui la terminent, et perpendiculaire à ces plans.

82. La cycloïde nous fournira deux exemples de l'application des formules (8), en faisant tourner successivement l'arc CM (fig. 25) autour de l'axe Cx et de l'axe Cy.

Dans le premier cas, on aura, en vertu de l'équation (a) du n° 73,

$$S = 2\pi\sqrt{a}\int y\frac{dx}{\sqrt{x}}, \qquad Sx_1 = 2\pi\sqrt{a}\int y\sqrt{x}\,dx;$$

les intégrales étant prises de manière qu'elles s'évanouissent au point C, où l'on a $x = 0$. En intégrant par partie, et ayant égard à la valeur de dy, donnée par la même équation (a), il vient

$$S = 4\pi y\sqrt{ax} - 4\pi\sqrt{a}\int\sqrt{a - x}\,dx,$$
$$Sx_1 = \frac{4\pi}{3}yx\sqrt{ax} - \frac{4\pi}{3}\sqrt{a}\int x\sqrt{a - x}\,dx,$$

et, par conséquent,

$$S = 4\pi y\sqrt{ax} + \frac{8\pi}{3}\sqrt{a}\,(a-x)^{\frac{3}{2}} - \frac{8\pi}{3}a^2,$$

$$Sx_1 = \frac{4\pi}{3}yx\sqrt{ax} + \frac{8\pi}{9}x\sqrt{a}\,(a-x)^{\frac{3}{2}}$$
$$+\frac{16\pi}{45}\sqrt{a}\,(a-x)^{\frac{5}{2}} - \frac{16\pi}{45}a^3;$$

ce qui fait connaître la surface concave vers l'axe de figure, engendrée par l'arc CM, et la distance de son centre de gravité au point C. Quand cet arc devient la demi-cycloïde CA, on a $x = a$ et $y = \frac{1}{2}\pi a$, et, conséquemment,

$$S = 2\pi a^2\left(\pi - \frac{4}{3}\right), \qquad Sx_1 = \frac{2\pi a^3}{3}\left(\pi - \frac{8}{15}\right).$$

Dans le second cas, il faudra, pour continuer de faire usage de l'équation (a) du n° 73, permuter x et y dans les formules (8), lesquelles deviendront, par là,

$$S = 2\pi\int x\sqrt{1 + \frac{dy^2}{dx^2}}\,dx,$$
$$Sy_1 = 2\pi\int xy\sqrt{1 + \frac{dy^2}{dx^2}}\,dx;$$

y_1 étant la distance au point C, du centre de gravité de S situé sur la droite Cy, et les intégrales s'évanouissant au point C, c'est-à-dire, quand $x = 0$. D'après l'équation (a), nous aurons

$$S = 2\pi\int x\sqrt{\frac{a}{x}}\,dx = \frac{4\pi}{3}x\sqrt{ax};$$

la valeur de Sy_1 sera la même que celle de Sx_1 du

premier cas, et en la divisant par cette valeur de S, on aura la distance au point C, du centre de gravité de la surface convexe vers l'axe de figure, engendrée par l'arc CM. Lorsque cet arc deviendra la demi-cycloïde CA, la surface engendrée sera égale à $4\pi a^2$; en même temps, la distance y_1 aura pour valeur

$$y_1 = \frac{a}{2}\left(\pi - \frac{8}{15}\right).$$

On peut remarquer que quand un même arc de courbe tourne successivement autour de deux axes rectangulaires et passant par une de ses extrémités, le second membre de la seconde équation (8) ne change pas de valeur, et, par conséquent, les distances à cette extrémité, des centres de gravité des deux surfaces engendrées, sont en raison inverse des aires de ces surfaces.

83. Si la courbe ABC (fig. 26) tourne autour de l'axe Ox, compris dans son plan et qui ne la traverse pas, sa surface engendrera un solide de révolution dont le volume, que je représenterai par V, pourra s'exprimer au moyen de l'aire de cette surface et de l'ordonnée y_1 de son centre de gravité.

En conservant toutes les notations du n° 75, il est aisé de voir qu'on aura

$$V = \pi \int_{\alpha}^{\zeta} (y^2 - y'^2)\, dx.$$

En effet, la tranche infiniment petite de ce volume, engendrée par l'élément MNN'M' de l'aire génératrice, sera la différence $\pi y^2 dx - \pi y'^2 dx$ des deux cylindres dont les rayons sont PM et PN, et qui ont dx

pour hauteur commune; car on peut négliger les volumes infiniment petits du second ordre, engendrés par les triangles que l'on retranche de cet élément, ou qu'on y ajoute, en menant par les points M et N des parallèles à l'axe Ox. Or, si l'on compare cette expression de V à la troisième formule (1) du numéro cité, on a

$$V = 2\pi\lambda y_1;$$

ce qui montre que le volume engendré par l'aire λ d'une courbe plane est égal à cette aire multipliée par la circonférence $2\pi y_1$ du cercle que décrit son centre de gravité; théorème analogue à celui du n° 74, et qui servira à déterminer le volume V quand le centre de gravité de λ sera connu *à priori*. Il subsistera encore, lorsque la surface génératrice, au lieu d'être circonscrite par une courbe fermée, sera comprise entre deux courbes différentes et deux perpendiculaires à l'axe de figure, pourvu que cet axe ne passe pas entre ces deux courbes planes.

Si l'aire génératrice est un demi-cercle tournant autour de son diamètre, la distance de son centre de gravité à cet axe de rotation sera égale à $\frac{4a}{3\pi}$ (n° 78), en désignant par a son rayon; la circonférence décrite par ce point aura donc $\frac{8a}{3}$ pour longueur; et comme l'aire du demi-cercle est $\frac{1}{2}\pi a^2$, on aura

$$V = \frac{4\pi a^3}{3};$$

ce qui est, effectivement, le volume de la sphère.

Supposons encore que la courbe fermée ABC soit une ellipse, et représentons par a et b ses deux demi-axes, et par c la distance de son centre à l'axe de rotation. L'aire λ sera, comme on sait, égale à πab; et son centre de gravité étant évidemment le centre de figure, on aura $y_1 = c$; d'où il résultera

$$V = 2\pi^2 abc,$$

quelle que soit l'inclinaison de l'un ou l'autre des axes de l'ellipse sur l'axe de rotation.

84. Il est évident que le segment du solide de révolution compris entre deux plans passant par l'axe de figure, est au solide entier comme l'angle de ces deux plans est à quatre angles droits, ou, ce qui est la même chose, comme l'arc décrit entre les deux plans, par le centre de gravité de l'aire génératrice, est à la circonférence entière $2\pi y_1$. Donc, en appelant l la longueur de cet arc, et L le volume du segment, on aura

$$L = l\lambda;$$

λ étant toujours l'aire génératrice qui, par hypothèse, n'est point traversée par l'axe de rotation.

Cette formule peut s'étendre de la manière suivante à d'autres segmens qui n'appartiennent pas à des solides de révolution.

Supposons, en effet, qu'une courbe plane se meuve sans glisser ni tourner dans son plan, et de telle sorte que ce plan soit constamment perpendiculaire à une ligne donnée, qui peut être une courbe plane ou à double courbure. Dans ce mouvement, le même point de ce plan demeurera toujours sur la directrice, et les autres points décriront des courbes semblables à cette ligne. Soient λ, L, l, l'aire de la courbe génératrice, le volume engendré par cette surface, et la longueur de la courbe parcourue par son centre de gravité. Si l était un arc de cercle, L serait un segment de solide de révolution; mais, dans tous les cas, on peut diviser l en parties infiniment petites, dont chacune se confondra avec le cercle osculateur qui lui correspond. Désignons par α l'une de ces parties, et par v le volume du segment correspondant de L; et supposons que les plans perpendiculaires à sa direction, par lesquels v est terminé, se coupent suivant une droite qui ne traverse pas l'aire de la génératrice. Cet élément v de L sera un segment de solide de révolution; et d'après l'équation précédente, on aura

$$v = \alpha\lambda.$$

Donc, en prenant la somme de toutes les valeurs de v et observant que le facteur λ est constant, il en résultera que le volume L est égal au produit de l et λ, comme dans le cas d'un solide de révolution. La règle que cette équation $L = \lambda l$ renferme est utile dans la pratique, et susceptible d'un assez grand nombre d'applications; toutefois, on ne devra point oublier qu'elle n'a plus lieu quand les génératrices consécutives se coupent sur la surface engendrée, et forment, par leurs intersections successives, ce qu'on appelle une *arête de rebroussement*.

85. La considération du centre de gravité fournit aussi une règle pour évaluer le volume d'un prisme

ou d'un cylindre à base quelconque, tronqué par un plan incliné sur cette base.

Soient γ l'aire d'une section de cylindre perpendiculaire à sa génératrice, λ l'aire de la section inclinée qui le termine, θ l'angle de ces deux plans, ω un élément quelconque de λ, ε sa projection sur le plan de γ, ou l'élément correspondant de l'aire γ, qui est elle-même la projection de λ. D'après le théorème du n° 10, on aura

$$\gamma = \lambda \cos \theta, \qquad \varepsilon = \omega \cos \theta.$$

Cela étant, je suppose que λ soit la surface à laquelle se rapportent les formules générales du n° 75, et que θ représente l'inclinaison de son plan sur celui des x et y. Je multiplie la troisième de ces formules par $\cos \theta$, et je fais passer ce facteur constant sous le signe $\iint$; en vertu des valeurs de γ et ε, on aura

$$\gamma z_1 = \iint z\varepsilon.$$

Or, cette intégrale double est le volume du cylindre tronqué compris entre les deux sections γ et λ, et décomposé en filets infiniment minces et perpendiculaires à γ, en supposant, toutefois, que ces deux sections ne se coupent pas mutuellement; il s'ensuit donc que le cylindre tronqué est égal à un cylindre droit ayant la même base γ, et pour hauteur la distance z_1 à cette base, du centre de gravité de la section inclinée.

Ce théorème est évident dans le cas ordinaire, où la base du cylindre est un cercle et la section inclinée une ellipse; car en menant par le centre de cette courbe un plan parallèle à la base, ce cylindre ne change pas de volume, puisque le segment qu'on en retranche est évidemment égal à celui qu'on y ajoute.

Si les aires désignées par γ et λ se coupent mutuellement, le volume se composera de deux segmens dont l'intégrale $\iint z\varepsilon$ exprimera la différence et non pas la somme. Quand le cylindre sera terminé par deux sections inclinées dont les aires ne se coupent pas, on pourra toujours le diviser en deux parties, dont la base commune et perpendiculaire à la génératrice, ne coupera ni l'une ni l'autre de ces deux sections; et en observant que leurs centres de gravité se trouvent sur une même droite perpendiculaire à cette base, on voit que le volume total sera égal à l'aire de cette base multipliée par la distance mutuelle de ces deux points.

§ III. *Centres de gravité des volumes et des corps.*

86. La détermination du centre de gravité d'un volume dépend, en général, de plusieurs intégrales triples; mais il y a des corps pour lesquels la position de ce centre se détermine par des intégrales simples. Ce sont ces corps que nous allons d'abord considérer.

Le centre de gravité d'une pyramide ou d'un cône à base quelconque se trouve sur la droite qui va de son sommet au centre de gravité de la base; car cette droite rencontre toutes les sections parallèles à la base, en des points homologues qui sont leurs centres de gravité, et qu'on peut aussi prendre pour les centres de gravité des élémens de ce corps, infiniment minces et parallèles à sa base. Par conséquent, la droite dont il s'agit contient le centre de gravité de la pyramide ou du cône, et il ne reste plus qu'à déterminer sa position sur cette ligne.

Soient b et X l'aire de la base et celle d'une section parallèle; désignons par h et x les perpendiculaires abaissées du sommet sur leurs plans; nous aurons, comme on sait,

$$X : b :: x^2 : h^2,$$

et, conséquemment,

$$X = \frac{bx^2}{h^2}.$$

De plus, on pourra prendre Xdx pour l'élément du volume du cône ou de la pyramide; et si l'on appelle V son volume total et x_1 la valeur de x correspondante à la section qui contient le centre de gravité, on en conclura, comme dans les questions précédentes,

$$V = \int_0^h Xdx, \qquad Vx_1 = \int_0^h xXdx.$$

En substituant la valeur de X et effectuant les intégrations, il vient

$$V = \frac{bh}{3}, \qquad Vx_1 = \frac{bh^2}{4};$$

d'où l'on tire

$$x_1 = \frac{3}{4}h.$$

Mais si l'on mène par le centre de gravité un plan parallèle à la base, il coupera en parties proportionnelles la hauteur h et la droite qui va du sommet au centre de gravité de la base; il s'ensuit donc que le centre de gravité du cône ou de la pyramide à base quelconque se trouve aux trois quarts de cette droite, à partir du sommet, ou au quart, à partir de la base.

87. Relativement à la pyramide triangulaire, ce théorème se démontre sans le secours du calcul intégral.

Soit ABCD (fig. 30) cette pyramide. Soient aussi E et F les centres de gravité des faces ACD et BCD; tirons les droites BF et AE, dont les prolongemens se rencontreront au milieu H de l'arète CD; et ensuite dans le plan AHB, tirons les droites AF et BE, qui se couperont en un certain point G. Je dis que ce point sera le centre de gravité de la pyramide ABCD; car en la décomposant en élémens parallèles à la base ACD, on verra, comme dans le numéro précédent, que son centre de gravité doit se trouver sur la droite BE; et en la décomposant en élémens parallèles à BCD, on verra, de même, que ce point appartient à la droite AF. Ces deux droites AF et BE, qui sont effectivement dans un même plan, devront donc se couper, et leur intersection G sera le centre de gravité demandé.

Maintenant, dans le triangle ABH, la droite EF est parallèle à la base AB, puisqu'elle coupe les côtés AH et BH en parties proportionnelles, c'est-à-dire, au tiers à partir de H; on aura donc

$$FG : GA :: EF : AB :: EH : AH,$$

et, par conséquent,

$$FG : GA :: 1 : 3;$$

en sorte que FG est le tiers de GA ou le quart de AF; ce qu'il s'agissait de prouver.

On en conclut que si les quatre sommets A, B, C, D, de la pyramide sont les centres de gravité de masses égales, le point G sera le centre de gravité de ces quatre masses; car déjà le point F est celui des trois masses qui répondent à B, C, D (n° 77); et ensuite le point G, tel que GF est le tiers de GA, sera le centre de gravité de ces trois masses et de la quatrième.

Il suit de là (n° 67) que si l'on applique au centre de gravité de la pyramide triangulaire des forces représentées, en grandeur et en direction, par les droites qui vont de ce point aux quatre sommets, ces quatre forces se feront équilibre.

88. Ayant déterminé le centre de gravité d'une pyramide triangulaire, on en déduit immédiatement celui d'une pyramide ou d'un cône à base quelconque, en décomposant cette base en un nombre fini ou infini de triangles : le centre de gravité de cette pyramide ou de ce cône doit se trouver à la fois sur la droite qui va du sommet au centre de gravité de la base, et dans le plan parallèle à la base qui coupe toutes les lignes menées du sommet à cette base, aux trois quarts à partir du sommet; ce qui s'accorde avec le résultat du n° 86.

On en déduit aussi le centre de gravité d'un secteur sphérique. En effet, si l'on décompose ce secteur en une infinité de pyramides dont le sommet commun soit au centre de la sphère, et qui aient pour bases les élémens infiniment petits de la base du secteur, leurs centres de gravité se trouveront tous sur la base d'un secteur concentrique, dont le rayon sera les trois quarts de celui du secteur donné; d'où l'on conclut que le centre de gravité du secteur donné sera le même que celui de la base du secteur concentrique; ce qui en détermine la position.

Supposons que le secteur sphérique soit engendré par le secteur circulaire CADB (fig. 29), tournant autour du rayon CD, qui aboutit au milieu de l'arc AB; le triangle CAB et le segment circulaire ADB engendreront, en même temps, un cône et un segment sphérique; et le centre de gravité de ce segment sphérique se déterminera d'après ceux du secteur sphérique et du cône.

Pour cela, appelons V_1, V, V', les volumes respectifs de ces trois corps, et x_1, x, x', les distances de leurs centres de gravité au point C; nous aurons

$$V = V' + V_1, \qquad Vx = V'x' + V_1x_1. \quad (a)$$

Soient a le rayon CD, c la corde AB et f la flèche DE de l'arc ADB. Relativement au cône, on aura

$$V' = \tfrac{1}{12}\pi c^2(a-f), \qquad x' = \tfrac{3}{4}(a-f).$$

La base du secteur sphérique sera égale au produit de la flèche et de la circonférence du grand cercle, ou à $2\pi af$, et son volume aura pour valeur le produit de cette base et de $\frac{1}{3}a$, ou $\frac{2\pi a^2 f}{3}$. Si l'on décrit du point C comme centre, et d'un rayon égal à

$\frac{3}{4}$CD, un arc de cercle tel que A'D'B', le centre de gravité de la surface engendrée par cet arc se trouvera au milieu de la flèche D'E' (n° 81), ou, autrement dit, à une distance du point C égale à CD' — $\frac{1}{2}$D'E', dont la valeur est $\frac{3}{4}(a - \frac{1}{2}f)$. Donc, ce centre de gravité étant, d'après ce qu'on vient de dire, celui du secteur sphérique V, on aura

$$V = \frac{2\pi a^2 f}{3}, \qquad x = \frac{3}{4}\left(a - \frac{1}{2}f\right).$$

En substituant ces différentes valeurs dans les équations (a), il vient

$$\frac{2}{3}\pi a^2 f = \frac{1}{12}\pi c^2 (a - f) + V_1,$$
$$\frac{1}{2}\pi a^2 f\left(a - \frac{1}{2}f\right) = \frac{1}{16}\pi c^2 (a - f)^2 + V_1 x_1;$$

d'où l'on tirera les valeurs de V_1 et x_1.

Si l'on appelle l la longueur de l'arc AB, on aura

$$c = 2a \sin\frac{l}{2a}, \qquad f = a\left(1 - \cos\frac{l}{2a}\right),$$

et il en résultera

$$V_1 = \frac{2\pi a^3}{3}\left(1 - \cos\frac{l}{2a} - \frac{1}{2}\sin^2\frac{l}{2a}\cos\frac{l}{2a}\right),$$

$$x_1 = \frac{3a\sin^4\frac{l}{2a}}{8\left(1 - \cos\frac{l}{2a} - \frac{1}{2}\sin^2\frac{l}{2a}\cos\frac{l}{2a}\right)}.$$

Lorsque l'arc l est la demi-circonférence, on a $l = \pi a$, et par suite

$$V_1 = \frac{2\pi a^3}{3}, \qquad x_1 = \frac{3a}{8}.$$

89. On détermine aussi par des intégrales simples le volume et le centre de gravité de tout corps symétrique par rapport à un axe, comme un ellipsoïde, par exemple.

Soient x, y, z, les trois coordonnées rectangulaires d'un point quelconque de la surface; prenons l'axe de figure pour celui des x, et désignons par X l'aire de la section perpendiculaire à cette droite, qui répond à l'extrémité de l'abscisse x. Si l'on décompose le volume en élémens infiniment minces et perpendiculaires à l'axe de figure, on pourra prendre Xdx pour le volume d'un élément quelconque, et x pour la distance de son centre de gravité à l'origine des coordonnées. Donc, en désignant par V une tranche comprise entre deux sections correspondantes à des abscisses données α et β, et par x_1 la distance de son centre de gravité à l'origine des coordonnées, nous aurons

$$V = \int_{\alpha}^{\beta} X\,dx, \quad Vx_1 = \int_{\alpha}^{\beta} xX\,dx.$$

Dans le cas de l'ellipsoïde, l'équation de la surface est

$$\frac{x^2}{a^2} + \frac{y^2}{b^2} + \frac{z^2}{c^2} = 1;$$

a, b, c, désignant les trois demi-axes. Ceux de la section X seront

$$b\sqrt{1 - \frac{x^2}{a^2}}, \quad c\sqrt{1 - \frac{x^2}{a^2}};$$

on aura donc

$$X = bc\left(1 - \frac{x^2}{a^2}\right),$$

et, par conséquent,

$$V = \pi bc(\beta - \alpha)\left(1 - \frac{\alpha^2 + \alpha\beta + \beta^2}{3a^2}\right),$$

$$Vx_1 = \frac{1}{2}\pi bc(\beta^2 - \alpha^2)\left(1 - \frac{\alpha^2 + \beta^2}{2a^2}\right);$$

d'où l'on tire

$$x_1 = \frac{3(\alpha + \beta)(2a^2 - \alpha^2 - \beta^2)}{4(3a^2 - \alpha^2 - \alpha\beta - \beta^2)}.$$

Si l'on applique cette formule au segment sphérique que l'on a considéré dans le n° précédent, il faudra prendre

$$\alpha = a\cos\frac{l}{2a}, \quad \beta = a;$$

ce qui donne

$$x_1 = \frac{3a\left(1 + \cos\frac{l}{2a}\right)\sin^2\frac{l}{2a}}{4\left(1 - \cos\frac{l}{2a} + \sin^2\frac{l}{2a}\right)};$$

et en multipliant le numérateur et le dénominateur de cette fraction par $1 - \cos\frac{l}{2a}$, on vérifie qu'elle coïncide avec la valeur de x_1 déjà trouvée.

Pour avoir la valeur entière de l'ellipsoïde, il faudra faire $\beta = a$ et $\alpha = -a$; ce qui donne

$$V = \frac{4\pi abc}{3}.$$

Ce volume est aussi donné par l'intégrale triple $\iiint dxdydz$, étendue à tous les élémens de l'espace terminé par la surface de l'ellipsoïde; mais en faisant

$$x = ax', \quad y = by', \quad z = cz',$$

l'équation de cette surface devient

$$x'^2 + y'^2 + z'^2 = 1,$$

et l'intégrale triple se change en

$$abc \int\int\int dx'dy'dz'.$$

Cette nouvelle intégrale devra s'étendre à tous les élémens de l'espace circonscrit par la surface qui répond à l'équation précédente ; elle sera, par conséquent, le volume de la sphère qui a l'unité pour rayon; et ce volume étant égal à $\frac{4\pi}{3}$, il en résulte $\frac{4\pi abc}{3}$, comme précédemment, pour celui de l'ellipsoïde.

(90). Les corps symétriques autour d'un axe comprennent les solides de révolution. Nous prendrons toujours l'axe de figure pour celui des abscisses x. En supposant alors un solide de cette nature engendré par une aire plane, comprise entre deux courbes données et les perpendiculaires à l'axe des x qui répondent à $x = \alpha$ et $x = \beta$, et désignant par y et y' les ordonnées de ces courbes relatives à une même abscisse quelconque x, il faudra faire

$$X = \pi (y^2 - y'^2),$$

dans les formules du numéro précédent; ce qui donne

$$V = \pi \int_\alpha^\beta (y^2 - y'^2) dx, \quad Vx_1 = \pi \int_\alpha^\beta (y^2 - y'^2) x dx$$

Dans le cas le plus ordinaire où la courbe intérieure

se confondra avec l'axe de figure, on aura $y' = 0$, et simplement

$$V = \pi \int_a^c y^2 dx, \quad Vx_1 = \pi \int_a^c y^2 x dx. \quad (b)$$

La cycloïde fournira encore des exemples de l'application de ces formules, dans lesquels toutes les intégrations s'effectueront sous forme finie.

Si l'on considère le solide convexe, engendré par l'aire CMP (fig. 25) tournant autour de l'axe Cx, on intégrera d'abord par partie; ce qui donnera

$$V = \pi x y^2 - 2\pi \int xy dy,$$
$$Vx_1 = \tfrac{1}{2}\pi x^2 y^2 - \pi \int x^2 y dy;$$

les intégrales étant prises de manière qu'elles s'évanouissent au point C, ou quand $x = 0$. En vertu de l'équation (a) du n° 73, on aura donc

$$V = \pi x y^2 - 2\pi \int y \sqrt{ax - x^2}\, dx,$$
$$Vx_1 = \tfrac{1}{2}\pi x^2 y^2 - \pi \int yx \sqrt{ax - x^2}\, dx;$$

et les calculs s'achèveront par des transformations semblables à celles du n° 80. Dans le cas du volume engendré par la demi-cycloïde CAB, on trouve

$$V = \frac{\pi a^3}{3}\left(\frac{9\pi^2}{16} - 1\right), \quad x_1 = \frac{(63\pi^2 - 64)a}{12(9\pi^2 - 16)}.$$

S'il s'agit, au contraire, du solide convexe engendré par l'aire CMP, tournant autour de l'axe Cy, il faudra préalablement permuter x et y dans les équations (b); d'où il résultera

$$V = \pi \int x^2 dy, \quad Vy_1 = \pi \int x^2 y dy;$$

y_1 étant la distance au point C, du centre de gravité qui se trouve sur l'axe Cy, et les intégrales s'évanouissant en ce point C. En vertu de l'équation (a) de la cycloïde, on aura donc

$$V = \pi\int x\sqrt{ax - x^2}\,dx, \quad Vy_1 = \pi\int yx\sqrt{ax - x^2}\,dx.$$

La première intégrale s'obtiendra sans difficulté ; la seconde, par des transformations semblables à celles du n° 80. Dans le cas où CM sera la demi-cycloïde entière, on trouvera

$$V = \frac{\pi^2 a^3}{16}, \quad y_1 = \left(\frac{16}{9} + \frac{\pi^2}{4}\right)\frac{a}{\pi}.$$

91. Maintenant, soient x_1, y_1, z_1, les trois coordonnées rectangulaires du centre de gravité d'un corps de forme quelconque, homogène ou hétérogène, dont la masse sera représentée par M. D'après ce qu'on a déjà dit dans le n° 65, il faudra, pour déterminer ces trois inconnues, diviser M en parties infiniment petites, et changer, en conséquence, les sommes en intégrales dans les seconds membres des équations (1) de ce numéro. On aura, de cette manière,

$$Mx_1 = \int\int\int x\,dm, \quad My_1 = \int\int\int y\,dm, \quad Mz_1 = \int\int\int z\,dm; \quad (1)$$

dm étant l'élément différentiel de la masse du corps qui répond aux coordonnées x, y, z. En appelant ρ la densité de ce même élément, et dv son volume, on aura aussi

$$dm = \rho\,dv.$$

On pourra prendre maintenant, pour l'élément dv du volume, le parallélépipède rectangle dont les trois côtés adjacens sont parallèles aux axes des x,

y, z, et égaux aux différentielles dx, dy, dz; d'où il résultera

$$dv = dxdydz.$$

Si le corps est homogène, sa densité sera constante ; en désignant par V son volume, on aura

$$M = \rho V;$$

et les équations (1) deviendront

$$Vx_1 = \iiint x dv, \; Vy_1 = \iiint y dv, \; Vz_1 = \iiint z dv. \quad (2).$$

Si le corps est hétérogène, il pourra se présenter deux cas différens. Dans le premier cas, ce corps se composera de parties homogènes de grandeur finie, et la densité ne variera que d'une partie à l'autre. On appliquera donc à chacune d'elles les équations (2), puis on déterminera le centre de gravité du corps entier d'après ceux de toutes ses parties (n° 64). Dans le second cas, la densité variera par degrés insensibles dans l'intérieur du corps; et alors on fera usage des équations (1), dans lesquelles ρ devra être une fonction donnée de x, y, z.

Toutefois, on doit remarquer que, soit qu'il s'agisse d'un corps homogène ou d'un corps hétérogène, la division de la masse en élémens infiniment petits, dont les densités sont les mêmes ou ne varient que par degrés insensibles, suppose que ce corps est formé d'une matière continue. Or, cela n'a pas lieu dans la nature, où les corps, au contraire, se composent de parties matérielles disjointes et séparées les unes des autres par des espaces vides, comparables en grandeur aux parties pleines. Nous reviendrons sur cette observation dans le chapitre suivant, et nous ferons voir qu'on peut, néanmoins, appliquer les formules (1) et (2) aux corps naturels, comme si la matière n'éprouvait aucune discontinuité dans leur intérieur.

92. Au lieu des coordonnées x, y, z, il sera quelquefois nécessaire, pour faciliter les intégrations, d'employer les coordonnées polaires de chaque élément dm. Soit alors r son rayon vecteur, θ l'angle qu'il fait avec l'axe des x positives, et ψ l'angle compris entre le plan de ces deux droites et celui des x et y; nous aurons (nº 9)

$$x = r\cos\theta,\quad y = r\sin\theta\cos\psi,\quad z = r\sin\theta\sin\psi.$$

Il faudra, en même temps, exprimer dv au moyen des différentielles de ces nouvelles variables r, θ, ψ. On a des formules générales pour la transformation des variables indépendantes dans les intégrales multiples; mais on peut aussi trouver directement l'expression de dv dont nous devrons faire usage, savoir :

$$dv = r^2 \sin\theta\, dr\, d\theta\, d\psi,$$

ainsi qu'on le verra tout à l'heure.

Je mets ρdv à la place de dm dans les équations (1), et j'y substitue ensuite cette valeur de dv et celles de x, y, z; elles deviennent

$$\left.\begin{aligned} Mx_1 &= \iiint \rho r^3 \sin\theta\cos\theta\, dr\, d\theta\, d\psi, \\ My_1 &= \iiint \rho r^3 \sin^2\theta\cos\psi\, dr\, d\theta\, d\psi, \\ Mz_1 &= \iiint \rho r^3 \sin^2\theta\sin\psi\, dr\, d\theta\, d\psi, \end{aligned}\right\} \quad (3)$$

à quoi il faudra joindre l'équation

$$M = \iiint \rho r^2 \sin\theta \, dr d\theta d\psi.$$

Quant aux limites de ces intégrales triples, elles seront différentes selon que l'origine des coordonnées sera placée en dehors ou en dedans du corps. Lorsque cette origine sera un des points de M, on intégrera d'abord depuis $r=0$ jusqu'à $r=u$, en représentant par u une fonction de θ et ψ donnée par l'équation de la surface; cela fait, on intégrera depuis $\theta=0$ et $\psi=0$ jusqu'à $\theta=\pi$ et $\psi=2\pi$, en commençant à volonté par l'angle θ ou par l'angle ψ. Les limites seront généralement plus compliquées quand l'origine des coordonnées n'appartiendra pas à la masse M. Représentons, dans ce cas, par u et u' deux fonctions données de θ et ψ, par ω et ω' deux fonctions de ψ, et par α et α' deux angles donnés; supposons qu'il s'agisse d'une portion de corps comprise, d'une part, entre les deux surfaces qui ont pour équations $r=u$ et $r=u'$; d'une autre part, entre les surfaces coniques qui ont pour axe commun l'axe des x, leur sommet aussi commun à l'origine des coordonnées, et pour équations $\theta=\omega$ et $\theta=\omega'$; enfin, entre les deux plans passant par cet axe, et qui font des angles α et α' avec le plan fixe d'où l'on compte l'angle ψ. On intégrera d'abord depuis $r=u$ jusqu'à $r=u'$, ensuite depuis $\theta=\omega$ jusqu'à $\theta=\omega'$, et finalement, depuis $\psi=\alpha$ jusqu'à $\psi=\alpha'$.

Prenons, par exemple, pour les deux premières surfaces celles de deux sphères concentriques qui ont leur centre commun à l'origine des coordonnées, et dont les rayons sont a et a'; supposons, en même temps, que les deux cônes soient à base circulaire, ou, autrement dit, que ω et ω' soient des angles constans; supposons, de plus, que la densité ne soit fonction que de r; de sorte que la portion de corps que l'on considère appartienne à une sphère composée de couches concentriques infiniment minces, dont chacune ait la même densité dans toute son étendue, laquelle densité variera d'une couche à l'autre, suivant une fonction donnée de la distance au centre. En faisant, pour abréger,

$$\int_a^{a'} \rho r^2 dr = \mathrm{A}, \quad \int_a^{a'} \rho r^3 dr = \mathrm{B},$$

et effectuant les intégrations relatives à θ et ψ, on trouve

$$\begin{aligned}
\mathrm{M} &= \mathrm{A}(\alpha' - \alpha)(\cos\omega - \cos\omega'),\\
\mathrm{M}x_1 &= \tfrac{1}{2}\mathrm{B}(\alpha' - \alpha)(\cos^2\omega - \cos^2\omega'),\\
\mathrm{M}y_1 &= \tfrac{1}{2}\mathrm{B}(\sin\alpha' - \sin\alpha)(\omega' - \omega - \tfrac{1}{2}\sin 2\omega' + \tfrac{1}{2}\sin 2\omega),\\
\mathrm{M}z_1 &= \tfrac{1}{2}\mathrm{B}(\cos\alpha - \cos\alpha')(\omega' - \omega - \tfrac{1}{2}\sin 2\omega' + \tfrac{1}{2}\sin 2\omega);
\end{aligned}$$

ce qui fait connaître les valeurs de x_1, y_1, z_1, qu'on ne pourrait déduire, dans cet exemple, des équations (1).

Si la masse M forme un anneau complet, de sorte qu'on ait $\alpha' = \alpha + 2\pi$, il en résultera $y_1 = 0$ et $z_1 = 0$, c'est-à-dire que le centre de gravité sera situé, comme cela doit être, sur l'axe de cet anneau : sa distance x_1 au centre de la sphère dont cet anneau fait partie, aura pour valeur

$$x_1 = \frac{\mathrm{B}(\cos\omega + \cos\omega')}{2\mathrm{A}}.$$

Dans le cas de l'homogénéité de la sphère, la densité ρ étant constante, on aura

$$A = \tfrac{1}{3}\rho(a'^3 - a^3), \quad B = \tfrac{1}{4}\rho(a'^4 - a^4).$$

Quand le vide de l'anneau disparaîtra, on fera $\omega = 0$; et, enfin, s'il se change en un secteur sphérique, on fera aussi $a = 0$; d'où il résultera

$$x_1 = \frac{3a'}{8}(1 + \cos\omega');$$

ce qui s'accorde avec la valeur de la quantité désignée par x dans le n° 88, en observant que la flèche représentée par f aurait pour valeur $a'(1 - \cos\omega')$, et que le rayon est a'.

93. Pour trouver la différentielle dv du volume, exprimée au moyen des différentielles des coordonnées polaires, je suppose que M (fig. 31) soit le point qui répond aux coordonnées r, θ, ψ; en sorte que O étant leur origine, OM soit le rayon vecteur r, θ l'angle MOx compris entre ce rayon et un axe fixe Ox, et ψ l'angle que fait le plan de ces deux droites avec un plan fixe, mené arbitrairement par la seconde. Soit M′ un point situé sur le prolongement de OM, et dont le rayon vecteur OM′ sera r'. Du point O comme centre, et dans le plan M′Ox, décrivons les arcs de cercle MN et M′N′ compris entre les deux droites OMM′ et ONN′, et désignons par θ' l'angle NOx; enfin, faisons tourner le plan de cet angle autour de l'axe Ox, et représentons, dans sa nouvelle position, par ψ' l'angle qu'il fera avec le plan fixe. Dans ce mouvement, l'aire MM′N′N engendrera un volume MM′N′NPP′Q′Q, que je représenterai par U.

Or, cette aire, différence des deux secteurs circulaires M′ON′ et MON, est égale à

$$\frac{1}{2}(r'^2 - r^2)(\theta' - \theta).$$

Si l'on appelle u la perpendiculaire abaissée de son centre de gravité sur l'axe Ox, on aura $u(\psi' - \psi)$ pour la longueur de l'arc que ce centre décrira autour de cette droite. D'après le théorème du n° 84, nous aurons donc

$$\mathrm{U} = \frac{u}{2}(r' + r)(r' - r)(\theta' - \theta)(\psi' - \psi).$$

Cela posé, concevons que les trois dimensions de U deviennent infiniment petites, et faisons, en conséquence,

$$r' - r = dr, \quad \theta' - \theta = d\theta, \quad \psi' - \psi = d\psi.$$

Le facteur $r' + r$ se réduira, en même temps, à $2r$; on pourra aussi prendre pour u la perpendiculaire MH abaissée du point M sur l'axe Ox, laquelle est égale à $r \sin\theta$, et ne saurait différer de u que d'un infiniment petit; enfin, U se changera en dv, dont la valeur, qu'il s'agissait de déterminer, sera

$$dv = r^2 \sin\theta \, dr \, d\theta \, d\psi.$$

On remarquera, effectivement, que ce volume dv peut être considéré comme un parallélépipède rectangle, dont les trois côtés adjacens sont MM′ ou dr, l'arc infiniment petit MN, qui a son centre au point O et pour longueur $rd\theta$, et l'arc infiniment petit MP, qui a son centre au point H et pour longueur $r \sin\theta d\theta$

La base MNQP de ce parallélépipède est l'élément de la surface sphérique dont le centre est au point O et le rayon égal à r. En la désignant par $d\sigma$, on a donc

$$d\sigma = r^2 \sin\theta\, d\theta\, d\psi, \quad dv = d\sigma dr.$$

Si l'on appelle $d\omega$ l'élément de la surface sphérique dont le rayon est pris pour unité, on aura aussi

$$d\omega = \sin\theta\, d\theta\, d\psi, \quad dv = r^2 dr d\omega.$$

En intégrant cette expression de $d\omega$ depuis $\theta = 0$ et $\psi = 0$ jusqu'à $\theta = \pi$ et $\psi = 2\pi$, on en déduit 4π pour le rapport de la surface de la sphère au carré de son rayon ; ce qui est, en effet, sa valeur connue.

CHAPITRE VI.

CALCUL DE L'ATTRACTION DES CORPS.

§ Ier. *Formules relatives à un corps quelconque et à la sphère en particulier.*

94. Supposons qu'un point matériel O (fig. 32) soit soumis aux attractions de tous les points d'un corps de forme quelconque; en décomposant chacune de ces forces en trois autres, dirigées suivant des axes rectangulaires menés arbitrairement par le point O, et faisant ensuite la somme des composantes positives ou négatives qui agissent suivant chaque axe, on aura les trois composantes, dont la résultante exprimera, en grandeur et en direction, l'attraction totale qui sera exercée sur le point O. Ces trois composantes seront des sommes d'une infinité d'élémens infiniment petits, étendus à la masse entière du corps attirant; elles s'exprimeront par des intégrales triples, et le calcul de ces quantités sera semblable à celui des coordonnées du centre de gravité d'un corps quelconque dont nous venons de nous occuper : c'est pourquoi je placerai ici ce que j'ai à dire sur le calcul des attractions.

Cette question est une de celles dont les géomètres se sont le plus occupés, soit à cause des difficultés d'analyse qu'elle présente, soit à raison de ses rapports avec le problème de la figure de la terre et de la loi de la pesanteur à sa surface; mais, dans cet ouvrage, on se bornera à donner les formules qui se présentent immédiatement, et quelques-unes de leurs applications. Je renverrai, pour de plus grands développemens, au second volume de la *Mécanique céleste*, et à mon Mémoire sur l'*Attraction des Sphéroïdes*, inséré dans la *Connaissance des Tems* de l'année 1829.

95. Soit D un point fixe pris dans l'intérieur du corps attirant; par ce point, menons trois axes rectangulaires Dx, Dy, Dz, qui seront les axes des coordonnées positives; désignons par x, y, z, les coordonnées d'un point quelconque M du corps attirant, et par dm l'élément différentiel de sa masse, qui répond à ce point M; représentons aussi par α, β, γ, les trois coordonnées du point O, et par μ la masse de ce point matériel; et soit enfin u la distance OM, de sorte qu'on ait

$$u^2 = (\alpha - x)^2 + (\beta - y)^2 + (\gamma - z)^2.$$

L'attraction exercée par dm sur μ sera dirigée suivant la droite OM. On suppose cette force proportionnelle aux produits des deux masses, et en raison inverse du carré de la distance u; en la désignant donc par F, on aura

$$F = \frac{f\mu dm}{u^2};$$

f étant un coefficient constant qui exprimera l'intensité du pouvoir attractif, rapporté aux unités de masse et de distance. Pour se former une idée précise de cette quantité f, il faut concevoir deux corps de forme et de dimension quelconques, dont les masses sont égales et prises pour unité, et supposer que l'attraction ne varie ni en grandeur ni en direction dans toute l'étendue de ces deux corps; en sorte qu'elle soit la même entre deux élémens quelconques de leurs masses, égaux à dm et à μ, qu'entre les points matériels μ et dm que nous considérons, lorsque leur distance OM est égale à l'unité : la force f est l'attraction totale qui serait exercée alors par l'un de ces deux corps sur l'autre.

Les projections de la droite OM sur les axes Dx, Dy, Dz, sont $\alpha - x$, $6 - y$, $\gamma - z$; en les divisant par u, on aura les cosinus des angles qui déterminent la direction de la force F; ses trois composantes seront donc

$$\frac{\alpha - x}{u} \mathrm{F}, \quad \frac{6 - y}{u} \mathrm{F}, \quad \frac{\gamma - z}{u} \mathrm{F};$$

et en y considérant u comme une quantité positive, elles tendront, selon qu'elles seront positives ou négatives, à diminuer ou à augmenter les trois coordonnées α, 6, γ, du point O. Si donc on désigne par A, B, C, les trois composantes de l'attraction totale exercée sur ce point, on aura, en mettant pour F sa valeur, et observant que μ et f sont des facteurs constans,

$$\left.\begin{aligned} \mathrm{A} &= \mu f \iiint \frac{\alpha - x}{u^3} dm, \\ \mathrm{B} &= \mu f \iiint \frac{6 - y}{u^3} dm, \\ \mathrm{C} &= \mu f \iiint \frac{\gamma - z}{u^3} dm; \end{aligned}\right\} \quad (1)$$

ces intégrales triples s'étendant à la masse entière du corps attirant.

En représentant par ρ la densité de l'élément dm, et par dv son volume, on aura

$$dm = \rho dv.$$

Cette quantité ρ sera, dans le cas général, une fonction donnée des coordonnées du point M; elle se réduira à une constante donnée, dans le cas de l'homogénéité du corps attirant. On exprimera dv au moyen des différentielles des coordonnées de M, dont on fera usage, et qui seront le plus propres à faciliter les intégrations.

96. Par une considération très simple, on réduit à une seule les trois intégrales triples d'où dépendent les valeurs de A, B, C.

Les limites étant les mêmes que dans ces intégrales, faisons

$$\mathrm{T} = \iiint \frac{dm}{u}.$$

A cause que ces limites sont indépendantes de la position du point O, si l'on différentie T par rapport à ses coordonnées, on pourra effectuer ces différentiations sous les signes $\int$ (n° 14); et comme on a d'ailleurs

$$\frac{d.\frac{1}{u}}{d\alpha} = \frac{x-\alpha}{u^3}, \quad \frac{d.\frac{1}{u}}{d\beta} = \frac{y-\beta}{u^3}, \quad \frac{d.\frac{1}{u}}{d\gamma} = \frac{z-\gamma}{u^3},$$

il en résultera

$$\frac{d\mathrm{T}}{d\alpha} = \iiint \frac{x-\alpha}{u^3}\, dm,$$
$$\frac{d\mathrm{T}}{d\beta} = \iiint \frac{y-\beta}{u^3}\, dm,$$
$$\frac{d\mathrm{T}}{d\gamma} = \iiint \frac{z-\gamma}{u^3}\, dm;$$

ce qui change les équations (1) en celles-ci :

$$A = -\mu f\frac{dT}{d\alpha},\ B = -\mu f\frac{dT}{d\beta},\ C = -\mu f\frac{dT}{d\gamma}; \qquad (2)$$

de sorte que le calcul des trois composantes A, B, C, ne dépendra plus que d'une seule intégrale T.

En la déterminant, il sera important de se rappeler que le dénominateur u devra avoir constamment le même signe dans toute l'étendue de l'intégration, et qu'il doit être positif si l'on veut que les composantes A, B, C, tendent à diminuer ou à augmenter les coordonnées du point O, selon que leurs valeurs données par les équations (2) seront positives ou négatives.

Au lieu d'une attraction, si le point O était soumis à une répulsion, il suffirait de changer les signes des valeurs de A, B, C, ou, ce qui est la même chose, d'y regarder f comme une constante négative. Dans le cas où la force attractive ou répulsive qui agit sur le point O ne serait pas, comme nous l'avons supposé, en raison inverse du carré de la distance, et qu'on représenterait, en général, le coefficient de μdm par une fonction donnée de u, que je désignerai par φu, on prendrait une autre fonction Φu, telle que l'on eût

$$\frac{d\Phi u}{du} = -\varphi u,$$

et que l'on mettrait à la place de $\frac{1}{u}$ dans l'expression de T. Il se pourrait aussi que cette force fût attractive pour une partie du corps qui agit sur O, et répulsive pour une autre partie, auquel cas la fonction

φu, dans laquelle est compris le coefficient f, changerait de signe dans l'étendue de l'intégrale que T représente.

Les composantes de l'action exercée sur un corps de forme et de dimension quelconques, se déduiront des formules précédentes, en y remplaçant μ par l'élément différentiel de sa masse, qui répond aux coordonnées α, β, γ, et intégrant ensuite, par rapport à ces trois variables, dans toute l'étendue de cette masse; d'où l'on voit que les composantes de l'action exercée par un corps sur un autre dépendront, généralement, d'intégrales sextuples.

Telles sont les formules d'après lesquelles on calculera les attractions ou répulsions; mais avant d'en faire aucune application, il est nécessaire d'expliquer comment elles conviennent à la constitution intime des corps naturels, et d'examiner la difficulté dont il a été question à la fin du n° 91.

97. Les différens corps renferment, sous des volumes égaux, des quantités inégales de matière pondérable (n° 60); et ces quantités variant, pour un même corps, avec sa température et la pression extérieure à laquelle il est soumis, on a été conduit à considérer les corps naturels comme un assemblage de parties matérielles non contiguës, et séparées les unes des autres par des *pores* ou espaces vides de matière pondérable. Ces parties matérielles se nomment des *atomes;* leurs dimensions et celles des pores échappent, par leur extrême petitesse, à nos sens et à tous nos moyens de les mesurer. On regarde les atomes comme indestructibles, et la masse, la forme,

le volume de chacun d'eux, comme invariables. Les dimensions des pores varient, au contraire, avec les quantités diverses de chaleur qu'on introduit dans les corps ou qu'on en fait sortir, et avec les pressions auxquelles on les soumet; et comme les changemens de volume d'un corps peuvent être très grands, sans que sa masse ait augmenté ni diminué, il s'ensuit que les dimensions des parties vides doivent être comparables et généralement supérieures à celles des parties pleines.

Les atomes de même nature ou de nature différente, se réunissent en diverses proportions, pour former d'autres parties des corps, toujours insensibles, qu'on appelle leurs *molécules*. Les corps diffèrent entre eux par la nature et la proportion des atomes qui entrent dans la composition de chaque molécule; et les atomes sont regardés comme invariables et indestructibles, ainsi qu'on vient de le dire, parce qu'en les réunissant dans les mêmes proportions, on reproduit, à toutes les époques, les mêmes corps, jouissant des mêmes propriétés.

98. Il est évident, d'après cela, que la division de la masse en élémens infiniment petits, et la supposition d'une densité de chaque élément, qui ne varie pas dans les corps homogènes, ou qui varie par degrés insensibles dans les corps hétérogènes, ne conviennent point aux corps naturels; mais cela n'empêche pas qu'on ne puisse faire usage des formules fondées sur cette considération, et qu'elles ne soient encore applicables lorsque les corps ont été divisés en parties de grandeur finie, mais tout-à-fait insensible.

En effet, les molécules sont si petites et si rapprochées les unes des autres, qu'une partie de la masse d'un corps qui en renferme des nombres immenses, peut encore être supposée extrêmement petite, et son volume regardé comme insensible. Soit v le volume d'une semblable partie, d'une grandeur insensible, et qui contient, néanmoins, des myriades de molécules ; soit aussi m la somme de leurs masses ; et désignons par M un des points de v, qui sera, si l'on veut, son centre de gravité. Si nous faisons

$$\frac{m}{v} = \rho,$$

ce rapport ρ exprimera réellement la densité du corps au point M, quelles que soient d'ailleurs les masses des molécules et leur distribution régulière ou irrégulière dans l'étendue de v. De même, en désignant par n le nombre de molécules que v renferme, et faisant

$$\frac{v}{n} = \varepsilon^3,$$

cette ligne ε, de grandeur insensible, pourra être appelée l'*intervalle moyen des molécules* qui répond au point M et à la densité ρ. Dans un corps homogène, ce rapport et cette ligne ne varient pas avec la position du point M ; dans un corps hétérogène, ces deux quantités varieront par degrés insensibles, et pourront être supposées des fonctions données des coordonnées de ce point.

Cela posé, si l'on veut connaître la masse d'un corps, ou, plus généralement, la somme des parties extrêmement petites de cette masse, multipliées chacune par une fonction U des coordonnées de l'un de ses points M, on divisera le volume V de ce corps en parties extrêmement petites v, puis on fera la somme de tous les produits $U\rho v$, que j'indiquerai par

$$\Sigma U\rho v,$$

et qui devra s'étendre à toutes les parties v de V. D'après le théorème du n° 13, si les termes de cette somme étaient infiniment petits et que leur nombre fût infini, sa valeur serait rigoureusement égale à l'intégrale définie

$$\int U\rho dv,$$

étendue au volume entier V, dont dv est l'élément différentiel. Or, on conçoit qu'en général la différence entre cette somme et cette intégrale diminuera de plus en plus, à mesure que les parties de la première deviendront plus petites, et que leur nombre sera plus grand; de telle sorte que la grandeur de v étant insensible, mais toujours distincte de dv, on pourra néanmoins prendre, sans erreur appréciable, l'intégrale à la place de la somme. Il y a cependant une exception à ce principe général : c'est lorsque U est du genre des fonctions qui varient très rapidement, et qu'en même temps cette quantité change de signe dans l'étendue de l'intégration; ce qui arrive, effectivement, dans le calcul des forces provenant de l'attraction moléculaire et de la répulsion calorifique, qui ne sont sensibles qu'à des distances insensibles. Mais il nous suffit, quant à présent, d'observer que cette exception n'a aucun rapport avec les formules des n°s 91 et 95, relatives aux centres de gravité des corps et aux attractions en raison inverse du carré des distances, et qu'on peut, conséquemment, les appliquer aux corps naturels formés de molécules disjointes.

99. Revenons maintenant au calcul des attractions.

Si la distance du point O au corps attiré est très grande relativement aux dimensions de ce corps, on pourra, dans l'expression de T du n° 96, développer la quantité $\frac{1}{u}$ en série convergente, ordonnée suivant les puissances et les produits de x, y, z. En faisant

$$\alpha^2 + \beta^2 + \gamma^2 = \delta^2,$$

on aura alors

$$\frac{1}{u} = \frac{1}{\delta} + \frac{\alpha x + \beta y + \gamma z}{\delta^3} + \frac{3(\alpha x + \beta y + \gamma z)^2 - (x^2 + y^2 + z^2)\delta^2}{2\delta^5} + \text{etc.}$$

Si l'on prend le centre de gravité du corps attirant pour l'origine D des coordonnées, on aura

$$\int\int\int x dm = 0, \quad \int\int\int y dm = 0, \quad \int\int\int z dm = 0,$$

puisque ces intégrales, divisées par la masse M du corps, seraient les trois coordonnées de ce point (n° 91). En désignant cette masse par M, nous aurons donc

$$T = \frac{M}{\delta} + \frac{3}{2\delta^5}\int\int\int(\alpha x + \beta y + \gamma z)^2 dm - \frac{1}{2\delta^3}\int\int\int(x^2 + y^2 + z^2) dm + \text{etc.}$$

Lorsque la distance OD ou δ sera assez grande pour qu'on puisse réduire cette valeur de T à son premier terme, les équations (2) deviendront

$$A=\frac{\mu M f \alpha}{\delta^3}, \quad B=\frac{\mu M f \mathcal{C}}{\delta^3}, \quad C=\frac{\mu M f \gamma}{\delta^3};$$

or ces composantes sont les mêmes que celles d'une force égale à $\frac{\mu M f}{\delta^2}$, agissant au point O suivant la direction OD; il s'ensuit donc que l'attraction exercée sur un point O, par un corps qui en est très éloigné, est à peu près la même, en grandeur et en direction, que si la masse M de ce corps était réunie à son centre de gravité.

Lorsque ce corps sera une sphère homogène ou composée de couches concentriques, on trouvera que tous les termes de la valeur de T, excepté le premier, se détruisent; il suffira pour cela de remplacer x, y, z, par les coordonnées r, θ, ψ, comme dans le n° 92; ce qui permettra d'effectuer les intégrations relatives à θ et ψ. Le théorème qu'on vient d'énoncer sera donc alors tout-à-fait exact, si la distance δ est seulement assez grande pour que le développement de $\frac{1}{u}$ soit une série convergente; et, en effet, on verra dans le numéro suivant, sans recourir à la réduction en série, que ce théorème a lieu, quelle que soit la distance du point O à la sphère attirante, pourvu qu'il ne soit pas situé dans son intérieur. Il est facile d'en conclure que l'attraction d'une sphère sur une autre est la même que si la masse de chaque sphère était réunie à son centre; car, en appelant M et M′ les masses des deux sphères, et C et C′ leurs centres, l'attraction de M sur un point quelconque O de M′ est d'abord la même que si la masse M était concentrée au point C; en outre, cette attraction de C sur tous les points O de M′, est égale et contraire à l'attraction de tous ces points ou de M′ sur C, laquelle est la même que si la masse M′ était réunie au point C′; donc, l'attraction des deux sphères est la même que celle de deux points matériels situés en C et C′, et dont les masses seraient M et M′.

100. L'attraction exercée sur le point O par une couche sphérique, homogène et d'une épaisseur constante, dont D est le centre, se réduira évidemment à une force dirigée suivant OD. En faisant coïncider cette droite avec l'axe Ox, les composantes B et C, parallèles aux axes Dy et Dz, seront donc nulles, et l'on n'aura que la valeur de A à calculer.

Dans ce calcul, on emploiera, comme dans le n° 92, les coordonnées polaires r, θ, ψ. L'axe Dx se confondant avec la droite DO, on aura alors

$$\mathrm{ODM} = \theta, \quad \mathrm{DO} = a, \quad \beta = 0, \quad \gamma = 0;$$

et à cause de $\mathrm{DM} = r$ et $\mathrm{OM} = u$, il en résultera

$$u^2 = a^2 - 2ar\cos\theta + r^2.$$

L'angle ψ sera celui que fait le plan ODM avec un plan fixe passant par la droite DO; on prendra (n° 93)

$$dv = r^2 \sin\theta dr\, d\theta\, d\psi,$$

pour l'élément du volume; et dans l'élément $dm = \rho dv$ de la masse, on regardera ρ comme un facteur constant.

Après avoir substitué ces valeurs dans l'expression de T du n° 96, on intégrera depuis $r = b$ jusqu'à $r = a$, en désignant par a et b les rayons extérieur et intérieur de la couche sphérique, et depuis $\theta = 0$ et $\psi = 0$ jusqu'à $\theta = \pi$ et $\psi = 2\pi$. Comme la variable ψ n'entrera pas sous le signe $\int$, l'intégration relative à cette variable se réduira à remplacer la différentielle $d\psi$ par 2π. Cela étant, on aura

$$\mathrm{T} = 2\pi\rho \int_b^a \left(\int_0^\pi \frac{r \sin\theta d\theta}{\sqrt{\alpha^2 - 2\alpha r \cos\theta + r^2}} \right) r dr.$$

Aux limites $\theta = 0$ et $\theta = \pi$, le radical aura pour valeurs

$$\pm (\alpha - r), \qquad \pm (\alpha + r);$$

mais comme il exprime la valeur de u, qui doit être constamment positive (n° 96), il faudra prendre $\alpha + r$ à la limite $\theta = \pi$, et $r - \alpha$ ou $\alpha - r$ à la limite $\theta = 0$, selon que le point O sera situé en dedans ou en dehors de la couche sphérique. Nous verrons tout à l'heure ce qu'on doit faire lorsque ce point appartiendra à la couche même, de sorte qu'on ait $r > \alpha$ dans une partie de cette couche, et $r < \alpha$ dans l'autre partie.

Relativement à θ, l'intégrale indéfinie étant

$$\int \frac{r \sin\theta d\theta}{\sqrt{\alpha^2 - 2\alpha r \cos\theta + r^2}} = \frac{1}{\alpha} \sqrt{\alpha^2 - 2\alpha r \cos\theta + r^2} + \text{const.},$$

on aura donc, dans le cas du point intérieur,

$$\int_0^\pi \frac{r \sin\theta d\theta}{\sqrt{\alpha^2 - 2\alpha r \cos\theta + r^2}} = \frac{1}{\alpha} [(r + \alpha) - (r - \alpha)] = 2;$$

par conséquent, la valeur de T ne dépendra pas de α, et celle de A qui s'en déduit au moyen de la première équation (2), sera égale à zéro. Dans le cas du point extérieur, on aura de même

$$\int_0^\pi \frac{r \sin\theta d\theta}{\sqrt{\alpha^2 - 2\alpha r \cos\theta + r^2}} = \frac{1}{\alpha} [(\alpha + r) - (\alpha - r)] = \frac{2r}{\alpha}.$$

et, conséquemment,

$$T = \frac{4\pi\rho}{\alpha}\int_b^a r^2 dr = \frac{4\pi\rho\,(a^3 - b^3)}{3\alpha},$$

ou, ce qui est la même chose,

$$T = \frac{M}{\alpha};$$

M étant la masse de la couche sphérique dont le volume est $\frac{4\pi\,(a^3 - b^3)}{3}$. On en conclut

$$A = \frac{\mu M f}{\alpha^2}; \qquad (3)$$

ce qui est la même force que si la masse entière de cette couche attirante était réunie à son centre.

101. Ces résultats s'étendent immédiatement aux cas d'une couche sphérique d'une épaisseur constante, mais composée d'autres couches concentriques, dont la densité varie de l'une à l'autre, suivant telle loi qu'on voudra, et ne change pas dans toute l'étendue d'une même couche ; car on peut déterminer séparément les attractions de ces différentes couches, et faire ensuite la somme de toutes ces forces, laquelle sera nulle pour un point intérieur, et donnée par la formule (3) pour un point extérieur ; M exprimant toujours la masse totale du corps attirant.

Concluons donc,

1°. Que les attractions en raison inverse du carré des distances, exercées par tous les points d'une couche sphérique d'une épaisseur constante, homogène ou composée de couches concentriques, sur un point O situé dans l'espace vide que cette couche termine, se détruisent mutuellement; en sorte que ce point demeurerait en équilibre, quelque part qu'il fût placé dans cet espace.

2°. Que l'attraction de cette même couche et, par conséquent aussi, l'attraction d'une sphère entière, exercée sur un point extérieur O, est la même que si la masse du corps attirant était réunie à son centre.

Si le point O fait partie de la couche attirante, ou, autrement dit, si l'on a $\alpha > b$ et $\alpha < a$, on partagera cette couche sphérique en deux autres : l'une dont les rayons extérieur et intérieur seront a et α, l'autre pour laquelle ces rayons seront α et b; le point O étant intérieur à l'égard de la première de ces deux couches, elle n'exercera sur lui aucune action; et si l'on appelle m la masse de la seconde couche, par rapport à laquelle le point O est extérieur, l'attraction de cette couche se déduira de la formule (3), en y mettant m au lieu de M. L'attraction totale exercée sur le point O aura donc pour valeur

$$A = \frac{\mu m f}{\alpha^2}.$$

Si la couche sphérique se change en une sphère entièrement pleine, et qu'elle ait partout la même densité, on aura

$$m = \frac{4\pi\rho\alpha^3}{3}, \qquad A = \frac{4\pi\mu f\rho\alpha}{3},$$

c'est-à-dire que dans l'intérieur d'une sphère homogène, l'attraction est proportionnelle à la distance du point attiré à son centre.

Les mêmes théorèmes ont lieu dans le cas d'une répulsion, pourvu que cette force varie toujours en raison inverse du carré des distances.

102. L'équilibre du point O, situé dans l'espace que termine une couche sphérique, et attiré ou repoussé par tous ses points, peut facilement se vérifier.

Supposons, pour cela, que cette couche soit d'abord infiniment mince. Soit ε son épaisseur. Décomposons sa surface en élémens infiniment petits; et désignons par ω l'aire de celui qui répond au point P (fig. 33). Les élémens correspondans du volume et de la masse de cette couche seront $\varepsilon\omega$ et $\rho\varepsilon\omega$; et si l'on appelle r la distance OP, la valeur de la force dirigée suivant cette droite sera

$$\frac{\mu f \rho \varepsilon \omega}{r^2}.$$

Imaginons un cône dont la base soit ω et le sommet O; en prolongeant la génératrice OP jusqu'à ce qu'elle rencontre en P′ la surface sphérique, et prolongeant de même toutes les autres génératrices, on déterminera sur cette surface un second élément que je désignerai par ω'. Soit, de plus, r' la distance OP′; la force dirigée suivant cette droite, en sens contraire de la précédente, aura pour valeur

$$\frac{\mu f \rho \varepsilon \omega'}{r'^2};$$

or, je dis que ces deux forces contraires seront égales entre elles, c'est-à-dire qu'on aura

$$\frac{\omega}{r^2} = \frac{\omega'}{r'^2}.$$

Soient, en effet, POQ et P'OQ' les sections des deux cônes, faites par un même plan quelconque, passant par leur sommet commun O. Les surfaces semblables ω et ω' seront entre elles comme les carrés des lignes homologues PQ et P'Q'. A cause des triangles semblables POQ et P'OQ', on a d'ailleurs

$$PQ : P'Q' :: OP : OP';$$

en élevant au carré les quatre termes de cette proportion, on en conclura donc

$$\omega : \omega' :: r^2 : r'^2,$$

et, par conséquent, l'équation précédente.

Il résulte de là que les actions exercées sur le point O par tous les élémens de la couche sphérique se détruisent deux à deux. L'action totale de cette couche sera donc nulle; et il en sera encore de même si elle a une épaisseur finie; car alors on pourra la décomposer en une infinité de couches infiniment minces, dont chacune n'exercera aucune action sur le point O.

§ II. *Formules relatives à l'ellipsoïde.*

103. Lorsque le point O appartiendra à la masse attirante, on facilitera souvent les intégrations en prenant ce point pour origine des coordonnées polaires. Le rayon vecteur du point quelconque M sera alors u; en appelant donc, comme dans le nº 93, $d\omega$ l'élément de la surface sphérique dont le rayon est l'unité, on aura

$$dv = u^2 du d\omega, \quad dm = \rho u^2 du d\omega;$$

et si l'on appelle g, h, k, les angles que fait la droite OM avec des parallèles aux axes Dx, Dy, Dz, menées par le point O, on aura aussi, d'après les notations du n° 95,

$$\cos g = \frac{x-\alpha}{u}, \quad \cos h = \frac{y-\beta}{u}, \quad \cos k = \frac{z-\gamma}{u};$$

ce qui changera les équations (1) de ce numéro en celles-ci :

$$\begin{aligned} A &= -\mu f \iiint \rho \cos g du d\omega, \\ B &= -\mu f \iiint \rho \cos h du d\omega, \\ C &= -\mu f \iiint \rho \cos k du d\omega. \end{aligned}$$

Les intégrales relatives à u s'étendront depuis $u=0$ jusqu'à $u=r$, en désignant par r le rayon vecteur d'un point quelconque de la surface qui termine le corps attirant. Pour plus de simplicité, si l'on suppose ce corps homogène, ces intégrales s'effectueront immédiatement, et il en résultera

$$\left.\begin{aligned} A &= -\mu f \rho \iint r \cos g d\omega, \\ B &= -\mu f \rho \iint r \cos h d\omega, \\ C &= -\mu f \rho \iint r \cos k d\omega. \end{aligned}\right\} \quad (a)$$

Pour déterminer la valeur de r, qu'on devra substituer dans ces formules, soit, en coordonnées rectangulaires,

$$F(x, y, z) = 0,$$

l'équation de la surface du corps attirant. En un point quelconque de cette surface, on a

$$x = \alpha + u \cos g, \quad y = \beta + u \cos h, \quad z = \gamma + u \cos k,$$

d'après les valeurs précédentes de $\cos g$, $\cos h$, $\cos k$, et α, β, γ, étant toujours les trois coordonnées du point O dont les valeurs sont données. On substituera donc ces valeurs de x, y, z, dans l'équation précédente; celle qui en résultera donnera, en général, deux valeurs de r, l'une positive et l'autre négative; mais on rejettera la valeur négative, parce que le rayon vecteur r est une quantité positive dont la direction est uniquement déterminée par les angles g, h, k, qui peuvent être aigus ou obtus.

Après la substitution de la valeur de r dans les équations (a), les intégrales doubles s'étendront à tous les élémens $d\omega$ de la surface sphérique, décrite du point O comme centre, et d'un rayon égal à l'unité.

104. Appliquons ces formules au cas de l'ellipsoïde homogène dont la surface a pour équation

$$\frac{x^2}{a^2} + \frac{y^2}{b^2} + \frac{z^2}{c^2} = 1; \qquad (b)$$

a, b, c, désignant les trois demi-axes, et le centre de figure étant l'origine D des coordonnées. Si l'on y substitue les valeurs précédentes de x, y, z, il vient

$$pr^2 + 2qr = l,$$

en faisant, pour abréger,

$$\frac{\cos^2 g}{a^2} + \frac{\cos^2 h}{b^2} + \frac{\cos^2 k}{c^2} = p,$$

$$\frac{\alpha \cos g}{a^2} + \frac{\beta \cos h}{b^2} + \frac{\gamma \cos k}{c^2} = q,$$

$$1 - \frac{\alpha^2}{a^2} - \frac{\beta^2}{b^2} - \frac{\gamma^2}{c^2} = l.$$

Nous aurons donc

$$r = \frac{-q \pm \sqrt{q^2 + pl}}{p}.$$

Or, la quantité p est positive; la quantité l est aussi positive ou zéro, parce que le point O, qui répond aux coordonnées α, β, γ, est situé dans l'intérieur de l'ellipsoïde, ou, tout au plus, à sa surface; par conséquent, il faudra prendre le radical avec le signe $+$, pour que le rayon r ne soit pas négatif. Je dis, de plus, qu'on pourra supprimer ce radical dans les formules (a). En effet, la partie correspondante de l'intégrale contenue dans A, par exemple, serait

$$\iint \frac{1}{p}\sqrt{q^2 + pl}\,\cos g\, d\omega\,;$$

mais pour chaque couple d'élémens $d\omega$ dont les rayons sont dans le prolongement l'un de l'autre, les élémens de cette intégrale double se détruisent; car en passant de l'un de ces élémens $d\omega$ à l'autre, chacun des trois cosinus $\cos g$, $\cos h$, $\cos k$, change de signe, les quantités p, l, q^2, restent les mêmes, et le coefficient de $d\omega$ sous le signe $\int$ prend des valeurs égales et de signe contraire. Tous les élémens de l'intégrale précédente se détruisant ainsi deux à deux, la valeur de A devient d'abord

$$\mathrm{A} = \mu f \rho \left(\frac{\alpha}{a^2}\iint \frac{\cos^2 g}{p} d\omega + \frac{\beta}{b^2}\iint \frac{\cos g \cos h}{p} d\omega \right.$$
$$\left. + \frac{\gamma}{c^2}\iint \frac{\cos g \cos k}{p} d\omega \right),$$

en ayant égard à la valeur de q. Or, les deux dernières de ces trois intégrales se composeront de couples d'élémens qui répondront aux mêmes valeurs de h et de k, et à des valeurs de g supplémens l'une de l'autre. Chacun de ces couples d'élémens se réduira donc à zéro, et, par conséquent aussi, les intégrales entières. En supprimant ces intégrales et faisant subir des réductions semblables aux valeurs de B et de C, on aura simplement

$$A = \frac{\mu f \rho \alpha}{a^2} \iint \frac{\cos^2 g}{p} d\omega,$$

$$B = \frac{\mu f \rho \beta}{b^2} \iint \frac{\cos^2 h}{p} d\omega,$$

$$C = \frac{\mu f \rho \gamma}{c^2} \iint \frac{\cos^2 k}{p} d\omega.$$

Soient actuellement θ l'angle compris entre le rayon OM et la parallèle à l'axe Ox menée par le point D, et ψ l'angle que fait le plan de ces deux droites avec un plan passant par la seconde et parallèle à celui des x et y; nous aurons (n° 8)

$$\cos g = \cos\theta, \quad \cos h = \sin\theta \cos\psi, \quad \cos k = \sin\theta \sin\psi,$$

et, en même temps (n° 93),

$$d\omega = \sin\theta d\theta\, d\psi;$$

d'où il résultera

$$a^2 b^2 c^2 p = b^2 c^2 \cos^2\theta + (c^2 \cos^2\psi + b^2 \sin^2\psi) a^2 \sin^2\theta,$$

$$A = \frac{\mu f \rho \alpha}{a^2} \iint \frac{\cos^2\theta \sin\theta d\theta\, d\psi}{p}.$$

Pour comprendre les directions de tous les rayons OM, les intégrales devront s'étendre depuis $\theta = 0$ et $\psi = 0$ jusqu'à $\theta = \pi$ et $\psi = 2\pi$; mais à cause que le coefficient de $d\theta$ a la même valeur pour θ et pour $\pi-\theta$, il suffira d'intégrer depuis $\theta=0$ jusqu'à $\theta=\frac{1}{2}\pi$, et de doubler le résultat; et parce que le coefficient de ψ est le même pour ψ et pour $\pi\pm\psi$, il suffira aussi d'intégrer depuis $\psi=0$ jusqu'à $\psi=\frac{1}{2}\pi$, et de quadrupler le résultat. Cela étant, je fais

$$\varphi=\operatorname{tang}\psi, \qquad d\varphi=\frac{d\psi}{\cos^2\psi};$$

et à cause de

$$\cos^2\psi=\frac{1}{1+\varphi^2}, \qquad \sin^2\psi=\frac{\varphi^2}{1+\varphi^2},$$

il en résulte

$$\int_0^{\frac{1}{2}\pi}\frac{d\psi}{p}=a^2b^2c^2\int_0^{\infty}\frac{d\varphi}{(b^2\cos^2\theta+a^2\sin^2\theta)c^2+(c^2\cos^2\theta+a^2\sin^2\theta)b^2\varphi^2}$$

$$=\frac{\pi a^2bc}{2\sqrt{(b^2\cos^2\theta+a^2\sin^2\theta)(c^2\cos^2\theta+a^2\sin^2\theta)}};$$

au moyen de quoi la valeur de A ne dépendra plus que de l'intégrale relative à θ. Sans nouveau calcul, on déduira B de A en y mettant β au lieu de α, et permutant les lettres a et b; et de même, on déduira C de A en y mettant γ au lieu de α, et permutant les lettres a et c. De cette manière, on aura finalement

$$\left.\begin{aligned}
A&=4\pi\mu f\rho\alpha\int_0^{\frac{1}{2}\pi}\frac{bc\cos^2\theta\sin\theta d\theta}{\sqrt{(b^2\cos^2\theta+a^2\sin^2\theta)(c^2\cos^2\theta+a^2\sin^2\theta)}},\\
B&=4\pi\mu f\rho\beta\int_0^{\frac{1}{2}\pi}\frac{ac\cos^2\theta\sin\theta d\theta}{\sqrt{(a^2\cos^2\theta+b^2\sin^2\theta)(c^2\cos^2\theta+b^2\sin^2\theta)}},\\
C&=4\pi\mu f\rho\gamma\int_0^{\frac{1}{2}\pi}\frac{ab\cos^2\theta\sin\theta d\theta}{\sqrt{(b^2\cos^2\theta+c^2\sin^2\theta)(a^2\cos^2\theta+c^2\sin^2\theta)}}.
\end{aligned}\right\}(c)$$

Ces valeurs de A, B, C, étant positives, il s'ensuit

que chacune de ces trois composantes tend à rapprocher le point O du centre de l'ellipsoïde ; le contraire aurait lieu dans le cas d'une répulsion où l'on devrait mettre, dans ces formules, $-f$ au lieu de f.

105. Désignons par δ une constante positive, et supposons qu'on substitue $(1+\delta)a$, $(1+\delta)b$, $(1+\delta)c$, au lieu de a, b, c, dans les formules (c). Le facteur $1+\delta$ disparaîtra, et les valeurs de A, B, C, resteront les mêmes. Or, par cette substitution, l'ellipsoïde se trouvera augmenté d'une partie comprise entre sa surface primitive et une surface semblable ; les composantes A, B, C, ne changeant pas, il en faut donc conclure que l'action de cette partie additive sur le point intérieur O se réduit à zéro.

Ainsi une couche homogène comprise entre deux surfaces elliptiques semblables, ayant le même centre et leurs axes dans les mêmes directions, n'exerce aucune action attractive ou répulsive sur un point O situé dans l'espace vide que termine sa surface intérieure; en sorte que ce point matériel restera en équilibre, quelque part qu'il soit placé dans cet espace ; théorème qui comprend celui que nous avons précédemment trouvé pour le cas d'une couche sphérique.

Il en résulte que l'action d'un ellipsoïde plein et homogène sur un point O de sa masse, se réduit à celle qui est exercée par la partie de cette masse terminée par la surface elliptique, passant par ce point, semblable à celle du corps entier, et semblablement placée. D'après les formules (c), la composante de cette force, parallèle à chacun des trois axes de l'ellipsoïde, est proportionnelle à l'ordonnée du point O parallèle à cet axe, et ne dépend que de cette variable. Dans le cas général où les trois demi-axes a, b, c, sont inégaux, on transforme en fonctions elliptiques les intégrales relatives à θ que ces formules renferment; ce qui permettra d'en calculer les valeurs numériques, au moyen des tables de M. Legendre. Ces mêmes intégrales s'obtiennent sous forme finie, lorsque deux des constantes a, b, c, sont égales, et qu'il s'agit, par conséquent, d'un ellipsoïde de révolution.

106. Supposons, par exemple, qu'on ait $c = b$; la forme des intégrales relatives à θ sera différente, selon que l'ellipsoïde sera aplati ou allongé, c'est-à-dire, selon qu'on aura $b > a$ ou $b < a$. Supposons aussi que ce soit le premier cas qui ait lieu; et faisons, dans cette hypothèse,

$$b^2 - a^2 = a^2e^2, \quad \frac{4\pi\rho a^3(1+e^2)}{3} = m;$$

en sorte que la fraction e soit l'aplatissement de l'ellipsoïde, et m sa masse. Il en résultera

$$A = \frac{3\mu f m\alpha}{a^3}\int_0^{\frac{1}{2}\pi}\frac{\cos^2\theta\sin\theta\,d\theta}{1+e^2\cos^2\theta};$$

et, en effectuant l'intégration, on aura

$$A = \frac{3\mu f m\alpha}{a^3e^3}\left[e - \text{arc}\,(\text{tang} = e)\right],$$

pour la composante parallèle à l'axe de révolution.

On aura aussi

$$\frac{B}{6} = \frac{C}{\gamma} = \frac{3\mu f m}{a^3(1+e^2)}\int_0^{\frac{1}{2}\pi}\frac{\cos^2\theta\sin\theta d\theta}{\sqrt{1+e^2\sin^2\theta}}.$$

Les composantes B et C étant entre elles comme les coordonnées β et γ du point O, il s'ensuit que leur résultante sera dirigée suivant la perpendiculaire abaissée de ce point sur l'axe de révolution. En appelant A′ cette force, et α' la longueur de la perpendiculaire, de sorte qu'on ait

$$A' = \sqrt{B^2 + C^2}, \qquad \alpha' = \sqrt{\beta^2 + \gamma^2},$$

et effectuant l'intégration indiquée, il vient

$$A' = \frac{3f\mu m\alpha'}{2a^3e^3}\left[\text{arc}\,(\text{tang} = e) - \frac{e}{1+e^2}\right].$$

La résultante des deux forces A et A′ exprimera, en grandeur et en direction, l'action totale de l'ellipsoïde sur le point O.

Lorsque e sera une très petite fraction, on pourra développer ces valeurs de A et A′ en séries très convergentes, ordonnées suivant les puissances de e. A cause de

$$\text{arc}\,(\text{tang} = e) = e - \frac{e^3}{3} + \frac{e^5}{5} - \text{etc.},$$

$$\frac{e}{1+e^2} = e - e^3 + e^5 - \text{etc.},$$

nous aurons

$$A = \frac{\mu f m\alpha}{a^3}\left(1 - \frac{3e^2}{5} + \text{etc.}\right),$$

$$A' = \frac{\mu f m\alpha'}{a^3}\left(1 - \frac{6e^3}{5} + \text{etc.}\right).$$

Dans le cas de la sphère, ou de $e = 0$, la résultante de A et A′ sera dirigée vers le centre, et aura la même intensité que dans le n° 101.

107. Le calcul de l'attraction d'un ellipsoïde ho-

mogène sur un point extérieur présente encore beaucoup plus de difficulté; mais on doit à M. Yvori un théorème au moyen duquel ce cas peut être ramené à celui du point intérieur; ce qui permet d'exprimer les composantes de l'attraction par des intégrales simples, semblables aux formules (c). Voici une démonstration de cette importante proposition.

En faisant, dans la première équation (1) du n° 95,

$$dm = \rho dx dy dz,$$

et observant que ρ est un facteur constant, on a

$$\mathrm{A} = \mu f \rho \iiint \frac{(\alpha - x)\, dx dy dz}{[(\alpha - x)^2 + (6 - y)^2 + (\gamma - z)^2]^{\frac{3}{2}}}.$$

Je suppose que l'équation de la surface soit toujours l'équation (b), et j'y mets ax', by', cz', à la place de x, y, z, ce qui la change en celle-ci :

$$x'^2 + y'^2 + z'^2 = 1.$$

En même temps la valeur de A devient

$$\mathrm{A} = \mu f \rho abc \iiint \frac{(\alpha - ax')\, dx' dy' dz'}{[(\alpha - ax')^2 + (6 - by')^2 + (\gamma - cz')^2]^{\frac{3}{2}}};$$

et si l'on désigne par $\pm x_1$ les valeurs de x', égales et de signe contraire, que l'on tire de l'équation précédente, l'intégrale relative à x' devra être prise depuis $x' = -x_1$ jusqu'à $x' = x_1$; ce qui donne

$$\mathrm{A} = \mu f \rho bc \left(\iint \frac{dy' dz'}{[(\alpha - ax_1)^2 + (6 - by')^2 + (\gamma - cz')^2]^{\frac{1}{2}}} \right.$$
$$\left. - \iint \frac{dy' dz'}{[(\alpha + ax_1)^2 + (6 - by')^2 + (\gamma - cz')^2]^{\frac{1}{2}}} \right).$$

Chacune de ces deux intégrales doubles s'étendra à tous les élémens de la demi-surface sphérique dont le rayon est l'unité, et qui a son centre à l'origine des coordonnées ; le produit $dy'dz'$ est la projection sur le plan des y et z, d'un élément quelconque. Si donc on désigne par θ l'angle que le rayon qui aboutit à cet élément fait avec l'axe des x, et par ψ l'angle compris entre le plan de ces deux droites et le plan des x et y, l'aire de cet élément sera $\sin\theta d\theta d\psi$, son inclinaison sur le plan des y et z sera l'angle θ, et il en résultera

$$dy'dz' = \cos\theta \sin\theta d\theta\, d\psi,$$

pour sa projection sur ce plan. On aura en même temps

$$x_1 = \cos\theta, \quad y' = \sin\theta \cos\psi, \quad z' = \sin\theta \sin\psi.$$

Les limites des deux intégrales seront maintenant $\theta = 0$ et $\psi = 0$, $\theta = \frac{1}{2}\pi$ et $\psi = 2\pi$; mais si l'on met, dans la seconde, $\pi - \theta$ à la place de π, il est aisé de voir que ces deux intégrales se réuniront en une seule, qui aura les mêmes limites par rapport à ψ, et dont les limites relatives à θ deviendront $\theta = 0$ et $\theta = \pi$; en sorte que l'on aura simplement

$$A = \mu f \rho bc \int_0^\pi \int_0^{2\pi} \frac{\cos\theta \sin\theta d\theta\, d\psi}{R},$$

en faisant, pour abréger,

$$R^2 = \alpha^2 + \beta^2 + \gamma^2 - 2(\alpha a \cos\theta + \beta b \sin\theta \cos\psi + \gamma c \sin\theta \sin\psi) \\ + a^2 \cos^2\theta + b^2 \sin^2\theta \cos^2\psi + c^2 \sin^2\theta \sin^2\psi,$$

et regardant R comme une quantité positive. Les

deux autres composantes B et C s'exprimeront pareillement par des intégrales doubles.

Maintenant, considérons l'attraction d'un autre ellipsoïde ayant la même densité ρ, le même centre, et ses axes dans les mêmes directions que le premier. Soient a_1, b_1, c_1, les trois demi-axes correspondans à a, b, c; appelons O_1 le point soumis à cette attraction, α_1, β_1, γ_1, ses coordonnées, et A_1, B_1, C_1, les composantes de cette force, parallèles aux trois axes de l'ellipsoïde. En supposant toujours que μ soit la masse du point attiré, nous aurons

$$A_1 = \mu f b_1 c_1 \int_0^\pi \int_0^{2\pi} \frac{\cos\theta \sin\theta \, d\theta \, d\psi}{R_1};$$

R_1 étant ce que devient R quand on y change a, b, c, α, β, γ, en a_1, b_1, c_1, α_1, β_1, γ_1. Les valeurs de B_1 et C_1 se déduiront de même de celles de B et C.

Supposons que les deux ellipsoïdes aient les mêmes foyers, et conséquemment des excentricités égales; on aura alors

$$b^2 = a^2 + h, \quad c^2 = a^2 + k, \quad b_1^2 = a_1^2 + h, \quad c_1^2 = a_1^2 + k;$$

h, k, $h - k$, étant des quantités positives ou négatives qui exprimeront, abstraction faite du signe, les carrés des excentricités communes à ces deux corps. Supposons, de plus, que le point O_1, attiré par le second ellipsoïde, soit situé sur la surface du premier, et le point O attiré par le premier, sur la surface du second. D'après l'équation (b) et celle de la surface du second ellipsoïde, il faudra qu'on ait

$$\left.\begin{array}{l}\frac{\alpha_1^2}{a^2}+\frac{\beta_1^2}{b^2}+\frac{\gamma_1^2}{c^2}=1,\\ \frac{\alpha^2}{a_1^2}+\frac{\beta^2}{b_1^2}+\frac{\gamma^2}{c_1^2}=1.\end{array}\right\}\quad(1)$$

Soient enfin p et q deux angles donnés; et prenons

$$\left.\begin{array}{lll}\alpha_1=a\cos p, & \beta_1=b\sin p\cos q, & \gamma_1=c\sin p\sin q,\\ \alpha=a_1\cos p, & \beta=b_1\sin p\cos q, & \gamma=c_1\sin p\sin q;\end{array}\right\}(2)$$

valeurs qui satisferont aux deux équations précédentes et qui établissent une relation particulière entre les coordonnées des points O et O_1. En substituant ces valeurs de α, β, γ, dans l'expression de R^2, et y mettant aussi les valeurs précédentes de b^2, c^2, b_1^2, c_1^2, il vient

$$\begin{aligned}R^2 = a_1^2 + a^2 &+ h(\sin^2 p\cos^2 q + \sin^2\theta\cos^2\psi)\\ &+ k(\sin^2 p\sin^2 q + \sin^2\theta\sin^2\psi)\\ &- 2(a_1 a\cos p\cos\theta + b_1 b\sin p\cos q\sin\theta\cos\psi\\ &+ c_1 c\sin p\sin q\sin\theta\sin\psi).\end{aligned}$$

Or, sans écrire la valeur de R_1^2, on voit qu'elle sera la même que celle de R^2; car elle s'en déduirait par les permutations de a et a_1, b et b_1, c et c_1, sans changer h et k, qui sont des quantités communes aux deux ellipsoïdes; et il est évident que cette dernière formule ne change pas par ces permutations. A cause de $R_1=R$, les valeurs de A et A_1 renfermeront la même intégrale double; en l'éliminant, on aura donc

$$A_1 bc = Ab_1c_1.$$

Relativement aux autres composantes, on obtiendra des résultats semblables; en sorte que, d'après les suppositions qu'on a faites sur les deux points attirés O et O_1, on aura finalement

$$\frac{A_1}{A} = \frac{b_1 c_1}{bc}, \quad \frac{B_1}{B} = \frac{a_1 c_1}{ac}, \quad \frac{C_1}{C} = \frac{a_1 b_1}{ab}. \quad (3)$$

Pour énoncer le théorème que ces trois équations renferment, appelons *points correspondans*, sur les surfaces des deux ellipsoïdes, deux points dont les coordonnées sont entre elles dans le rapport des demi-axes auxquels elles sont parallèles. Le point O_1 de la surface du premier ellipsoïde, dont les coordonnées parallèles aux demi-axes a, b, c, sont α_1, β_1, γ_1, aura pour correspondant, sur la surface du second ellipsoïde, le point O, dont les coordonnées parallèles aux demi-axes a_1, b_1, c_1, sont α, β, γ, puisqu'on a, d'après les équations (2),

$$\frac{\alpha_1}{\alpha} = \frac{a}{a_1}, \quad \frac{\beta_1}{\beta} = \frac{b}{b_1}, \quad \frac{\gamma_1}{\gamma} = \frac{c}{c_1}.$$

Cela posé, il résulte des équations (3) le théorème suivant :

Si l'on a deux ellipsoïdes homogènes qui aient le même centre et les mêmes foyers, l'attraction suivant chaque axe que l'un des deux corps exerce sur un point situé à la surface de l'autre, est à l'attraction de celui-ci sur le point correspondant de la surface du premier, comme le produit des deux autres axes du premier ellipsoïde est au produit des deux autres axes du second.

108. Lorsque deux ellipsoïdes différens ont, comme on le suppose, le même centre et les mêmes foyers,

l'un des deux est entièrement compris dans l'autre; par conséquent, si le point O est extérieur par rapport au premier ellipsoïde, le point O_1 sera intérieur par rapport au second. Pour déterminer, au moyen du théorème précédent, l'attraction d'un ellipsoïde donné sur un point extérieur O aussi donné, on fera donc passer par ce point la surface d'un second ellipsoïde ayant le même centre et les mêmes foyers que le premier; par les formules relatives aux points intérieurs, on déterminera les trois composantes A_1, B_1, C_1, de l'attraction de ce second corps sur le point O_1 de la surface du premier, correspondant du point O; les équations (3) feront ensuite connaître les composantes A, B, C, de l'attraction de l'ellipsoïde donné sur le point donné. Ainsi tout se réduira à trouver les valeurs des trois demi-axes a_1, b_1, c_1, du second ellipsoïde, d'après ceux du premier qu'on a représentés par a, b, c, et d'après les coordonnées α, β, γ, du point donné O.

Pour fixer les idées, je suppose que a soit la plus petite des trois quantités a, b, c; ce qui rendra positives les quantités h et k du numéro précédent. J'appelle u le carré de a_1; on aura

$$a_1 = \sqrt{u}, \quad b_1 = \sqrt{u+h}, \quad c_1 = \sqrt{u+k};$$

et il ne restera plus qu'à déterminer cette inconnue u, qui devra être réelle et positive. Or, en vertu de la seconde équation (1), nous aurons

$$\alpha^2 + \frac{\beta^2 u}{u+h} + \frac{\gamma^2 u}{u+k} = u; \qquad (4)$$

équation du troisième degré par rapport à u, qui a au moins une racine réelle et positive; car en faisant croître u depuis zéro jusqu'à l'infini, son premier membre est d'abord plus grand et ensuite plus petit que le second; en sorte qu'il y a au moins une valeur positive de u qui les rend égaux. Je dis de plus qu'il n'y en a qu'une; car en supposant qu'il y en ait deux, u et u', il faudrait qu'on eût à la fois

$$\frac{\alpha^2}{u} + \frac{6^2}{u+h} + \frac{\gamma^2}{u+k} = 1,$$

$$\frac{\alpha^2}{u'} + \frac{6^2}{u'+h} + \frac{\gamma^2}{u'+k} = 1;$$

et en retranchant ces équations l'une de l'autre, et supprimant le facteur $u' - u$, commun à tous les termes, il en résulterait

$$\frac{\alpha^2}{uu'} + \frac{6^2}{(u+h)(u'+h)} + \frac{\gamma^2}{(u+k)(u'+k)} = 0;$$

ce qui est évidemment impossible. Donc il n'existe qu'un seul ellipsoïde qui ait le même centre et les mêmes foyers qu'un ellipsoïde donné, et qui passe en outre par un point donné. La quantité u, d'où dépendent ses trois demi-axes a_1, b_1, c_1, est déterminée par l'équation (4); ce qu'il s'agissait de trouver.

109. Nous ferons remarquer que le théorème du n° 107 convient également à toutes les lois d'attraction en fonction de la distance; car la démonstration qu'on vient d'en donner est fondée sur la forme que prend l'expression de R^2, qui se trouve identique pour les deux points O et O_1, et non sur la forme

de la fonction de R, qui exprime la loi de l'attraction.

Si les deux ellipsoïdes sont des sphères concentriques, l'attraction de chacune d'elles sera la même sur tous les points de la surface de l'autre, et il ne sera plus nécessaire que les points O et O_1 soient correspondans. En appelant a et a_1 les rayons de ces deux sphères, D l'attraction de la sphère du rayon a sur un point de la surface sphérique du rayon a_1, et D_1 celle de la sphère du rayon a_1 sur un point de la surface sphérique du rayon a, lesquelles forces seront dirigées suivant les rayons des points attirés, on aura

$$D : D_1 :: a^2 : a_1^2,$$

quelle que soit la loi de l'attraction en fonction de la distance.

Cette proportion est facile à vérifier dans le cas ordinaire où l'attraction est en raison inverse du carré de la distance. En effet, d'après les résultats du n° 101, si l'on suppose $a > a_1$, l'attraction D de la sphère du rayon a sur un point intérieur, situé à une distance a_1 de son centre et dont μ est la masse, sera

$$D = \frac{4\pi\mu f a_1}{3};$$

l'attraction D_1 de la sphère du rayon a_1 sur un point extérieur, dont μ est aussi la masse et qui se trouve à la distance a de son centre, aura pour valeur

$$D_1 = \frac{4\pi\mu f a_1^3}{3a^2};$$

et en comparant ces valeurs de D et D_1, on voit qu'elles sont entre elles comme les carrés des rayons a et a_1.

LIVRE DEUXIÈME.

DYNAMIQUE,

PREMIÈRE PARTIE.

CHAPITRE PREMIER.

DU MOUVEMENT RECTILIGNE ET DE LA MESURE DES FORCES.

§ 1er. *Formules du mouvement rectiligne.*

110. Le mouvement le plus simple que puisse prendre un point matériel est celui qui a lieu en ligne droite, et dans lequel le mobile décrit des espaces égaux en temps égaux. C'est ce mouvement *rectiligne* que l'on appelle *uniforme*, et qui sert de terme de comparaison à tous les autres mouvemens.

Quand le rapport des espaces parcourus aux temps employés à les décrire change continuellement, le mouvement est *varié*; si ce changement n'avait lieu qu'à des intervalles de temps finis, le mouvement ne serait qu'une succession de mouvemens uniformes.

Dans un mouvement quelconque, l'espace parcouru par le mobile, ou, plus généralement, sa distance à un point fixe pris sur la ligne qu'il décrit, est une fonction du temps écoulé depuis une époque convenue. Ainsi, en appelant t ce temps, et x cette distance, on aura, dans tous les cas,

$$x = \mathrm{F}t;$$

et les diverses sortes de mouvemens différeront entre elles par la forme de cette fonction $\mathrm{F}t$. La variable t pourra être positive ou négative : ses valeurs positives répondront à des époques postérieures à celle d'où l'on compte le temps, et ses valeurs négatives, à des époques antérieures.

Dans le mouvement uniforme, si l'on appelle a l'espace parcouru dans chaque unité de temps, et b la distance du mobile au point fixe, à l'origine du temps t, c'est-à-dire, la valeur de x qui répond à $t = 0$, on aura, à un instant quelconque,

$$x = b + at;$$

car, d'après la définition de ce mouvement, l'espace $x - b$ décrit dans le temps t doit être égal à l'espace constant a, répété autant de fois que t renferme d'unités.

111. On ne définit ni le temps ni l'espace; mais il suffit à la Géométrie et à la Dynamique que nous puissions mesurer les dimensions des corps et les durées de leurs mouvemens. La mesure des longueurs est fondée sur la superposition, et se conçoit sans aucune difficulté; celle du temps exige quelque explication.

On ferait un cercle vicieux si l'on disait, d'une part, que le mouvement uniforme est celui dans lequel les espaces parcourus sont proportionnels au temps, et, d'un autre côté, que le temps a pour mesure le mouvement uniforme, c'est-à-dire qu'il est proportionnel aux espaces parcourus dans ce mouvement. Mais la notion des temps égaux et la mesure du temps ne sont fondées nécessairement sur aucune loi particulière de mouvement, et l'on peut, en conséquence, les supposer dans la définition du mouvement uniforme et de toute autre sorte de mouvemens.

Concevons, en effet, que des corps parfaitement identiques se meuvent successivement, et que, pendant toute la durée de son mouvement, chacun des mobiles se trouve exactement dans le même état que celui qui l'a précédé : il est évident que tous ces mouvemens, dont la loi n'est pas donnée, s'exécuteront en temps égaux, et que leur nombre pourra servir de mesure au temps. Ainsi, par exemple, si ces corps sont pesans et retenus par un axe fixe horizontal, qu'on les écarte tous également de leur position d'équilibre, et qu'on les abandonne ensuite à eux-mêmes, de sorte que le mouvement du second commence dès que le premier est revenu à cette position, celui du troisième aussitôt que le second y est revenu de même, et ainsi de suite, il n'y aura aucune différence possible entre tous ces mouvemens successifs qui s'achèveront en temps égaux. On prouvera par la suite qu'il n'est pas nécessaire pour cela que ce soient différens mobiles qui se succèdent, et que les oscillations successives d'un même corps, de part et d'autre de sa position d'équilibre, sont aussi *isochrones*, ou d'égale durée; mais la considération précédente, qui ne suppose la solution d'aucun problème de Mécanique, suffit à l'objet que nous nous sommes proposé.

Les astronomes ont reconnu, par les observations les plus précises et le plus souvent répétées, l'invariabilité de la révolution apparente de la sphère céleste autour de la terre; et, effectivement, la théorie n'indique aucune inégalité sensible dans le mouvement de rotation de la terre qui donne lieu à cette apparence. On appelle *jour sidéral* la durée constante de cette révolution, laquelle durée est moindre que celle de la révolution diurne du soleil. Celle-ci n'est pas exactement la même à toutes les époques de l'année; et c'est sa grandeur moyenne que l'on prend pour unité de temps dans les usages ordinaires, et que l'on appelle le *jour moyen*. Nous adopterons, dans cet ouvrage, la division du jour en 24 heures, de l'heure en 60 minutes, et de la minute en 60 secondes; en sorte que la seconde sera la 86400e partie du jour moyen. Le jour sidéral ne contient que 86164,09 secondes; d'où il résulte que pour exprimer en jours sidéraux un temps donné en jours moyens, il faudra le multiplier par le rapport de 86400 à 86164,09, ou par le nombre constant 1,0027379.

112. Un mouvement uniforme diffère d'un autre par la grandeur de l'espace parcouru dans l'unité de temps. Dans chaque mouvement uniforme, cet es-

pace constant est ce qu'on appelle la *vitesse* du mobile; mais, pour parler exactement, cet espace n'est que la mesure de la vitesse, et non pas la vitesse elle-même. La vitesse d'un point matériel en mouvement est une chose qui réside dans ce point, dont il est animé, qui le distingue actuellement d'un point matériel en repos, et n'est pas susceptible d'une autre définition. La vitesse exprimée, dans le mouvement uniforme, par l'espace que le mobile décrit dans chaque unité de temps, suppose qu'on prend pour unité de vitesse celle du mobile qui parcourt l'unité linéaire dans l'unité de temps.

Dans un mouvement varié quelconque, la vitesse du mobile varie par degrés infiniment petits, et elle est une fonction du temps qui se déduit, ainsi qu'on le verra tout à l'heure, de celle qui exprime l'espace parcouru : mais, auparavant, il est nécessaire de connaître le genre de mouvement que prendra un point matériel en vertu de sa vitesse acquise, si la force qui lui a imprimé cette vitesse, par son action continuée pendant un certain temps, vient à cesser d'agir, et que ce mobile soit abandonné à lui-même.

113. Il est d'abord évident que si le mobile s'est mu jusque là en ligne droite, il continuera à se mouvoir suivant le prolongement de la ligne qu'il décrivait; car il n'y aurait aucune raison pour que ce point matériel s'écartât de la direction qu'il a reçue plutôt d'un côté que de l'autre. Mais nous ne pouvons pas affirmer, *à priori*, que la vitesse qui lui a été imprimée ne se ralentira pas d'elle-même, et ne fi-

nira pas par s'éteindre entièrement ; ce n'est que par l'expérience et l'induction que cette question peut être décidée.

Or, à mesure que les obstacles à l'état de mouvement des corps, tels que les frottemens et les résistances des milieux qu'ils traversent, diminuent d'intensité, nous les voyons persévérer de plus en plus dans cet état ; et, toutes les fois que nous apercevons une altération dans leur vitesse, nous reconnaissons que cet effet peut être attribué à une cause étrangère. Nous sommes donc conduits à conclure que s'il était possible qu'un point matériel, après avoir été mis en mouvement, ne fût plus sollicité par aucune force, et ne rencontrât aucun obstacle, son mouvement serait rectiligne et uniforme, c'est-à-dire, le plus simple de tous les mouvemens.

Ainsi, par exemple, si une parcelle de fer est mise en mouvement dans le vide, sur un plan horizontal et sans frottement, par la seule action du pôle d'un aimant, et que tout à coup on détruise le pouvoir attractif de ce pôle, en y juxtaposant un pôle égal et contraire, cette parcelle continuera de se diriger vers ce point ; mais son mouvement deviendra uniforme, et sa vitesse sera plus ou moins considérable, selon qu'on aura laissé agir la force attractive plus ou moins long-temps.

L'impossibilité où sont tous les points matériels de se mettre en mouvement ou de changer le mouvement qui leur a été communiqué, sans le secours d'une force, est ce qu'on entend par l'*inertie* de la matière. Ce mot ne signifie pas que la matière soit incapable d'agir; car, au contraire, chaque point matériel trouve toujours dans l'action d'autres points matériels, mais jamais en lui-même, le principe de son mouvement.

114. Au bout du temps t, et quand le mobile se trouve à la distance x d'un point fixe pris sur la droite qu'il décrit, soit v sa vitesse acquise, c'est-à-dire, la vitesse du mouvement uniforme qui aurait lieu, si, à cet instant, la force qui agit sur le mobile venait à cesser d'agir. L'action de cette force continuant, l'espace dx que le mobile parcourra dans l'instant dt sera décrit en vertu de cette action et de la vitesse v; la partie de dx correspondante à cette vitesse, qui serait décrite d'un mouvement uniforme, aura vdt pour valeur. En appelant donc ε la partie de cet espace qui répond à l'action de la force pendant l'instant dt, nous aurons

$$dx = vdt + \varepsilon.$$

Or, la vitesse variant par degrés infiniment petits, et ses variations étant uniquement dues à l'action de la force appliquée au mobile, il s'ensuit que dans le temps dt cette action ne peut produire qu'une vitesse infiniment petite; par conséquent, cette même action ne peut faire décrire qu'un espace infiniment petit du second ordre, moindre que celui qui serait décrit uniformément par le mobile, s'il recevait au commencement de dt toute la vitesse qui sera produite pendant la durée de cet instant. On peut donc négliger ε par rapport à vdt dans l'équation précédente; et alors on aura

$$v = \frac{dx}{dt},$$

pour l'expression de la vitesse dans un mouvement quelconque.

Si l'on voulait connaître la partie ε de l'espace parcouru par le mobile dans le temps dt, en vertu de l'action de la force qui le sollicite, il faudrait conserver les puissances de dt supérieures à la première. Or, en appelant x' la distance du mobile au point fixe, au bout du temps $t + dt$, on aura, par le théorème de Taylor,

$$x' - x = \frac{dx}{dt}dt + \frac{1}{2}\frac{d^2x}{dt^2}dt^2 + \text{etc.},$$

pour l'expression complète de l'espace parcouru dans cet instant dt. Le premier terme, égal à vdt, est l'espace dû à la vitesse acquise au bout du temps t; si donc on néglige les termes du troisième et des ordres supérieurs par rapport à ceux du second, on aura

$$\varepsilon = \frac{1}{2}\frac{d^2x}{dt^2}dt^2,$$

ou, ce qui est la même chose,

$$\varepsilon = \tfrac{1}{2}dvdt,$$

pour la partie de l'espace $x' - x$ que l'action de la force a fait parcourir. La vitesse produite en même temps par cette action étant dv, on voit que l'espace que le mobile décrirait uniformément, pendant ce temps dt, s'il recevait au commencement toute cette augmentation de vitesse, serait égal au produit de dv et dt, ou double de l'espace ε qu'il décrit réellement.

115. Lorsque l'espace parcouru sera donné en fonction du temps, on en déduira immédiatement la vitesse correspondante, au moyen de l'équation $v = \frac{ds}{dt}$. Par exemple, les mobiles, dans la machine d'*Athood*, décrivant des espaces qui croissent comme les carrés du temps, on en peut conclure que leurs vitesses acquises doivent être proportionnelles aux temps pendant lesquels ces espaces sont parcourus; ce que cette machine fournit, en effet, le moyen de vérifier.

Réciproquement, si la vitesse est donnée en fonction du temps par la définition du mouvement, on en déduira, par l'intégration, l'expression de l'espace parcouru. Ainsi, après le mouvement uniforme, le plus simple est celui dans lequel la vitesse augmente ou diminue, de quantités égales, en temps égaux, et qu'on appelle, pour cette raison, *uniformément* accéléré ou retardé. Si donc on appelle g l'accroissement constant, positif ou négatif, de la vitesse dans chaque unité de temps, et a la vitesse du mobile quand $t = 0$, la vitesse v à un instant quelconque sera, dans ce mouvement,

$$v = a + gt;$$

et en multipliant par dt et intégrant, on aura

$$x = b + at + \tfrac{1}{2}gt^2,$$

pour la distance du mobile à un point fixe de la

droite qu'il décrit; b étant cette distance à l'origine du temps t.

Lorsque les deux constantes a et b seront nulles, on aura simplement

$$v = gt, \quad x = \frac{1}{2}gt^2.$$

L'espace parcouru est donc alors proportionnel au carré du temps; et la vitesse acquise au bout d'un temps quelconque t est telle qu'en vertu de cette seule vitesse le mobile décrirait, en un temps égal à t, un espace vt double de celui qu'il a parcouru. Il s'ensuit que si l'on connaît l'espace parcouru dans la première unité de temps, on aura, en le doublant, la valeur de la vitesse constante g, par laquelle un mouvement uniformément accéléré diffère d'un autre mouvement de la même nature.

Ce mouvement est celui des corps pesans qui tombent dans le vide. En un même lieu, la vitesse g est égale pour tous leurs points; en sorte qu'ils décrivent tous, d'un même mouvement de cette espèce, des droites verticales. Cette vitesse varie d'un lieu à un autre; en prenant la seconde pour unité de temps, et le mètre pour unité linéaire, on a conclu de l'expérience

$$g = 9^{m},80896,$$

à l'Observatoire de Paris.

La force qui produit des vitesses égales en temps égaux est pour nous une *force constante*. Ainsi, la pesanteur est une force constante; ce qui signifie ici qu'elle agit avec la même intensité sur les corps déjà animés de vitesses quelconques, et non pas seulement, comme dans le n° 59, que son intensité est la même dans toute l'étendue d'un corps de dimensions ordinaires.

116. Les lois de l'équilibre ne supposent aucune relation particulière entre les forces et les vitesses correspondantes; et, pour résoudre les problèmes de Statique, il suffit de connaître les rapports numériques des forces, tels qu'ils ont été définis dans le n° 5. Les lois du mouvement, au contraire, dépendent du rapport qui doit exister entre les grandeurs des vitesses produites par des forces données: et ce rapport, dont la connaissance est indispensable pour la solution des problèmes de Dynamique, est le même que celui des forces, ainsi qu'on va le démontrer.

Soient toujours x et v l'espace parcouru et la vitesse acquise par un point matériel au bout du temps t. Supposons qu'à cette époque deux forces données f et f' agissent simultanément sur le mobile, suivant la direction de son mouvement; désignons par u la vitesse infiniment petite que la force f imprimerait au mobile, si elle agissait seule pendant un temps τ infiniment petit, et par u' celle qui serait produite par la force f', dans le même temps, si la force f n'existait pas. Je dis que la simultanéité de ces deux forces ne modifiera pas les vitesses dont elles sont capables séparément, et que la vitesse produite par la force $f + f'$ sera $u + u'$, c'est-à-dire qu'au bout du temps $t + \tau$, la vitesse du mobile sera devenue $v + u + u'$.

En effet, l'augmentation de vitesse du mobile ne pourra dépendre que du temps τ auquel elle sera proportionnelle, et de l'état de ce point matériel, ou, autrement dit, de sa position et de sa vitesse pendant ce même temps τ; ce ne serait donc qu'en influant sur cet état que l'action de la force f' pourrait modifier la vitesse qui sera produite par la force f. Or, pendant le temps τ, la distance du mobile à un point fixe et sa vitesse ne peuvent varier que de quantités infiniment petites, négligeables par rapport à x et v; ses variations de distances à d'autres points fixes ou mobiles, d'où peuvent émaner les forces f et f', sont également négligeables; par conséquent, la vitesse que produira la force f, pendant cet intervalle de temps τ, ne saurait être modifiée en aucune manière par l'action simultanée de la force f'; et il en sera de même à l'égard de la vitesse due à la force f', qui ne sera pas non plus changée par l'action de f. Donc la vitesse totale imprimée au mobile pendant le temps τ, par la force $f+f'$, sera égale à $u+u'$.

On verra de même que si la force f agit dans le sens de la vitesse v, et la force f' en sens contraire, l'augmentation de vitesse produite par la force $f-f'$, sera égale à $u-u'$.

Quelle que soit la nature de chacune des forces f et f', si elles sont capables d'une même vitesse u dans un même temps infiniment petit, ce sont pour nous des *forces égales*. Appliquées en sens contraire l'une de l'autre, elles ne changeront pas la vitesse du mobile, s'il est déjà en mouvement; il y aura équilibre, si ce point matériel est en repos; ce qui rentre dans la définition des forces égales du n° 5.

Lorsque la force qui agit sur le mobile dans le sens de la vitesse acquise, deviendra double, triple, quadruple,.... la vitesse qu'elle produira dans le temps τ croîtra suivant la même proportion. Réciproquement, quand cette force se réduira à moitié, au tiers, au quart,.... la vitesse qui sera produite diminuera de la même manière; et, généralement, les vitesses infiniment petites produites pendant des instans égaux, dans le sens ou en sens contraire de la vitesse acquise, ou imprimées à un point matériel en repos, seront entre elles comme les intensités des forces correspondantes.

C'est sur ce principe général qu'est fondée la mesure des forces dans la Dynamique. On a coutume de le présenter comme une hypothèse; nous le donnons ici comme une conséquence nécessaire de ce que les vitesses imprimées par des forces quelconques, dans des intervalles de temps infiniment petits, sont toujours infiniment petites, et de ce qu'en même temps les déplacemens des mobiles sont aussi infiniment petits.

117. Si les forces que l'on veut comparer l'une à l'autre sont des forces constantes, de sorte que chacune d'elles produise, pendant toute la durée du mouvement, des vitesses égales en temps égaux (n° 115), leurs intensités seront entre elles comme les vitesses qu'elles impriment en un même temps quelconque à un même point matériel. Lors donc que ces vitesses seront données par l'observation, on en conclura le rapport des forces; et, réciproquement, quand ce

rapport sera donné *à priori*, ou pourra le prendre pour celui des vitesses.

Désignons, par exemple, par ϖ et ϖ' les intensités de la pesanteur à deux latitudes différentes, et supposons qu'on ait déterminé, en ces deux lieux de la terre, les vitesses g et g', acquises en une seconde par les corps qui tombent verticalement dans le vide; on aura

$$\varpi : \varpi' :: g : g'.$$

Le rapport de ces forces ϖ et ϖ' sera aussi celui des poids d'un même corps, ou de deux corps homogènes et d'un même volume, à ces deux latitudes. L'observation a fait connaître que les vitesses dues à la pesanteur augmentent en allant de l'équateur au pôle, et que l'accroissement total est à peu près $\frac{1}{200}$ de la plus petite. Il s'ensuit donc que le poids d'un même corps, transporté de l'équateur au pôle, augmentera de $\frac{1}{200}$, et que, pour mettre en équilibre les poids de deux corps homogènes placés en ces deux lieux de la terre, il faudra que le volume du corps situé à l'équateur excède de $\frac{1}{200}$ celui du corps situé au pôle.

Soient encore ϖ l'intensité de la pesanteur dans le sens vertical, et ϖ_1 sa composante suivant une droite qui fait avec sa direction un angle α. D'après la règle du parallélogramme des forces, nous aurons

$$\varpi_1 = \varpi \cos \alpha;$$

et si l'on appelle g et g_1 les vitesses qui seront produites dans l'unité de temps par ces deux forces constantes, agissant séparément sur un même point matériel, la proportion

$$g : g_1 :: \varpi : \varpi_1 ;$$

donnera aussi

$$g_1 = g \cos \alpha.$$

Si ce point matériel pesant est posé sur un plan incliné, qui fasse avec le plan horizontal un angle égal à $90° - \alpha$, la force ϖ se décomposera en deux autres, l'une perpendiculaire au plan donné et qui sera détruite par sa résistance, l'autre dirigée suivant ce même plan et qui sera la force ϖ_1. C'est cette dernière force qui produira le mouvement dans le vide, abstraction faite du frottement du mobile contre le plan incliné. Ce mouvement, dû à une force constante, sera donc uniformément accéléré; et si l'on appelle x_1 et v_1 l'espace parcouru et la vitesse acquise au bout du temps t, on aura

$$v_1 = g_1 t, \quad x_1 = \tfrac{1}{2} g_1 t^2 ;$$

équations dans lesquelles on devra mettre la valeur précédente de g_1.

Cet exemple est très propre à montrer la nécessité de connaître *à priori* le rapport des vitesses dues à des forces dont le rapport est connu; car si l'on ne savait pas déduire g_1 de la vitesse g donnée par l'observation, et qu'il fallût, pour faire usage de ces dernières équations, déterminer aussi par l'expérience la valeur de g_1 qui répond à chaque valeur de l'angle α, la Dynamique se trouverait à peu près réduite à une science expérimentale.

118. Pour mesurer une force variable, il faut en considérer l'effet pendant un temps infiniment petit, durant lequel on peut la considérer comme constante. Soit donc φ, dans un mouvement rectiligne quelconque, la force qui agit sur le mobile au bout du temps t, et que nous regarderons comme une quantité positive ou négative, selon que cette force agira dans le sens de la vitesse acquise ou en sens opposé. Cette vitesse étant v au même instant, elle sera $v+dv$ au bout du temps $t+dt$; en sorte que la force φ aura imprimé une vitesse dv au mobile dans l'instant dt. Si donc on désigne par ϖ une force constante et connue, capable d'une vitesse g dans l'unité de temps, et qui puisse, conséquemment, imprimer au mobile une vitesse gdt dans le temps dt, on aura

$$\varphi : \varpi :: dv : gdt;$$

d'où l'on tire

$$\varphi = \frac{\varpi dv}{gdt}.$$

Après avoir choisi arbitrairement une unité linéaire et une unité de temps, on exprimera en nombres la constante g et la valeur de $\frac{dv}{dt}$ qui a lieu au bout d'un temps donné. Cette formule fera ensuite connaître, au même instant, le rapport numérique de la force φ à la force connue ϖ; et si celle-ci est la pesanteur, ce rapport sera celui de la force φ au poids du mobile sur lequel elle agit; en sorte que ce point matériel étant pesant et sollicité par la force φ en sens contraire de la pesanteur, demeurerait en équilibre, si l'on trouvait, par exemple, $\frac{1}{g}\frac{dv}{dt} = 1$.

On simplifiera la formule précédente, en prenant ϖ et g pour unités; ce qui la réduira à

$$\varphi = \frac{dv}{dt}.$$

L'unité de force sera alors la force constante qui imprimerait au mobile, dans l'unité de temps, une vitesse représentée par l'unité linéaire, de manière que si ces deux dernières unités sont la seconde et le mètre, l'unité de force sera à peu près le dixième du poids du mobile, d'après la valeur de g du n° 115.

On peut remarquer que cette mesure $\frac{dv}{dt}$ de la force variable φ est la vitesse que produirait, dans l'unité de temps, une force constante qui conserverait pendant ce temps la même intensité que la force φ pendant l'instant dt. Ainsi, dans le mouvement d'une parcelle de fer vers le pôle d'un aimant, que nous avons déjà pris pour exemple (n° 113), la force φ dépend de la distance au pôle, et est par conséquent variable; mais si l'on suppose qu'à un instant donné le pôle recule devant le mobile, de manière que la distance de l'un à l'autre devienne constante, la force φ le deviendra aussi, le mouvement se changera en un mouvement uniformément accéléré, et l'augmentation de vitesse qui aura lieu dans l'unité de temps sera la mesure de cette force à l'instant où elle est devenue constante.

En ayant égard à la valeur de ε trouvée dans le n° 114, on peut aussi écrire

$$\varphi = \frac{2\varepsilon}{dt^2}.$$

Il suit donc de cette formule et de la précédente qu'une force a également pour mesure la vitesse qu'elle produit dans un temps infiniment petit, divisée par ce temps, ou bien le double de l'espace qu'elle fait parcourir, divisé par le carré de ce même temps. Dans le mouvement uniformément accéléré, ces deux manières équivalentes de mesurer la force ont encore lieu, sans qu'il soit nécessaire que le temps soit infiniment petit.

119. Nous avons maintenant

$$x = \mathrm{F}t, \quad v = \frac{dx}{dt}, \quad \varphi = \frac{dv}{dt},$$

pour les formules générales du mouvement rectiligne. Elles montrent les rapports qui existent, dans un mouvement quelconque, entre l'espace parcouru, la vitesse acquise et la force qui agit sur le mobile, et comment ces trois fonctions du temps peuvent se déduire l'une de l'autre, soit par la différentiation, soit par l'intégration.

En éliminant v entre les deux dernières, on a

$$\varphi = \frac{d^2x}{dt^2};$$

ce qui suppose qu'on prenne le temps t pour la variable indépendante, et que sa différentielle dt soit constante; hypothèse que nous ferons de même, dans toute la suite de cet ouvrage, sans que nous ayons besoin de le répéter.

Par l'élimination de *dt*, on aura aussi

$$\varphi = \frac{1}{2} \frac{d.v^2}{dx};$$

ce qui servira à déterminer v quand la force φ sera donnée en fonction de x, et, réciproquement, cette force lorsque la vitesse sera connue en fonction de l'espace parcouru.

Nous donnerons, dans le chapitre suivant, diverses applications de ces formules générales.

§ II. *Mesure des forces en ayant égard aux masses.*

120. Avant de montrer comment on devra tenir compte des masses dans la comparaison des forces qui agissent sur des mobiles différens, il importe de rectifier une expression inexacte, que l'on emploie souvent, et qui tient à une confusion d'idées.

Concevons qu'un corps soit posé sur un plan horizontal, et qu'il n'y soit retenu par aucun frottement. Si je veux le faire glisser sur ce plan, il faudra néanmoins, à cause de l'inertie de la matière, que j'exerce un effort quelconque; si à ce corps on en joint un second, puis un troisième, etc., il faudra que je déploie, pour produire le même mouvement, une force de plus en plus considérable. J'aurai, dans chaque cas, le sentiment de l'effort que je serai obligé de faire; mais je ne devrai pas en conclure que la matière oppose aucune résistance à cet effort, et qu'il existe dans les corps ce qu'on appelle très improprement une *force d'inertie*. Quand on s'exprime ainsi, on confond la sensation que l'on a éprouvée, et qui résulte de l'effort qu'on a exercé, avec la sensation d'une résistance qui n'existe réellement pas.

Lorsque le corps frotte contre le plan, il y a effectivement une résistance au mouvement horizontal, et je ne peux pas déplacer le mobile sur ce plan sans exercer un effort supérieur à cette résistance. De même, quand je veux soulever le mobile verticalement, il y a aussi une résistance à ce mouvement, que je dois vaincre par un effort qui la surpasse. Dans les deux cas, je ne produirai aucun mouvement tant que je ne ferai pas un effort plus grand que le poids du corps, ou que son adhésion au plan horizontal; mais si l'on ne suppose ni pesanteur ni frottement, je mettrai le corps en mouvement, quelque faible que soit l'effort que j'exercerai, et quelque grande que soit la masse du mobile : alors, si j'éprouve qu'il faut faire un plus grand effort pour communiquer le même mouvement à un corps qu'à un autre, j'en conclurai que le premier se compose d'une plus grande quantité de matière que le second; et si je pouvais comparer avec précision les grandeurs des efforts que j'aurai exercés, leur rapport serait celui des masses de ces deux mobiles. C'est sur une semblable considération qu'est fondée, ainsi que nous allons l'expliquer, la mesure des masses d'après les grandeurs des forces qui les mettent en mouvement, et, réciproquement, la mesure des forces en ayant égard aux masses et aux vitesses.

121. Deux points matériels, appartenant à des corps qui peuvent être de nature différente, ont des masses égales ou inégales, selon que des forces qu'on suppose égales leur impriment, dans un même temps, la même vitesse ou des vitesses différentes. Supposons, pour fixer les idées, que les forces appliquées à ces deux points soient verticales, et qu'après les avoir placées dans les deux plateaux d'une balance, il y ait équilibre. Ces forces seront égales dans cette hypothèse; et cela étant, si les deux points sont rendus entièrement libres, et que les mêmes forces les mettent en mouvement, leurs masses seront égales ou inégales, selon qu'ils prendront, dans le premier instant, des vitesses infiniment petites, égales ou inégales.

Lorsque, de cette manière, les masses de différens points matériels auront été reconnues égales, en les réunissant on formera d'autres points dont les masses auront entre elles des rapports quelconques. Ainsi, en appelant μ la masse de chacun des points égaux, m et m' les masses de deux autres points formés de n et n' des premiers, m et m' seront entre elles comme ces nombres n et n', et l'on aura

$$m = n\mu, \quad m' = n'\mu.$$

Maintenant, soient u, v, v', des vitesses infiniment petites, i et i' des nombres entiers, et

$$v = iu, \quad v' = i'u.$$

Si deux forces f et f' impriment aux masses m et m' les vitesses v et v' dans un même instant, je dis qu'on aura

$$f : f' :: mv : m'v'.$$

En effet, on peut regarder la force f comme la somme d'un nombre n de forces égales qui impriment la même vitesse v à chacun des n points égaux dont m se compose ; de sorte qu'en appelant k l'une de ces forces égales, on aura

$$f = nk.$$

Soit, en outre, h la force qui imprimerait la vitesse u à chacun de ces points égaux, pendant le même instant que la force k lui imprime la vitesse v. Ces forces agissant sur un même point matériel, seront entre elles comme les vitesses u et v (n° 116) ; et, à cause de $v = iu$, il en résultera

$$k = ih.$$

Nous aurons de même

$$f' = n'k', \quad k' = i'h',$$

en regardant f' comme la somme de n' forces k' capables d'imprimer la vitesse v' à chacun des points égaux dont se compose m', et appelant h' la force qui imprimerait à chacun de ces mêmes points la vitesse u. Or, h et h' étant des forces capables d'imprimer dans un même instant une même vitesse u à deux points égaux en masse, savoir, à deux des points dont la masse commune a été représentée par μ, il suit de ce qui précède qu'on doit avoir $h' = h$. D'après les équations précédentes, on aura alors

$$f = inh, \quad f' = i'n'h;$$

et, en ayant égard aux valeurs de m, m', v, v', il en résultera la proportion qu'il s'agissait de démontrer.

122. Cela posé, considérons un corps de grandeur et de forme quelconques, dont tous les points décrivent des droites parallèles, avec une vitesse commune qui peut d'ailleurs varier avec le temps. Partageons ce corps en une infinité de points matériels égaux en masse, tels qu'on vient de les définir. On pourra attribuer le mouvement de tous ces points à des forces qui seront égales et parallèles dans toute l'étendue du mobile; leur résultante, pour une partie quelconque de ce corps, sera égale à leur somme, et appliquée au centre de gravité de cette même partie. Les forces correspondantes à deux parties quelconques seront donc entre elles comme leurs masses; par conséquent, si l'on appelle f la force totale qui agit sur le mobile, m sa masse, et φ la force qui répond à une partie de cette masse prise pour unité, on aura

$$f = m\varphi.$$

Quant à la force φ, elle sera proportionnelle à l'accroissement de la vitesse des points du mobile pendant un temps infiniment petit; et si l'on appelle v cette vitesse au bout du temps t, on pourra prendre pour sa mesure, comme dans le n° 118,

$$\varphi = \frac{dv}{dt}.$$

Il en résultera donc

$$f = m\frac{dv}{dt},$$

pour l'expression de la force dans un mouvement quelconque, en ayant égard à la masse du mobile, et supposant tous ses points animés d'une même vitesse.

Cette force f, qui est la résultante ou la somme des forces infiniment petites qu'on peut supposer appliquées à tous les points dont le corps est composé, se nomme *force motrice;* le facteur φ de sa valeur $m\varphi$ s'appelle *force accélératrice*, et n'est autre chose que la force motrice rapportée à l'unité de masse.

La force motrice se change en une *pression* lorsque la masse sur laquelle elle agit est appuyée contre un plan fixe, perpendiculaire à sa direction. Une pression et une force motrice ne diffèrent donc l'une de l'autre qu'en ce que les vitesses infiniment petites qu'une pression tend à produire sont incessamment détruites par la résistance du plan fixe qui la supporte, tandis que celles qui sont effectivement produites pendant chaque instant par la force motrice s'accumulent dans le mobile, et qu'il en résulte une vitesse finie après un temps fini. Deux pressions sont entre elles comme les masses multipliées par les vitesses infiniment petites qu'elles tendent à leur imprimer dans un même instant, et qu'elles leur imprimeraient, en effet, si ces masses étaient libres.

123. Si le mouvement commun à tous les points d'un mobile est uniformément accéléré, et qu'on appelle g l'augmentation de vitesse qui a lieu dans

chaque unité de temps, on a

$$\varphi = g, \quad f = mg.$$

Pour une autre force constante f', agissant sur une masse m', et produisant une vitesse g' dans l'unité de temps, on aura de même

$$f' = m'g'.$$

Or, l'observation a prouvé que deux corps pesans, quelle que soit la différence des matières, acquièrent la même vitesse en tombant dans le vide pendant un même intervalle de temps. Dans le cas de la pesanteur, on a donc $g = g'$; et, conséquemment, les poids f et f' de deux corps quelconques sont entre eux comme leurs masses m et m', ainsi que nous l'avons supposé dans le n° 60. Le seul fait, constaté par une expérience journalière, que des corps hétérogènes ont des poids égaux sous des volumes différens, ne suffisait pas pour décider si leurs masses sont égales ou inégales; il fallait savoir, de plus, que la pesanteur leur imprime le même mouvement, pour pouvoir conclure, de l'égalité des poids, l'égalité des quantités de matière.

Le poids d'un corps pesant qui tombe dans le vide est sa force motrice, et la pesanteur est sa force accélératrice. Pour abréger, on appelle souvent *pesanteur* ou *gravité* la vitesse g, qui n'est que la mesure de cette force.

124. Si des forces données agissent à la surface ou sur d'autres parties d'un corps solide, et qu'il en résulte pour tous ses points des vitesses égales et pa-

rallèles, il faudra que ces forces aient une résultante unique, qui coïncidera, en grandeur et en direction, avec la force motrice, telle qu'on vient de la définir, et dont on déduira la force accélératrice en la divisant par la masse entière du mobile.

Supposons, par exemple, qu'un corps pesant tombe dans l'air, dans l'eau, ou dans tout autre fluide, et que sa forme et sa densité, s'il n'est pas homogène, soient symétriques autour d'un axe vertical. Il est évident que tout étant semblable autour de cet axe, tous les points du mobile décriront des droites verticales; ce qui exige, puisqu'il s'agit d'un corps solide, qu'ils aient tous la même vitesse à chaque instant. La résistance du milieu, qui s'exerce à la surface de ce corps, se réduira donc à une force dirigée suivant son axe de figure. Je désignerai par R son intensité à un instant quelconque, par ψ la partie correspondante de la force accélératrice du mobile, et par m sa masse; on aura alors

$$\psi = \frac{R}{m}.$$

Comme cette force agit en sens contraire de la gravité pendant la chute du corps, la force accélératrice totale sera $g - \psi$. Si le mobile était lancé verticalement de bas en haut, les deux forces agiraient dans le même sens, et la force accélératrice totale serait négative et égale à $-g-\psi$.

La théorie de la résistance des fluides est encore trop peu avancée pour qu'on puisse déterminer, *à priori*, la valeur de R, laquelle peut dépendre de la vitesse v dont le mobile est animé, de sa forme, de la densité et de la nature du fluide. Le plus communément, on la suppose proportionnelle au carré de v et à la densité du fluide, que je représenterai par ρ, de sorte que l'on a

$$R = \sigma\rho v^2;$$

σ étant un coefficient qui ne peut plus dépendre que de la forme et des dimensions du corps, de la nature du fluide, liquide ou aériforme, et de sa température.

Dans le cas d'une sphère, on regarde le coefficient σ comme proportionnel à sa surface ou au carré de son diamètre. En désignant donc par r son rayon, et par D sa densité, de sorte que sa masse soit

$$m = \frac{4\pi}{3}Dr^3,$$

il en résultera

$$\psi = \frac{\gamma\rho v^2}{Dr};$$

γ désignant un coefficient numérique qui sera le même pour toutes les sphères, et dont la valeur devra être déterminée par l'expérience pour chaque nature de fluide. A cause que cette quantité ψ est de la même nature que g, il s'ensuit que si l'on désigne par k une vitesse donnée, il faudra qu'on ait

$$\frac{Dr}{\gamma\rho} = \frac{k^2}{g},$$

afin que l'expression de ψ prenne la forme

$$\psi = \frac{gv^2}{k^2},$$

conformément au principe de l'homogénéité des quantités (nº 23).

125. Une même force constante, agissant successivement sur des masses différentes, produira des mouvemens uniformément accélérés, dans lesquels la force accélératrice, ou l'accroissement constant de la vitesse dans chaque unité de temps, sera en raison inverse de la masse.

Ainsi, par exemple, f étant le poids mg d'une masse m, si l'on suspend cette masse à l'extrémité d'un fil qui soit attaché par son autre bout à une autre masse m' posée sur un plan horizontal, il est évident que ces deux masses prendront un même mouvement uniformément accéléré, et dû à la force motrice f, abstraction faite du frottement et du poids de la partie verticale du fil. Si donc on appelle g' la force accélératrice de ce mouvement, on aura

$$g' = \frac{f}{m + m'},$$

ou, ce qui est la même chose,

$$g' = g \cos \alpha,$$

en désignant par α un angle tel que l'on ait

$$m = (m + m') \cos \alpha.$$

Par conséquent, le mouvement dont il s'agit sera le même que celui d'un corps pesant sur un plan incliné, qui fait l'angle α avec la verticale (nº 117).

Tous les corps étant mobiles et susceptibles de prendre des vitesses en raison inverse de leurs masses, lorsqu'ils sont soumis, pendant un même temps, à l'action d'une même force, il s'ensuit qu'il n'existe pas de corps réellement *fixes*; ceux qu'on appelle ainsi sont des corps qui ont de très grandes masses par rapport à celles dont dépendent les forces motrices qu'on leur applique, et qui ne reçoivent, conséquemment, de l'action de ces forces que des vitesses extrêmement petites. A la surface de la terre, ce sont les corps attachés à cette surface qui ne font qu'une seule masse avec celle du globe terrestre; et, en effet, en prenant cette masse pour m' dans l'exemple précédent, on voit que la vitesse g' qui lui sera imprimée dans l'unité de temps, par un poids mg correspondant à une masse m de grandeur ordinaire, pourra être regardée comme tout-à-fait insensible.

126. On a coutume d'appeler *quantité de mouvement d'un corps* le produit de sa masse par sa vitesse. Pour me conformer à l'usage, j'emploierai cette expression, à laquelle il serait toutefois plus correct de substituer celle de *quantité de vitesse*, puisque c'est la vitesse qui réside dans le mobile, et que le mouvement n'en est qu'un effet subséquent.

Il n'y a aucune force qui produise instantanément une quantité finie de mouvement. Le choc d'un corps solide en mouvement contre un corps solide en repos imprime à celui-ci, dans un temps très court, mais non pas infiniment petit, une vitesse qui peut être quelquefois très grande; et, pendant cet intervalle de temps, les deux corps ne se déplacent pas sensiblement. Quelque durs qu'on les suppose, ils se compriment toujours un tant soit peu; la vitesse passe de l'un à l'autre par degrés infiniment petits; et si l'on fait abstraction de l'élasticité de ces deux corps, leur action mutuelle cesse dès qu'ils ont des vitesses égales. Cette communication rapide de la vitesse, sans déplacement sensible des masses, est ce qu'on appelle une *percussion* ou une *impulsion;* elle équivaut, comme on voit, à une force motrice agissant, pendant un temps très court, avec une très grande intensité.

En considérant ainsi la percussion comme la somme des actions infiniment petites d'une force motrice, on en conclut qu'elle se décompose en deux autres percussions, suivant des directions données, par la règle du parallélogramme des forces, comme chacune de ces actions successives. Si, par exemple, on exerce sur la *tête d'un coin* une percussion normale que j'appellerai P, elle se décomposera en deux autres percussions perpendiculaires à ses deux *faces;* et si l'on représente par Q et Q′ les deux composantes, par K et K′ les longueurs des faces auxquelles elles répondent, et par H celle de la tête du coin, il est aisé de voir qu'on aura, d'après la règle citée,

$$Q : P :: K : H,$$
$$Q' : P :: K' : H;$$

d'où l'on tire

$$Q = \frac{PK}{H}, \quad Q' = \frac{PK'}{H}.$$

Ainsi, en supposant que cette percussion P provienne d'une masse m qui vient frapper la tête du coin avec une vitesse a, ses deux faces, ou plutôt les obstacles fixes contre lesquels elles s'appuient, seront dans le même cas que s'ils étaient frappés normalement par la même masse m, animée de vitesses proportionnelles à leurs longueurs, et exprimées par $\frac{Ka}{H}$ et $\frac{K'a}{H}$.

127. Si un corps solide en repos est frappé à la fois, en sens opposés, par deux autres corps dont les masses sont m et m', et les vitesses v et v'; que ces trois corps soient symétriques autour d'un même axe quant à leur forme et quant à leur densité, et que tous les points des deux derniers se meuvent parallèlement à cette droite, leurs percussions sur le corps intermédiaire se feront équilibre, lorsque les quantités de mouvement mv et $m'v'$ seront égales, c'est-à-dire que ces quantités de mouvement passeront, pendant un temps très court, dans le corps intermédiaire, et s'y détruiront sans que ce corps soit déplacé d'une manière sensible.

L'équilibre aura lieu également si l'on supprime le corps intermédiaire, et que la communication de la vitesse se fasse immédiatement entre les deux autres corps. Ainsi, deux corps solides qui vont au-devant l'un de l'autre se réduisent au repos, abstraction faite de l'élasticité, lorsqu'ils viennent à se choquer, et que leurs masses sont en raison inverse de leurs vitesses; et, réciproquement, les produits des masses et des vitesses sont égaux quand il y a équilibre dans le choc de deux corps solides. On suppose ici, comme on vient de le dire, les deux mobiles symétriques autour d'une même droite, et les vitesses de tous leurs points parallèles à cette droite, laquelle est celle qui passe par les centres de gravité des deux masses. La condition d'équilibre dans le choc de ces corps est donc l'égalité de leurs quantités de mouvement, ou l'équation

$$mv = m'v';$$

m et m' étant leurs masses, et v et v' leurs vitesses. Nous déterminerons par la suite les mouvemens qui auront lieu après le choc, quand ces conditions relatives aux grandeurs et à la direction des vitesses, et à la forme des mobiles, ne seront pas remplies, ou bien quand on aura égard à leur élasticité.

Il résulte de cette loi de l'équilibre dans le choc que la percussion fournirait le moyen le plus direct de mesurer la masse des corps. On imprimerait une vitesse connue a à tous les points d'un corps dont la masse serait prise pour unité; et si l'on pouvait déterminer exactement la vitesse v dont tous les points d'un autre corps devraient être animés, pour qu'il fît équilibre au premier, en le choquant en sens contraire de son mouvement, la masse de ce second corps aurait alors pour valeur numérique le rapport $\frac{a}{v}$; mais il est inutile de dire que ce moyen est impraticable, et que c'est toujours aux poids des corps qu'il faut recourir pour mesurer leurs masses.

Il s'ensuit aussi que deux percussions, exercées sur un corps solide, devront être regardées comme équivalentes, lorsqu'elles répondront à des quantités égales de mouvement; en sorte que, dans l'exemple du numéro précédent, la tête et les deux faces du coin éprouveront les mêmes effets, ou seront frappées avec la même énergie, si la masse m et la vitesse a sont remplacées par une masse m' et une vitesse a', telles que l'on ait $ma = m'a'$.

128. Lorsque deux percussions, provenant de vitesses en raison inverse des masses, seront exercées simultanément sur les deux plateaux d'une balance, il y aura équilibre; la balance remplaçant ici le corps intermédiaire que nous avons considéré dans le numéro précédent. Ce cas sera, par exemple, celui de deux corps pesans, dont les masses sont m et m', et qui tombent au même instant sur ces deux plateaux, après avoir acquis des vitesses v et v', telles que l'on ait $mv = m'v'$.

Si la masse m est en repos dans l'un des deux plateaux, son poids y exercera une pression qui sera généralement vaincue par la percussion de l'autre masse; mais il n'est point exact de dire, comme on le fait ordinairement, que cela aura toujours lieu, quelque grande que soit la pression dans son espèce, et quelque petite que soit la percussion dans la sienne.

En effet, on peut remplacer la percussion de m' par une force motrice agissant sur l'un des deux plateaux sans le déplacer sensiblement, pendant un temps très court que je représenterai par τ. En désignant par $m'udt$ la quantité infiniment petite de vitesse dont cette force variable est capable pendant l'instant dt, le produit $m'\int_0^\tau udt$ sera la quantité de vitesse qu'elle communiquera à la balance pendant le temps τ. Pendant ce même temps, le poids de m produira une quantité de mouvement exprimée par $mg\tau$, en représentant par g la gravité. Pour qu'il y ait équilibre dans le système, il faudra donc que l'intégrale $\int_0^\tau udt$ soit toute la vitesse v' dont la masse m' est animée à l'instant où la percussion commence, de sorte qu'il ne lui reste plus aucun degré de vitesse quand le choc est fini; et, cela étant, il suffira que les quantités de mouvement $mg\tau$ et $m'\int_0^\tau udt$, imprimées en sens contraire à la balance pendant la durée du choc, soient égales entre elles. La condition de cet équilibre sera donc exprimée par l'équation

$$m'v' = mg\tau\,;$$

et selon qu'on aura, au contraire, $m'v' > mg\tau$ ou $m'v' < mg\tau$, ce sera la percussion qui l'emportera sur la pression, ou la pression sur la percussion. Or, quoique le temps τ soit extrêmement petit, ce dernier cas est possible, en supposant la masse m suffisamment grande à l'égard de m': pour qu'il fût impossible, il faudrait que la durée de la percussion fût infiniment petite; ce qui n'a pas lieu dans la nature.

La Dynamique sera une application continuelle des principes que nous avons exposés en détail dans ce chapitre, et dont il est nécessaire de se former une idée précise, avant d'essayer de résoudre les différens problèmes relatifs au mouvement des corps.

CHAPITRE II.

EXEMPLES DU MOUVEMENT RECTILIGNE.

129. D'après ce qu'on a vu dans le n° 119, les équations du mouvement rectiligne d'un point matériel sont celles-ci :

$$v=\frac{ds}{dt},\quad \varphi=\frac{dv}{dt},\quad \varphi=\frac{d^2x}{dt^2},\qquad (1)$$

dont la dernière est une suite des deux autres, et dans lesquelles on a désigné, au bout d'un temps quelconque t, par x la distance du mobile à un point fixe de la droite qu'il décrit, par v sa vitesse acquise, et par φ la force qui le sollicite ; φ étant une quantité positive ou négative, selon que cette force agira dans le sens ou en sens contraire de la vitesse v. Ces équations s'appliqueront non-seulement à un point matériel isolé, mais aussi à un corps solide de grandeur quelconque, dont tous les points décriront des droites parallèles, et auront, par conséquent, un mouvement commun : φ sera alors la force accélératrice, égale à la force motrice divisée par la masse du mobile.

La valeur de φ sera donnée dans chaque problème ; et la question consistera à en déduire, par l'intégration, les expressions de v et x en fonctions de t. Elles contiendront deux constantes arbitraires, dont on déterminera les valeurs d'après celles de x et v à l'origine du mouvement, qui devront être données dans chaque exemple. Dorénavant, nous supposerons toujours que l'on compte le temps t à partir de cette origine ; en sorte que les valeurs données de x et v répondront à $t=0$.

L'intégration ne sera généralement possible sous forme finie, que quand φ ne dépendra, comme nous le supposerons dans les exemples suivans, que d'une seule des quantités t, v, x. Lorsque la valeur donnée de φ les contiendra toutes trois, ou deux seulement, les valeurs de x et v ne pourront s'exprimer que par les séries.

130. Supposons d'abord que la force φ soit constante, et qu'il s'agisse, par exemple, du mouvement vertical d'un corps qui tombe dans le vide en vertu de la pesanteur.

En désignant cette force par g, nous aurons

$$\frac{d^2x}{dt^2}=g;$$

d'où l'on tire

$$v=gt, \quad x=\tfrac{1}{2}gt^2,$$

et, par conséquent,

$$v^2=2gx,$$

en supposant que la distance x soit comptée du point de départ du mobile, et que la vitesse initiale soit nulle, de sorte qu'on ait $x=0$ et $v=0$, quand $t=0$.

Si l'on appelle a la vitesse acquise en tombant d'une hauteur h, on aura

$$a = \sqrt{2gh};$$

ce qui fournit une expression commode d'une vitesse quelconque, au moyen de la hauteur d'où un corps pesant devrait tomber pour l'acquérir, et de la vitesse constante g. Le temps de la chute de cette hauteur h étant représenté par θ, on aura aussi

$$\theta = \frac{a}{g} = \sqrt{\frac{2h}{g}}, \quad h = \tfrac{1}{2}g\theta^2 = \frac{a^2}{2g}.$$

Si le corps est lancé verticalement de bas en haut, l'équation de son mouvement dans le vide sera

$$\frac{d^2x}{dt^2} = -g;$$

g étant la même vitesse constante que dans le cas précédent, parce que l'on suppose l'action de la pesanteur sur les corps en mouvement, indépendante du sens dans lequel ils se meuvent, aussi bien que de la grandeur de leur vitesse. En supposant que a soit la vitesse initiale, on en déduira

$$v = a - gt, \quad x = at - \tfrac{1}{2}gt^2,$$

pour la vitesse et l'espace parcouru à un instant quelconque. Il est évident que le mobile s'élèvera jusqu'à ce que cette vitesse soit nulle. Si donc on appelle θ' le temps de son élévation, et h' la hauteur à laquelle il parviendra, on aura

$$\theta' = \frac{a}{g}, \quad h' = \frac{a^2}{2g};$$

et comme ces valeurs coïncident avec celles de θ et h

du cas précédent, on en conclut qu'un corps pesant, lancé de bas en haut avec une vitesse a, s'élève dans le vide à la hauteur d'où il devrait tomber pour acquérir cette même vitesse, et que le temps de son élévation est le même que celui de sa chute.

Communément on appelle h la hauteur due à la vitesse a, et, réciproquement, a la vitesse due à la hauteur h.

131. Soit que le mobile monte ou descende, il suffira, pour former les équations de son mouvement sur un plan incliné, de mettre dans les précédentes $g \cos \alpha$ à la place de g, en désignant, comme dans le n° 117, par α le complément de l'inclinaison du plan donné sur un plan horizontal.

Dans le cas de la chute, on aura donc

$$v = gt \cos \alpha, \quad x = \tfrac{1}{2} gt^2 \cos \alpha, \quad v^2 = 2gx \cos \alpha;$$

mais en appelant l la longueur du plan incliné, et h sa hauteur, on a

$$h = l \cos \alpha;$$

si donc on indique par k la vitesse acquise par le mobile, quand il aura parcouru toute cette longueur, on aura

$$k^2 = 2gl \cos \alpha = 2gh;$$

ce qui montre que cette vitesse k est la même que si le mobile fût tombé par la verticale h.

Soit ABC (fig. 34) la circonférence d'un cercle dont le plan est vertical. Supposons que AB représente son diamètre vertical, et cherchons, d'après les équations précédentes, le temps qu'un point matériel pesant emploiera à parcourir la corde AC, aboutissante à l'extrémité supérieure de ce diamètre. En abaissant du point C la perpendiculaire CD sur AB, on aura, dans ce cas,

$$AC = l, \quad AD = h;$$

mais si l'on désigne par θ le temps demandé, on aura

$$l = \tfrac{1}{2} g \theta^2 \cos \alpha = \frac{g\theta^2 h}{2l};$$

d'après une propriété connue du cercle, on a d'ailleurs

$$l^2 = hb,$$

en appelant b le diamètre AB; d'où l'on conclut

$$\theta = \sqrt{\frac{2l^2}{gh}} = \sqrt{\frac{2b}{g}}.$$

Or, ce temps est le même que celui de la chute par une hauteur verticale b; il en résulte donc que la corde AC sera parcourue dans le même temps que le diamètre AB.

On trouvera le même résultat, en considérant le mouvement sur la corde CB qui aboutit à l'extrémité inférieure de AB, et sera aussi parcourue dans le même temps que ce diamètre vertical.

Ce théorème, indépendant de la longueur de la corde parcourue, subsistera encore lorsqu'elle deviendra infiniment petite; ce qui tient à ce qu'en même temps la composante de la gravité, qui agit suivant cette longueur, ne sera plus une quantité finie.

132. Considérons actuellement le mouvement d'un

corps solide pesant qui tombe ou qui est lancé de bas en haut dans un milieu résistant, et dont tous les points décrivent des droites verticales. Pour que la force accélératrice ne dépende que de la vitesse, nous supposerons que le milieu ait partout la même densité.

Dans le cas de la chute, on aura

$$\varphi = g - \frac{gv^2}{k^2},$$

en supposant la résistance proportionnelle au carré de la vitesse (n° 124), et désignant par k une vitesse constante et donnée. Cette valeur de φ étant une fonction de v, il faudra faire usage de la seconde équation (1), et l'on en déduira

$$gdt = \frac{k^2 dv}{k^2 - v^2} = \frac{k}{2}\left(\frac{dv}{k+v} + \frac{dv}{k-v}\right).$$

En intégrant et supposant nulle la vitesse initiale, de sorte qu'on ait $v = 0$ quand $t = 0$, il en résulte

$$gt = \frac{1}{2} k \log \frac{k+v}{k-v},$$

et, réciproquement,

$$\frac{k-v}{k+v} = e^{-\frac{2gt}{k}};$$

d'où l'on tire

$$v = \frac{k\left(e^{\frac{gt}{k}} - e^{-\frac{gt}{k}}\right)}{e^{\frac{gt}{k}} + e^{-\frac{gt}{k}}}. \qquad (2)$$

Je désigne ici par e la base des logarithmes népériens, et par *log* un logarithme de cette espèce. Il en sera de même dans toute la suite de cet ouvrage; ce qui n'empêchera pas d'employer quelquefois la lettre e à représenter d'autres quantités, dans des formules où la base de ces logarithmes n'entrera pas. Elle a pour valeur approchée

$$e = 2,7182818;$$

et celle du module constant par lequel il faut multiplier le logarithme népérien d'un nombre quelconque, pour en déduire le logarithme ordinaire de ce nombre, est

$$0,4342945.$$

A cause de $dx = vdt$, on aura

$$x = \frac{k^2}{g} \log \frac{1}{2} \left(e^{\frac{gt}{k}} + e^{-\frac{gt}{k}} \right), \quad (3)$$

en intégrant et supposant $x = 0$ quand $t = 0$. On a aussi

$$gdx = \frac{k^2 v dv}{k^2 - v^2},$$

et, par conséquent,

$$x = \frac{k^2}{2g} \log \frac{k^2}{k^2 - v^2}, \quad (4)$$

pour la valeur de x en fonction de v.

133. Ces formules renferment la solution complète du problème. On en déduit cette conséquence, que le temps augmentant sans cesse, le mouvement

approche de plus en plus de l'uniformité, et qu'il est sensiblement uniforme quand la vitesse gt, produite par la pesanteur, est devenue très grande par rapport à k. En effet, en négligeant alors l'exponentielle $e^{-\frac{gt}{k}}$, qui est une très petite fraction, on a

$$v = k, \quad \varphi = 0, \quad x = kt - \frac{k^2}{g} \log 2.$$

La résistance du fluide étant une force qui s'exerce à la surface du mobile, la force motrice qui en résulte est indépendante de la masse, et serait la même, soit que le mobile fût formé d'une matière très dense, soit qu'on enlevât la matière intérieure, et qu'on le réduisît à une enveloppe très mince. Or, la force accélératrice se déduisant de la force motrice, en la divisant par la masse du corps, il s'ensuit que la première de ces deux forces sera, toutes choses d'ailleurs égales, en raison inverse de cette masse, et, par conséquent, k en raison directe de sa racine carrée. C'est pour cela que le mouvement final, dans un milieu résistant, est le plus rapide pour le corps pesant dont la densité est la plus grande; la forme et l'étendue de la surface restant les mêmes.

Quand la densité du milieu est très faible par rapport à celle du mobile, la quantité k est très grande; et ce n'est qu'après un temps très long que le mouvement peut approcher de l'uniformité. Tant que la vitesse gt n'est pas devenue très considérable, on a, en séries convergentes,

$$\frac{1}{2}\left(e^{\frac{gt}{k}} - e^{-\frac{gt}{k}}\right) = \frac{gt}{k} + \frac{g^3t^3}{6k^3} + \text{etc.},$$

$$\frac{1}{2}\left(e^{\frac{gt}{k}} + e^{-\frac{gt}{k}}\right) = 1 + \frac{g^2t^2}{2k^2} + \frac{g^4t^4}{24k^4} + \text{etc.},$$

$$\log \frac{1}{2}\left(e^{\frac{gt}{k}} + e^{-\frac{gt}{k}}\right) = \frac{g^2t^2}{2k^2} - \frac{g^4t^4}{12k^4} + \text{etc.},$$

et les formules (2) et (3) deviennent

$$v = gt - \frac{g^3t^3}{3k^2} + \text{etc.},$$

$$x = \tfrac{1}{2}gt^2 - \frac{g^3t^4}{12k^2} + \text{etc.}$$

Elles se réduisent, comme cela doit être, à celles du mouvement uniformément accéléré, lorsque la densité du milieu est tout-à-fait nulle, ce qui rend la quantité k infinie.

134. Dans le cas où le mobile est lancé de bas en haut, on a

$$\varphi = -g - \frac{gv^2}{k^2}.$$

Si sa surface supérieure est la même que sa surface inférieure, la constante k sera aussi la même que dans le cas de la chute; mais si ces deux portions de surface sont différentes, les valeurs de k le seront également; et, par exemple, s'il s'agit d'un cône dont la base soit horizontale, la quantité k sera beaucoup plus grande ou beaucoup plus petite dans son mouvement ascensionnel que dans sa chute, selon que son sommet sera situé au-dessus ou au-dessous de sa base. Pour fixer les idées, je supposerai que le mobile soit une sphère homogène; en appelant r son rayon, D sa densité et ρ celle du milieu, on aura alors (n° 124)

$$k^2 = \frac{Dr}{\gamma\rho};$$

γ étant une constante qui ne peut plus dépendre que de la nature du milieu, liquide ou fluide aériforme, et de sa température.

En substituant cette valeur de φ dans la seconde équation (1), on aura

$$\frac{kdv}{k^2+v^2} = -\frac{gdt}{k};$$

et en intégrant et désignant par a la vitesse initiale du mobile, il en résulte

$$\text{arc}\left(\text{tang} = \frac{v}{k}\right) = \text{arc}\left(\text{tang} = \frac{a}{k}\right) - \frac{gt}{k}.$$

La valeur de v qu'on en déduit peut facilement s'écrire sous la forme :

$$v = \frac{k\left(a\cos\frac{gt}{k} - k\sin\frac{gt}{k}\right)}{a\sin\frac{gt}{k} + k\cos\frac{gt}{k}}.$$

En multipliant par dt et intégrant de nouveau, de manière qu'on ait $x=0$ quand $t=0$, on en conclut

$$x = \frac{k^2}{g}\log\left(\frac{a}{k}\sin\frac{gt}{k} + \cos\frac{gt}{k}\right).$$

On aura aussi

$$gdx = -\frac{k^2vdv}{k^2+v^2},$$

et, par conséquent,

$$x = \frac{k^2}{2g} \log \frac{k^2 + a^2}{k^2 + v^2}.$$

Si l'on fait $\frac{1}{k} = \alpha$, et que l'on suppose ensuite $\alpha = 0$, pour appliquer ces formules au cas du vide, elles se présentent sous la forme $\frac{0}{0}$; et, par la règle ordinaire, on trouve, comme cela doit être,

$$v = a - gt, \qquad x = at - \tfrac{1}{2} gt^2;$$

résultat qu'on obtient aussi par le développement en série, comme dans le numéro précédent.

135. Appelons h la plus grande hauteur à laquelle le mobile parviendra, et qui répond à $v = 0$; nous aurons

$$h = \frac{k^2}{2g} \log \frac{k^2 + a^2}{k^2}.$$

Soit aussi θ_1 le temps qu'il emploiera pour y parvenir; sa valeur sera

$$\theta_1 = \frac{k}{g} \text{ arc } \left(\text{tang} = \frac{a}{k}\right).$$

Parvenu à cette hauteur, le mobile retombera, et son mouvement sera exprimé par les formules du n° 132. Si l'on représente par a' sa vitesse, lorsqu'il sera retombé de toute cette hauteur h, on aura, d'après l'équation (4),

$$h = \frac{k^2}{2g} \log \frac{k^2}{k^2 - a'^2};$$

en égalant cette valeur de h à la précédente, on a

$$\frac{k^2}{k^3 - a'^2} = \frac{k^2 + a^2}{k^2},$$

et, par conséquent,

$$a'^2 = \frac{a^2 k^2}{a^2 + k^2};$$

d'où l'on conclut $a' < a$; en sorte que la vitesse du mobile, quand il sera revenu à son point de départ, se trouvera moindre que sa vitesse initiale.

Soit aussi θ' le temps de la chute totale, lequel répondra à $v = a'$. On aura

$$\theta' = \frac{k}{2g} \log \frac{k + a'}{k - a'},$$

ou bien, en mettant pour a' sa valeur,

$$\theta' = \frac{k}{2g} \log \frac{\sqrt{a^2 + k^2} + a}{\sqrt{a^2 + k^2} - a};$$

valeur différente de celle du temps θ_1 de l'élévation.

En multipliant par $\sqrt{a^2 + k^2} - a$, le numérateur et le dénominateur de la fraction comprise sous le logarithme, on aura, plus simplement,

$$\theta' = \frac{k}{g} \log \frac{k}{\sqrt{a^2 + k^2} - a};$$

et si l'on appelle θ le temps total $\theta' + \theta_1$ de l'allée et du retour du projectile, on en conclura

$$\frac{g\theta}{k} = \text{arc}\left(\text{tang} = \frac{a}{k}\right) + \log \frac{k}{\sqrt{a^2 + k^2} - a}.$$

Si le mobile est un boulet lancé dans l'air par un canon vertical, on pourra, malgré la rapidité de ce mouvement, mesurer le temps θ avec quelque précision; et si l'on connaît, en outre, la vitesse de projection a, l'équation précédente servira à déterminer la valeur de k, relative au rayon r du boulet. En désignant par k' ce que devient k par rapport à un autre boulet de la même matière et d'un rayon r', on aura

$$k' = k\sqrt{\frac{r'}{r}},$$

d'après l'expression de k^2 du numéro précédent.

136. Dans le cas où l'on fait abstraction de la pesanteur, et où l'on suppose la résistance du milieu proportionnelle à une puissance de la vitesse dont l'exposant est moindre que l'unité, la solution du problème présente une singularité qui mérite d'être remarquée.

Supposons qu'on ait, par exemple,

$$\varphi = -2g\sqrt{\frac{v}{k}};$$

g et k étant toujours la gravité et une vitesse constante et donnée. L'équation du mouvement sera

$$\frac{dv}{dt} = -2g\sqrt{\frac{v}{k}};$$

en en tirant la valeur de gdt, intégrant et désignant par a la vitesse initiale, il vient

$$gt = \sqrt{k}(\sqrt{a} - \sqrt{v}),$$

et, par conséquent,

$$v = \left(\sqrt{a} - \frac{gt}{\sqrt{k}}\right)^2.$$

En multipliant par dt, et intégrant de nouveau, de

sorte qu'on ait $x = 0$ quand $t = 0$, on trouve

$$x = \frac{a\sqrt{ak}}{3g} + \frac{1}{3gk}(gt - \sqrt{ak})^3,$$

pour l'espace parcouru à un instant quelconque.

D'après la valeur de v, la vitesse diminue depuis l'origine du mouvement jusqu'à l'instant qui répond à $t = \frac{\sqrt{ak}}{g}$; à cet instant, la vitesse est nulle; au-delà, le mouvement continue dans le même sens qu'auparavant, et la vitesse augmente indéfiniment. Mais la vitesse étant nulle à un certain instant, la force accélératrice est nulle en même temps; par conséquent, le mobile doit s'arrêter à cet instant et demeurer en repos. Or, il faut remarquer que l'équation du mouvement admet une solution particulière $v = 0$; en sorte que sa solution complète est l'ensemble de son intégrale et de cette équation $v = 0$; il s'ensuit donc que le problème est résolu depuis $t = 0$ jusqu'à $t = \frac{\sqrt{ak}}{g}$, par l'intégrale de l'équation du mouvement, et au-delà de cette valeur de t, par la solution particulière. Pendant le premier intervalle de temps, le mobile décrit, d'un mouvement continuellement retardé, une ligne égale à $\frac{a\sqrt{ak}}{3g}$, à l'extrémité de laquelle il s'arrête et demeure en repos.

Cet exemple, purement hypothétique, suffit pour montrer la nécessité d'avoir égard aux solutions particulières des équations différentielles du mouvement, s'il en existait; ce qui n'arrive pas réellement, d'après les expressions des forces en fonctions de la vitesse acquise et de l'espace parcouru, qui ont lieu dans la nature.

137. Donnons maintenant des exemples de mouvemens dans lesquels la force accélératrice variera avec l'espace parcouru.

Le cas le plus simple a lieu, lorsqu'il s'agit d'un point matériel attiré vers un centre fixe, en raison directe de la distance à ce point, que l'on suppose situé sur la droite que ce mobile décrit. Au bout du temps t, soit z cette distance; à une distance donnée α, supposons que la force accélératrice soit égale à la gravité g; on aura, d'après la loi donnée,

$$\varphi = \frac{gz}{\alpha},$$

pour sa valeur à un instant quelconque. Si x est l'espace parcouru au même instant, et que le mobile soit parti du point situé à une distance c du centre d'attraction, en se dirigeant vers ce centre, on aura aussi

$$x = c - z, \qquad v = -\frac{dz}{dt},$$

et la troisième équation (1) deviendra

$$\frac{d^2z}{dt^2} = -\frac{g}{\alpha}z.$$

Son intégrale complète est

$$z = \mathrm{A}\cos t\sqrt{\frac{g}{\alpha}} + \mathrm{B}\sin t\sqrt{\frac{g}{\alpha}};$$

A et B désignant les deux constantes arbitraires. En supposant nulle la vitesse initiale du mobile, on aura à la fois

$$t = 0, \quad z = c, \quad \frac{dz}{dt} = 0;$$

d'où l'on conclut

$$A = c, \quad B = 0,$$

et, par conséquent,

$$z = c \cos t \sqrt{\frac{g}{a}}.$$

Cette formule montre que la distance z sera nulle ou que le mobile atteindra le centre d'attraction, au bout d'un temps indépendant de la distance c de son point de départ, et égal à $\frac{1}{2}\pi\sqrt{\frac{a}{g}}$: il fera ensuite, de part et d'autre de ce centre, des oscillations dont l'amplitude et la durée constantes seront cette distance c et ce temps $\frac{1}{2}\pi\sqrt{\frac{a}{g}}$.

138. Pour un autre exemple, considérons le mouvement d'un corps pesant dans le vide; nous supposons qu'il tombe d'une assez grande hauteur pour qu'on doive avoir égard, pendant sa chute, à la variation de la pesanteur.

Soient BAE (fig. 35) un grand cercle vertical de la terre, D le point de départ du mobile dans ce plan, M sa position au bout du temps t, sur la droite DC qui aboutit au centre C de la terre, et rencontre en A sa surface. Appelons r son rayon CA, h la hauteur AD, x l'espace DM parcouru par le mobile, z sa distance CM au centre C; en sorte qu'on ait

$$z = r + h - x.$$

La force accélératrice φ sera la pesanteur au point M; en la désignant toujours par g à la surface de la terre, c'est-à-dire, au point A, et supposant que son intensité varie en raison inverse du carré de la distance au centre C, on aura donc

$$\varphi : g :: r^2 : z^2;$$

d'où l'on tire

$$\varphi = \frac{gr^2}{z^2};$$

au moyen de quoi la troisième équation (1) deviendra

$$\frac{d^2x}{dt^2} = \frac{gr^2}{(r + h - x)^2}.$$

Je multiplie ses deux membres par $2dx$; j'intègre ensuite; puis je détermine la constante arbitraire de manière qu'on ait $\frac{dx}{dt} = 0$, quand $t = 0$; il vient

$$\frac{dx^2}{dt^2} = 2gr^2\left(\frac{1}{r + h - x} - \frac{1}{r + h}\right);$$

ce qui fera connaître la vitesse acquise par le mobile, à une distance quelconque x de son point de départ. Au point A, où l'on a $x = h$, cette vitesse sera

$$\sqrt{2gh}\sqrt{\frac{r}{r + h}},$$

et, par conséquent, moindre, comme cela devait être, que si la gravité avait, dans toute la hauteur h, la même intensité qu'à la surface.

L'équation précédente donne

$$\sqrt{\frac{2gr^2}{r+h}}\,dt = \frac{(r+h-x)\,dx}{\sqrt{(r+h)x-x^2}}.$$

Or, en comparant cette équation différentielle à l'équation (a) du n° 73, on voit que si l'on construit une demi-cycloïde DOC, qui ait son sommet au point D et son origine au point O, situé sur la perpendiculaire CO à la droite CD, et dont le cercle générateur ait pour diamètre cette droite CD égale à $r+h$; que l'on mène ensuite par le point M une perpendiculaire MN à la droite DC, qui rencontre la cycloïde au point N, on aura

$$\text{MN} = t\sqrt{\frac{2gr^2}{r+h}};$$

en sorte que l'ordonnée MN du point N fera connaître le temps t, employé à parcourir l'abscisse DM, et réciproquement. Sous forme finie, on aura

$$t\sqrt{\frac{2gr^2}{r+h^2}} = \sqrt{(r+h)x-x^2} + \frac{1}{2}(r+h)\,\text{arc}\left(\cos = \frac{r+h-2x}{r+h}\right),$$

en intégrant, et en observant que $x=0$ quand $t=0$.

Lorsque la hauteur h et, conséquemment, la distance x, seront très petites par rapport à r, cette formule devra différer très peu de celle qui répond à la pesanteur constante. En effet, on a

$$\text{arc}\left(\cos = \frac{r+h-2x}{r+h}\right) = \text{arc}\left(\sin = \frac{2\sqrt{(r+h)x-x^2}}{r+h}\right);$$

le sinus étant très petit, on peut le prendre à la place de l'arc; ce qui rend d'abord le second terme de la formule précédente égal au premier. On peut aussi mettre le rayon r au lieu de $r+h-x$, et réduire, par conséquent, leur somme à $2\sqrt{rx}$; et, de cette manière, la formule dont il s'agit deviendra

$$t\sqrt{\frac{2gr^2}{r+h}}=2\sqrt{rx},$$

ou simplement

$$x=\tfrac{1}{2}gt^2,$$

en négligeant h par rapport à r.

Je me contenterai d'indiquer, comme exemple de calcul, le cas où le mobile soumis à une pesanteur variable est lancé de bas en haut; et, pour dernier exemple du mouvement rectiligne, je vais considérer le mouvement d'un point matériel attiré vers deux centres fixes, situés sur la droite qu'il décrit.

139. Soient A et B (fig. 36), les deux centres d'attraction, M la position du mobile au bout du temps t, et D son point de départ. On suppose, pour fixer les idées, que le mouvement a lieu entre les deux centres d'attraction, et de A vers B; faisons

$$\text{DM}=x,\quad \text{AM}=z,\quad \text{AD}=\alpha,\quad \text{BM}=c-z;$$

en sorte que x soit l'espace parcouru, z la distance du mobile au point A, α la distance initiale, et c la longueur de la droite AB. En supposant toujours les attractions en raison inverse du carré des distances, et désignant, à l'unité de distance, par a^2 et b^2 les intensités des forces qui émanent des centres A et B, nous aurons $\frac{a^2}{z^2}$ et $\frac{b^2}{(c-z)^2}$ pour leurs intensités quand le mobile est en M. La force accélératrice φ sera l'excès de la seconde force qui tend à augmenter l'espace x, sur la première qui tend à le diminuer; donc, à cause de $dx = dz$, on aura

$$\frac{d^2z}{dt^2} = \frac{b^2}{(c-z)^2} - \frac{a^2}{z^2}, \qquad (a)$$

pour ce que devient la troisième équation (1), et $\frac{dz}{dt}$ pour la vitesse v du mobile au point M.

En multipliant l'équation (a) par $2dz$ et intégrant, on a

$$\frac{dz^2}{dt^2} = \frac{2b^2}{c-z} + \frac{2a^2}{z} - \gamma; \qquad (b)$$

γ étant la constante arbitraire. Pour la déterminer, je désigne par k la vitesse initiale qui répond à $z = \alpha$; on aura

$$\gamma = \frac{2b^2}{c-\alpha} + \frac{2a^2}{\alpha} - k^2.$$

En retranchant cette équation de la précédente, il en résultera

$$\frac{dz^2}{dt^2} = k^2 + 2b^2\left(\frac{1}{c-z} - \frac{1}{c-\alpha}\right) - 2a^2\left(\frac{1}{\alpha} - \frac{1}{z}\right); \quad (c)$$

ce qui fera connaître la vitesse du mobile, dans une position quelconque entre les deux points A et B.

140. Il y a, sur la droite AB, un certain point C, dans lequel les deux forces d'attraction sont égales; en sorte que si l'on y plaçait le mobile, ou qu'il y parvînt sans aucune vitesse acquise, il y demeurerait en équilibre. En appelant h la distance AC, on a

$$\frac{b^2}{(c-h)^2} = \frac{a^2}{h^2}.$$

On tire de là deux valeurs de h, dont l'une appartient au point C situé entre A et B, et l'autre à un point situé sur le prolongement de AB, du côté du centre de la moindre attraction. La première de ces deux valeurs est

$$h = \frac{ac}{a+b}.$$

Appelons f la plus petite vitesse initiale qu'il faut imprimer au mobile pour qu'il arrive au point C, de sorte que, parvenu à ce point, sa vitesse soit nulle; on aura à la fois

$$k = f, \quad z = h, \quad \frac{dz}{dt} = 0;$$

et, en vertu de l'équation (c) et de la valeur de h, il en résultera

$$f^2 = \frac{2b^2}{c-\alpha} + \frac{2a^2}{\alpha} - \frac{2(a+b)^2}{c}. \qquad (d)$$

Si la vitesse initiale k est moindre que f, le mobile retombera sur A; si elle est plus grande, il dépassera le point C, et ira tomber sur B. Dans le cas de $k = f$, le mobile emploierait un temps infini à atteindre le point C, à cause qu'à une distance infiniment petite de ce point, il ne serait plus animé que d'une vitesse infiniment petite, et sollicité par une force qui le serait également.

141. Si A et B sont les centres de deux sphères homogènes, ou composées de couches concentriques,

on pourra supposer que les attractions que l'on considère sont celles de ces deux sphères; et alors leurs intensités a^2 et b^2, à l'unité de distance, seront entre elles comme leurs masses (n° 101). En supposant, par exemple, que A soit le centre de la lune et B celui de la terre, et négligeant la non-sphéricité de ces deux corps, on aura

$$a^2 = \frac{b^2}{75};$$

car la masse de la lune, conclue de son action pour soulever les eaux de la mer, est $\frac{1}{75}$ de celle de la terre. On aura donc

$$h = \frac{c}{1+\sqrt{75}} = (0,10352)\,c;$$

en sorte que le point également attiré par la terre et par son satellite se trouve, à peu près, au dixième de leur distance mutuelle à partir de la lune.

Soit r le rayon de la terre; on pourra prendre $60r$ pour la distance c de la lune à la terre; et si le mobile est parti de la surface de la lune, on aura en même temps $\alpha = \frac{3r}{11}$, d'après le rapport connu du rayon de la lune à celui de la terre. Au moyen de ces valeurs de r et α, et de $a = \frac{b}{\sqrt{75}}$, l'équation (d) devient

$$f^2 = (0,044894)\frac{2b^2}{r}.$$

En désignant par g l'attraction de la terre à sa surface, on aura

$$b^2 = gr^2,$$

pour cette force à l'unité de distance. Si donc on fait

$$(0,044894)\,r = r',$$

il en résultera

$$f^2 = 2gr'.$$

Or, l'attraction g peut être prise pour la pesanteur dont elle est la partie principale; par conséquent, f est la vitesse due à une hauteur r'; et à cause de

$$g = 9^m,80896, \quad \pi r = 20000000^m,$$

sa valeur est

$$f = 2368^m.$$

La lune n'ayant pas d'atmosphère dont la résistance puisse diminuer la vitesse des corps partis de sa surface, il s'ensuit que si la terre et la lune étaient en repos, un corps lancé de la surface de la lune vers la terre, avec une vitesse plus grande que 2361 mètres par seconde, dépasserait le point d'égale attraction, et viendrait tomber sur la surface de la terre. Dans le mouvement de la lune autour de la terre, la droite AB qui va d'un centre à l'autre rencontre constamment la surface de la lune en un même point, qui devrait être le point D, d'où le mobile serait lancé suivant la direction DB; mais, pendant une seconde, le point D parcourt sur le cercle décrit du centre de la terre, une longueur d'environ 1000^m par seconde; par conséquent, la vitesse absolue du mobile serait, en grandeur et en direction, la résultante d'une vitesse dirigée suivant DB, et d'une vitesse de 1000^m perpendiculaire à DB. Cela étant, le corps ne restera pas sur la droite mobile AB; il décrira une courbe dans l'espace, les formules précédentes ne s'appliqueront plus à son mouvement, et il ne viendra plus tomber sur la surface de la terre, comme dans le cas de l'immobilité de la lune.

142. En résolvant l'équation (b) par rapport à dt, on a

$$dt = \frac{\sqrt{cz - z^2}\,dz}{\sqrt{2a^2c - (2a^2 - 2b^2 + c\gamma)z + \gamma z^2}}.$$

L'intégrale de cette formule s'exprimera toujours au moyen des fonctions elliptiques; en sorte que l'on pourra calculer, au moyen des tables de ces fonctions, le temps qui répond à une distance donnée z, et réciproquement. Mais indépendamment des cas où l'une des deux attractions est nulle, il en est d'autres pour lesquels l'intégrale de la formule précédente peut encore s'obtenir sous forme finie. Ces cas ont lieu lorsque la quantité comprise sous le radical est un carré parfait; ce qui exige qu'on ait

$$(2a^2 - 2b^2 + c\gamma)^2 = 8a^2c\gamma;$$

équation d'où l'on tire

$$\gamma = \frac{2}{c}(a \pm b)^2.$$

En égalant cette valeur à celle de γ du n° 139, il vient

$$k^2 = \frac{2b^2}{c - a} + \frac{2a^2}{a} - \frac{2(a \pm b)^2}{c}.$$

L'une de ces deux valeurs de k^2 est celle de f^2 ; l'autre est évidemment plus grande. Il s'ensuit donc que quand aucune des deux quantités a et b n'est zéro, on peut exprimer le temps sous forme finie en fonction de z, lorsque le mobile a reçu la plus petite vitesse f avec laquelle il peut atteindre le point C, et lorsqu'on lui a imprimé une certaine vitesse plus grande que celle-là.

Je substitue la double valeur de γ dans l'expression de dt; il vient

$$\sqrt{\frac{2}{c}}\,dt = \frac{\sqrt{cz - z^2}\,dz}{ac - (a \pm b)z};$$

formule que l'on rendra rationnelle et qu'on intégrera, sans difficulté, par les règles ordinaires. La différentielle dt doit toujours être positive ; la différentielle dz est positive pendant que le mobile s'avance de D vers B, et négative lorsqu'il revient vers A. Dans le premier cas, on prendra donc le radical $\sqrt{cz - z^2}$, avec le même signe que le dénominateur $ac - (a \pm b)z$, et, dans le second cas, avec un signe contraire.

143. Soit que l'on suppose $b = 0$ ou $c = \infty$, le mobile ne sera plus soumis qu'à l'attraction du centre A. L'équation (c) se réduira à

$$\frac{dz^2}{dt^2} = k^2 - 2a^2\left(\frac{1}{\alpha} - \frac{1}{z}\right); \qquad (e)$$

la valeur de dt qu'on en déduit s'intégrera sous forme finie, et fera connaître t en fonction de z.

Si l'on fait $\frac{dz}{dt} = 0$, on aura l'équation

$$\frac{2a^2}{\alpha} - k^2 = \frac{2a^2}{z},$$

pour déterminer la distance z à laquelle le mobile s'arrêtera. Dans le cas de $2a^2 = k^2\alpha$, cette distance sera infinie; ce qui signifie que le mobile ne s'arrêtera pas. Il en sera de même dans le cas de $2a^2 < k^2\alpha$, d'où il résulterait pour z une valeur négative qui ne peut appartenir à aucun point de la droite indéfinie DB, suivant laquelle le mobile a été lancé. Dans ces deux cas le mouvement approchera de plus en plus de l'uniformité, à mesure que le mobile s'éloignera de A.

Quand la distance z sera devenue très grande et le mouvement sensiblement uniforme, sa vitesse, d'après l'équation (e), sera à peu près égale à $\sqrt{k^2 - \frac{2a^2}{\alpha}}$, ou à $\sqrt{k^2 - 2g\alpha}$, en supposant qu'on a $a^2 = g\alpha^2$, c'est-à-dire, en supposant que le corps soit parti de la surface d'une sphère, d'un rayon α, et où l'attraction était égale à g. Ce qui montre que la diminution de la vitesse initiale k sera d'autant plus grande que cette force et ce rayon seront plus considérables.

CHAPITRE III.

DU MOUVEMENT CURVILIGNE.

§ Ier. *Formules générales de ce mouvement.*

144. Dans le mouvement curviligne, la courbe décrite par le mobile est ce qu'on appelle la *trajectoire* de ce point matériel. Au bout d'un temps quelconque t, soit M (fig. 37) la position du mobile. Si l'on appelle s l'arc CM de la trajectoire compris entre le mobile et un point fixe C, pris arbitrairement sur cette même courbe, s sera une fonction de t; en sorte que l'on aura, dans un mouvement curviligne quelconque,

$$s = \mathrm{F}t.$$

Si l'on désigne, au même instant, par x, y, z, les trois coordonnées rectangulaires du mobile, ces variables seront aussi des fonctions de t, et l'on aura également

$$x = ft, \quad y = f't, \quad z = f''t.$$

Lorsque ces trois dernières équations seront connues, on en déduira, par l'élimination de t, les deux équations en x, y, z, de la trajectoire. Au moyen des équations de cette courbe, on déterminera s en fonction de l'une des trois coordonnées, et, par suite, en fonction de t; ce qui fera connaître la loi du mouvement sur la trajectoire. Chacune des trois équations précédentes est celle du mouvement rectiligne de la projection du mobile sur l'un des axes des coordonnées; il s'ensuit donc que la détermination complète du mouvement curviligne d'un point matériel dans l'espace se réduira à celle de trois mouvemens rectilignes, qui seront les mouvemens de ses projections sur les trois axes Ox, Oy, Oz, des coordonnées. Quand ces trois mouvemens seront uniformes, celui du mobile sera aussi rectiligne et uniforme, et réciproquement.

145. Pendant l'instant dt, le mobile décrira l'élément ds de sa trajectoire; en négligeant, dans cet intervalle de temps infiniment petit, l'action des forces qui le sollicitent, on pourra considérer son mouvement comme rectiligne et uniforme. Si donc on appelle v la vitesse acquise au bout du temps t, on aura

$$v = \frac{ds}{dt}.$$

Si ces forces cessaient réellement d'agir à l'instant que l'on considère, le mobile continuerait de se mouvoir avec cette vitesse v, et suivant le prolongement MT de l'élément ds, c'est-à-dire, suivant la tangente à la trajectoire, puisque en vertu de l'inertie de la matière il ne pourrait alors changer ni la direction de son mouvement ni la grandeur de sa vitesse (n° 113). On peut donc considérer un point matériel qui décrit une ligne courbe quelconque comme étant animé, à chaque instant, d'une vitesse dirigée suivant la tangente à cette courbe, et exprimée par le rapport de son élément différentiel à l'élément du temps.

En représentant, au bout du même temps t, par p, q, r, les vitesses des projections du mobile sur les trois axes des x, y, z, on aura aussi, dans ces trois mouvemens rectilignes,

$$p = \frac{dx}{dt}, \quad q = \frac{dy}{dt}, \quad r = \frac{dz}{dt}.$$

Mais si l'on désigne par α, β, γ, les angles que fait la tangente à la trajectoire, ou la direction de la vitesse v, avec des parallèles aux axes des x, y, z, on a (nº 17)

$$\cos\alpha = \frac{dx}{ds}, \quad \cos\beta = \frac{dy}{ds}, \quad \cos\gamma = \frac{dz}{ds};$$

d'où l'on conclut

$$p = v\cos\alpha, \quad q = v\cos\beta, \quad r = v\cos\gamma, \qquad (1)$$

et en même temps

$$v^2 = p^2 + q^2 + r^2.$$

Le temps t croissant continuellement, sa différentielle est toujours positive. Les vitesses p, q, r, sont positives ou négatives, selon que les coordonnées x, y, z, croissent ou décroissent. Dans les équations (1), on peut regarder la vitesse v comme une quantité positive; le sens de cette vitesse, ou la partie MT de la tangente à la trajectoire, suivant laquelle elle sera dirigée, se déterminera alors par les signes de p, q, r, qui feront connaître si les angles α, β, γ, sont aigus ou obtus. Dans l'équation $v = \frac{ds}{dt}$, on considérera la vitesse v comme positive ou comme négative, selon que l'arc s croîtra ou décroîtra.

On appelle *composantes* de la vitesse v d'un point matériel les vitesses p, q, r, de ses trois projections sur des axes rectangulaires; et chacune de ces trois composantes est ce que l'on entend par la *vitesse du mobile*, parallèlement à l'axe auquel elle répond. En comparant les équations (1) à celles du n° 31, on voit que cette composition des vitesses se fera suivant les mêmes règles que celle des forces. D'après cette analogie, si l'on mène par le point M une droite quelconque MA, qui fasse avec les parallèles aux axes des x, y, z, menées par le même point, des angles a, b, c, aigus ou obtus, la composante de la vitesse v suivant cette droite MA aura pour expression générale

$$p \cos a + q \cos b + r \cos c.$$

La quantité de mouvement (n° 126) d'un point matériel isolé, et celle d'un corps dont tous les points sont animés de vitesses égales et parallèles, se décomposeront en d'autres quantités de cette nature, et celles-ci se réduiront à une seule, suivant les mêmes règles que les vitesses qu'elles ont pour facteur.

146. Au bout du temps $t + dt$, soient $p + p'$, $q + q'$, $r + r'$, ce que deviennent les trois composantes de la vitesse du mobile, parallèles aux axes des x, y, z; en sorte que p', q', r', représentent

les augmentations infiniment petites de vitesse qui ont lieu suivant ces directions pendant l'instant dt. L'accroissement de vitesse suivant la droite MA sera

$$p' \cos a + q' \cos b + r' \cos c.$$

Or, quelles que soient les quantités p', q', r', si l'on fait

$$u^2 = p'^2 + q'^2 + r'^2,$$

et qu'on regarde u comme une quantité positive, on pourra toujours trouver trois angles α', β', γ', aigus ou obtus, tels que l'on ait

$$p' = u \cos \alpha', \quad q' = u \cos \beta', \quad r' = u \cos \gamma';$$

au moyen de quoi l'accroissement de vitesse suivant MA deviendra

$$u(\cos a \cos \alpha' + \cos b \cos \beta' + \cos c \cos \gamma').$$

De plus, la quantité comprise entre les parenthèses est le cosinus d'un certain angle que j'appelle σ. L'accroissement dont il s'agit est donc égal à $u \cos \sigma$; par conséquent, u est sa plus grande valeur, et elle répond à la direction de la droite MA, pour laquelle les angles a, b, c, sont les mêmes que α', β', γ', ce qui rend le coefficient de u égal à l'unité. Dans toute autre direction, l'accroissement de vitesse sera égal au *maximum* u, multiplié par le cosinus de l'angle σ que fait cette direction quelconque avec celle du *maximum*; d'où il résulte qu'il sera nul par rapport à toutes les directions perpendiculaires à celles de sa plus grande valeur.

Quelle que soit la variation de vitesse du mobile, en grandeur et en direction, pendant l'instant dt, il y a donc toujours une certaine direction pour laquelle l'augmentation de vitesse est la plus grande, et qui jouit de cette propriété, que, suivant toutes les directions perpendiculaires à celle-là, la vitesse n'est ni augmentée ni diminuée.

147. La direction d'une force qui agit sur un point matériel en mouvement est la droite suivant laquelle elle augmente ou diminue la vitesse acquise, et perpendiculairement à laquelle elle n'y produit aucune altération. Ainsi, quand nous disons que la pesanteur d'un corps en mouvement dans un sens quelconque est verticale, comme celle d'un corps en repos, nous entendons par là que cette force augmente la vitesse verticale, et n'altère aucunement la vitesse horizontale.

Cela étant, désignons, au bout du temps t, par U, U', U'', etc., les intensités des différentes forces qui agissent sur le point matériel dont nous considérons le mouvement curviligne; par a, b, c, a', b', c', a'', b'', c'', etc., les angles que font leurs directions données avec des parallèles aux axes des x, y, z; et par X, Y, Z, les sommes de leurs composantes suivant ces axes; nous aurons d'abord (n° 32)

$$X = U \cos a + U' \cos a' + U'' \cos a'' + \text{etc.},$$
$$Y = U \cos b + U' \cos b' + U'' \cos b'' + \text{etc.},$$
$$Z = U \cos c + U' \cos c' + U'' \cos c'' + \text{etc.}$$

Soient ensuite u, u', u'', etc., les vitesses infiniment petites que ces forces U, U', U'', etc., produiraient, pendant l'instant dt, suivant leurs directions respec-

-tives, si chacune d'elles agissait seule sur le mobile animé de la vitesse v. On verra, comme dans le n° 116, que la simultanéité de ces forces n'influera nullement sur les grandeurs et les directions des vitesses qui seront réellement produites; par conséquent, si l'on continue d'appeler p', q', r', les quantités infiniment petites dont les vitesses p, q, r, des projections du mobile sur les axes des x, y, z, s'accroîtront dans l'instant dt, ces quantités seront les sommes des composantes de u, u', u'', etc., suivant ces trois axes; en sorte que nous aurons

$$p' = u \cos a + u' \cos a' + u'' \cos a'' + \text{etc.},$$
$$q' = u \cos b + u' \cos b' + u'' \cos b'' + \text{etc.},$$
$$r' = u \cos c + u' \cos c' + u'' \cos c'' + \text{etc.}$$

Mais en appliquant à chacune des forces u, u', u'', etc., ce qu'on a trouvé (n° 118) pour la mesure d'une force d'après la vitesse dont elle est capable, on a aussi

$$u = \mathrm{U}dt, \quad u' = \mathrm{U}'dt, \quad u'' = \mathrm{U}''dt, \quad \text{etc};$$

en comparant les valeurs de p', q', r', à celles de X, Y, Z, il en résulte donc

$$p' = \mathrm{X}dt, \quad q' = \mathrm{Y}dt, \quad r' = \mathrm{Z}dt;$$

ce qui montre que l'accroissement de la composante de la vitesse du mobile suivant chaque axe, dans l'instant dt, est la vitesse produite, pendant cet instant, par la composante totale suivant ce même axe, des forces données qui agissent sur ce point matériel.

Ce résultat tient à ce que les forces sont proportionnelles aux vitesses qu'elles impriment au mobile dans un même temps infiniment petit, lesquelles vitesses infiniment petites ne changent pas, soit que ces forces agissent isolément, soit que leurs actions aient lieu simultanément. Il s'ensuit aussi que si les forces appliquées au mobile sont, par exemple, au nombre de trois, non comprises dans un même plan; que l'on prenne sur les directions de ces trois forces U, U′, U″, à partir de leur point d'application, des droites de grandeurs finies qui soient entre elles comme les vitesses correspondantes u, u', u''; et que l'on achève le parallélépipède dont ces trois droites seront les côtés adjacens, la résultante de ces forces sera dirigée suivant la diagonale, et sa grandeur sera à celle de chacune de ces forces comme la diagonale est au côté correspondant.

148. Si les forces qui agissent sur le mobile sont indépendantes de sa vitesse et de sa position dans l'espace, les mouvemens de ses trois projections sur les axes des coordonnées seront indépendans entre eux; en sorte que sa projection sur chaque axe se trouvera, au bout d'un temps quelconque, au même point, et aura la même vitesse que si les forces et les vitesses étaient nulles parallèlement aux deux autres axes. Il n'en sera plus de même, en général, quand les forces données varieront, en grandeur ou en direction, soit avec la position du mobile, soit avec sa vitesse acquise; mais on pourra toujours déterminer sa vitesse et sa position, à chaque instant, de la manière suivante

Puisque toutes les forces qui agissent sur le mobile peuvent toujours être réduites à une seule, supposons que U, capable de la vitesse u, soit cette force unique, et désignons par ε l'espace qu'elle fera parcourir au mobile pendant l'instant dt, suivant sa direction, indépendamment de la vitesse v de ce point matériel au bout du temps t. D'après ce qu'on a vu dans le n° 114, nous aurons

$$\varepsilon = \tfrac{1}{2} udt.$$

Mais, en vertu de cette vitesse acquise v et de l'action de la force U ou de ses composantes, les espaces parcourus par les projections du mobile sur les axes des x, y, z, pendant l'instant dt, seront

$$pdt + \tfrac{1}{2} p'dt, \quad qdt + \tfrac{1}{2} q'dt, \quad rdt + \tfrac{1}{2} r'dt;$$

donc, à cause de

$$p' = u \cos a, \quad q' = u \cos b, \quad r' = u \cos c,$$

et en ayant égard aux équations (1) et à la valeur de ε, on aura

$$x' - x = \omega \cos \alpha + \varepsilon \cos a,$$
$$y' - y = \omega \cos \beta + \varepsilon \cos b,$$
$$z' - z = \omega \cos \gamma + \varepsilon \cos c;$$

ω étant l'espace vdt qui serait décrit par le mobile dans l'instant dt, en vertu seulement de la vitesse v, et x', y', z', ses trois coordonnées au bout du temps $t + dt$, qui étaient x, y, z, au bout du temps t.

Cela posé, soient toujours M (fig. 37) le point de la trajectoire dont x, y, z, sont les trois coordonnées, et MT la direction de la vitesse v. Soit aussi MA celle de la force U. Prenons sur MA et MT des droites MH et MK, égales à ε et ω, et achevons le parallélogramme MHM′K, dont ces droites sont les deux côtés adjacens. L'extrémité M′ de sa diagonale sera, en vertu des équations précédentes, le point dont les coordonnées sont x', y', z', ou la position du mobile au bout du temps $t+dt$.

Appelons v' la vitesse du mobile au point M′, laquelle vitesse sera dirigée suivant le prolongement M′T′ de la droite MM′, et aura pour valeur la composante de v suivant MM′, augmentée de la vitesse produite suivant cette direction par l'action de la force U pendant l'instant dt. L'espace ε étant infiniment petit par rapport à ω, il s'ensuit que l'angle TMM′ est aussi infiniment petit; la composante de v est donc cette vitesse même, en négligeant les infiniment petits du second ordre. De plus, si l'on désigne par δ l'angle AMM′ que fait la direction de la force U avec le côté MM′ de la trajectoire, on aura $u \cos \delta$ pour l'augmentation de vitesse qui sera produite par l'action de cette force; il en résultera donc

$$v' = v + u \cos \delta.$$

Je fais $v'dt = \omega'$, et je prends sur M′T′ une partie M′K′ égale à ω'; je désigne par M′A′ la direction de la force qui agit sur le mobile quand il est parvenu en M′; sur cette droite, je prends une partie M′H′, égale à l'espace que cette force peut faire parcourir au mobile dans un instant dt; j'achève le parallélogramme M'H'M''K'; et l'extrémité M'' de la diagonale sera un troisième point de la trajectoire.

En commençant cette suite de constructions au point de départ du mobile, où l'on doit connaître sa vitesse en grandeur et en direction, il est évident que l'on déterminera successivement tous les points de sa trajectoire plane ou à double courbure, et, en même temps, la vitesse dont il sera animé en chacun de ces points. Si les intervalles de temps, qu'on a supposés infiniment petits et désignés par dt, sont seulement très petits, on obtiendra une suite de points qui seront les sommets d'un polygone, d'autant moins différent de la trajectoire, que ses côtés seront plus petits. En regardant la vitesse comme constante sur chaque côté, et prenant pour sa valeur la demi-somme des vitesses qu'on aura trouvées aux deux extrémités, on pourra calculer le temps employé à parcourir une portion quelconque du polygone; par conséquent, on connaîtra de cette manière la courbe décrite par le mobile, ainsi que sa vitesse et sa position à un instant donné sur cette courbe, à tel degré d'approximation qu'on voudra; mais il vaut mieux faire dépendre les valeurs des coordonnées du mobile en fonctions du temps, d'équations différentielles que l'on intégrera ensuite s'il est possible.

149. Ces équations différentielles du mouvement curviligne sont une suite immédiate du principe établi dans le n° 147.

En effet, les composantes de la vitesse du mobile, parallèles aux axes de ses coordonnées x, y, z, étant $\frac{dx}{dt}$,

$\frac{dy}{dt}$, $\frac{dz}{dt}$, au bout du temps quelconque t, leurs accroissemens, pendant l'instant dt, seront $d.\frac{dx}{dt}$, $d.\frac{dy}{dt}$, $d.\frac{dz}{dt}$; et comme chacun d'eux est dû uniquement à la composante suivant l'axe correspondant, de la force qui agit à cet instant sur le mobile, il s'ensuit qu'en appelant toujours X, Y, Z, les composantes de cette force, parallèles aux axes des coordonnées x, y, z, nous aurons

$$d.\frac{dx}{dt} = \mathrm{X}dt, \quad d.\frac{dy}{dt} = \mathrm{Y}dt, \quad d.\frac{dz}{dt} = \mathrm{Z}dt,$$

ou, ce qui est la même chose,

$$\frac{d^2x}{dt^2} = \mathrm{X}, \quad \frac{d^2y}{dt^2} = \mathrm{Y}, \quad \frac{d^2z}{dt^2} = \mathrm{Z}. \qquad (2)$$

Le problème consistera, dans chaque cas, à intégrer ces trois équations du mouvement; et l'on peut considérer, pour cette intégration, le procédé du n° précédent comme une méthode générale d'approximation. Leurs intégrales contiendront six constantes arbitraires, que l'on déterminera au moyen des trois coordonnées du mobile à l'origine du mouvement, et des trois composantes de la vitesse initiale, c'est-à-dire, au moyen des valeurs des six quantités x, y, z, $\frac{dx}{dt}$, $\frac{dy}{dt}$, $\frac{dz}{dt}$, qui seront données pour $t = 0$. Ces intégrales et leurs différentielles premières feront ensuite connaître la position du mobile à un instant quelconque, et sa vitesse en grandeur et en direction. En éliminant entre elles le temps t, on aura les deux équations de la trajectoire. Quand on saura d'avance que cette courbe est plane, on pourra prendre son plan pour celui des x et y, par exemple; ce qui réduira les trois équations précédentes aux deux premières.

150. Au bout du temps t, soient a, b, c, les trois coordonnées d'un second point matériel, à la position duquel on veut comparer celle du premier. Les axes de ces coordonnées étant ceux des x, y, z, je fais

$$x = a + x', \quad y = b + y', \quad z = c + z';$$

les variables x', y', z', feront connaître à chaque instant la position du premier point par rapport au second; et d'après les équations (2), on aura

$$\frac{d^2x'}{dt^2} = X - \frac{d^2a}{dt^2}, \quad \frac{d^2y'}{dt^2} = Y - \frac{d^2b}{dt^2}, \quad \frac{d^2z'}{dt^2} = Z - \frac{d^2c}{dt^2},$$

pour les déterminer en fonctions du temps.

Quand le mouvement du second point ne sera pas connu, mais que l'on donnera seulement les composantes A, B, C, parallèles aux axes des coordonnées, de la force qui le sollicite, on aura

$$\frac{d^2a}{dt^2} = A, \quad \frac{d^2b}{dt^2} = B, \quad \frac{d^2c}{dt^2} = C,$$

et il en résultera

$$\frac{d^2x'}{dt^2} = X - A, \quad \frac{d^2y'}{dt^2} = Y - B, \quad \frac{d^2z'}{dt^2} = Z - C,$$

pour les équations du mouvement relatif du premier point.

Si la force dont A, B, C, sont les composantes

agit à la fois sur les deux mobiles, ces composantes entreront aussi dans les valeurs de X, Y, Z, et disparaîtront de ces dernières équations. C'est ce qui arrivera, par exemple, à l'égard des corps qui se meuvent à la surface de la terre, et dont on rapporte les positions à des points déterminés de cette surface : les forces relatives à ces points et provenant du mouvement diurne de la terre, n'entrent pas dans les équations des divers mouvemens que l'on considère à sa superficie ; et l'on en fait complètement abstraction, en formant ces équations.

Toutefois, cela ne veut pas dire que les mouvemens que nous observons soient tous indépendans de la vitesse de rotation de la terre. Elle influe pour une petite partie sur l'intensité de la pesanteur, et, conséquemment, sur les mouvemens verticaux. De plus, quand un corps tombe d'une hauteur considérable, la vitesse de rotation dont il est animé à son point de départ est un peu plus grande que celle qui a lieu au pied de la verticale menée par ce point ; d'où il est aisé de conclure que le mobile doit s'écarter un peu de cette droite, et venir rencontrer la terre à une petite distance de son extrémité inférieure. Cette déviation, qui a été effectivement observée, rend sensible, par une expérience directe, le mouvement de la terre autour de son axe.

Les mouvemens indépendans de cette rotation sont ceux que produit le choc des corps, et aussi ceux qui sont dus à l'action musculaire des hommes et des animaux.

151. Les équations (2) sont celles du mouvement d'un point matériel entièrement libre; mais il est facile de les étendre à un point matériel assujetti à se mouvoir sur une surface donnée. Il suffira pour cela, comme dans le cas de l'équilibre (n° 36), de joindre aux forces données qui agissent sur le mobile, une force de grandeur inconnue, qui représentera la résistance de la surface. Cette force sera normale à la surface donnée; je la représenterai par N, et par λ, μ, ν, les angles qu'elle fait avec les prolongemens des coordonnées x, y, z, du mobile; les equations du mouvement seront alors

$$\left.\begin{aligned} \frac{d^2x}{dt^2} &= X + N \cos\lambda, \\ \frac{d^2y}{dt^2} &= Y + N \cos\mu, \\ \frac{d^2z}{dt^2} &= Z + N \cos\nu. \end{aligned}\right\} \quad (3)$$

En représentant par $L = 0$ l'équation de la surface donnée, et faisant, pour abréger,

$$V = \pm\left(\frac{dL^2}{dx^2} + \frac{dL^2}{dy^2} + \frac{dL^2}{dz^2}\right)^{-\frac{1}{2}},$$

on aura (n° 21), en même temps,

$$\cos\lambda = V\frac{dL}{dx}, \quad \cos\mu = V\frac{dL}{dy}, \quad \cos\nu = V\frac{dL}{dz}.$$

Après avoir substitué ces valeurs dans les équations (3), on éliminera entre elles le produit NV; les deux équations qui en résulteront, jointes à $L = 0$, serviront à déterminer x, y, z, en fonctions de t. On tirera ensuite de l'une des équations (3), ou d'une combinaison quelconque de ces équations, la valeur de NV ; et comme N doit toujours être une quantité positive, le signe de cette valeur fera connaître celui de V ; au moyen de quoi la force normale N et le sens dans lequel elle agit seront complètement déterminés.

Si le mobile est assujetti à se mouvoir sur deux surfaces données, ou sur leur courbe d'intersection, on le considérera encore comme entièrement libre, après avoir joint aux forces données deux forces inconnues N et N', normales à ces surfaces; et en désignant par λ, μ, ν, les angles qui détermineront les directions de la première par rapport aux axes des x, y, z, et par λ', μ', ν', les angles qui répondront à la seconde, il en résultera

$$\left.\begin{aligned}\frac{d^2x}{dt^2} &= X + N\cos\lambda + N'\cos\lambda',\\ \frac{d^2y}{dt^2} &= Y + N\cos\mu + N'\cos\mu',\\ \frac{d^2z}{dt^2} &= Z + N\cos\nu + N'\cos\nu',\end{aligned}\right\}\quad(4)$$

pour les équations du mouvement. Si $L=0$ est l'équation de la surface dont N est la résistance, et qu'on représente par $L'=0$ celle de la surface à laquelle N' correspond, les valeurs de $\cos\lambda$, $\cos\mu$, $\cos\nu$, seront les mêmes que précédemment, et celles de $\cos\lambda'$, $\cos\mu'$, $\cos\nu'$, s'en déduiront par le changement de V et L en V' et L'. Après avoir substitué les unes et les autres dans les équations (4), on éliminera les produits NV et N'V'. L'équation qui en résultera, et les équations données $L=0$ et $L'=0$, serviront à déterminer les valeurs de x, y, z, en fonctions de t. Cela fait, on tirera de deux des équations (4), les valeurs de NV et N'V', dont les signes seront ceux de V et V'; et, de cette manière, on connaîtra les forces normales N et N', et le sens dans lequel elles agissent : leur résultante sera, en grandeur et en direction, la résistance de la courbe sur laquelle le mobile est astreint à se mouvoir.

152. Pour donner une forme plus simple aux équations (4), soient m la masse du mobile et mP la pression qu'il exercera, dans son état de mouvement, sur la courbe qu'il est forcé de décrire. Désignons par ϖ, ϖ', ϖ'', les angles que fait la direction de cette force avec les prolongemens, dans le sens positif, des coordonnées x, y, z, de ce point; la résistance que la courbe oppose au mouvement du mobile, considérée comme une force accélératrice, sera égale et contraire à P; en la joignant aux forces données X, Y, Z, qui agissent sur le mobile, nous aurons, au lieu des équations (4),

$$\left.\begin{aligned} \frac{d^2x}{dt^2} &= X - P\cos\varpi, \\ \frac{d^2y}{dt^2} &= Y - P\cos\varpi', \\ \frac{d^2z}{dt^2} &= Z - P\cos\varpi''. \end{aligned}\right\} \quad (5)$$

La direction de la force P n'est pas connue *à priori :* on sait seulement qu'elle est normale à la courbe donnée; d'où il résulte que le cosinus de l'angle compris entre cette direction et la tangente à la trajectoire doit être égal à zéro; ce qui donne

$$\frac{dx}{ds}\cos\varpi + \frac{dy}{ds}\cos\varpi' + \frac{dz}{ds}\cos\varpi'' = 0. \quad (6)$$

Les angles ϖ, ϖ', ϖ'', seront, en outre, liés entre eux par l'équation ordinaire

$$\cos^2\varpi + \cos^2\varpi' + \cos^2\varpi'' = 1.$$

On éliminera P, ϖ, ϖ', ϖ'', entre ces équations, en ajoutant les équations (5), après les avoir multipliées par $\frac{dx}{ds}$, $\frac{dy}{ds}$, $\frac{dz}{ds}$; en ayant égard à l'équation (6), et en faisant, pour abréger,

$$X\frac{dx}{ds} + Y\frac{dy}{ds} + Z\frac{dz}{ds} = \varphi,$$

on a alors

$$\frac{dxd^2x + dyd^2y + dzd^2z}{dsdt^2} = \varphi.$$

En différentiant l'équation identique

$$\frac{dx^2 + dy^2 + dz^2}{dt^2} = \frac{ds^2}{dt^2},$$

et divisant par $2ds$, on voit que le premier membre de l'équation précédente est la même chose que $\frac{d^2s}{dt^2}$; on aura donc simplement

$$\frac{d^2s}{dt^2} = \varphi. \quad (7)$$

La force φ est la somme des composantes des forces données, suivant la tangente à la trajectoire, lesquelles composantes seront regardées comme positives ou comme négatives, selon qu'elles tendront à augmenter ou à diminuer l'arc s décrit par le mobile. L'équation (7) signifie donc que dans le mouvement curviligne, comme dans le mouvement rectiligne, la force qui agit sur le mobile dans le sens de son mouvement est égale au second coefficient différentiel de l'espace parcouru : à cause de $v = \frac{ds}{dt}$, on peut aussi dire qu'elle est égale au premier coefficient différentiel de la vitesse acquise v.

Cette équation étant indépendante de la résistance de la courbe, convient aussi au mouvement d'un point matériel entièrement libre et à celui d'un point matériel assujetti à demeurer sur une surface courbe; mais c'est principalement dans le cas d'un point matériel qui se meut sur une courbe donnée, que cette équation pourra être utile. On tirera des équations de cette courbe les valeurs de x, y, z, en fonctions de s; et après les avoir substituées dans l'équation (7), il ne restera plus qu'à intégrer cette équation du second ordre entre s et t. Les deux constantes arbitraires que renfermera son intégrale se détermineront au moyen des valeurs de s et $\frac{ds}{dt}$ qui répondent à $t = 0$, c'est-à-dire, au moyen de la position et de la vitesse initiales du mobile. Quand les trois coordonnées x, y, z, auront été déterminées en fonctions de t, d'après l'intégrale de l'équation (7), jointe aux deux équations données de la trajectoire, les équations (5) feront connaître, à un instant quelconque, les trois composantes de la pression P qu'éprouvera la courbe sur laquelle le mobile est obligé de se mouvoir.

On trouvera, dans le chapitre suivant, une détermination plus simple de cette force en grandeur et en direction.

§ II. *Conséquences principales des formules précédentes.*

153. Lorsque le mobile est sollicité par une force dirigée vers un centre fixe, on obtient immédiatement trois intégrales premières des équations (2).

Pour cela, plaçons l'origine des coordonnées x, y, z, en ce point; représentons, en grandeur et en direction, la force qui sollicite le mobile, par son rayon vecteur; et construisons le parallélépipède dont ce rayon est la diagonale, et qui a ses trois côtés adjacens sur les axes des x, y, z. Les trois coordonnées x, y, z, du mobile seront les grandeurs de ces trois côtés, et représenteront les trois composantes de la force donnée; en sorte que l'on aura

$$X : Y : Z :: x : y : z;$$

d'où l'on tire

$$Xy = Yx, \quad Zx = Xz, \quad Yz = Zy.$$

D'un autre côté, les équations (2) peuvent être remplacées par celles-ci :

$$\left.\begin{aligned} yd^2x - xd^2y &= (Xy - Yx)\,dt^2, \\ xd^2z - zd^2x &= (Zx - Xz)\,dt^2, \\ zd^2y - yd^2z &= (Yz - Zy)\,dt^2. \end{aligned}\right\} (a)$$

Or, leurs seconds membres sont nuls en vertu des

équations précédentes; et comme leurs premiers membres sont les différentielles de $ydx - xdy$, $xdz - zdx$, $zdy - ydz$, on aura, en intégrant,

$$\left.\begin{aligned} ydx - xdy &= cdt, \\ xdz - zdx &= c'dt, \\ zdy - ydz &= c''dt; \end{aligned}\right\} \quad (b)$$

c, c', c'', étant des constantes arbitraires.

154. Pour énoncer le théorème contenu dans ces intégrales premières des équations du mouvement, considérons la projection AMB (fig. 38) de la trajectoire du mobile sur le plan des coordonnées x et y, dont les axes sont Ox et Oy. Au bout du temps t, soient M la projection du mobile, OP et MP son abscisse x et son ordonnée y; et C étant le point où cette courbe coupe l'axe Oy, appelons u le secteur COM, p l'aire COPM, q le triangle OPM; nous aurons

$$u = p - q, \qquad q = \tfrac{1}{2}xy.$$

Si M′ est la projection du mobile au bout du temps $t + dt$, MOM′ sera l'aire décrite par le rayon vecteur de cette projection pendant l'instant dt; ce sera aussi la différentielle de u ou de $p - q$; et à cause de

$$dp = ydx, \quad dq = \tfrac{1}{2}xdy + \tfrac{1}{2}ydx,$$

on aura

$$du = \tfrac{1}{2}(ydx - xdy);$$

par conséquent, la première équation (b) signifie que l'aire décrite pendant chaque instant dt par le rayon vecteur de la projection M du mobile est constante et égale à $\tfrac{1}{2}cdt$; donc aussi l'aire décrite pendant un temps t quelconque, est proportionnelle à cette variable et égale à $\frac{1}{2}ct$. Les aires décrites dans ce même temps par les rayons vecteurs des projections du mobile sur les plans des x et z, et des y et z, seront de même égales à $\frac{1}{2}c't$ et $\frac{1}{2}c''t$.

Concluons donc que quand un point matériel est soumis à une force constamment dirigée vers un centre fixe, les aires décrites autour de ce point par le rayon vecteur de sa projection sur un plan quelconque passant par ce même point, sont proportionnelles au temps employé à les décrire.

Réciproquement, lorsque cette propriété a lieu par rapport à trois plans rectangulaires menés par le centre des aires, on en peut conclure que la force ou la résultante des forces qui sollicitent le mobile est constamment dirigée vers ce centre fixe.

En effet, si les équations (b) sont données, on aura, en les différentiant,

$$yd^2x - xd^2y = 0, \quad xd^2z - zd^2x = 0, \quad zd^2y - yd^2z = 0;$$

en vertu des équations (a), qui sont celles d'un mouvement quelconque, on aura donc aussi

$$Xy = Yx, \ Zx = Xz, \ Yz = Zy;$$

par conséquent, les forces X, Y, Z, seront entre elles comme les coordonnées x, y, z, du mobile; ce qui suffit pour que leur résultante soit constamment dirigée vers l'origine des coordonnées. Au reste, cette force peut être attractive ou répulsive, c'est-à-dire qu'elle peut agir suivant le rayon vecteur du mobile, ou suivant son prolongement.

155. Lorsqu'un point matériel est soumis à une force dirigée vers un centre fixe, il est évident que sa trajectoire est une courbe plane, puisqu'il n'y aurait aucune raison pour qu'il sortît, plutôt d'un côté que de l'autre, du plan passant par la direction de sa vitesse initiale et par le centre fixe. C'est aussi ce que l'on déduit des équations (*b*); car en les ajoutant, après les avoir multipliées par z, y, x, et divisées par dt, il vient

$$cz + c'y + c''x = 0.$$

On peut prendre ce plan pour celui des x et y; l'aire décrite par le rayon vecteur même du mobile, dans le plan de sa trajectoire, sera donc proportionnelle au temps; et, de plus, le théorème précédent se réduira à cette proportionnalité. En effet, si elle a lieu pour l'aire décrite sur le plan de la trajectoire, elle aura lieu également pour l'aire décrite par le rayon vecteur de la projection du mobile sur tout autre plan; car cette autre aire n'est autre chose que la projection de la première sur ce plan; et nous savons (nº 10) que la projection d'une aire plane a un rapport constant avec l'aire projetée.

156. L'aire infiniment petite MOM' peut aussi s'exprimer en coordonnées polaires. Pour cela, désignons par r le rayon vecteur OM, et par θ l'angle MOx qu'il fait avec l'axe des x. Décrivons du point O, comme centre, l'arc de cercle OMN qui coupe au point N le rayon vecteur OM' correspondant à l'angle $\theta - d\theta$, et qui aura pour longueur $rd\theta$. Le secteur circulaire MON sera égal à $\frac{1}{2}r^2d\theta$, et pourra être pris pour l'aire MOM', en négligeant l'aire MNM', infini-

ment petite du second ordre. On devra donc avoir

$$ydx - xdy = r^2 d\theta;$$

équation que l'on vérifie effectivement au moyen des valeurs

$$x = r\cos\theta, \quad y = r\sin\theta,$$

et de leurs différentielles, qui sont

$$dx = \cos\theta\, dr + r\sin\theta\, d\theta, \quad dy = \sin\theta\, dr - r\cos\theta\, d\theta,$$

à cause que celle de l'angle θ est ici $-d\theta$. De cette manière, la première équation (b) prendra la forme

$$r^2 d\theta = cdt,$$

sous laquelle on l'emploie ordinairement.

On exprime de même en coordonnées polaires l'élément de la courbe. En désignant l'arc CM par σ et cet élément par $d\sigma$, on aura à la fois

$$\text{MM}' = d\sigma, \quad \text{MN} = rd\theta, \quad \text{NM}' = dr;$$

en considérant MNM′ comme un triangle rectiligne rectangle en N, on en conclura donc

$$d\sigma^2 = dr^2 + r^2 d\theta^2;$$

ce qu'on peut aussi déduire de la formule

$$d\sigma^2 = dx^2 + dy^2,$$

au moyen des valeurs précédentes de dx et dy.

A cette occasion, nous ferons remarquer que, dans une trajectoire plane, les composantes de la vitesse du mobile suivant le prolongement MO′ de son rayon vecteur MO, et suivant la perpendiculaire à ce rayon, sont exprimées par

$$\frac{dr}{dt}, \quad \frac{rd\theta}{dt};$$

car l'angle O'MT que fait ce prolongement avec la tangente MT est complément de l'angle M du triangle M'MN ; d'après ce triangle, on a donc

$$\cos \text{O'MT} = \frac{dr}{d\sigma}, \quad \sin \text{O'MT} = \frac{rd\theta}{d\sigma};$$

et en multipliant ce cosinus et ce sinus par la vitesse $\frac{d\sigma}{dt}$, dirigée suivant MT, on aura les composantes dont il s'agit. Il est souvent utile d'en faire usage. Elles diffèrent des composantes $\frac{dx}{dt}$ et $\frac{dy}{dt}$ de la même vitesse en ce que les directions de celles-ci sont fixes, et que celles des précédentes varient avec la position du mobile.

La vitesse $\frac{d\theta}{dt}$, avec laquelle le rayon vecteur OM décrit l'angle COM, compté à partir d'une droite fixe, est ce qu'on appelle la vitesse *angulaire* du mobile. Elle se déduit, comme on voit, de sa vitesse $\frac{rd\theta}{dt}$, perpendiculaire à OM, en la divisant par la longueur de ce rayon.

157. Revenons maintenant aux équations différentielles du mouvement.

Ajoutons les équations (5) du n° 152, après les avoir multipliées par dx, dy, dz ; en ayant égard à l'équation (6) du même numéro, et observant que

$$\frac{dx\,d^2x + dy\,d^2y + dz\,d^2z}{dt^2} = \frac{1}{2}d.\frac{ds^2}{dt^2} = \frac{1}{2}d.v^2,$$

il en résultera

$$\tfrac{1}{2}d.v^2 = Xdx + Ydy + Zdz. \qquad (c)$$

Supposons que les expressions des forces données X, Y, Z, ne renferment explicitement ni le temps t, ni la vitesse v, et qu'en considérant x, y, z, comme des variables indépendantes, cette formule (c) soit une différentielle exacte; faisons, en conséquence,

$$Xdx + Ydy + Zdz = d.F(x, y, z);$$

F indiquant une fonction donnée : en intégrant l'équation (c) et désignant par C la constante arbitraire, nous aurons

$$v^2 = 2F(x, y, z) + C.$$

Pour éliminer cette constante, soient a, b, c, k, les valeurs initiales de x, y, z, v; on aura

$$k^2 = 2F(a, b, c) + C,$$

et, en retranchant cette équation de la précédente,

$$v^2 = k^2 + 2F(x, y, z) - 2F(a, b, c). \qquad (d)$$

Ce résultat étant indépendant de la résistance N de la courbe, égale et contraire à la force P qui entrait dans les équations dont on l'a déduit, il s'ensuit qu'il a également lieu dans le mouvement d'un point matériel entièrement libre, et dans le mouvement sur une surface ou sur une courbe donnée.

La conséquence immédiate de cette équation (d), c'est que la vitesse est constante et le mouvement uniforme toutes les fois que le mobile n'est sollicité par aucune force donnée; car alors la fonction F est nulle, et l'on a $v=k$, soit que le mouvement ait lieu sur une surface ou sur une courbe donnée, ou que le mobile soit entièrement libre.

Cette équation nous montre, de plus, que dans la supposition qu'on a faite sur la nature des forces X, Y, Z, l'accroissement du carré de la vitesse du mobile, en passant d'une position à une autre, est toujours le même, quelle que soit la courbe qu'il a décrite, et ne dépend que des coordonnées a, b, c, x, y, z, des deux points extrêmes. Lorsque cette courbe sera donnée, ou seulement lorsque le mobile sera assujetti à se mouvoir sur une surface donnée, on prendra pour k la vitesse du mobile tangente à cette courbe ou à cette surface. Si la percussion exercée sur le mobile à l'origine de son mouvement n'a pas cette direction, elle se décomposera en deux autres forces, l'une normale et l'autre tangentielle; la première sera détruite par la résistance de la courbe ou de la surface donnée; et c'est la seconde qui produira la vitesse k, et qui en déterminera le sens et la direction.

Si l'on désigne par C une constante arbitraire, l'équation

$$F(x, y, z) = C,$$

sera celle d'une surface qui sera atteinte avec des vitesses égales par tous les mobiles soumis aux mêmes forces, partis du point dont a, b, c, sont les coordonnées, suivant différentes directions et avec une même vitesse k. Lorsque, par exemple, ces mobiles ne sont sollicités que par la pesanteur, cette équation est celle d'un plan horizontal.

Dans le cas d'une courbe donnée, on déduira de ses équations les valeurs de x, y, z, en fonctions de l'arc s; en les substituant, dans l'équation (d), et y mettant $\frac{ds}{dt}$ à la place de v, on en tirera

$$dt = \mathrm{S}\, ds,$$

où S est une fonction donnée de s; par consequent, dans ce cas, la détermination du temps en fonction de l'espace parcouru se trouvera réduite à l'intégration d'une différentielle donnée. Mais la supposition sur laquelle est fondée l'équation (d), et, conséquemment, cette équation, n'auront pas lieu quand le mobile éprouvera la résistance d'un milieu, qui est une force dépendante de la vitesse; il en sera de même lorsqu'il s'agira du mouvement d'un point matériel attiré ou repoussé par d'autres points qui seront eux-mêmes en mouvement; circonstance qui introduira le temps t explicitement dans les valeurs de X, Y, Z. Dans ces deux cas, si la trajectoire est une courbe donnée, on fera usage de l'équation (c), dans laquelle on mettra $\frac{ds}{dt}$ au lieu de v, et qui se changera dans l'équation (7) du n° 152.

158. La formule $\mathrm{X}dx + \mathrm{Y}dy + \mathrm{Z}dz$ sera une différentielle exacte, comme on vient de le supposer, toutes les fois que le mobile sera attiré ou repoussé par des centres fixes, et que les intensités de ces forces seront exprimées par des fonctions de la distance aux centres dont elles émanent.

En effet, soient e, f, g, les trois coordonnées d'un des centres fixes, rapportées aux mêmes axes que x,

y, z. Désignons par r la distance du mobile à ce point ; on aura

$$r^2 = (e - x)^2 + (f - y)^2 + (g - z)^2 ;$$

et les cosinus des angles que cette droite r fait avec des axes menés par le mobile, suivant les directions des x, y, z, positives, seront les rapports de $e - x$, $f - y$, $g - z$, à r. Si donc on représente par R la force attractive, dirigée du mobile vers ce centre fixe, ses trois composantes auront pour expressions

$$\frac{R(e-x)}{r}, \quad \frac{R(f-y)}{r}, \quad \frac{R(g-z)}{r};$$

et, conséquemment, la partie de $Xdx + Ydy + Zdz$ qui proviendra de R sera

$$\frac{R}{r}[(e-x)\,dx + (f-g)\,dy + (g-z)\,dz].$$

Mais en différentiant la valeur de r^2, on a

$$rdr = -(e-x)\,dx - (f-y)\,dy - (g-z)\,dz ;$$

ce qui réduit à $-Rdr$ la quantité précédente. Si la force qui émane du centre fixe était répulsive, il suffirait de changer le signe de cette quantité, qui deviendrait Rdr, en considérant, dans tous les cas, R comme une quantité positive.

On conclut de là que si le mobile est sollicité par un nombre quelconque de forces R, R′, R″, etc., qui émanent de centres fixes, dont les distances à ce point matériel sont r, r', r'', etc., on aura

$$Xdx + Ydy + Zdz = \mp Rdr \mp R'dr' \mp R''dr'' \mp \text{etc.};$$

les signes supérieurs ayant lieu dans le cas des attractions, et les signes inférieurs dans le cas des répulsions. Or, en supposant que chacune de ces forces soit une fonction donnée de la distance correspondante, tous les termes de cette valeur de $Xdx + Ydy + Zdz$ seront des différentielles dépendantes d'une seule variable, et, par conséquent, cette formule sera une différentielle exacte ; ce qu'il s'agissait de prouver.

On voit aussi par là, et d'après l'équation (d), que l'accroissement du carré de la vitesse provenant de chacune des forces R, R', R'', etc., sera le même que si elle existait seule : à l'égard de la force R, par exemple, cet accroissement sera exprimé par $\mp 2\int R dr$, en prenant l'intégrale de manière qu'elle s'évanouisse pour la valeur initiale de r.

159. Dans le cas d'un point matériel pesant, qui se meut, sur une courbe donnée, dans le vide et sans frottement sur cette courbe, l'équation (d) se réduira à

$$v^2 = k^2 + 2g(z - c),$$

en désignant par g la gravité, et prenant l'axe des z positives vertical et dans le sens de cette force, de sorte qu'on ait

$$X = 0, \quad Y = 0, \quad Z = g.$$

Soient ADBC (fig. 39) la courbe donnée, B son point le plus bas, A son point le plus élevé, qui peut n'être pas dans la même verticale que B, et D le point de départ du mobile. Plaçons en ce dernier point l'origine des z, et supposons que la vitesse initiale k soit due à une hauteur h; nous aurons

$$c = 0, \quad k^2 = 2gh,$$

et, par conséquent,

$$v^2 = 2g(h + z).$$

Il en résultera que quand le mobile arrivera au point B, la vitesse *maxima* sera la même que s'il fût tombé de la hauteur h, augmentée de celle du point D au-dessus du plan horizontal mené par le point B. En vertu de cette vitesse acquise, le mobile s'élevera le long de BCA; sa vitesse diminuera continuellement; et si l'on a $h = 0$, elle sera nulle au point C situé dans le même plan horizontal que D. Parvenu au point C, le mobile redescendra le long de CB; et il oscillera ainsi indéfiniment de D vers C, et de C vers D. Lorsque la constante h ne sera pas nulle, le mobile s'élevera au-dessus du point C. Si l'élévation du point A au-dessus du plan horizontal qui comprend D et C, est moindre que h, le mobile n'atteindra pas le point A; il s'arrêtera en un certain point C'; et si l'on mène par C' un plan horizontal qui coupe la courbe en un autre point D', le mobile oscillera indéfiniment de C' vers D', et de D' vers C'. Les oscillations seront toutes *isochrones* ou d'égale durée. Cela est évident à l'égard de celles qui auront lieu dans le même sens; et l'on voit aussi que la durée de chaque oscillation de C' vers D' sera la même que celle d'une oscillation de D' vers C', en observant qu'un élément quelconque de la courbe sera parcouru avec la même vitesse dans les deux cas. Cette durée commune de toutes les oscillations entières dépendra de la forme de la courbe et de la grandeur de h.

Lorsque l'élévation de A au-dessus du plan horizontal passant par le point de départ sera égale à h, le mobile approchera indéfiniment du point A, mais ne l'atteindra qu'après un temps infini. Quand cette élévation sera plus grande que h, le mobile dépassera le point A, et parcourra la circonférence entière de la courbe donnée. Revenu au point D, sa vitesse sera la même qu'à l'origine du mouvement; d'où l'on conclut qu'il fera une suite indéfinie de révolutions, qui auront toutes une égale durée, dépendante de la forme de la courbe et de la grandeur de h.

Si la courbe donnée est d'abord comprise dans un plan vertical, tangent à un cylindre à base quelconque, et qu'on enveloppe ce plan sur le cylindre, de sorte que la courbe donnée devienne une ligne à double courbure, le mouvement oscillatoire ou révolutif du mobile ne changera nullement, en supposant, toutefois, que son point de départ et sa vitesse initiale restent les mêmes; car alors la valeur de t en fonction de s, déterminée comme il a été dit précédemment (n° 157), ne dépendra que de celle de z en fonction de s, qui ne changera pas, quelle que soit la base du cylindre vertical sur lequel la courbe donnée sera tracée.

160. Dans tous les cas où l'équation (d) a lieu, et où le mobile n'est pas astreint à se mouvoir sur une courbe donnée, celle qu'il décrit pour aller d'un

point donné que j'appellerai A, à un autre point donné que je nommerai B, jouit d'une propriété remarquable. Si le mobile est entièrement libre, l'intégrale $\int v ds$, prise depuis le point A jusqu'au point B, est plus petite que suivant toute autre courbe aboutissant à ces deux points; s'il est assujetti à se mouvoir sur une surface donnée, cette propriété de la trajectoire n'a plus lieu que relativement à toutes les courbes tracées sur cette surface, et qui aboutissent toujours aux points A et B. Dans ces deux cas, ds est l'élément différentiel d'une courbe quelconque, qui répond aux coordonnées x, y, z, et v une fonction de ces trois variables et d'une constante k, donnée par l'équation (d).

La démonstration de ce théorème revient à prouver qu'en vertu des équations du mouvement, la variation de $\int v ds$ est nulle, en supposant fixes les limites de cette intégrale : alors elle sera un *minimum* ou un *maximum*; et ce sera toujours le *minimum* qui aura lieu quand le mobile sera entièrement libre; car il est évident que l'intégrale $\int v ds$ pourra croître indéfiniment avec la longueur de la trajectoire, et ne sera pas susceptible de *maximum*.

Or, par les règles les plus simples du calcul des variations, on a

$$\delta . \int v ds = \int \delta . v ds, \quad \delta . v ds = \delta v ds + v \delta ds.$$

D'ailleurs dt étant l'élément du temps, on a $ds = v dt$; donc

$$\delta v ds = \tfrac{1}{2} dt \delta . v^2.$$

Si l'on différentie l'équation (d) et que l'on remplace

les différentielles dx, dy, dz, par les variations δx, δy, δz, on aura

$$\tfrac{1}{2}\delta.v^2 = X\delta x + Y\delta y + Z\delta z.$$

En ayant égard aux valeurs de $\cos\lambda$, $\cos\mu$, $\cos\nu$, et observant que

$$\frac{dL}{dx}\delta x + \frac{dL}{dy}\delta y + \frac{dL}{dz}\delta z = \delta L,$$

les équations (3) du n° 151 donnent

$$X\delta x + Y\delta y + Z\delta z = \frac{d^2x}{dt^2}\delta x + \frac{d^2y}{dt^2}\delta y + \frac{d^2z}{dt^2}\delta z - NV\delta L.$$

Le terme $NV\delta L$ n'entrerait pas dans cette équation, si le mobile était entièrement libre ; quand il est assujetti à se mouvoir sur la surface dont l'équation est $L = 0$, ce terme est nul ; car toutes les courbes que l'on compare à la trajectoire du mobile devant aussi être tracées sur cette surface, on a $\delta L = 0$; donc on doit supprimer ce terme dans tous les cas ; et il en résulte

$$\delta v ds = \frac{1}{2}dt\delta.v^2 = \frac{d^2x}{dt}\delta x + \frac{d^2y}{dt}\delta y + \frac{d^2z}{dt}\delta z.$$

Quant au second terme $v\delta ds$ de la variation de vds, nous avons

$$ds^2 = dx^2 + dy^2 + dz^2,$$

et, par conséquent,

$$\delta ds = \frac{dx}{ds}\delta dx + \frac{dy}{ds}\delta dy + \frac{dz}{ds}\delta dz;$$

donc, à cause de $ds = vdt$, et en intervertissant, dans le second membre, l'ordre des caractéristiques d et δ, nous aurons

$$v\delta ds = \frac{dx}{dt}\, d\delta x + \frac{dy}{dt}\, d\delta y + \frac{dz}{dt}\, d\delta z.$$

En réunissant ces deux parties de la valeur de $\delta . vds$, il vient

$$\delta . vds = d\left(\frac{dx}{dt}\delta x + \frac{dy}{dt}\delta y + \frac{dz}{dt}\delta z\right);$$

d'où l'on conclut

$$\int \delta . vds = \frac{dx}{dt}\delta x + \frac{dy}{dt}\delta y + \frac{dz}{dt}\delta z + \text{constante},$$

pour l'intégrale indéfinie de $\delta . vds$. Mais les deux points extrêmes A et B étant supposés fixes, les variations δx, δy, δz, qui s'y rapportent, devront être nulles; par conséquent, l'intégrale définie $\int \delta . vds$, prise depuis le point A jusqu'au point B, laquelle est égale à la variation $\delta . \int vds$, se réduira à zéro; ce qu'il s'agissait de démontrer.

161. Quand le mobile, assujetti à se mouvoir sur une surface courbe, n'est sollicité par aucune force donnée, sa vitesse est constante (n° 157); l'intégrale $\int vds$ est donc le produit vs. Par conséquent l'arc s décrit par le mobile est, en général, la ligne la plus courte du point A au point B; et il suit de l'uniformité du mouvement, que, dans ce cas, le mobile va d'un point à l'autre, dans un temps plus court que s'il était forcé de décrire sur la surface donnée toute autre courbe que sa trajectoire. Toutefois, si cette surface est fermée de toute part, comme une sphère, par exemple, les points A et B seront les extrémités de deux arcs de grand cercle, dont l'un sera moindre et l'autre plus grand que tous les arcs

de petits cercles aboutissant aux mêmes points; et le mobile pourra décrire l'une ou l'autre de ces deux portions d'un même grand cercle, selon le sens de sa vitesse initiale k tangente à la sphère.

On peut présenter l'équation différentielle de la trajectoire sous une forme qui mette en évidence la propriété de la ligne la plus courte sur une surface quelconque, laquelle consiste en ce que son plan osculateur en chaque point est normal à cette surface.

Les forces X, Y, Z, étant supposées nulles, les équations (3) du n° 151 se réduisent à

$$\frac{d^2x}{dt^2} = \text{N} \cos \lambda, \quad \frac{d^2y}{dt^2} = \text{N} \cos \mu, \quad \frac{d^2z}{dt^2} = \text{N} \cos \nu.$$

A cause que v est une constante, et que $vt = s$, on a

$$\frac{d^2x}{dt^2} = v^2 \frac{d^2x}{ds^2}, \quad \frac{d^2y}{dt^2} = v^2 \frac{d^2y}{ds^2}, \quad \frac{d^2z}{dt^2} = v^2 \frac{d^2z}{ds^2},$$

en prenant l'arc s pour la variable indépendante; et cela étant, on pourra remplacer les équations précédentes par celles-ci :

$$\frac{dxd^2y - dyd^2x}{ds^3} = \frac{\text{N}}{v^2}\left(\frac{dx}{ds} \cos \mu - \frac{dy}{ds} \cos \lambda\right),$$

$$\frac{dzd^2x - dxd^2z}{ds^3} = \frac{\text{N}}{v^2}\left(\frac{dz}{ds} \cos \lambda - \frac{dx}{ds} \cos \nu\right),$$

$$\frac{dyd^2z - dzd^2y}{ds^3} = \frac{\text{N}}{v^2}\left(\frac{dy}{ds} \cos \nu - \frac{dz}{ds} \cos \mu\right),$$

qui s'en déduisent aisément. Je les ajoute après les avoir multipliées par $\cos \nu$, $\cos \mu$, $\cos \lambda$; la quantité N disparaît, et l'on a simplement

$$\left.\begin{array}{l}\dfrac{dxd^2y - dyd^2x}{ds^3}\cos\nu + \dfrac{dzd^2x - dxd^2z}{ds^3}\cos\mu \\ \qquad + \dfrac{dyd^2z - dzd^2y}{ds^3}\cos\lambda = 0.\end{array}\right\} (e)$$

D'après les valeurs de cos λ, cos μ, cos ν, citées dans le n° 151, on aura donc

$$\left.\begin{array}{l}\dfrac{dxd^2y - dyd^2x}{ds^3}\dfrac{dL}{dx} + \dfrac{dzd^2x - dxd^2z}{ds^3}\dfrac{dL}{dy} \\ \qquad + \dfrac{dyd^2z - dzd^2y}{ds^3}\dfrac{dL}{dz} = 0,\end{array}\right\} (f)$$

pour l'équation différentielle seconde de la trajectoire. On y substituera la valeur de l'une des trois coordonnées x, y, z, en fonction des deux autres, tirée de l'équation $L = 0$ de la surface donnée, sur laquelle cette courbe doit être tracée; on intégrera ensuite l'équation à deux variables qui en résultera; puis on déterminera les deux constantes arbitraires que l'intégrale renfermera, en assujettissant la courbe à passer par les deux points A et B de la surface donnée. L'équation qu'on obtiendra de cette manière, et qui sera, comme on voit, indépendante de la grandeur et de la direction de la vitesse initiale k, devra être celle de la ligne la plus courte entre ces deux points.

Or, si l'on appelle α, β, γ, les angles que la normale au plan osculateur d'une courbe quelconque, au point dont les coordonnées sont x, y, z, fait avec leurs prolongemens dans le sens positif, et qu'on fasse, pour abréger,

$$[(dxd^2y - dyd^2x)^2 + (dzd^2x - dxd^2z)^2 + (dyd^2z - dzd^2y)^2]^{\frac{1}{2}} = h,$$

nous aurons

$$\cos\alpha = \frac{1}{h}(dyd^2z - dzd^2y),$$

$$\cos6 = \frac{1}{h}(dzd^2x - dxd^2z),$$

$$\cos\gamma = \frac{1}{h}(dxd^2y - dyd^2x),$$

d'après les formules (3) du n° 19, où ces mêmes angles sont représentés par λ, μ, ν. En vertu de l'équation (e), on aura donc

$$\cos\lambda\cos\alpha + \cos6\cos\mu + \cos\gamma\cos\nu = 0;$$

ce qui montre que la normale au plan osculateur de la trajectoire, et la normale à la surface donnée, sont perpendiculaires l'une à l'autre; d'où l'on conclut que l'équation (f), qui appartient à la ligne la plus courte, est aussi celle de la courbe qui a partout son plan osculateur normal à la surface donnée; en sorte que ces deux lignes sont une seule et même courbe tracée sur cette surface, quand on les assujettit l'une et l'autre à passer par les mêmes points extrêmes A et B.

Il suit de là que, quand ces deux points appartiennent à une des lignes de courbure de la surface donnée, cette ligne est la plus courte d'un point à l'autre; car son plan osculateur en un point quelconque renferme deux normales consécutives à la surface donnée, et est, par conséquent, normal à cette surface.

§ III. *Digression sur le mouvement de la lumière.*

162. Le théorème du n° 160 est connu sous la dénomination de *principe de la moindre action*, qui lui vient du point de vue métaphysique sous lequel on l'a d'abord envisagé, et qu'on a depuis justement abandonné. Mais il peut encore être utile de donner ici une des premières applications qu'on a faites de ce principe, celle qui est relative à la réflexion et à la réfraction de la lumière dans le système de l'émission.

Tant qu'un rayon lumineux se meut dans un milieu d'une égale densité, sa vitesse et sa direction restent les mêmes; mais quand il passe d'un milieu dans un autre, sa direction s'infléchit et sa vitesse change. Dans l'instant du passage, la lumière décrit une courbe d'une étendue inappréciable, dont on peut faire abstraction sans erreur sensible. La trajectoire de chaque particule lumineuse est donc alors l'assemblage de deux droites, dont chacune est décrite d'un mouvement uniforme. Ainsi, en appelant y et y' les longueurs de ces droites, n la vitesse de la lumière dans le premier milieu, n' sa vitesse dans le second, on aura ny pour la valeur de l'intégrale $\int v ds$, prise depuis le point de départ de la particule jusqu'à son entrée dans le second milieu, et $n'y'$ pour la partie de cette intégrale relative au second milieu; par conséquent cette intégrale, prise dans toute l'étendue de la trajectoire, sera exprimée par $ny + n'y'$; et c'est cette somme qui doit être un *minimum*, d'après le principe de la moindre action.

Avant d'aller plus loin, observons que, si le second milieu est une substance diaphane et cristallisée, la vitesse de la lumière, dans cette substance, dépendra, en général, de la direction du rayon lumineux; en sorte qu'elle sera constante pour un même rayon, mais variable d'un rayon à un autre. Le phénomène de la *double réfraction* que présentent le *spath d'Islande* et la plupart des cristaux transparens, tient à la différence de vitesse des différens rayons lumineux qui les traversent. On doit alors regarder la vitesse n' comme une fonction des angles qui déterminent la direction de chaque rayon; et la loi de la réfraction dépend de la forme que l'on suppose à cette fonction. En faisant une hypothèse convenable sur cette forme, Laplace est parvenu à déduire du principe de la moindre action (*), la loi de la double réfraction, découverte par Huyghens et confirmée par Malus; mais ce n'est point ici le lieu d'exposer cette théorie : nous nous bornerons à considérer le cas où tous les rayons se meuvent avec la même vitesse, quelles que soient leurs directions. Dans le calcul suivant, les vitesses n et n' seront donc regardées comme des quantités données pour chaque milieu en particulier, et indépendantes de la direction des rayons lumineux.

163. Soient maintenant A et B (fig. 40) les deux

(*) *Mémoire de la première classe de l'Institut*, pour l'année 1809.

points extrêmes de la trajectoire. Supposons que la surface de séparation des deux milieux soit plane, et menons par ces deux points un plan qui la coupe suivant la droite CD. Soit encore AEB une ligne brisée au point E, qui représente la projection de la trajectoire sur ce plan. Menons par les points A, B, E, les perpendiculaires AF, BG, HEK, à la droite CD. Puisque la position des points A et B est donnée, les trois droites AF, BG, FG, sont connues; mais la position du point E, et les angles AEH et BEK sont inconnus, et doivent être déterminés par la condition du *minimum*. Nous supposerons donc

$$AF = a, \quad BG = b, \quad FG = c, \quad AEH = x, \quad BEK = x';$$

les triangles rectangles AFE et BGE donneront

$$EF = a \operatorname{tang} x, \quad EG = b \operatorname{tang} x';$$

par conséquent, on aura

$$a \operatorname{tang} x + b \operatorname{tang} x' = c. \qquad (a)$$

Le rayon lumineux traverse la surface de séparation des deux milieux en un point dont E est la projection sur le plan de la figure. Si nous appelons z la distance de ce point inconnu au point E, y sera l'hypoténuse d'un triangle rectangle dont z et AE seront les deux petits côtés, et y' l'hypoténuse d'un autre triangle qui aura z et BE pour ses deux petits côtés; mais en considérant les triangles AEF et BEG, on a

$$AE = \frac{a}{\cos x}, \quad BE = \frac{b}{\cos x'};$$

on aura donc

$$y = \sqrt{z^2 + \frac{a^2}{\cos^2 x}}, \quad y' = \sqrt{z^2 + \frac{b^2}{\cos^2 x'}}.$$

Si l'on substitue ces valeurs dans la quantité $ny + n'y'$, il en résultera une fonction de z, x, x', qui devra être un *minimum* par rapport à ces trois variables, dont les deux dernières sont liées entre elles par l'équation (a). Il faudra donc d'abord que la différentielle de cette fonction, prise par rapport à z, soit égale à zéro; d'où l'on conclut

$$n\frac{dy}{dz} + n'\frac{dy'}{dz} = \frac{nz}{y} + \frac{n'z}{y'} = 0.$$

Or, on ne peut satisfaire à cette condition qu'en prenant $z = 0$; ce qui nous apprend que le rayon lumineux traverse au point E la surface de séparation des deux milieux, et, par conséquent, qu'il ne sort pas du plan perpendiculaire à cette surface, mené par les points A et B.

En faisant donc $z = 0$, on aura simplement

$$ny + ny' = \frac{na}{\cos x} + \frac{n'b}{\cos x'};$$

et en égalant à zéro la différentielle complète de cette quantité, il vient

$$\frac{na \sin x dx}{\cos^2 x} + \frac{n'b \sin x' dx'}{\cos^2 x'} = 0;$$

mais en différentiant aussi l'équation (a), on a, en même temps,

$$\frac{adx}{\cos^2 x} + \frac{bdx'}{\cos^2 x'} = 0;$$

et si l'on élimine $\frac{dx'}{dx}$ entre ces deux équations, on trouve

$$n \sin x = n' \sin x'. \qquad (b)$$

Celle-ci et l'équation (*a*) détermineront les valeurs de x et x' qui répondent au *minimum* de $ny + n'y'$. Après avoir calculé la valeur de x, on construira le point E, en prenant $EF = a \tang x$; ensuite on tirera les droites AE et BE, et la ligne brisée AEB sera la route que suit le rayon lumineux pour aller du point A au point B.

L'angle AEH compris entre la normale EH à la surface de séparation des deux milieux, et le rayon incident AE, est ce qu'on appelle l'*angle d'incidence;* l'angle BEK, compris entre le prolongement EK de cette normale et le rayon réfracté BE, se nomme l'*angle de réfraction*. Ces deux angles ont été désignés par x et x'. Ainsi l'équation (*b*) fera connaître l'angle de réfraction quand l'angle d'incidence sera donné; et l'on voit, d'après cette équation, que le sinus de l'angle de réfraction est au sinus de l'angle d'incidence dans un rapport constant.

C'est, en effet, la loi connue de la réfraction ordinaire, dont la découverte est due à Descartes. Le rapport des deux sinus dépend de celui des vitesses n et n' relatives aux milieux que l'on considère, et, pour cette raison, il varie avec les différentes sortes de milieux transparens.

164. Si le rayon lumineux, au lieu de pénétrer dans le second milieu, est réfléchi à la surface de sé-

paration, sa vitesse sera constante dans toute l'étendue de la trajectoire, qui est alors comprise en entier dans un même milieu. L'intégrale $\int v ds$ sera donc égale à la longueur totale de la trajectoire, multipliée par cette vitesse constante; par conséquent, cette longueur devra être un *minimum*, en vertu du principe de la moindre action.

Supposons donc, comme dans le numéro précédent, que la surface de séparation soit plane. Soient A et B (fig. 41) les deux points extrêmes de la trajectoire; menons par ces points un plan perpendiculaire à cette surface, qui la coupe suivant CD : chaque particule de lumière ira du point A au point B, en suivant une ligne brisée AEB, la plus courte de toutes celles qui se réfléchissent sur la surface de séparation. Or, il est d'abord évident que cette ligne sera comprise dans le plan perpendiculaire à cette surface; car toute autre trajectoire serait plus longue que sa projection sur ce plan. De plus, il est aisé de prouver, sans aucun calcul, que la plus courte ligne brisée est celle qui fait deux angles égaux avec la droite CD, c'est-à-dire que si l'on a

$$AEC = BED,$$

la ligne AEB sera plus courte que toute autre ligne brisée AE'B, dont le point E' appartient, ainsi que E, à la droite CD.

En effet, abaissons de A la perpendiculaire AF sur cette droite; prolongeons-la d'une quantité A'F égale à AF, et tirons ensuite les droites A'E et A'E'. Les deux angles AEC et A'EC seront égaux; donc les deux angles A'EC et BED le seront aussi, à cause de l'équation précédente; par conséquent, la ligne A'EB sera droite : on aura donc

$$A'E + BE < A'E' + BE';$$

et, à cause de $A'E = AE$ et $A'E' = AE'$, il en résultera

$$AE + BE < AE' + BE';$$

ce qu'il s'agissait de prouver.

Si l'on élève au point E la perpendiculaire EH sur la droite CD, AEH et BEH seront les angles d'incidence et de réflexion du rayon lumineux qui va du point A au point B. Ces angles seront égaux, puisqu'ils sont complémens des angles égaux AEC et BED; d'où il résulte la loi connue de la réflexion de la lumière, qui consiste en ce que l'angle de réflexion est toujours égal à l'angle d'incidence.

165. Lorsque l'on admet la théorie de l'émission de la lumière, les lois de la réflexion et de la réfraction se déduisent de l'expression du carré de la vitesse d'un point soumis à des forces d'attraction (n° 158), d'une manière plus directe qu'en faisant usage du principe de la moindre action. Cette question nous offrant un exemple du mouvement d'un point matériel, intéressant par la nature des forces que l'on y considère, et par son application à la Physique, nous allons en exposer la solution dans le cas ordinaire, où les deux milieux que traverse la lumière ne sont pas cristallisés.

Dans cette théorie, on suppose chaque particule

lumineuse soumise à l'attraction de tous les points matériels du milieu qu'elle traverse, et l'on regarde cette force comme une fonction inconnue de la distance, dont on sait seulement qu'elle décroît avec une extrême rapidité quand la distance augmente, de sorte qu'elle devient tout-à-fait insensible dès que la distance a une grandeur sensible. Ainsi, par exemple, désignons par r la distance du point attiré au point attirant, par α une ligne de grandeur finie, mais insensible, et par e la base des logarithmes népériens. Une force de cette nature pourra être représentée par $Ae^{-\frac{r}{\alpha}}$; A étant son intensité relative à une distance r infiniment petite. Dès que cette distance aura une grandeur sensible, et sera, conséquemment, un très grand multiple de α, cette fonction n'aura plus aucune valeur sensible.

Tant qu'un rayon lumineux se meut dans un milieu homogène et d'une densité constante, les attractions qu'il éprouve se détruisent, et son mouvement est rectiligne et uniforme. Mais supposons qu'il soit parvenu en un point M (fig. 42) situé à une distance insensible de la surface CD, qui sépare deux milieux différens, et que nous supposerons horizontale pour fixer les idées; de ce point M, abaissons sur CD une perpendiculaire MP, et menons ensuite, dans le milieu supérieur, deux plans C'D' et C''D'' parallèles à CD, dont la distance mutuelle soit égale à MP, et dont le premier passe par le point M; il est évident que les attractions exercées sur le rayon lumineux au point M, par les deux couches du milieu supérieur, qui sont comprises, l'une entre CD et C'D', l'autre entre C'D' et C''D'', seront égales et contraires; elles se détruiront donc, et le mobile ne sera sollicité que par l'attraction de la partie du milieu qu'il traverse, supérieure à C''D'', et par l'attraction totale du milieu inférieur. Ces deux forces seront perpendiculaires à CD; elles varieront avec la distance MP suivant des lois inconnues, mais telles que chacune de ces forces sera insensible quand MP ne le sera pas, et qu'elles atteindront leurs *maxima* lorsque cette distance sera nulle, ou que le mobile sera parvenu à la surface de séparation des deux milieux.

Au bout du temps t, je représente par z la distance MP, et par Z et Z' des fonctions inconnues de z, qui expriment les forces accélératrices provenant des attractions du milieu inférieur et de la partie de l'autre milieu, supérieure à C'D'. La force accélératrice totale, tendante à diminuer z, sera la différence $Z - Z'$; par conséquent, on aura, dans le milieu supérieur,

$$\frac{d^2z}{dt^2} + Z - Z' = 0, \qquad (1)$$

pour l'équation du mouvement vertical d'une particule lumineuse.

Lorsque ce mobile aura traversé la surface CD en un point E, et qu'il aura pénétré dans le milieu inférieur jusqu'en un point M', tel que la perpendiculaire M′P′ à CD soit aussi représentée par z, il est aisé de voir que la force accélératrice qui tendra à diminuer cette variable sera alors la différence $Z' - Z$; en sorte que l'on aura

$$\frac{d^2z}{dt^2} + Z' - Z = 0, \qquad (2)$$

pour l'équation du mouvement vertical dans le milieu inférieur.

Quant au mouvement horizontal ou parallèle à CD, il sera uniforme, et la vitesse horizontale ne changera pas en passant d'un milieu dans l'autre; car les forces attractives de chaque milieu se détruisent parallèlement à CD, et, dans ce sens, un rayon lumineux n'est soumis à aucune force accélératrice. Ainsi, en appelant k la vitesse de la lumière en un point A du milieu supérieur, situé à une distance sensible de CD, et α l'angle aigu que la direction de cette vitesse fait avec la verticale, on aura, à un instant quelconque, $k \sin \alpha$ pour la vitesse parallèle à CD. Si le rayon lumineux pénètre, d'une quantité sensible, dans le milieu inférieur, et qu'on représente par k' et α' ce que deviennent k et α en un point A′ de ce milieu, situé à une distance sensible de CD, on pourra également représenter la vitesse horizontale du mobile par $k' \sin \alpha'$; en sorte que l'on devra avoir

$$k \sin \alpha = k' \sin \alpha'. \qquad (3)$$

On voit aussi, *à priori*, que la trajectoire du mobile sera une courbe plane et verticale; il ne restera donc plus qu'à déterminer sa vitesse perpendiculaire à CD, soit dans le milieu supérieur, soit dans le milieu inférieur, à une distance quelconque z de cette surface CD.

166. Je désigne cette vitesse par u, de sorte qu'on ait $\frac{dz^2}{dt^2} = u^2$ pour les deux milieux. En multipliant l'équation (1) par $2dz$, intégrant et désignant par c la constante arbitraire, on aura, dans le milieu supérieur,

$$u^2 = c + 2\int Z'dz - 2\int Zdz.$$

Je supposerai que ces deux intégrales s'évanouissent avec z, et je représenterai par h et h' leurs valeurs à une distance sensible de CD. Il sera permis d'étendre ces intégrales h et h' depuis zéro jusqu'à l'infini; car, au-delà d'une valeur sensible, les fonctions Z et Z', et par conséquent les parties correspondantes de $\int Zdz$ et $\int Z'dz'$, sont nulles ou insensibles par hypothèse. On pourra donc écrire, si l'on veut,

$$h = \int_0^\infty Zdz, \qquad h' = \int_0^\infty Z'dz.$$

D'ailleurs, pour une valeur sensible de z, on a $u^2 = k^2 \cos^2 \alpha$; on aura donc alors

$$k^2 \cos^2 \alpha = c + 2h' - 2h;$$

et en éliminant c de la valeur générale de u^2, il en résultera

$$u^2 = k^2 \cos^2 \alpha + 2h - 2h' + 2\int Z'dz - 2\int Zdz,$$

en un point quelconque M.

Je représente par k_1 la vitesse du mobile au point E de la surface CD, et par α_1 l'angle que fait sa direction avec la verticale. On aura en ce point $u^2 = k_1^2 \cos \alpha_1$; et comme il répond à $z = 0$, les deux derniers termes de la formule précédente s'évanouiront, et elle se réduira à

$$k_1^2 \cos^2 \alpha_1 = k^2 \cos^2 \alpha + 2h - 2h'. \qquad (4)$$

Pour que le rayon lumineux atteigne la surface de séparation des deux milieux, il faudra donc que le second membre de cette équation soit une quantité positive, ou qu'on ait

$$h' < h + \tfrac{1}{2} k^2 \cos^2 \alpha.$$

Si cette condition n'est pas remplie, ce qui exigera que l'attraction du milieu supérieur surpasse celle du milieu inférieur, la vitesse verticale du mobile s'épuisera avant qu'il ait atteint le plan CD. Il y aura donc un point de la trajectoire où la tangente sera horizontale. Parvenu en ce point, le mobile rétrogradera; les deux branches de cette courbe, aboutissantes en ce même point, seront semblables, puisqu'elles seront décrites en vertu de forces égales pour la même valeur de z; et, pour une grandeur sensible de cette distance z, ces deux branches se changeront en des lignes droites qui feront des angles égaux avec la verticale, ou, autrement dit, les angles de réflexion et d'incidence seront égaux.

Si, au contraire, l'attraction du milieu inférieur surpasse celle du milieu supérieur, et que la condition précédente soit remplie, le rayon lumineux pénétrera dans le second milieu avec une vitesse perpendiculaire à CD, qui sera déterminée par l'équation (4). Dans cette hypothèse, on aura, d'après l'équation (2) relative à ce milieu,

$$u^2 = k_1^2 \cos^2 \alpha_1 + 2\int Zdz - 2\int Z'dz,$$

en supposant toujours les intégrales nulles quand $z = 0$. A une distance sensible de CD, on a $u^2 = k'^2 \cos^2 \alpha'$; on aura donc

$$k'^2 \cos^2 \alpha' = k_1^2 \cos^2 \alpha_1 + 2h - 2h';$$

et en éliminant $k_1^2 \cos^2 \alpha_1$ au moyen de l'équation (4), il en résultera

$$k'^2 \cos^2 \alpha' = k^2 \cos^2 \alpha + 4h - 4h'. \qquad (5)$$

Pour que le rayon lumineux, après avoir traversé la surface CD, pénètre jusqu'à une profondeur sensible dans le milieu inférieur, il sera donc nécessaire et il suffira qu'on ait

$$h' < h + \tfrac{1}{4} k^2 \cos^2 \alpha.$$

Lors donc que h', quoique moindre que $h + \frac{1}{2}k^2\cos^2\alpha$, surpassera néanmoins $h + \frac{1}{4} k^2 \cos^2 \alpha$, le mobile ne pénétrera dans le milieu inférieur que jusqu'à une distance insensible au-delà de CD; il rentrera ensuite dans le milieu supérieur; et les deux branches de sa trajectoire seront semblables de part et d'autre du point où il commencera à rétrograder. Par conséquent, la lumière sera réfléchie, comme dans le cas précédent, en faisant l'angle de réflexion égal à l'angle d'incidence; en sorte qu'il y a deux cas distincts de réflexion dans la théorie que nous considérons.

167. Supposons maintenant que ni l'un ni l'autre de ces deux cas n'ait lieu, de sorte que le rayon

lumineux soit *réfracté*. D'après l'équation (3), on aura

$$k'^2 \sin^2 \alpha' = k^2 \sin^2 \alpha\,;$$

et en ajoutant membre à membre l'équation (5) et celle-ci, il en résultera

$$k'^2 = k^2 + 4h - 4h'\,; \qquad (6)$$

ce qui montre que l'augmentation du carré de la vitesse du mobile, en allant du point A du milieu supérieur au point A′ du milieu inférieur, sera indépendante, comme cela devait être (n° 157), du chemin qu'il aura suivi.

On tire aussi des équations (3) et (6)

$$\frac{\sin \alpha'}{\sin \alpha} = \frac{k}{\sqrt{k^2 + 4(h - h')}}\,; \qquad (7)$$

formule qui renferme la loi du rapport constant du sinus de réfraction au sinus d'incidence, et qui donne la valeur de ce rapport en fonction de la vitesse k de la lumière dans l'un des deux milieux, et de la différence $h - h'$ de leurs *pouvoirs réfringens* h et h'.

Si le milieu inférieur est terminé par deux plans parallèles, et qu'il y ait au-dessous le même milieu qu'au-dessus, l'expérience prouve que la lumière, après avoir subi deux réfractions et traversé les deux faces du milieu intermédiaire, reprend une direction parallèle à celle qu'elle avait dans le milieu supérieur. C'est aussi ce qui résulte de l'équation (7); car si l'on désigne par α'' l'angle que le rayon lumineux fait avec la verticale, après être sorti du milieu intermédiaire, il faudra, pour déterminer $\sin \alpha''$, échanger entre elles, dans cette équation, les quantités h et h', et y mettre k', α', α'', au lieu de k, α, α'. On aura donc

$$\frac{\sin \alpha''}{\sin \alpha'} = \frac{k'}{\sqrt{k'^2 + 4(h' - h)}},$$

ou bien, en vertu des équations (6) et (7),

$$\frac{\sin \alpha''}{\sin \alpha'} = \frac{\sqrt{k^2 + 4(h - h')}}{k} = \frac{\sin \alpha}{\sin \alpha'};$$

ce qui donne, effectivement,

$$\alpha'' = \alpha.$$

Le phénomène de la *dispersion*, qui provient d'une valeur différente de l'angle de réfraction α', pour les rayons diversement colorés dont se compose un même rayon de lumière incidente, peut être attribué, d'après la formule (7), soit à une inégalité de leur vitesse k, soit à une action différente de chaque milieu sur ces différens rayons, d'où il résulterait des valeurs inégales de $h - h'$.

168. Toutes choses d'ailleurs égales, cette équation (7) montre que le rapport du sinus de réfraction au sinus d'incidence doit changer avec la vitesse de la lumière. Or, si l'on considère une étoile située dans le plan de l'écliptique, il y a une époque dans l'année où la vitesse de la terre s'ajoute à celle de la lumière, et une autre époque où la première vitesse se retranche de la seconde; ce qui rend la vitesse de la lumière, relativement à un milieu qui se meut

avec la terre, sensiblement plus grande dans le premier cas que dans le second. Le rapport dont il s'agit devrait donc aussi être différent à ces deux époques; mais des expériences très précises de M. Arago ont prouvé qu'au contraire ce rapport ne varie pas d'une manière sensible pendant toute l'année, et, de plus, que sa grandeur est la même pour le soleil et pour les diverses étoiles d'où la lumière est partie.

Quelle que soit la théorie de la lumière que l'on adopte, c'est toujours un fait très remarquable, que la composition de la vitesse propre de la lumière avec celle de la terre, qui se manifeste dans le mouvement apparent des étoiles, connu sous le nom d'*aberration*, n'ait cependant aucune influence appréciable sur la réfraction de la lumière qu'elles nous envoient à différens jours de l'année.

Dans le vide, le mouvement de la lumière directe ou réfléchie est uniforme, et sa vitesse indépendante de la source dont elle émane. La grandeur de cette vitesse est telle, que la lumière parcourt en 493,34 secondes la distance moyenne du soleil à la terre; ce qui donne 30950 myriamètres par seconde.

Un rayon lumineux, lancé du soleil ou d'une étoile, doit éprouver dans sa vitesse, comme tout autre projectile, une diminution due à sa pesanteur vers cet astre, c'est-à-dire, à l'attraction en raison inverse du carré des distances à son centre, que la masse du corps exerce sur chaque particule matérielle de la lumière; mais cette diminution est une fraction très petite de la vitesse finale de la lumière. Ainsi, par exemple, l'intensité de la pesanteur à la surface du soleil étant vingt-sept fois et demi l'intensité de la pesanteur terrestre, comme on le verra par la suite, et le rayon du soleil étant égal à 110 rayons de la terre, on conclut de ce qu'on a vu dans le n° 143, que la vitesse de la lumière, pour être de 30950 myriamètres par seconde à une grande distance du soleil, a dû être plus grande d'un peu moins de deux millioniémes seulement, en partant de sa surface.

CHAPITRE IV.

DE LA FORCE CENTRIFUGE.

169. La pression qu'un point matériel exerce sur une courbe qu'il est forcé de décrire, n'est pas la même que quand il est en équilibre sur cette courbe. L'état de mouvement donne naissance à une pression particulière qu'on appelle *force centrifuge*, parce qu'on l'a d'abord considérée dans le cercle où elle est dirigée suivant le prolongement du rayon, et tend continuellement à éloigner du centre le mobile sur lequel elle agit. C'est cette force que nous allons considérer dans une courbe quelconque.

Soient $M_{,}M$ et MM' (fig. 43) deux élémens consécutifs et égaux de la courbe donnée, H et H' leurs milieux, MT et $M'T'$ leurs prolongemens. Leur plan et l'angle TMT' seront le plan osculateur et l'angle de contingence de la courbe au point M; et si l'on mène dans ce plan la droite MO, qui divise l'angle $M_{,}MM'$ en deux parties égales, elle représentera la direction du rayon de courbure en ce même point M; en sorte que le centre de courbure sera le point O de cette droite. Appelons ds l'élément $M_{,}M$ de la courbe, lequel sera aussi égal à HMH'; soient, en outre, δ l'angle infiniment petit TMT', et ρ le rayon de courbure MO, nous aurons (n° 18)

$$\delta = \frac{ds}{\rho}.$$

Cela posé, faisons d'abord abstraction des forces données qui peuvent agir sur le mobile, et supposons qu'au bout du temps t, il arrive au point M avec une vitesse v. S'il était entièrement libre, il continuerait à se mouvoir sur MT avec la même vitesse ; mais, par hypothèse, il est forcé de décrire une courbe donnée ; ce qui change la direction de son mouvement, qui devient MT′. Or, si l'on élève sur MT′ la perpendiculaire MK, comprise dans le plan osculateur et en dehors de la concavité de la courbe, on pourra substituer à la vitesse v, dirigée suivant MT, deux autres vitesses, l'une égale à $v \cos \delta$ et dirigée suivant MT′, l'autre égale à $v \sin \delta$ et dirigée suivant MK ; et alors l'effet de la courbe sera de détruire la dernière de ces deux vitesses, pour ne laisser subsister que la première, ou, autrement dit, cet effet se réduira à imprimer au mobile une vitesse égale et contraire à $v \sin \delta$. La courbe donnée étant donc remplacée par un polygone infinitésimal, sa résistance consiste à imprimer au mobile, à chaque sommet M de ce polygone, une vitesse infiniment petite $v \sin \delta$, dirigée en sens contraire de MK.

Pour assimiler complètement cette résistance à une force motrice f qui agit incessamment sur le mobile, nous pouvons supposer que la vitesse $v \sin \delta$ est produite pendant que ce point matériel va de H en H′, et prendre dt pour la durée de cette action. Nous pouvons aussi négliger, dans cet intervalle de temps, le changement de direction de cette force, et la supposer, par exemple, parallèle à la droite MO. Alors la force accélératrice correspondante aura pour mesure, comme chacune des forces U, U′, U″, etc., du n° 147, la vitesse $v \sin \delta$ qu'elle produit pendant l'instant dt, divisée par dt; et en appelant m la masse du mobile, il en résultera

$$f = \frac{mv \sin \delta}{dt},$$

pour la valeur de f. Donc, en remplaçant $\sin \delta$ par δ, mettant pour δ sa valeur précédente, et observant que $ds = vdt$, on aura

$$f = \frac{mv^2}{\rho}.$$

La pression que la courbe éprouve, et qui est uniquement due à l'état de mouvement du point matériel qui la décrit, ou la force centrifuge qui agit sur ce mobile, est égale et contraire à cette force f. Il s'ensuit donc qu'au point quelconque M, de la courbe donnée, la force centrifuge est comprise dans le plan osculateur, et dirigée en dehors de la concavité de cette courbe, suivant le prolongement MN de son rayon de courbure, et que son intensité est en raison inverse de ce rayon, et en raison directe de la masse du mobile et du carré de sa vitesse.

170. Cette vitesse étant v sur le côté $M_{,}M$, et devenant $v \cos \delta$ sur le côté suivant MM′, il s'ensuit que sa grandeur n'est point altérée par la courbe; car on peut négliger la quantité $v(1 - \cos \delta)$, infiniment petite du second ordre, de laquelle il ne pourrait résulter qu'une diminution infiniment petite de vitesse, sur une partie de la courbe de grandeur finie. Le mouvement sur une courbe quelconque est donc uniforme quand le mobile n'est sollicité par aucune

force donnée. C'est ce qu'on a déjà vu dans le n° 157; mais nous voyons de plus que ce résultat tient à ce que l'angle de contingence est infiniment petit, et qu'en un point où deux courbes différentes se couperaient sous un angle fini, le mobile éprouverait une perte finie de vitesse, en passant d'une courbe à l'autre; laquelle perte serait égale à sa vitesse primitive, multipliée par le sinus verse de cet angle.

Lorsque le mobile est sollicité par une ou plusieurs forces données, sa vitesse varie à raison des composantes de ces forces tangentes à la trajectoire, et leurs composantes normales exercent, comme dans l'état de repos, une pression sur cette courbe qu'il faut joindre à la force centrifuge.

Soit, en général, mR la résultante des forces données qui agissent sur le mobile, quand il est parvenu au point M. Décomposons cette force motrice en deux autres, l'une tangente et l'autre normale à la trajectoire, que nous représenterons par mT et mQ; la première sera la force qui fera varier la vitesse, et la seconde produira la partie de la pression indépendante de l'état de mouvement du mobile. En prenant, par la règle du parallélogramme des forces, la résultante de mQ et de la force centrifuge f ou $\frac{mv^2}{\rho}$, on aura, en grandeur et en direction, la pression totale qui aura lieu au point M de la courbe donnée. Cette force, divisée par la masse du mobile, ou la résultante des forces accélératrices Q et $\frac{v^2}{\rho}$, devra coïncider avec la force P du n° 152. C'est en effet ce que nous allons vérifier.

171. Je remplace les équations (5) de ce numéro par celles-ci, qui s'en déduisent immédiatement,

$$\left.\begin{aligned}
\frac{dxd^2y-dyd^2x}{dsdt^2}&=Y\frac{dx}{ds}-X\frac{dy}{ds}-P\left(\frac{dx}{ds}\cos\varpi'-\frac{dy}{ds}\cos\varpi\right),\\
\frac{dzd^2x-dxd^2z}{dsdt^2}&=X\frac{dz}{ds}-Z\frac{dx}{ds}-P\left(\frac{dz}{ds}\cos\varpi-\frac{dx}{ds}\cos\varpi''\right),\\
\frac{dyd^2z-dzd^2y}{dsdt^2}&=Z\frac{dy}{ds}-Y\frac{dz}{ds}-P\left(\frac{dy}{ds}\cos\varpi''-\frac{dz}{ds}\cos\varpi'\right).
\end{aligned}\right\}\quad(1)$$

Quelle que soit la variable indépendante, on a

$$\frac{dxd^2y-dyd^2x}{dt^2}=\frac{dx^2}{dt^2}\,\frac{d.\frac{dy}{dx}}{dt}\,dt;$$

on a, en même temps,

$$\frac{dx^2}{dt^2}=\frac{dx^2}{ds^2}\,\frac{ds^2}{dt^2},\qquad \frac{d.\frac{dy}{dx}}{dt}=\frac{d.\frac{dy}{dx}}{ds}\,\frac{ds}{dt};$$

à cause de $v=\frac{ds}{dt}$, il en résultera

$$\frac{dxd^2y-dyd^2x}{dsdt^2}=v^2\,\frac{dx^2}{ds^2}\,\frac{d.\frac{dy}{dx}}{ds}=\frac{v^2(dxd^2y-dyd^2x)}{ds^3};$$

et l'on trouvera de même,

$$\frac{dzd^2x-dxd^2z}{dsdt^2}=\frac{v^2(dzd^2x-dxd^2z)}{ds^3},$$

$$\frac{dyd^2z-dzd^2y}{dsdt^2}=\frac{v^2(dyd^2z-dzd^2y)}{ds^3}.$$

En désignant par q, q', q'', les angles que la force Q fait avec des parallèles aux axes des x, y, z, et observant que X, Y, Z, sont les composantes suivant ces parallèles de Q et de la force tangentielle T, on aura aussi

$$X = T\frac{dx}{ds} + Q\cos q,\quad Y = T\frac{dy}{ds} + Q\cos q',\quad Z = T\frac{dz}{ds} + Q\cos q'';$$

et au moyen de ces valeurs et des précédentes, les équations (1) deviendront

$$\left.\begin{aligned}
\frac{(dxd^2y - dyd^2x)}{ds^3} &= Q\left(\frac{dx}{ds}\cos q' - \frac{dy}{ds}\cos q\right) - P\left(\frac{dx}{ds}\cos\varpi' - \frac{dy}{ds}\cos\varpi\right),\\
\frac{(dzd^2x - dxd^2z)}{ds^3} &= Q\left(\frac{dz}{ds}\cos q - \frac{dx}{ds}\cos q''\right) - P\left(\frac{dz}{ds}\cos\varpi - \frac{dx}{ds}\cos\varpi''\right),\\
\frac{(dyd^2z - dzd^2y)}{ds^3} &= Q\left(\frac{dy}{ds}\cos q'' - \frac{dz}{ds}\cos q'\right) - P\left(\frac{dy}{ds}\cos\varpi'' - \frac{dz}{ds}\cos\varpi'\right).
\end{aligned}\right\}(2)$$

Or, si l'on appelle γ, γ', γ'', les angles que la direction de la force centrifuge, c'est-à-dire le prolongement MN du rayon de courbure MO, fait avec des parallèles aux axes des x, y, z, menées par le point M, et x', y', z', les coordonnées du centre de courbure O, on aura

$$x - x' = \rho\cos\gamma,\quad y - y' = \rho\cos\gamma',\quad z - z' = \rho\cos\gamma'',$$

et en combinant les équations (2) avec les formules du n° 20, on en déduira sans difficulté,

$$\begin{aligned}
\frac{v^2}{\rho}\cos\gamma = {} & Q\left[\frac{dy}{ds}\left(\frac{dx}{ds}\cos q' - \frac{dy}{ds}\cos q\right) - \frac{dz}{ds}\left(\frac{dz}{ds}\cos q - \frac{dx}{ds}\cos q''\right)\right]\\
& - P\left[\frac{dy}{ds}\left(\frac{dx}{ds}\cos\varpi' - \frac{dy}{ds}\cos\varpi\right) - \frac{dz}{ds}\left(\frac{dz}{ds}\cos\varpi - \frac{dx}{ds}\cos\varpi''\right)\right],\\
\frac{v^2}{\rho}\cos\gamma' = {} & Q\left[\frac{dz}{ds}\left(\frac{dy}{ds}\cos q'' - \frac{dz}{ds}\cos q'\right) - \frac{dx}{ds}\left(\frac{dx}{ds}\cos q' - \frac{dy}{ds}\cos q\right)\right]\\
& - P\left[\frac{dz}{ds}\left(\frac{dy}{ds}\cos\varpi'' - \frac{dz}{ds}\cos\varpi'\right) - \frac{dx}{ds}\left(\frac{dx}{ds}\cos\varpi' - \frac{dy}{ds}\cos\varpi\right)\right],\\
\frac{v^2}{\rho}\cos\gamma'' = {} & Q\left[\frac{dx}{ds}\left(\frac{dz}{ds}\cos q - \frac{dx}{ds}\cos q''\right) - \frac{dy}{ds}\left(\frac{dy}{ds}\cos q'' - \frac{dz}{ds}\cos q'\right)\right]\\
& - P\left[\frac{dx}{ds}\left(\frac{dz}{ds}\cos\varpi - \frac{dx}{ds}\cos\varpi''\right) - \frac{dy}{ds}\left(\frac{dy}{ds}\cos\varpi'' - \frac{dz}{ds}\cos\varpi'\right)\right].
\end{aligned}$$

Mais à cause que les forces P et Q sont perpendiculaires à la tangente de la trajectoire, on a

$$\frac{dx}{ds}\cos q + \frac{dy}{ds}\cos q' + \frac{dz}{ds}\cos q'' = 0,$$
$$\frac{dx}{ds}\cos \varpi + \frac{dy}{ds}\cos \varpi' + \frac{dz}{ds}\cos \varpi'' = 0;$$

ce qui réduit les coefficiens de Q, dans les trois équations précédentes, à $-\cos q$, $-\cos q'$, $-\cos q''$, et ceux de $-$P à $-\cos \varpi$, $-\cos \varpi'$, $-\cos \varpi''$; on aura donc enfin

$$\frac{v^2}{\rho}\cos \gamma + Q\cos q = P\cos \varpi,$$
$$\frac{v^2}{\rho}\cos \gamma' + Q\cos q' = P\cos \varpi',$$
$$\frac{v^2}{\rho}\cos \gamma'' + Q\cos q'' = P\cos \varpi'',$$

où l'on voit, comme il s'agissait de le vérifier, que la force P est, en grandeur et en direction, la résultante des deux forces $\frac{v^2}{\rho}$ et Q.

172. Quand le mobile sera seulement assujetti à se mouvoir sur une surface donnée, il faudra que la résultante des forces motrices mQ et $\frac{mv^2}{\rho}$, qui est déjà perpendiculaire à sa trajectoire, soit, de plus, normale à cette surface. En appelant donc mN cette résultante, et désignant par ω et ψ les angles, aigus ou obtus, que font ses deux composantes avec une partie déterminée de la normale à la surface, au point où se trouve le mobile, on aura

$$N = \pm\left(Q\cos\omega + \frac{v^2}{\rho}\cos\psi\right).$$

La force N agira suivant cette partie de la normale ou suivant son prolongement, selon que la quantité comprise entre les parenthèses sera positive ou négative; et pour que N soit toujours une quantité positive, on prendra le signe supérieur dans le premier cas, et le signe inférieur dans le second. Cette force accélératrice N devra être égale et contraire à celle qui entre dans les équations (3) du n° 151; et, en effet, celles-ci ne différant des équations (5) du n° 152 qu'en ce qu'elles contiennent N, λ, μ, ν, au lieu de $-$P, ϖ, ϖ', ϖ'', on en déduira, par l'analyse précédente, des composantes de la force N, qui seront égales et contraires à celles que l'on a trouvées pour la force P.

Dans ce même cas d'une surface donnée, si l'on désigne par ω' et ψ' les angles que les forces mQ et $\frac{mv^2}{\rho}$ font avec un axe mené par le point où se trouve le mobile, tangent à cette surface et perpendiculaire à la trajectoire, de sorte qu'on ait

$$\cos^2\omega + \cos^2\omega' = 1, \quad \cos^2\psi + \cos^2\psi' = 1,$$

il faudra que la somme des composantes de ces deux forces suivant cet axe tangent, soit égale à zéro, puisque leur résultante est normale au même point de la surface; on aura donc

$$Q\cos\omega' + \frac{v^2}{\rho}\cos\psi' = 0;$$

équation qui pourra servir à déterminer l'inclinaison ψ' du plan osculateur de la trajectoire sur le plan tangent à la surface donnée.

Lorsque le mobile ne sera soumis à aucune force donnée, ou, plus généralement, lorsqu'il ne sera soumis qu'à une force tangente à sa trajectoire, on aura $Q=0$; il en résultera donc $\cos\psi'=0$ et $\psi'=90°$; en sorte que le plan osculateur de cette courbe sera constamment perpendiculaire à la surface donnée. Cette propriété étant, en général, celle de la ligne la plus courte entre deux points donnés sur cette surface, c'est cette ligne que le mobile décrira, ainsi qu'on l'a dit précédemment (n° 161); mais maintenant nous voyons, en outre, qu'une force tangente à la trajectoire, telle qu'un frottement contre la surface donnée, ou la résistance d'un milieu, ne fera pas dévier le mobile, de la ligne la plus courte entre son point de départ et son point d'arrivée.

173. Enfin, si le mobile est entièrement libre, il faudra que la composante normale à la trajectoire, de la force motrice mR qui le sollicite, fasse équilibre à sa force centrifuge $\frac{mv^2}{\rho}$, puisque dans ce cas il n'y a pas de courbe ou de surface donnée qui puisse détruire la résultante normale de ces deux forces. Il faudra donc, en premier lieu, que le plan osculateur de la trajectoire soit celui qui passe par la tangente et par la direction donnée de la force mR; en appelant θ l'angle que cette direction, en un point quelconque, fait avec le rayon de courbure MO, il faudra, en outre, que cet angle soit aigu pour que la composante normale de la force mR agisse en sens contraire de la force centrifuge qui est dirigée suivant MN; et cela étant, on devra avoir

$$R \cos \theta = \frac{v^2}{\rho}. \qquad (a)$$

Quand la force accélératrice R, à laquelle le mobile est soumis, sera une force centrale dirigée vers un point connu, et que l'observation aura fait connaître la courbe qu'il décrit autour de ce centre fixe, on pourra déduire de l'équation de cette courbe, le rayon de courbure ρ et l'angle θ qu'il fait avec la direction de la force R; on déduira aussi, de cette équation et de la proportionnalité des aires aux temps (n° 155), l'expression de la vitesse v en un point quelconque de la trajectoire; par conséquent, l'équation (a) déterminera la valeur de R, ou la loi de la force centrale qui fait décrire au mobile la courbe donnée. C'est de cette manière que Newton a découvert la loi de la force dirigée vers le centre du soleil, qui fait décrire à chaque planète une ellipse dont ce point occupe un des foyers; mais on verra, dans la suite, qu'en partant des mêmes données, cette détermination peut s'effectuer par un calcul plus simple.

174. Huyghens, à qui l'on doit la mesure de la force centrifuge, l'a déduite de la considération du mouvement circulaire; et quoique cette méthode soit moins directe que la précédente, je crois cependant utile de l'exposer ici en peu de mots.

Soit M (fig. 44) un point matériel attaché à un point fixe C par un fil inextensible CM; supposons qu'une percussion lui imprime une vitesse a, dans une direction perpendiculaire à la longueur du fil; et, pour simplifier la question, supposons aussi qu'aucune force motrice donnée n'agisse sur le mobile. Ce point matériel va décrire un cercle AMB, dont le centre et le rayon seront le point fixe et la longueur du fil. Pendant ce mouvement, le fil qui retient le mobile éprouvera, dans le sens de sa longueur, une certaine *tension* qui n'est autre chose que la force centrifuge. En appliquant au mobile une force égale à cette tension et constamment dirigée vers le centre fixe, on pourra faire abstraction du fil, et considérer le mobile comme entièrement libre. C'est donc en vertu de cette force centrale, dont la grandeur est inconnue, combinée avec la vitesse a, que le cercle sera décrit.

Il s'ensuit d'abord que les secteurs circulaires décrits par le rayon du mobile, seront proportionnels au temps (n° 155); ce qui exige que les arcs de cercle parcourus le soient aussi. Le mouvement circulaire sera donc uniforme; et si l'on désigne par s l'arc décrit dans le temps t, on aura $s = at$.

Soient m la masse du mobile, $m\alpha$ la force centrale, et, conséquemment, α la force accélératrice qu'il s'agira de déterminer. Quelle que soit cette force, on peut la regarder comme constante en grandeur et en direction pendant un intervalle de temps infiniment petit; ainsi, pendant que le mobile décrit l'arc de cercle infiniment petit MM', la force α sera supposée constante, et parallèle au rayon CM qui aboutit à l'origine de cet arc; d'où nous concluons que si le mobile n'était pas animé de la vitesse a, la force centrale lui ferait parcourir, dans un temps infiniment petit, le sinus verse MN, ou la projection sur CM de l'arc MM' qu'il décrit réellement. Or, toute force accélératrice a pour mesure le double de l'espace infiniment petit qu'elle est capable de faire parcourir à un mobile dans un temps infiniment petit, divisé par le carré de ce temps (n° 118); si donc on appelle ε le sinus verse MN, et τ le temps employé à décrire l'arc MM', on aura

$$\alpha = \frac{2\varepsilon}{\tau^2};$$

mais en désignant cet arc par σ, et le rayon CM par r, on a

$$\varepsilon = \frac{\sigma^2}{2r},$$

en prenant l'arc au lieu de la corde; donc à cause de $\sigma = a\tau$, on aura

$$\alpha = \frac{a^2}{r}.$$

Cette valeur de α est donc celle de la force centrifuge rapportée à l'unité de masse, dans un cercle décrit d'un mouvement uniforme. On en conclut immédiatement que cette force, dans une courbe quelconque, aura pour mesure le carré de la vitesse divisé par le rayon de courbure; car la trajectoire ayant deux élémens consécutifs communs avec son cercle osculateur, on peut supposer que, pendant un temps infiniment petit, le mobile se meut circulairement autour du centre de courbure, et qu'il a conséquemment la force centrifuge qui convient à ce mouvement. En multipliant par m cette force accélératrice, on aura la même valeur que pour la force désignée par f dans le n° 169.

175. Pour comparer la force centrifuge dans le cercle à la pesanteur, supposons que la vitesse a soit celle qui serait due à une hauteur h, de sorte qu'on ait $a^2 = 2gh$ (n° 130), en désignant par g la gravité; il en résultera

$$\frac{\alpha}{g} = \frac{2h}{r};$$

ce qui montre que la force centrifuge est à la pesanteur, comme le double de la hauteur due à la vitesse du mobile est au rayon.

Si le mobile est un corps dont les dimensions soient très petites par rapport à sa distance au point C, on pourra considérer, dans toute son étendue, la valeur de α comme à très peu près constante, et prendre le rapport $\frac{\alpha}{g}$ pour celui de la force centrifuge provenant du mouvement circulaire, au poids du corps sur lequel elle agit.

Quand le mouvement n'aura pas lieu dans un plan horizontal, la vitesse du mobile, la force centrifuge et la tension du fil attaché au point C, seront variables. Supposons que le mobile se meuve dans un plan vertical; désignons par $2gh$ le carré de sa vitesse, quand il se trouve dans le plan horizontal passant par le point C; et, à un instant quelconque, appelons z sa distance à ce plan, regardée comme positive lorsque le mobile sera situé au-dessous, et comme négative quand il aura passé au-dessus; nous aurons à cet instant $2g(h + z)$ pour le carré de sa vitesse (n° 159), et $\frac{2mg(h + z)}{r}$ pour la force centrifuge. Pour avoir la tension totale du fil, il faudra ajouter à cette force la composante du poids du mobile dirigé suivant le prolongement de son rayon, laquelle composante est égale à $\frac{mgz}{r}$, comme il est aisé de le voir. Donc, en appelant θ la tension totale du fil à un instant quelconque, nous aurons

$$\theta = \frac{mg(2h + 3z)}{r}.$$

Cette force exprimera aussi la pression que le point C éprouvera à chaque instant, suivant la direction du rayon qui aboutit au mobile. Elle atteindra son *maximum*, lorsque le mobile sera au point le plus bas du cercle, où l'on a $z = r$, et son *minimum*, lorsqu'il sera au point le plus élevé, où l'on a $z = -r$. Si h est moindre que $\frac{3r}{2}$, la tension deviendra négative et se changera en une contraction pendant une partie du mouvement : il faudra alors que le fil soit inflexible pour que le mouvement circulaire ait lieu. On néglige, dans ce calcul, le poids et la force centrifuge du fil; ce qui suppose sa masse très petite par rapport à celle du mobile. On verra, par la suite, comment on y devrait avoir égard si cela était nécessaire.

176. Revenons au mouvement circulaire et uniforme, et désignons par T le temps que le mobile emploie à parcourir la circonférence entière. On aura

$$a = \frac{2\pi r}{T},$$

et, par conséquent,

$$\alpha = \frac{4\pi^2 r}{T^2};$$

ce qui montre que la force centrifuge est en raison directe du rayon du cercle, et en raison inverse du carré du temps d'une révolution entière.

Lorsqu'un corps solide tourne autour d'un axe fixe, tous ses points décrivent, dans le même temps, des cercles dont les plans sont perpendiculaires à l'axe, qui ont leurs centres dans cet axe, et pour rayons les perpendiculaires abaissées de chaque point sur ce même axe; par conséquent, les forces centrifuges de ces différens points sont entre elles comme ces perpendiculaires. Ainsi, par exemple, la force centrifuge des corps placés à la surface de la terre, et qui tournent avec elle autour de l'axe des *pôles*, est proportionnelle aux rayons des *parallèles* qu'ils décrivent; et, de plus, cette force est dirigée en chaque lieu de la terre suivant le prolongement du rayon du parallèle qui aboutit en ce point.

177. La force qui précipite les corps vers la terre, et que nous appelons *pesanteur*, est due principalement à l'attraction du sphéroïde terrestre sur ces corps. Mais quelle qu'en soit la cause, il est toujours certain que la force centrifuge diminue cette tendance des corps pesans; en sorte qu'excepté au pôle, où la force centrifuge est nulle, la pesanteur est partout moindre que si la terre n'avait pas de mouvement de rotation. A l'équateur, la force centrifuge et la pesanteur sont dirigées en sens contraire l'une de l'autre; la pesanteur y est donc égale à

l'excès de l'attraction de la terre sur la force centrifuge ; par conséquent, on a

$$g = G - \frac{4\pi^2 r}{T^2};$$

g étant cette pesanteur, G l'attraction terrestre, ou la pesanteur qui aurait lieu si la terre était immobile, r le rayon de l'équateur, et T le temps de la rotation de la terre.

Le second terme de cette formule étant très petit par rapport au premier, on a, à très peu près,

$$g = G\left(1 - \frac{4\pi^2 r}{gT^2}\right).$$

Pour convertir en nombre la fraction $\frac{4\pi^2 r}{gT^2}$, on pourra prendre le rayon du méridien au lieu du rayon r de l'équateur, dont il est peu différent ; on aura alors

$$2\pi r = 40000000^{m}.$$

En prenant la seconde pour unité, et négligeant, dans ce calcul, la petite variation de la pesanteur à la surface de la terre, on a aussi (n° 115)

$$g = 9^{m},80896.$$

On a d'ailleurs (n° 111)

$$T = 86164;$$

et de là on conclut, à très peu près,

$$\frac{4\pi^2 r}{gT^2} = \frac{1}{289}.$$

Ainsi, à l'équateur, la pesanteur est diminuée de $\frac{1}{289}$ par le mouvement de rotation de la terre autour de son axe. Si ce mouvement devenait plus rapide, le temps T diminuerait, et la force centrifuge différerait moins de la gravité. En observant que 289 est le carré de 17, on voit qu'il suffirait que la rotation eût lieu en un dix-septième de jour, pour que la force centrifuge à l'équateur fût égale à la gravité; alors la pesanteur y serait égale à zéro, et les corps abandonnés à eux-mêmes y demeureraient en équilibre.

Dans ce calcul, nous avons seulement eu égard à la force centrifuge provenant du mouvement de rotation des corps pesans autour de l'axe de la terre; et, en effet, on conçoit que le mouvement de translation autour du soleil, qui est commun à tous ces corps, à la terre et à son axe, ne saurait influer sur leur tendance à s'écarter de cette droite mobile. En imaginant, par exemple, un fil parallèle à l'équateur, attaché à cet axe et aboutissant à un corps situé à la surface, il est évident que sa tension ne changera aucunement par l'effet d'un mouvement qui emportera, à la fois, l'axe, le fil et le corps, sans changer leurs positions relatives.

178. La force centrifuge diminue la pesanteur en tous les points de la surface de la terre; mais d'une quantité moindre qu'à l'équateur, soit parce qu'en allant de l'équateur au pôle la force centrifuge décroît, soit parce que l'angle qu'elle fait avec la verticale augmente. En appelant toujours r le rayon de

l'équateur, et désignant par μ la latitude d'un lieu quelconque de la terre, et par u le rayon du parallèle correspondant, on aura

$$u = r \cos \mu;$$

en négligeant la non-sphéricité du globe terrestre, l'angle μ sera celui que le prolongement de u, ou la direction de la force centrifuge, fait avec la verticale; la composante verticale de la force centrifuge s'obtiendra donc en multipliant son intensité $\frac{4\pi^2 u}{T^2}$ par $\cos \mu$; ce qui donne

$$\frac{4\pi^2 r \cos^2 \mu}{T^2},$$

pour la diminution de la pesanteur due à la rotation de la terre; et, d'après ce qui précède, cette quantité aura pour valeur

$$\frac{\cos^2 \mu}{289}.$$

Ce serait là toute la diminution que la pesanteur éprouverait, si la terre était une sphère homogène : elle serait proportionnelle au carré du cosinus de la latitude; et la diminution totale du pôle où l'on a $\mu = 90°$, à l'équateur où l'on a $\mu = 0$, s'éleverait à $\frac{1}{289}$. Mais la terre est un sphéroïde aplati à ses pôles; l'attraction qu'elle exerce sur les corps placés à sa surface diminue, pour cette raison, en allant du pôle à l'équateur; cette diminution, en chaque point de la surface, est aussi proportionnelle au carré du cosinus de la latitude; elle s'ajoute à celle qui est produite par la force centrifuge, et par cette addition le coefficient $\frac{1}{289}$ augmente et devient $\frac{1}{200}$ à peu près. C'est donc cette fraction $\frac{1}{200}$ qui exprimera, comme nous l'avons déjà dit (n° 117), l'accroissement total du poids d'un corps transporté de l'équateur au pôle.

CHAPITRE V.

EXEMPLES DU MOUVEMENT D'UN POINT MATÉRIEL SUR UNE COURBE OU SUR UNE SURFACE DONNÉE.

§ Ier. *Oscillation du pendule simple.*

179. Un *pendule* est, en général, un corps solide pesant, qui oscille autour d'un axe fixe et horizontal. Mais pour comparer plus facilement entre elles les durées des oscillations de différens pendules et les intensités correspondantes de la pesanteur, les géomètres ont imaginé un pendule idéal qu'on appelle *pendule simple*, et qui consiste en un point matériel pesant, suspendu à un point fixe par l'intermédiaire d'un fil inextensible et inflexible, dénué de pesanteur et même de densité, et dont la longueur est celle de ce pendule.

On verra, dans un autre chapitre, qu'il y a toujours un pendule simple dont les oscillations coïncident, et pour leurs durées et pour leurs amplitudes, avec celles d'un pendule quelconque; et nous montrerons comment la longueur du premier peut se déterminer d'après la forme et les dimensions du second. Nous ferons voir aussi que cet accord ayant lieu entre les mouvemens de deux pendules dans le vide, il subsistera également dans un milieu résistant, quelle que soit la fonction de la vitesse qui exprime la résistance. Ainsi, il suffira de considérer le mouvement du pendule simple, soit dans le vide, soit dans un milieu résistant; et c'est ce qu'on va faire dans ce premier paragraphe.

180. Soient C (fig. 45) le point de suspension, CB la verticale passant par ce point fixe, et CA la position initiale du pendule. Supposons que le point matériel qui le termine parte du point A avec une vitesse k perpendiculaire à CA, et dirigée dans le plan des droites CA et CB; il est évident qu'il ne sortira pas de ce plan vertical, et qu'il y décrira des arcs de cercle dont C est le centre et CA le rayon.

Au bout du temps quelconque t, soit M la position du mobile; des points M et A, abaissons sur la verticale CB, des perpendiculaires MP et AD, et faisons

$$CP = z, \quad CD = c.$$

En désignant par g la gravité et par v la vitesse du mobile au point M, nous aurons, dans le cas du vide (n° 159),

$$v^2 = k^2 + 2g(z - c);$$

et si l'on appelle s l'arc AM décrit par le mobile, de sorte qu'on ait $\frac{ds}{dt} = v$, on en déduira

$$dt = \frac{ds}{\sqrt{k^2 + 2g(z - c)}}.$$

Désignons par θ l'angle MCB, qui sera positif quand le pendule se trouvera à gauche de CB, comme la droite CA, et négatif lorsque le pendule sera à droite de la verticale. Soit aussi α l'angle ACB, ou la valeur initiale de θ. On aura

$$s = a(\alpha - \theta), \quad v = \frac{ds}{dt} = -a\frac{d\theta}{dt},$$

en représentant par a la longueur CM ou CA du pendule. On aura, en même temps,

$$z = a \cos \theta, \quad c = a \cos \alpha;$$

et au moyen de ces valeurs, celle de dt deviendra

$$dt = \frac{-ad\theta}{\sqrt{k^2 + 2ga(\cos \theta - \cos \alpha)}}. \qquad (1)$$

Telle est donc la formule qu'il s'agira d'intégrer exactement ou par approximation.

181. Il n'y a qu'un cas dans lequel l'intégration sous forme finie soit possible, c'est lorsqu'on a

$$k^2 = 2ga(1 + \cos \alpha);$$

ce qui a lieu quand le mobile part du point A avec la vitesse qu'il aurait acquise en tombant d'une hauteur égale à ED; E étant le point le plus élevé du cercle qu'il décrit. En faisant $\theta = 2\psi$, et observant que

$$1 + \cos 2\psi = 2\cos^2 \psi,$$

on a alors

$$dt = -\sqrt{\frac{a}{g}}\,\frac{d\psi}{\cos \psi}.$$

J'intègre, je détermine la constante arbitraire de sorte qu'on ait $\psi = \frac{1}{2}\alpha$ quand $t = 0$, et je mets $\frac{1}{2}\theta$ à la place de ψ; il vient

$$t = \frac{1}{2}\sqrt{\frac{a}{g}} \log \frac{(1 - \sin\frac{1}{2}\theta)(1 + \sin\frac{1}{2}\alpha)}{(1 + \sin\frac{1}{2}\theta)(1 - \sin\frac{1}{2}\alpha)}.$$

Si le point A coïncidait avec le point E, on aurait $\alpha = \pi$; ce qui rendrait infinie cette valeur de t, quel que fût l'angle θ. Cela signifie que le mobile ne quitterait pas le point E; et en effet, dans ce cas, sa vitesse initiale serait nulle, et la tangente au point E étant horizontale, il y demeurerait en équilibre.

Le point B répondant à $\theta = 0$, on aura, dans tout autre cas,

$$\frac{1}{2}\sqrt{\frac{a}{g}} \log \frac{1 + \sin\frac{1}{2}\alpha}{1 - \sin\frac{1}{2}\alpha},$$

pour le temps que le mobile emploiera à parcourir l'arc AB. Avec sa vitesse acquise en ce point, il s'élevera sur la demi-circonférence BA'E; mais, d'après ce qu'on a vu dans le n° 159, il devra employer un temps infini pour atteindre le point E : c'est ce qui a lieu effectivement; car en faisant $\theta = -\pi$, on a $t = \infty$.

Quelle que soit la vitesse initiale k et l'angle α, la formule (1) pourra s'intégrer par les fonctions elliptiques; en sorte que le temps des oscillations ou des révolutions du pendule se calculera toujours au moyen des tables numériques de ces fonctions; mais, dans la pratique, on a seulement besoin de connaître la durée des oscillations très petites, que nous nous bornerons à considérer.

182. Pour que le pendule ne fasse que de petites

oscillations de part et d'autre de la verticale CB, il faudra que l'angle α et la vitesse k soient peu considérables; on pourra toujours rendre cette vitesse tout-à-fait nulle, en faisant partir le mobile d'un point un peu plus élevé que A, c'est-à-dire, en augmentant convenablement l'angle α; on ne nuira donc pas à la généralité de la question en supposant $k=0$; ce qui réduit l'équation (1) à

$$dt = -\sqrt{\frac{a}{g}}\,\frac{d\theta}{\sqrt{2\cos\theta - 2\cos\alpha}}. \qquad (2)$$

Par les formules connues, on a

$$\cos\theta = 1 - \frac{\theta^2}{2} + \frac{\theta^4}{1.2.3.4} - \text{etc.},$$

$$\cos\alpha = 1 - \frac{\alpha^2}{2} + \frac{\alpha^4}{1.2.3.4} - \text{etc.}$$

Les angles α et θ étant très petits, par hypothèse, je néglige leurs quatrièmes puissances; il en résulte simplement

$$dt = -\sqrt{\frac{a}{g}}\,\frac{d\theta}{\sqrt{\alpha^2 - \theta^2}}.$$

En intégrant et observant que $\theta=\alpha$ quand $t=0$, on en déduit

$$t = \sqrt{\frac{a}{g}}\,\text{arc}\left(\cos = \frac{\theta}{\alpha}\right);$$

d'où l'on tire

$$\theta = \alpha\cos t\sqrt{\frac{g}{a}}, \quad \frac{d\theta}{dt} = -\alpha\sqrt{\frac{g}{a}}\sin t\sqrt{\frac{g}{a}}.$$

Ces formules montrent, conformément à ce qu'on a déjà vu (n° 159), que le pendule fera une suite indéfinie d'oscillations égales et isochrones de part et d'autre de la verticale CB : il reviendra, avec une vitesse nulle, au point A où l'on a $\theta = \alpha$, toutes les fois que $t\sqrt{\frac{g}{a}}$ sera un multiple de 2π, et au point A', situé à la même hauteur que A et où l'on a $\theta = -\alpha$, toutes les fois que θ sera un multiple impair de π. En appelant T le temps qu'il emploiera à aller de l'un de ces points extrêmes à l'autre, c'est-à-dire, le temps d'une oscillation entière, on a

$$T = \pi\sqrt{\frac{a}{g}}.$$

Les durées des deux demi-oscillations, l'une descendante et l'autre ascendante, seront égales entre elles et à $\frac{1}{2}$T.

En général, à deux instans séparés par un temps égal à T, le pendule occupera, des deux côtés de la verticale CB, des positions également éloignées de cette droite, et sera animé de vitesses égales et contraires; car si l'on met $t + T$ à la place de t, dans les valeurs de θ et $\frac{d\theta}{dt}$, on voit qu'elles ne font que changer de signe.

Le pendule coïncide avec la verticale quand on a $\theta = 0$, ou t égal à un multiple impair de $\frac{1}{2}$T; il en résulte

$$\frac{d\theta}{dt} = \pm\alpha\sqrt{\frac{g}{a}},$$

et, par conséquent,

$$v = \pm\alpha\sqrt{ga},$$

pour la vitesse du mobile au point B. En appelant b la hauteur DB de son point de départ au-dessus de B, on aura

$$b = a(1 - \cos\alpha) = \tfrac{1}{2}a\alpha^2,$$

à cause que l'on néglige la quatrième puissance de α. Abstraction faite du signe, la vitesse acquise au point le plus bas sera donc

$$v = \sqrt{2gb};$$

ce qui est, comme cela devait être, la vitesse due à la hauteur b.

183. La valeur de T est, comme on voit, indépendante de l'angle α; elle subsistera encore, et sera rigoureusement exacte, quand cette amplitude α sera infiniment petite. Si donc on écartait le pendule infiniment peu de la verticale, il emploierait pour y revenir un temps fini et égal à $\frac{1}{2}\pi\sqrt{\frac{a}{g}}$. Dans ce mouvement, le mobile décrirait un espace infiniment petit dans un temps fini; ce qui vient de ce que l'intensité de sa force accélératrice serait infiniment petite. En effet, cette force est la pesanteur décomposée suivant la tangente à la trajectoire; or, dans l'étendue de l'arc infiniment petit qui aboutit au point le plus bas de cette courbe, la tangente fait avec la verticale un angle qui diffère d'un droit d'une quantité infiniment petite; le cosinus de cet angle, par lequel il faut multiplier la pesanteur pour obtenir sa composante, est donc infiniment petit; par conséquent, cette composante est aussi infiniment petite.

On peut étendre ce résultat aux oscillations d'un point matériel pesant sur une courbe quelconque, dont le plan osculateur au point le plus bas B est vertical; car dans une étendue infiniment petite la courbe coïncide avec son cercle osculateur, et, dans une étendue seulement très petite, elle s'en écarte très peu; d'où il suit que C étant le centre de ce cercle, la durée des oscillations très petites sur la courbe, de part et d'autre de son point B, est la même que pour un pendule simple dont C serait le point de suspension, et qui aurait pour longueur le rayon de courbure CB correspondant à ce point B. Les oscillations très petites ont donc une même durée indépendante de leur amplitude, sur toutes les courbes verticales qui ont la même courbure à leur point le plus bas. Lorsque le plan osculateur en ce point n'est pas vertical, il faut remplacer dans la valeur de T la gravité g par sa composante dans ce plan, laquelle est égale à $g \sin i$, en appelant i l'inclinaison du plan donné sur un plan horizontal.

184. Quand l'angle α a une grandeur finie et seulement très petite, la valeur précédente de T n'est qu'approchée.

En effet, si l'on conserve les quatrièmes puissances de α et de θ dans les valeurs de $\cos \alpha$ et $\cos \theta$, et qu'on les substitue dans la formule (2), on aura

$$dt = -\sqrt{\frac{a}{g}} \frac{d\theta}{\sqrt{\alpha^2 - \theta^2}\sqrt{1 - \frac{1}{12}(\alpha^2 + \theta^2)}}.$$

A ce degré d'approximation, il faudra prendre

$$[1 - \tfrac{1}{12}(\alpha^2 + \theta^2)]^{-\frac{1}{2}} = 1 + \tfrac{1}{24}(\alpha^2 + \theta^2);$$

on aura donc

$$dt = -\sqrt{\frac{a}{g}}\left(\frac{d\theta}{\sqrt{\alpha^2-\theta^2}} + \frac{(\alpha^2+\theta^2)\,d\theta}{24\sqrt{\alpha^2-\theta^2}}\right);$$

formule qui s'intègre par les règles connues. En intégrant depuis $\theta = \alpha$ jusqu'à $\theta = -\alpha$, pour avoir la durée T d'une oscillation entière, on trouve

$$T = \pi\sqrt{\frac{a}{g}}\left(1 + \frac{\alpha^2}{16}\right);$$

ce qui montre que cette durée est un peu augmentée par la grandeur de l'amplitude.

Il en résulte que si l'on appelle n le nombre des oscillations infiniment petites d'un pendule quelconque dans un temps donné, et n' le nombre des oscillations du même pendule et dans le même temps, quand leur amplitude α est seulement très petite, on aura

$$n = n'\left(1 + \frac{\alpha^2}{16}\right);$$

car le nombre n' doit diminuer dans le même rapport que la durée de chaque oscillation est augmentée par la grandeur de cette amplitude.

185. Quoiqu'on ait soin, dans les différens usages du pendule, de faire en sorte que l'amplitude des oscillations soit très petite, ce qui rend toujours suffisante la correction relative à la grandeur de α qu'on vient de déterminer, il est bon, néanmoins, de connaître la série convergente par laquelle on peut exprimer la durée d'une oscillation, quelle que soit son amplitude.

Pour cela, soient x et β les sinus verses des angles θ et α, de sorte qu'on ait

$$1 - \cos\theta = x, \quad 1 - \cos\alpha = \beta;$$

on aura, en même temps,

$$d\theta = \frac{dx}{\sqrt{2x - x^2}}.$$

La formule (2) deviendra

$$dt = -\frac{1}{2}\sqrt{\frac{a}{g}}\frac{dx}{\sqrt{\beta x - x^2}\sqrt{1 - \frac{1}{2}x}};$$

et, pour en déduire la durée $\frac{1}{2}$T d'une demi-oscillation, il faudra intégrer depuis $x = \beta$, qui répond à $\theta = \alpha$, jusqu'à $x = 0$, qui répond à $\theta = 0$.

Or, en développant par la formule du binome, on a

$$\left(1 - \frac{1}{2}x\right)^{-\frac{1}{2}} = 1 + \frac{1}{2}\frac{x}{2} + \frac{1.3}{2.4}\frac{x^2}{4} + \frac{1.3.5}{2.4.6}\frac{x^3}{8} + \text{etc.};$$

série dont le terme général est

$$\frac{1.3.5\ldots 2n-1}{2.4.6\ldots 2n}\left(\frac{x}{2}\right)^n,$$

et qui sera toujours convergente, à cause que x est constamment moindre que 2. Si donc on intervertit l'ordre de l'intégration, ce qui est permis en changeant en même temps le signe de dt; qu'on fasse ensuite, pour un nombre quelconque n ou zéro,

$$\int_0^\beta \frac{x^n dx}{\sqrt{\beta x - x^2}} = A_n;$$

et qu'on double la valeur de $\frac{1}{2}$ T, il en résultera

$$T = \sqrt{\frac{a}{g}}\left(A_0 + \frac{1}{2}\cdot\frac{1}{2}A_1 + \frac{1.3}{2.4}\cdot\frac{1}{4}A_2 + \frac{1.3.5}{2.4.6}\cdot\frac{1}{8}A_3 + \text{etc.}\right).$$

Les valeurs des intégrales définies A_0, A_1, A_2, A_3, etc., sont liées entre elles de manière que l'une d'elles étant connue, il est facile d'en déduire successivement toutes les autres. En effet, on a, identiquement,

$$\int\frac{x^n dx}{\sqrt{6x-x^2}} = \int\frac{(x-\frac{1}{2}6)x^{n-1}dx}{\sqrt{6x-x^2}} + \frac{6}{2}\int\frac{x^{n-1}dx}{\sqrt{6x-x^2}},$$

$$\int\frac{(x-\frac{1}{2}6)x^{n-1}dx}{\sqrt{6x-x^2}} = -x^{n-1}\sqrt{6x-x^2} + (n-1)\int x^{n-2}\sqrt{6x-x^2}\,dx,$$

$$\int x^{n-2}\sqrt{6x-x^2}\,dx = 6\int\frac{x^{n-1}dx}{\sqrt{6x-x^2}} - \int\frac{x^n dx}{\sqrt{6x-x^2}};$$

d'où l'on conclut

$$\int\frac{x^n dx}{\sqrt{6x-x^2}} = -x^{n-1}\sqrt{6x-x^2} - (n-1)\int\frac{x^n dx}{\sqrt{6x-x^2}} + \frac{(2n-1)6}{2}\int\frac{x^{n-1}dx}{\sqrt{6x-x^2}},$$

et, par conséquent,

$$\int\frac{x^n dx}{\sqrt{6x-x^2}} = -\frac{x^{n-1}}{n}\sqrt{6x-x^2} + \frac{(2n-1)6}{2n}\int\frac{x^{n-1}dx}{\sqrt{6x-x^2}}.$$

Aux deux limites $x=0$ et $x=6$, on a $\sqrt{6x-x^2}=0$; en passant aux intégrales définies, on aura donc, d'après cette dernière équation,

$$A_n = \frac{(2n-1)6}{2n}A_{n-1}.$$

Si l'on fait successivement $n = 1$, $= 2$, $= 3$, etc., dans cette formule, on en déduit

$$A_1 = \frac{1}{2} \beta A_0,$$
$$A_2 = \frac{3}{4} \beta A_1 = \frac{1.3}{2.4} \beta^2 A_0,$$
$$A_3 = \frac{5}{6} \beta A_2 = \frac{1.3.5}{2.4.6} \beta^3 A_0,$$
etc.;

par conséquent, nous aurons, généralement,

$$A_n = \frac{1.3.5 \ldots 2n-1}{2.4.6 \ldots 2n} \beta^n A_0;$$

et quant à la valeur de A_0, on aura

$$A_0 = \int_0^{\beta} \frac{dx}{\sqrt{\beta x - x^2}} = \pi.$$

En substituant les valeurs de A_0, A_1, A_2, etc., dans celle de T, il en résulte

$$T = \pi \sqrt{\frac{a}{g}} \left[1 + \left(\frac{1}{2}\right)^2 \frac{\beta}{2} + \left(\frac{1.3}{2.4}\right)^2 \left(\frac{\beta}{2}\right)^2 + \left(\frac{1.3.5}{2.4.6}\right)^2 \left(\frac{\beta}{2}\right)^3 + \text{etc.} \right],$$

pour la série qu'il s'agissait d'obtenir, et qui est essentiellement convergente, puisque $\frac{1}{2} \beta$ est toujours moindre que l'unité.

Si l'on néglige la quatrième puissance de α, on aura $\beta = \frac{1}{2} \alpha$; il faudra réduire la série à ses deux premiers termes, et la valeur de T coïncidera avec celle du numéro précédent.

186. Considérons actuellement le mouvement du pendule simple dans un milieu résistant. En conservant toutes les notations précédentes, la composante de

la pesanteur suivant la tangente MT sera $g \sin\theta$, à cause que l'angle que cette droite fait avec la verticale MN est complément de l'angle MCB ou θ. Désignons par V la force accélératrice provenant de la résistance, laquelle est dirigée en sens contraire de cette composante $g \sin\theta$, et appelons s l'arc AM; l'équation du mouvement sera (n° 152)

$$\frac{d^2s}{dt^2} = g \sin\theta - V. \qquad (3)$$

On pourra faire différentes hypothèses sur la valeur de V en fonction de la vitesse du mobile; le plus simple est de la supposer proportionnelle à cette vitesse, de sorte que l'on ait

$$V = \frac{g}{k}\frac{ds}{dt},$$

en désignant par k une vitesse constante et donnée. On a aussi

$$s = a(\alpha - \theta), \quad \sin\theta = \theta - \frac{\theta^3}{1.2.3} + \text{etc.};$$

si donc θ est, comme précédemment, un très petit angle, et que l'on néglige sa troisième puissance, l'équation (3) deviendra

$$\frac{d^2\theta}{dt^2} + \frac{g}{k}\frac{d\theta}{dt} + \frac{g}{a}\theta = 0.$$

Son intégrale complète est

$$\theta = \left(c \cos t\gamma\sqrt{\frac{g}{a}} + c' \sin t\gamma\sqrt{\frac{g}{a}}\right) e^{-\frac{gt}{2k}},$$

en représentant par c et c' les deux constantes arbitraires, par e la base des logarithmes népériens, et faisant, pour abréger,

$$\sqrt{1 - \frac{ga}{4k^2}} = \gamma.$$

Je détermine c et c' par les conditions $\theta = \alpha$ et $\frac{d\theta}{dt} = 0$, quand $t = 0$; ce qui donne

$$c = \alpha, \quad c' = \frac{\alpha\sqrt{ga}}{2\gamma k}.$$

Par conséquent, on aura

$$\theta = \alpha\left(\cos t\gamma\sqrt{\frac{g}{a}} + \frac{\sqrt{ga}}{2\gamma k}\sin t\gamma\sqrt{\frac{g}{a}}\right)e^{-\frac{gt}{2k}},$$

et, en différentiant,

$$\frac{d\theta}{dt} = -\frac{\alpha}{\gamma}\sqrt{\frac{g}{a}}\left(\sin t\gamma\sqrt{\frac{g}{a}}\right)e^{-\frac{gt}{2k}},$$

pour les formules qui font connaître, à un instant quelconque, la position du pendule et sa vitesse angulaire.

A la fin de chaque oscillation, on a $\frac{d\theta}{dt} = 0$; ce qui a lieu toutes les fois que $t\gamma\sqrt{\frac{g}{a}}$ est un multiple de π. Il s'ensuit donc que les oscillations sont isochrones, comme dans le vide, et qu'on a

$$T = \frac{\pi}{\gamma}\sqrt{\frac{a}{g}},$$

pour la durée d'une oscillation entière; en sorte qu'elle est augmentée, par la résistance du milieu, dans le rapport de l'unité à la fraction γ.

Quant aux amplitudes des oscillations, elles diminuent continuellement à cause de l'exponentielle $e^{-\frac{gt}{2k}}$. En appelant α_n l'amplitude de la n^{ieme} oscillation, c'est-à-dire, en supposant qu'on ait $\theta = (-1)^n \alpha_n$, quand $t = n\mathrm{T}$, il en résultera

$$\alpha_n = a e^{-\frac{n\pi\sqrt{ga}}{2\gamma k}};$$

ce qui montre que les amplitudes successives forment une progression géométrique décroissante, dont le rapport est $e^{-\frac{\pi\sqrt{ga}}{2\gamma k}}$.

Toutefois, ce mouvement oscillatoire suppose que γ soit une quantité réelle; et, en effet, c'est ce qui a lieu dans les expériences du pendule, qui n'a jamais une longueur extrêmement considérable, et dont la densité est toujours très grande eu égard à celle de l'air où il se meut : la vitesse k étant proportionnelle au rapport de la première densité à la seconde, elle est très grande par rapport à $\frac{1}{2}\sqrt{ga}$, et, conséquemment, γ est une quantité réelle qui diffère peu de l'unité. Si, au contraire, on avait $2k < \sqrt{ga}$, γ serait imaginaire et de la forme $\beta\sqrt{-1}$, en désignant par β une quantité réelle; par les formules connues, les sinus et cosinus qui entrent dans l'expression de θ se changeraient en exponentielles; et cette transformation faite, on verrait que l'angle θ ne pourrait devenir nul qu'après un intervalle de temps infini; en sorte que le pendule approcherait indéfiniment de la verticale CB, sans pouvoir la dépasser ni même l'atteindre rigoureusement.

187. A mesure que les amplitudes des oscillations diminuent, l'expérience prouve qu'elles approchent de plus en plus de décroître dans l'air en progression géométrique : elles s'en écartent peu, par exemple, lorsque l'angle α est d'un tiers de degré ou au-dessous. L'expérience montre, de plus, que ce décroissement est très lent ; ainsi, dans une expérience de Borda, où il avait lieu sensiblement en progression géométrique, l'amplitude ne se réduisait qu'aux deux tiers environ, après 1800 oscillations. En appliquant l'expression de α_n à cet exemple, on aura donc

$$e^{-\frac{1800\pi\sqrt{ga}}{2\gamma k}} = \frac{2}{3},$$

et, par conséquent,

$$\frac{1800\pi\sqrt{ga}}{2k} = \gamma \log \tfrac{3}{2} = \gamma(0{,}40546);$$

mais on a

$$\frac{ga}{4k^2} = 1 - \gamma^2;$$

il en résultera donc

$$(1800)^2\pi^2(1 - \gamma^2) = \gamma^2(0{,}40546)^2;$$

d'où l'on tire

$$\gamma = 1{,}00000000257\ldots,$$

ou à très peu près $\gamma = 1$; ce qui permet de négliger la résistance de l'air dans le calcul de la valeur de T.

On peut donc admettre que quand les oscillations

sont très petites, la résistance de l'air est proportionnelle à la vitesse, comme nous venons de le supposer, et que cette résistance n'influe pas sensiblement sur leur durée. Mais lorsque les amplitudes sont un peu considérables, l'observation montre qu'elles ne décroissent plus en progression géométrique; en sorte qu'il devient nécessaire de faire une autre hypothèse sur la loi de la résistance.

188. Supposons cette force proportionnelle au carré de la vitesse, et prenons

$$V = \frac{g}{k^2}\frac{ds^2}{dt^2};$$

k étant une vitesse constante et donnée qui sera toujours très grande; en sorte que si l'on fait

$$\frac{2ga}{k^2} = \mu,$$

μ sera une très petite fraction. A cause de $ds = -ad\theta$, l'équation (3) deviendra

$$\frac{d^2\theta}{dt^2} + \frac{g}{a}\sin\theta = \tfrac{1}{2}\mu\frac{d\theta^2}{dt^2}; \qquad (4)$$

en la multipliant par $2d\theta$, intégrant et faisant

$$\int\frac{d\theta^2}{dt^2}d\theta = y, \quad \frac{d\theta^2}{dt^2} = \frac{dy}{d\theta},$$

nous aurons

$$\frac{dy}{d\theta} - \frac{2g}{a}\cos\theta - \mu y = 0;$$

équation linéaire du premier ordre, dont l'intégrale complète est

$$y = ce^{\mu\theta} + \frac{2g(\sin\theta - \mu\cos\theta)}{(1+\mu^2)a};$$

c étant la constante arbitraire et e la base des logarithmes népériens. Je la différentie par rapport à θ, et je remets $\frac{d\theta^2}{dt^2}$ au lieu de $\frac{dy}{d\theta}$; il vient

$$\frac{d\theta^2}{dt^2} = \mu ce^{\mu\theta} + \frac{2g(\cos\theta + \mu\sin\theta)}{(1+\mu^2)a};$$

ce qui est une intégrale première sous forme finie de l'équation (4).

Pour déterminer c, je suppose qu'on ait, comme précédemment, $\frac{d\theta}{dt} = 0$ quand $\theta = \alpha$; il en résultera

$$\mu c = -\frac{2g(\cos\alpha + \mu\sin\alpha)}{(1+\mu^2)a} e^{-\mu\alpha}.$$

Par conséquent, on aura, à un instant quelconque,

$$\frac{d\theta^2}{dt^2} = \frac{2g}{(1+\mu^2)a}\left[\cos\theta + \mu\sin\theta - (\cos\alpha + \mu\sin\alpha)e^{-\mu(\alpha-\theta)}\right]. \quad (5)$$

Au point le plus bas, où l'on a $\theta = 0$, on aura donc

$$\frac{a^2 d\theta^2}{dt^2} = \frac{2ga}{1+\mu^2}\left[1 - (\cos\alpha + \mu\sin\alpha)e^{-\mu\alpha}\right],$$

pour le carré de la vitesse acquise, laquelle est évidemment moindre que dans le vide.

En vertu de cette vitesse, le mobile montera sur l'arc BA′ jusqu'en un point A_1, moins élevé que A′, et pour lequel on aura $\frac{d\theta}{dt} = 0$. Si l'on désigne par $-\alpha_1$ la valeur correspondante de θ, il en résultera

$$(\cos\alpha_1 - \mu\sin\alpha_1)e^{\mu\alpha_1} = (\cos\alpha + \mu\sin\alpha)e^{-\mu\alpha};$$

et si l'on développe les exponentielles suivant les puissances de μ, et qu'on néglige le carré de cette fraction très petite, on aura

$$\cos\alpha_1 - \mu(\sin\alpha_1 - \alpha_1\cos\alpha_1) = \cos\alpha + \mu(\sin\alpha - \alpha\cos\alpha).$$

La valeur de α_1 que l'on tirera de cette équation, différera très peu de α; je fais donc $\alpha_1 = \alpha - \delta$, et je néglige le carré de δ et le produit $\mu\delta$; il vient

$$\delta\sin\alpha = 2\mu(\sin\alpha - \alpha\cos\alpha);$$

en sorte que l'on aura

$$\alpha_1 = \alpha - \frac{2\mu}{\sin\alpha}(\sin\alpha - \alpha\cos\alpha),$$

pour la grandeur de θ, abstraction faite du signe, à la fin de la première oscillation.

Ce résultat ne suppose pas les oscillations très petites; mais si elles sont assez petites pour qu'on puisse négliger la quatrième puissance de α dans cette valeur de α_1, elle se réduira à

$$\alpha_1 = \alpha - \frac{2\mu\alpha^2}{3}.$$

Parvenu au point A_1, le mobile redescendra, et il continuera ainsi à osciller de part et d'autre du point B, jusqu'à ce que les amplitudes de ses oscillations soient devenues sensiblement nulles. Si l'on appelle α_2 l'amplitude de la seconde demi-oscillation ascendante, il est évident qu'elle se déduira de α_1, comme on a déduit α_1 de α; en sorte que l'on aura

$$\alpha_2 = \alpha_1 - \frac{2\mu\alpha_1^2}{3}.$$

Et de même, si α_3, α_4, etc., sont les amplitudes successives des autres demi-oscillations ascendantes, on aura

$$\alpha_3 = \alpha_2 - \frac{2\mu\alpha_2^2}{3}, \quad \alpha_4 = \alpha_3 - \frac{2\mu\alpha_3^2}{3}, \text{ etc.};$$

ce qui montre qu'elles ne décroîtront plus en progression géométrique, comme dans le cas de la résistance proportionnelle à la vitesse.

189. Pour déterminer le temps qui répond à un angle θ, il faudra intégrer la valeur de dt tirée de l'équation (5); ce qui sera toujours possible par la méthode des quadratures, quand les valeurs numériques de α, μ, θ, seront données. Mais dans le cas des petites oscillations, on peut obtenir, en série convergente, la valeur de θ en fonction de t, et réciproquement.

Je supposerai toujours la vitesse initiale du mobile égale à zéro; la valeur de θ à un instant quelconque, sera une fonction de t et α qui devra se réduire à zéro dans le cas de $\alpha = 0$; je la représenterai donc par

$$\theta = \alpha\theta_1 + \alpha^2\theta_2 + \alpha^3\theta_3 + \text{etc.};$$

θ_1, θ_2, θ_3, etc., étant des coefficiens indépendans de α. En substituant cette série dans l'équation (4), développant les deux membres suivant les puissances de α, et égalant ensuite les coefficiens des mêmes puissances, on formera une série d'équations différentielles du second ordre, qui serviront à déterminer les inconnues θ_1, θ_2, θ_3, etc. De plus, pour qu'on ait $\theta = \alpha$ et $\frac{d\theta}{dt} = 0$, quand $t = 0$ et quel que soit α, il faudra que les valeurs initiales de θ_2, θ_3, etc., $\frac{d\theta_2}{dt}$, $\frac{d\theta_3}{dt}$, etc., soient toutes nulles, et que celles de θ_1 et $\frac{d\theta_1}{dt}$ soient l'unité et zéro ; et c'est d'après ces conditions qu'on déterminera les constantes arbitraires qui seront contenues dans les intégrales complètes de cette suite d'équations. De cette manière, on calculera autant de termes que l'on voudra de la série précédente. Nous bornerons l'approximation au carré de α, et nous négligerons le cube et les puissances supérieures de cette quantité.

Alors, on a simplement

$$\frac{d^2\theta}{dt^2} = \alpha \frac{d^2\theta_1}{dt^2} + \alpha^2 \frac{d^2\theta_2}{dt^2},$$

$$\sin\theta = \alpha\theta_1 + \alpha^2\theta_2,$$

$$\frac{d\theta^2}{dt^2} = \alpha^2 \frac{d\theta_1^2}{dt^2};$$

et en substituant ces valeurs dans l'équation (4), et égalant les coefficiens de α et de α^2 dans ses deux membres, il vient

$$\frac{d^2\theta_1}{dt^2} + \frac{g}{a}\theta_1 = 0,$$

$$\frac{d^2\theta_2}{dt^2} + \frac{g}{a}\theta_2 = \frac{1}{2}\mu \frac{d\theta_1^2}{dt^2}.$$

En intégrant la première de ces deux équations, et déterminant les deux constantes arbitraires, de sorte qu'on ait $\theta_1 = 0$ et $\frac{d\theta_1}{dt} = 0$, quand $t = 0$, nous aurons

$$\theta_1 = \cos t \sqrt{\frac{g}{a}}.$$

Il en résultera

$$\frac{d\theta_1^2}{dt^2} = \frac{g}{a} \sin^2 t \sqrt{\frac{g}{a}} = \frac{1}{2}\frac{g}{a}\left(1 - \cos 2t \sqrt{\frac{g}{a}}\right);$$

la seconde équation deviendra donc

$$\frac{d^2\theta_2}{dt^2} + \frac{g}{a}\,\theta_2 = \frac{g\mu}{4a}\left(1 - \cos 2t \sqrt{\frac{g}{a}}\right);$$

et l'on aura

$$\theta_2 = -\frac{\mu}{3}\cos t\sqrt{\frac{g}{a}} + \frac{1}{4}\mu + \frac{1}{12}\mu \cos 2t \sqrt{\frac{g}{a}},$$

pour son intégrale assujettie aux conditions $\theta_2 = 0$ et $\frac{d\theta_2}{dt} = 0$, quand $t = 0$.

Au moyen de ces expressions de θ_1 et θ_2, celle de θ devient

$$\theta = \left(\alpha - \frac{\alpha^2\mu}{3}\right)\cos t\sqrt{\frac{g}{a}} + \frac{\alpha^2\mu}{4} + \frac{\alpha^2\mu}{12}\cos 2t \sqrt{\frac{g}{a}};$$

à cause de $v = -a\frac{d\theta}{dt}$, on aura, en même temps,

$$v = \left(\alpha - \frac{\alpha^2\mu}{3}\right)\sqrt{ga}\sin t\sqrt{\frac{g}{a}} + \frac{\alpha^2\mu\sqrt{ga}}{6}\sin 2t\sqrt{\frac{g}{a}};$$

et ces formules feront connaître la position et la vitesse du mobile à un instant quelconque.

190. Si nous remplaçons, dans la dernière, $\sin 2t\sqrt{\frac{g}{a}}$

par $2\sin t\sqrt{\frac{g}{a}}\cos t\sqrt{\frac{g}{a}}$, l'équation $v=0$, qui a lieu à la fin de chaque oscillation, prendra la forme

$$\left(1-\frac{\alpha\mu}{3}+\frac{\alpha\mu}{3}\cos t\sqrt{\frac{g}{a}}\right)\sin t\sqrt{\frac{g}{a}}=0.$$

L'angle α étant très petit, le premier facteur ne peut être nul; le second est zéro toutes les fois que $t\sqrt{\frac{g}{a}}$ est un multiple de π. Il s'ensuit donc que l'intervalle de temps qui s'écoule entre deux vitesses nulles et consécutives, ou la durée T d'une oscillation entière, est

$$T=\pi\sqrt{\frac{g}{a}};$$

en sorte que la résistance de l'air, proportionnelle au carré de la vitesse, n'influe aucunement sur cette durée.

Cependant, elle augmente le temps que le mobile emploie à atteindre le point B. En effet, en le désignant par t', et faisant $\theta=0$, on a

$$\left(1-\frac{\alpha\mu}{3}\right)\cos t'\sqrt{\frac{g}{a}}+\frac{\alpha\mu}{4}+\frac{\alpha\mu}{12}\cos 2t'\sqrt{\frac{g}{a}}=0.$$

La plus petite valeur de $t'\sqrt{\frac{g}{a}}$ qui satisfasse à cette équation diffère très peu de $\frac{1}{2}\pi$; soit donc

$$t'\sqrt{\frac{g}{a}}=\frac{1}{2}\pi+\delta;$$

en négligeant le carré de δ et le produit $\alpha\delta$, on aura

$$\delta=\tfrac{1}{6}\alpha\mu,$$

et, par conséquent,

$$t' = \frac{1}{2}\pi\sqrt{\frac{a}{g}}\left(1 + \frac{\alpha\mu}{3\pi}\right).$$

La résistance de l'air augmente donc la durée de la première demi-oscillation descendante, dans le rapport de $1 + \frac{\alpha}{3\pi}$ à l'unité; et puisqu'elle n'influe pas sur la durée de l'oscillation entière, il faut qu'elle diminue, dans le même rapport, la durée de la demi-oscillation ascendante.

En substituant cette valeur de t' dans celle de v, et négligeant le cube de α, il vient

$$v = \left(1 - \frac{\alpha\mu}{3}\right)\alpha\sqrt{ga};$$

d'où l'on conclut que la vitesse acquise au point le plus bas est diminuée par la résistance de l'air, dans le rapport de $1 - \frac{\alpha\mu}{3}$ à l'unité.

Si l'on désigne par $-\alpha_1$ la valeur de θ qui a lieu à la fin de la première oscillation entière, et qui répond à $t\sqrt{\frac{g}{a}} = \pi$, on aura

$$\alpha_1 = \alpha - \frac{2\mu\alpha^2}{3},$$

comme précédemment.

Ces différens résultats sont indépendans de la grandeur du coefficient μ de la résistance, et supposent seulement l'angle α très petit; ils conviennent également au mouvement du pendule dans un fluide aériforme et dans un liquide, pourvu que le coefficient

μ soit déterminé pour chaque milieu en particulier. Dans le cas de α très petit, il est inutile d'examiner l'hypothèse d'une résistance proportionnelle au cube ou à une puissance supérieure de la vitesse; car il n'en pourrait résulter, dans les valeurs de θ et ν, que des termes dépendans des puissances de α supérieures au carré, que l'on a regardés comme négligeables dans les calculs précédens. En rapprochant ce qu'on vient de trouver de ce qui a été dit dans le n° 187, on en conclut donc que la résistance de l'air n'influe pas sur la durée des très petites oscillations du pendule, pour lesquelles on néglige la correction relative à la grandeur de l'amplitude (n° 184). Quand on tient compte de cette correction, la résistance a une petite influence, à cause qu'elle fait varier les amplitudes pendant la durée du mouvement.

191. Il ne suit pas de là que la durée des oscillations d'un corps pesant, quelque petite qu'on la suppose, soit la même dans l'air que dans le vide; car ce fluide, par la pression qu'il exerce sur le mobile, augmente cette durée en diminuant la pesanteur. D'abord, on sait par l'expérience, et nous démontrerons dans l'*Hydrostatique*, qu'un corps en repos, plongé dans un fluide, y perd une partie de son poids, égale au poids du fluide dont il occupe la place. Ainsi, P étant le poids de ce corps dans le vide, P' son poids dans l'air, Π le poids d'un volume d'air égal à celui du corps, on a

$$P' = P - \Pi.$$

En appelant ρ le rapport de la densité de l'air à celle du corps, g la gravité dans le vide, g' ce que cette force devient dans l'air, et m la masse du corps, on a aussi

$$\Pi = P\rho, \quad P = mg, \quad P' = mg';$$

on aura donc

$$g' = g(1 - \rho).$$

Or, si l'on désigne par T et T' les durées des petites oscillations d'un même pendule qui répondent aux deux forces accélératrices g et g', on aura

$$T = \pi\sqrt{\frac{a}{g}}, \quad T' = \pi\sqrt{\frac{a}{g'}},$$

et, par conséquent,

$$T' = \frac{T}{\sqrt{1 - \rho}}.$$

Soit aussi a' la longueur du pendule soumis à la gravité g', qui fait ses oscillations dans le même temps que le pendule soumis à la gravité g et dont la longueur est a; il faudra qu'on ait

$$\sqrt{\frac{a}{g}} = \sqrt{\frac{a'}{g'}};$$

d'où l'on tire

$$a' = a(1 - \rho).$$

Donc, par la seule considération de la perte de poids à l'état de repos, la durée des oscillations dans l'air se trouve augmentée dans le rapport de l'unité à $\sqrt{1 - \rho}$ pour un même pendule, et la longueur du pendule simple se trouve diminuée dans le rapport de $1 - \rho$ à l'unité pour une même durée.

De plus, M. Bessel a fait voir, par l'expérience, que la perte de poids qu'un même corps éprouve dans l'air n'est pas la même, quand il est en repos et lorsqu'il a un mouvement oscillatoire. Elle augmente dans le second cas; et il en résulte qu'il faut, dans les formules précédentes, multiplier ρ par un facteur f plus grand que l'unité, et dépendant de la forme du mobile. Je suis parvenu à ce même résultat dans un Mémoire *sur les Mouvemens simultanés d'un pendule et de l'air environnant* (*); et, d'après mon analyse, on a $f=\frac{3}{2}$ quand le pendule consiste, comme celui de Borda, en une sphère suspendue à l'extrémité d'un fil très mince, dont la longueur est très considérable par rapport au diamètre de cette sphère; en sorte qu'alors il faut augmenter de moitié la correction relative à la densité de l'air, que l'on faisait subir, avant l'observation de M. Bessel, à la durée des petites oscillations et à la longueur du pendule simple. Dans tous les cas, le coefficient f est toujours indépendant de la densité du pendule, ainsi que de la densité et de la nature du fluide dans lequel il oscille, de manière qu'on peut toujours le déterminer par l'expérience, en comparant les durées des oscillations de deux pendules de même forme et de densités différentes, dans un même fluide, ou bien d'un même pendule dans deux fluides différens, tels que l'air et l'eau, par exemple.

192. Maintenant, soit n le nombre des oscillations infiniment petites qu'un pendule quelconque

---

(*) *Mémoires de l'Académie des Sciences,* tome XI.

ferait dans le vide pendant un temps donné τ. Pour déduire ce nombre, par la règle du n° 184, de celui des oscillations très petites qui est donné par l'observation, et afin d'avoir égard à la variation des amplitudes pendant ce temps τ, on a coutume de prendre pour l'angle α la moyenne des amplitudes extrêmes qui sont aussi données par l'observation. Cela étant, la durée T d'une oscillation infiniment petite de ce pendule sera

$$T = \frac{\tau}{n};$$

et l'erreur que l'on pourra commettre sur la mesure du temps τ aura d'autant moins d'influence sur cette valeur de T, que le nombre n sera plus considérable. D'après la forme et les dimensions du corps oscillant, on déterminera, par la formule qui sera donnée dans un autre chapitre, la longueur du pendule simple, dont le mouvement est le même que celui de ce corps; on réduira cette longueur, comme on vient de l'expliquer tout à l'heure, à ce qu'elle serait dans le vide; et si on la désigne par a après cette réduction, et qu'on représente par g la gravité dans le vide, on aura

$$\frac{\tau}{n} = \pi\sqrt{\frac{a}{g}};$$

d'où l'on tire

$$g = \frac{\pi^2 n^2 a}{\tau^2}. \qquad (a)$$

C'est au moyen de cette formule que l'on détermine avec une extrême précision, en chaque lieu de la terre, la mesure de la pesanteur, ou la vitesse g que les corps pesans acquièrent en tombant verticalement dans le vide, pendant une unité de temps. D'après l'expérience faite par Borda, à l'Observatoire de Paris, avec un pendule d'environ 2 mètres de longueur, on a

$$a = 0^{m},993855,$$

en prenant la seconde pour unité; et l'on en conclut

$$g = 9^{m},80896,$$

en ce lieu de la terre, c'est-à-dire, à une latitude de 48° 50′ 14″.

M. Bessel ayant fait osciller successivement des corps de toutes sortes de matières, tels que des métaux, de l'ivoire, du marbre, des pierres météoriques, etc., a constamment trouvé des valeurs de g sensiblement égales; les plus grandes différences, de part et d'autre de la valeur moyenne, s'élevant à peine à un cent-millième de cette valeur, et pouvant être attribuées aux erreurs inévitables de l'observation. Il ne peut donc rester aucun doute sur la parfaite égalité de l'attraction exercée par la terre sur tous les corps, quelle qu'en soit la nature, qui sont situés en un même lieu de sa surface; car cette égalité résulte de celle des valeurs de la pesanteur g, puisque cette force est l'excès de l'attraction terrestre sur la composante verticale de la force centrifuge, commune à tous ces corps.

193. En considérant la surface de la terre comme le prolongement du niveau des mers en équilibre,

on démontre, dans la *Mécanique céleste*, que la variation, à cette surface, de la longueur du pendule simple qui fait chaque oscillation dans une unité de temps, est proportionnelle au cosinus du double de la latitude; en sorte qu'en désignant par λ cette longueur en un lieu dont la latitude est ψ, on doit avoir

$$\lambda = l(1 - \omega \cos 2\psi); \qquad (b)$$

l et ω étant des constantes déterminées par l'observation. On démontre aussi que le coefficient ω est lié à l'aplatissement du sphéroïde terrestre par l'équation

$$2\omega + \delta = \tfrac{5}{2} r,$$

dans laquelle on appelle δ cet aplatissement, de sorte que le rayon de l'équateur et celui du pôle soient entre eux comme $1 + \delta$ et l'unité, et où l'on désigne par r le rapport de la force centrifuge à la pesanteur, qui a lieu à l'équateur, et dont la valeur est (n° 177)

$$r = \frac{1}{289}.$$

La formule (b) est, en effet, confirmée par l'expérience quand on fait abstraction des circonstances locales qui peuvent influer, comme on le verra par la suite, sur l'attraction de la terre et sur la longueur du pendule. L'ensemble des observations faites à différentes latitudes donne

$$\omega = 0{,}002588;$$

ce qui suppose δ à très peu près égal à r. La constante l est la valeur de λ correspondante à $\psi = 45°$; elle diffère peu de celle qui répond à la latitude de Paris; et, d'après celle-ci, on a

$$0^m,993855 = l[1 + 0,002588.\sin(7°\,40'\,28'')]:$$

d'où l'on tire

$$l = 0^m,993512.$$

Si l'on fait $n = 1$ et $\tau = 1$ dans la formule (a); que l'on y mette successivement l et λ à la place de a, et qu'on désigne par p et ϖ les valeurs correspondantes de g, on aura

$$p = \pi^2 l, \quad \varpi = \pi^2 \lambda;$$

on aura donc

$$p = 9^m,80557,$$

et, à une latitude quelconque,

$$\varpi = p(1 - 0,002588 \cos 2\psi).$$

En observant que

$$\cos 2\psi = 2\cos^2\psi - 1,$$

on voit que la diminution de la pesanteur, en allant du pôle à l'équateur, sera proportionnelle au carré du cosinus de la latitude, conformément à l'énoncé du n° 178.

En transportant un même pendule en différens lieux de la terre, on voit, par l'équation (a), que les nombres n de ses oscillations, dans un même temps τ, varieront proportionnellement à la racine carrée de la gravité. Ainsi, par exemple, une horloge réglée, à Paris, sur le mouvement diurne de la terre, et transportée ensuite à l'équateur, retardera sur ce mouvement. En appelant n et n' les nombres des oscillations de son pendule en un jour sidéral dans ces deux lieux de la terre, on aura

$$n = 86164, \qquad n' = n\sqrt{\frac{1 - 0{,}002588}{1 + 0{,}002588 \sin(7^\circ\, 40'\, 28'')}},$$

et, par conséquent,

$$n' = 86037;$$

en sorte que le retard sera d'environ 127 secondes en 24 heures. C'est l'observation de ce retard qui a mis en évidence, pour la première fois, la variation de la pesanteur à la surface de la terre.

§ II. *Mouvement sur la cycloïde.*

194. Soit ABC (fig. 46) la trajectoire d'un point matériel pesant, dont le plan est vertical. Supposons que ce mobile parte du point quelconque D, sans vitesse initiale, et qu'il soit en M au bout du temps t; des points D et M abaissons des perpendiculaires DE et MP sur la verticale passant par le point B, qui est le plus bas de la courbe; en faisant $EP = z$, et désignant par v la vitesse acquise au point M, et par g la gravité, nous aurons (n° 159)

$$v = \sqrt{2gz},$$

si l'on suppose que la pesanteur soit la seule force qui agisse sur le mobile. Soit aussi s l'arc BM; comme il décroît quand le temps augmente, on aura

$$v = -\frac{ds}{dt};$$

et si l'on fait

$$EB = h, \quad PB = x = h - z,$$

il en résultera

$$\sqrt{2g}\,dt = -\frac{ds}{\sqrt{h-x}}, \qquad (1)$$

quelle que soit la courbe donnée.

Cette courbe étant, par hypothèse, une cycloïde, on aura (n° 73)

$$s^2 = 4ax,$$

en désignant par a le diamètre BF de son cercle générateur. On aura donc

$$\sqrt{\frac{2g}{a}}\,dt = -\frac{dx}{\sqrt{hx - x^2}},$$

et, en intégrant,

$$t\sqrt{\frac{2g}{a}} = \text{arc}\left(\cos = \frac{2x - h}{h}\right):$$

on n'ajoute pas de constante arbitraire, afin qu'on ait $t = 0$ à l'origine du mouvement, ou quand $x = h$.

Si l'on appelle t' le temps que le mobile emploie à atteindre le point B qui répond à $x = 0$, on aura

$$t'\sqrt{\frac{2g}{a}} = \text{arc}\,(\cos = -1) = \pi,$$

et, par conséquent,

$$t' = \pi\sqrt{\frac{a}{2g}}.$$

Ce temps est, comme on voit, indépendant de la hauteur h du point de départ D du mobile, au-dessus du point le plus bas B; en sorte que cette propriété, qui a lieu par approximation dans toutes les courbes pour une hauteur h très petite, est rigoureusement vraie dans la cycloïde, quelle que soit cette hauteur, toujours moindre que a ou BF. Il en résulte que tous les mobiles, partis en même temps de différens points de la cycloïde, arriveront en même temps à son point le plus bas.

On aura $\pi\sqrt{\frac{2a}{g}}$ pour le temps d'une oscillation entière de part et d'autre du point B; or, on voit que ce temps est celui des oscillations très petites du pendule dont la longueur $2a$ est le rayon de courbure de la cycloïde en ce point (n° 72); ce qui s'accorde avec le résultat du n° 183, relatif à la durée des petites oscillations sur une courbe quelconque, laquelle durée est la même, dans le cas de la cycloïde, que celles des oscillations d'une amplitude quelconque.

195. Le temps que le mobile emploie à parcourir l'arc DB de la cycloïde est encore indépendant de la longueur de cet arc, quand le mouvement a lieu dans un milieu résistant, et que la résistance est supposée proportionnelle à la première puissance de la vitesse.

En effet, représentons cette force par $\frac{gv}{k}$, comme dans le n° 186; la composante de la pesanteur suivant la tangente MT est $g\frac{dx}{ds}$, en observant que $\frac{dx}{ds}$ est le cosinus de l'angle TMN que fait cette droite avec la verticale MN; la force qui agit au point M, et qui tend à diminuer l'arc BM ou s, sera donc la différence $g\frac{dx}{ds} - g\frac{v}{k}$; par conséquent, on aura pour l'équation du mouvement

$$\frac{d^2s}{dt^2} = -g\left(\frac{dx}{ds} - \frac{v}{k}\right),$$

ou, ce qui est la même chose,

$$\frac{d^2s}{dt^2} + \frac{g}{k}\frac{ds}{dt} + \frac{g}{2a}s = 0,$$

à cause de

$$v = -\frac{ds}{dt}, \quad \frac{dx}{ds} = \frac{s}{2a}.$$

Je suppose qu'à l'origine du mouvement, ou quand $t = 0$, la vitesse v soit nulle, et qu'on ait $s = \alpha$; en déterminant les deux constantes arbitraires d'après ces conditions, et faisant, pour abréger,

$$\sqrt{1 - \frac{ga}{2k^2}} = \gamma,$$

l'intégrale de l'équation précédente sera (n° 186)

$$s = \alpha\left(\cos t\gamma\sqrt{\frac{g}{2a}} + \frac{\sqrt{2ga}}{2\gamma k}\sin t\gamma\sqrt{\frac{g}{2a}}\right)e^{-\frac{gt}{2k}}.$$

Si donc on appelle t' le temps qui répond au point B ou à $s = 0$, on aura

$$\cos t'\gamma\sqrt{\frac{g}{2a}} + \frac{\sqrt{2ga}}{2\gamma k}\sin t'\gamma\sqrt{\frac{g}{2a}} = 0;$$

équation d'où l'on tirera une valeur de t' indépendante de α; ce qu'il s'agissait de trouver.

Si la résistance est très petite, ou la vitesse k très grande, on aura $\gamma = 1$, à très peu près; et l'équation précédente donnera

$$t' \sqrt{\frac{g}{2a}} = \frac{1}{2}\pi + \frac{\sqrt{2ga}}{2k};$$

ce qui montre que le temps t' est un peu augmenté par cette résistance.

196. Prolongeons la droite BF jusqu'en O, d'une quantité égale à BF; ce point O sera le centre de la cycloïde au point B; et si l'on trace les deux demi-cycloïdes OA et OC, tangentes aux droites OB et AC, et ayant OF pour diamètre de leur cercle générateur, OA sera la développante de AB, et OC celle de BC (n° 72); par conséquent, un fil d'une longueur constante OB ou $2a$, attaché au point O, et qui s'enveloppera successivement sur les deux courbes OA et OC, tracera par son autre extrémité la cycloïde ABC.

Cela fournit un moyen de construire un pendule cycloïdal. Pour cela, supposons que les courbes OA et OC soient tracées en relief, et que OB soit un fil inextensible et parfaitement flexible, attaché au point fixe O; attachons aussi un corps pesant à son autre extrémité B, puis écartons ce fil de la position verticale, de sorte qu'il s'enveloppe, en tout ou en partie, sur l'une des courbes OA et OC, et que sa partie non enveloppée soit une droite tangente à cette courbe : en abandonnant ensuite le mobile à lui-même, l'extrémité inférieure du fil décrira la courbe ABC; et, d'après le n° 194, la durée des oscillations de ce pendule, dans le vide, sera rigoureusement, et constamment indépendante de leur amplitude. Mais ce moyen ne serait susceptible d'aucune précision dans la pratique; et, d'ailleurs, l'isochronisme des grandes oscillations n'aurait plus lieu dans l'air, la résistance de ce fluide n'étant point alors proportionnelle à la simple vitesse.

197. On appelle *tautochrone* toute courbe sur laquelle un point matériel pesant parvient toujours dans un même temps au point le plus bas, quel que soit le point de cette courbe d'où il est parti. Ainsi, dans le vide, la cycloïde est une courbe tautochrone; et, de plus, on va voir qu'elle est alors la seule courbe de cette espèce.

Si l'on appelle t' le temps que le mobile emploie à aller, sans vitesse initiale, du point D au point le plus bas B, sur une courbe quelconque ADB, la valeur de $t'\sqrt{2g}$ sera donnée par l'intégrale de la formule (1), prise depuis $x=h$ jusqu'à $x=0$, ou, ce qui est la même chose, depuis $x=0$ jusqu'à $x=h$, en changeant le signe de cette formule; on aura donc

$$t'\sqrt{2g} = \int_0^h \frac{ds}{\sqrt{h-x}};$$

et pour trouver la courbe tautochrone, il s'agit de déterminer s en fonction de x, de manière que cette valeur de $t'\sqrt{2g}$ soit indépendante de h.

Or, je suppose cette fonction inconnue développée suivant les puissances ascendantes de x, de sorte qu'on ait

$$s = Ax^{\alpha} + Bx^{\beta} + Cx^{\gamma} + \text{etc.};$$

A, B, C, etc., α, β, γ, etc., étant des coefficiens et des exposans indéterminés. Comme l'abscisse x et l'arc s ont leur origine au même point B, on devra avoir en même temps $x = 0$ et $s = 0$; il faut donc que tous les exposans α, β, γ, etc., soient positifs, et qu'aucun d'eux ne soit zéro. On voit aussi, *à priori*, que le plus petit d'entre eux devra être moindre que l'unité; car le point B étant, par hypothèse, le plus bas de la courbe demandée, la tangente y est horizontale ou perpendiculaire à l'axe des x; ce qui exige qu'on ait $\frac{ds}{dx} = \infty$, quand $x = 0$.

En prenant la différentielle de cette série, et la substituant à la place de ds dans la formule précédente, il vient

$$t'\sqrt{2g} = A\alpha\int_0^h \frac{x^{\alpha-1}dx}{\sqrt{h-x}} + B\beta\int_0^h \frac{x^{\beta-1}dx}{\sqrt{h-x}} + C\gamma\int_0^h \frac{x^{\gamma-1}dx}{\sqrt{h-x}} + \text{etc.}$$

Je fais $x = hx'$ et $dx = hdx'$; les limites des intégrales relatives à cette nouvelle variable x' seront zéro et l'unité; on aura, par exemple,

$$\int_0^h \frac{x^{\alpha-1}dx}{\sqrt{h-x}} = h^{\alpha-\frac{1}{2}}\int_0^1 \frac{x'^{\alpha-1}dx'}{\sqrt{1-x'}};$$

et si nous faisons, pour abréger,

$$\int_0^1 \frac{x'^{\alpha-1}dx'}{\sqrt{1-x'}} = A', \quad \int_0^1 \frac{x'^{\beta-1}dx'}{\sqrt{1-x'}} = B', \text{ etc.},$$

il en résultera

$$t'\sqrt{2g} = \alpha AA'h^{\alpha-\frac{1}{2}} + \beta BB'h^{\beta-\frac{1}{2}} + \gamma CC'h^{\gamma-\frac{1}{2}} + \text{etc.}$$

Il est important d'observer qu'aucune de ces intégrales A′, B′, C′, etc., ne peut être nulle; car les valeurs des différentielles dont elles sont les sommes (nº 13) ne changent pas de signe entre les limites des intégrations : ces valeurs sont toutes positives, et par conséquent aussi celles des intégrales.

Maintenant, il est évident que la valeur de t' ne peut être indépendante de h, à moins que tous les termes de la série précédente ne soient nuls, excepté celui dans lequel l'exposant de h est zéro, ou qui répond à un des exposans α, β, γ, etc., égal à $\frac{1}{2}$. Supposons que ce terme soit le premier, ou qu'on ait $\alpha = \frac{1}{2}$. Pour que le second terme disparaisse, il faudra que le produit $\beta BB'$ soit nul; ce qui exige que B soit zéro, puisque β et B′ ne le sont pas. On verra de même que les autres coefficiens C, D, etc., sont aussi égaux à zéro; de sorte que l'équation de la tautochrone se réduit à celle-ci :

$$s = Ax^{\frac{1}{2}}, \quad \text{ou} \quad s^2 = A^2x,$$

qui appartient à une cycloïde, dont la base est horizontale et dont le sommet est au point B que le mobile atteint toujours dans le même temps.

En désignant par a le diamètre du cercle générateur, on aura $A^2 = 4a$, et par conséquent

$$t'\sqrt{2g} = A'\sqrt{a}.$$

A cause de $\alpha = \frac{1}{2}$, on a d'ailleurs

$$A' = \int_0^1 \frac{dx'}{\sqrt{x' - x'^2}} = \pi;$$

on aura donc

$$t' = \pi \sqrt{\frac{a}{2g}},$$

comme dans le n° 194.

198. C'est encore la cycloïde que l'on trouve quand on cherche la *brachystochrone* dans le vide, c'est-à-dire, la courbe AMB (fig. 47) qu'un point matériel pesant doit suivre pour aller dans le temps le plus court, sans vitesse initiale, du point donné A au point B aussi donné.

Pour déterminer cette courbe, soient x, y, z, les trois coordonnées rectangulaires du point M où se trouve le mobile au bout du temps t; soit aussi s l'arc AM qu'il a parcouru. En supposant que l'axe des x soit vertical et dirigé dans le sens de la pesanteur, et désignant par α la valeur de x au point A, la vitesse $\frac{ds}{dt}$, acquise en M, sera la vitesse due à la hauteur $x - \alpha$; en représentant la gravité par g, on aura donc

$$\frac{ds}{dt} = \sqrt{2g(x - \alpha)};$$

et en faisant, pour abréger,

$$\sqrt{1 + \frac{dy^2}{dx^2} + \frac{dz^2}{dx^2}} = u,$$

de sorte qu'on ait $ds = udx$, il en résultera

$$\sqrt{2g}\, dt = \frac{udx}{\sqrt{x - \alpha}}.$$

Donc, en appelant $\mathfrak{C}$ la valeur de x au point B, et t'

le temps que le mobile emploiera à aller du point A au point B, nous aurons

$$t'\sqrt{2g} = \int_{\alpha}^{6} \frac{udx}{\sqrt{x-\alpha}}.$$

Ainsi, il s'agira de déterminer la courbe pour laquelle cette intégrale est un *minimum;* mais, pour plus de généralité, je considérerai l'intégrale

$$U = \int_{\alpha}^{6} Xudx,$$

dans laquelle X est une fonction donnée de x; ce qui nous servira, par la suite, à résoudre un autre problème du même genre : dans celui dont il s'agit maintenant, on prendra $(x-\alpha)^{-\frac{1}{2}}$ pour X.

199. Désignons par i une quantité constante et infiniment petite, et par δy et δz deux fonctions arbitraires de x, assujetties seulement à la condition d'être nulles pour $x = \alpha$ et pour $x = 6$, et de ne pas devenir infinies pour les valeurs intermédiaires de x. Soient U' et u' ce que deviennent U et u lorsqu'on y met $y + i\delta y$ et $z + i\delta z$ à la place de y et z, de sorte qu'on ait

$$U' = \int_{\alpha}^{6} Xu'dx;$$

intégrale qui répondra à une autre courbe AM'B, passant, comme la courbe demandée AMB, par les points A et B, et s'écartant infiniment peu de celle-ci. Nous aurons aussi

$$U' - U = \int_{\alpha}^{6} X(u' - u)\,dx;$$

et, d'après la propriété de la courbe AMB, il faudra que cette différence U′ — U soit positive, quelles que soient les valeurs de δy et δz, et quelque signe qu'on donne à i. Or, en développant la différence $u' - u$ suivant les puissances de i, et désignant par $i\delta u$ le premier terme de son développement, le premier terme de celui de U′ — U sera $i\int_\alpha^\mathfrak{C} X\delta u dx$; d'où l'on conclut qu'on devra avoir

$$\int_\alpha^\mathfrak{C} X\delta u dx = 0, \qquad (a)$$

sans quoi la différence U′ — U changerait de signe en même temps que i.

Cette condition est commune au *minimum* et au *maximum* de U. Quand elle sera remplie, la différence U′ — U sera, en général, infiniment petite du second ordre; elle aura le même signe que le coefficient de i^2 dans son développement; par conséquent, il y aura *maximum* ou *minimum*, selon que ce coefficient sera négatif ou positif. Mais, comme il est évident que le temps t' n'est pas susceptible d'un *maximum*, ce coefficient sera certainement positif dans le problème de la *brachystochrone*, et il suffira de satisfaire à la condition exprimée par l'équation (a).

La quantité $i\delta u$ n'est autre chose que la différentielle de u, prise par rapport à y et z, et dans laquelle leurs accroissemens sont représentés par $i\delta y$ et $i\delta z$. En supprimant le facteur i, commun à $i\delta u$ et à sa valeur, on aura donc

$$\delta u = \frac{1}{u}\frac{dy}{dx}\frac{d\delta y}{dx} + \frac{1}{u}\frac{dz}{dx}\frac{d\delta z}{dx};$$

en sorte que l'équation (a) deviendra

$$\int_{\alpha}^{\beta} \frac{X}{u}\frac{dy}{dx}\frac{d\delta y}{dx}dx + \int_{\alpha}^{\beta}\frac{X}{u}\frac{dz}{dx}\frac{d\delta z}{dx}dx = 0.$$

Mais en intégrant par partie, et observant que les quantités δy et δz sont nulles, par hypothèse, aux deux limites $x = \alpha$ et $x = \beta$, on a

$$\int_{\alpha}^{\beta} \frac{X}{u}\frac{dy}{dx}\frac{d\delta y}{dx}dx = -\int_{\alpha}^{\beta}\frac{d\left(\frac{X}{u}\frac{dy}{dx}\right)}{dx}\delta y dx,$$

$$\int_{\alpha}^{\beta} \frac{X}{u}\frac{dz}{dx}\frac{d\delta z}{dx}dx = -\int_{\alpha}^{\beta}\frac{d\left(\frac{X}{u}\frac{dz}{dx}\right)}{dx}\delta z dx;$$

ce qui change l'équation précédente en celle-ci :

$$\int_{\alpha}^{\beta}\left[\frac{d\left(\frac{X}{u}\frac{dy}{dx}\right)}{dx}\delta y + \frac{d\left(\frac{X}{u}\frac{dz}{dx}\right)}{dx}\delta z\right]dx = 0.$$

Or, δy et δz étant des fonctions arbitraires de x, cette intégrale ne peut être nulle, à moins que la quantité comprise sous le signe $\int$ ne le soit elle-même; par conséquent, on aura

$$\frac{d\left(\frac{X}{u}\frac{dy}{dx}\right)}{dx}\delta y + \frac{d\left(\frac{X}{u}\frac{dz}{dx}\right)}{dx}\delta z = 0. \qquad (b)$$

200. Si la courbe demandée AMB et la courbe quelconque AM'B doivent être tracées sur une surface donnée dont l'équation soit $L = 0$, il faudra que les valeurs de y et z en fonctions de x, qu'il s'agit de déterminer, et ces valeurs augmentées de $i\delta y$ et $i\delta z$, satisfassent successivement à cette équation; d'où l'on

conclut

$$\frac{dL}{dy}\delta y + \frac{dL}{dz}\delta z = 0;$$

au moyen de quoi l'on éliminera, de l'équation (b), l'une des deux quantités δy et δz: l'autre s'en ira en même temps, et l'on aura

$$\frac{dL}{dz}\,\frac{d\left(\frac{X}{u}\frac{dy}{dx}\right)}{dx} - \frac{dL}{dy}\,\frac{d\left(\frac{X}{u}\frac{dz}{dx}\right)}{dx} = 0.$$

Cette dernière équation et $L = 0$ seront, dans ce cas, les deux équations de la courbe demandée, et pourront servir, par exemple, à déterminer la courbe de la plus vite descente sur une surface donnée.

Si, au contraire, le *minimum* de U doit avoir lieu entre toutes les courbes qui aboutissent aux points A et B, et ne sont assujetties à se trouver sur aucune surface particulière, les quantités δy et δz seront arbitraires et indépendantes entre elles. Il faudra donc que leurs coefficiens soient séparément nuls dans l'équation (b), qui se décomposera ainsi en deux autres, savoir :

$$\frac{d\left(\frac{X}{u}\frac{dy}{dx}\right)}{dx} = 0, \quad \frac{d\left(\frac{X}{u}\frac{dz}{dy}\right)}{dx} = 0;$$

c'est ce cas que nous nous bornerons à considérer.

En intégrant et désignant par a et a' les deux constantes arbitraires, nous aurons

$$\frac{X}{u}\frac{dy}{dx} = a, \quad \frac{X}{u}\frac{dz}{dx} = a', \qquad (c)$$

et, par conséquent,

$$a' \frac{dy}{dx} - a \frac{dz}{dx} = 0,$$

Intégrant de nouveau, et désignant par γ une troisième constante arbitraire, il vient

$$a'y - az = \gamma;$$

ce qui montre que la courbe demandée sera plane et comprise dans un plan perpendiculaire à celui des y et z. Pour simplifier, je prends le plan de cette courbe pour celui des x et y; on aura alors

$$u = \sqrt{1 + \frac{dy^2}{dx^2}};$$

et l'on aura seulement à considérer la première équation (c), qui deviendra

$$\mathrm{X}dy = a\sqrt{dx^2 + dy^2};$$

d'où l'on déduit

$$dy = \frac{adx}{\sqrt{\mathrm{X}^2 - a^2}}. \qquad (d)$$

Il ne restera donc plus qu'à intégrer cette formule, ce qui dépendra de la forme de la fonction X, et ensuite à déterminer a et la nouvelle constante arbitraire, introduite par cette intégration, d'après la condition que la courbe demandée passe par les deux points donnés A et B.

201. Avant d'aller plus loin, soit c une constante quelconque, et supposons qu'on mette $\mathrm{X} + c$ à la place de X dans les formules précédentes. L'inté-

grale U deviendra

$$U = \int_{\alpha}^{\beta} X\sqrt{1 + \frac{dy^2}{dx^2}}\,dx + c\int_{\alpha}^{\beta}\sqrt{1 + \frac{dy^2}{dx^2}}\,dx;$$

et la valeur de y, qui la rend un *minimum*, sera donnée par l'équation

$$dy = \frac{adx}{\sqrt{(X + c)^2 - a^2}}. \qquad (e)$$

Or, cette somme d'intégrales que U représente étant un *minimum*, en considérant toutes les courbes qui aboutissent aux points A et B, il est évident que la première intégrale

$$\int_{\alpha}^{\beta} X\sqrt{1 + \frac{dy^2}{dx^2}}\,dx$$

sera un *minimum*, en considérant seulement, parmi toutes ces courbes, celles qui répondent à une même valeur de la seconde intégrale.

Cette remarque fort simple permet d'étendre immédiatement aux problèmes de *maximum* ou de *minimum* relatif, les solutions des problèmes de *maximum* ou de *minimum* absolu; nous en verrons une application par la suite.

Comme ici la seconde intégrale contenue dans U est la longueur de la courbe cherchée, il s'ensuit que l'équation (e) servira à déterminer, entre toutes les courbes d'égale longueur, ou *isopérimètres*, celle qui répond au *minimum* ou au *maximum* de la première intégrale. En appelant l la longueur donnée et commune à toutes les courbes, on aura

$$\int_{\alpha}^{\beta}\sqrt{1 + \frac{dy^2}{dx^2}}\,dx = l;$$

condition à laquelle on satisfera au moyen de la constante indéterminée c, qu'on a introduite dans la formule (e).

202. Appliquons actuellement la formule (d) à la courbe de la plus vite descente.

A cause de

$$X = \frac{1}{\sqrt{x - \alpha}},$$

on aura alors

$$dy = \frac{(x - \alpha)\,dx}{\sqrt{a(x - \alpha) - (x - \alpha)^2}},$$

en mettant $\frac{1}{\sqrt{a}}$ à la place de a. Or, cette équation différentielle est celle d'une cycloïde (nº 72) dont la base est horizontale et passe par le point de départ A du mobile, et dont le cercle générateur a a pour diamètre; ce qu'il s'agissait de trouver.

En intégrant, on a

$$y - \alpha' = \frac{1}{2}a.\text{arc}\left(\cos = \frac{a - 2x + 2\alpha}{a}\right) - \sqrt{a(x-\alpha) - (x-\alpha)^2};$$

α' étant la constante arbitraire qui représente la valeur de y correspondante à $x = \alpha$. Si l'on désigne par β' celle qui répond à $x = \beta$, on aura

$$\beta' - \alpha' = \frac{1}{2}a\ \text{arc}\left(\cos = \frac{a - 2\beta + 2\alpha}{a}\right) - \sqrt{a(\beta-\alpha) - (\beta-\alpha)^2}.$$

Les coordonnées α et α', β et β', des points A et B, sont données; cette dernière équation déterminera la constante a; et la valeur précédente de y ne renfermera plus rien d'inconnu.

Au moyen de la valeur de dy, on a

$$u = \sqrt{1 + \frac{dy^2}{dx^2}} = \frac{\sqrt{a}}{\sqrt{a - x + \alpha}};$$

on aura donc (n° 198)

$$t'\sqrt{2g} = \int_{\alpha}^{\beta} \frac{\sqrt{a}\,dx}{\sqrt{a(x-\alpha) - (x-\alpha)^2}},$$

et, par conséquent,

$$t' = \sqrt{\frac{a}{2g}}.\text{arc}\left(\cos = \frac{a - 2\beta + 2\alpha}{a}\right),$$

pour le temps le plus court que le mobile puisse employer à passer du point A au point B.

Si ces deux points sont situés dans une même verticale, on aura $\beta' = \alpha'$; condition à laquelle on satisfera en prenant $a = \infty$; car on a

$$\text{arc}\left(\cos = \frac{a - 2\beta + 2\alpha}{a}\right) = \text{arc}\left(\sin = \frac{2\sqrt{a(\beta-\alpha) - (\beta-\alpha)^2}}{a}\right);$$

et, dans le cas de $a = \infty$, cet arc peut être remplacé par son sinus, ce qui réduit à zéro la valeur précédente de $\beta' - \alpha'$. En même temps, la valeur de y se réduit à α'; en sorte que le mobile ne s'écartera pas de la direction verticale. La valeur de t' deviendra aussi

$$t' = \sqrt{\frac{a}{2g}}.\frac{2\sqrt{a(\beta-\alpha) - (\beta-\alpha)^2}}{a} = \frac{\sqrt{2(\beta-\alpha)}}{g};$$

ce qui est effectivement le temps qu'il doit employer à parcourir la hauteur $\beta - \alpha$, du point A au-dessus du point B.

La détermination de la ligne de la plus vite descente étant un problème de pure curiosité, je me suis borné à en considérer le cas le plus simple, celui où le mouvement a lieu dans le vide, et où les points extrêmes sont donnés. Si ces points A et B ne sont pas fixes et donnés, mais qu'ils soient seulement assujettis à se trouver sur des courbes données DAE et FBG, ou sur des surfaces aussi données, la brachystochrone, dans le vide, sera encore une cycloïde, et, d'après les règles du calcul des variations, on pourra déterminer, dans tous les cas, les coordonnées de ces deux points. Dans un milieu résistant, cette ligne sera une autre courbe, dont on obtient, par les règles de ce calcul, l'équation différentielle, dépendante de la loi de la résistance par rapport à la vitesse du mobile. Pour tout ce qui concerne le calcul des variations, je renverrai au Mémoire sur ce sujet, que j'ai inséré dans le XIIe volume de l'Académie des Sciences.

§ III. *Mouvement sur une surface donnée.*

203. Pour donner un exemple du mouvement d'un point matériel sur une surface donnée, je reprends le pendule simple du n° 179; mais je suppose qu'après l'avoir écarté de la verticale CB (fig. 45), et l'avoir transporté en CA, on lui imprime une vitesse qui ne soit pas dirigée dans le plan vertical ACB. Le pendule sortira alors de ce plan, et le point matériel qui le termine se mouvra sur la surface d'une sphère décrite du point C comme centre, avec un rayon égal à la longueur a de ce pendule. La

percussion qui sera exercée sur ce mobile, à l'origine du mouvement, se décomposera en deux forces, l'une dirigée suivant AC ou suivant son prolongement, qui sera détruite par la résistance du point fixe C, l'autre perpendiculaire à AC, qui produira la vitesse initiale du pendule, que je représenterai par k. Je supposerai que le mouvement a lieu dans le vide; en sorte que la gravité soit la seule force accélératrice donnée qui agisse sur le mobile.

Cela posé, au bout du temps t, soit CM la position du pendule; et désignons par x, y, z, les coordonnées rectangulaires du point M. Soient aussi m la masse du mobile, et mN la tension inconnue du fil CM, dirigée suivant son prolongement. En prenant le point C pour l'origine des coordonnées x, y, z, les composantes de la force accélératrice N suivant leurs prolongemens seront

$$\frac{x}{a}\text{N}, \quad \frac{y}{a}\text{N}, \quad \frac{z}{a}\text{N}.$$

Or, si l'on applique au mobile une force égale et contraire à N, on pourra ensuite le considérer comme entièrement libre, et faire abstraction du fil CM; donc en supposant l'axe des z positives, vertical et dirigé dans le sens de la pesanteur, les trois équations du mouvement seront

$$\left.\begin{aligned} \frac{d^2x}{dt^2} + \frac{x}{a}\text{N} &= 0, \\ \frac{d^2y}{dt^2} + \frac{y}{a}\text{N} &= 0, \\ \frac{d^2z}{dt^2} + \frac{z}{a}\text{N} - g &= 0, \end{aligned}\right\} \qquad (1)$$

qui s'accordent avec les équations (3) du nº 151. On les réduira à deux par l'élimination de l'inconnue N; et en y joignant l'équation de la sphère, savoir,

$$x^2 + y^2 + z^2 = a^2,$$

on aura les trois équations qui devront servir à déterminer x, y, z, en fonctions de t.

204. J'ajoute les équations (1), après les avoir multipliées par x, y, z; il vient

$$\frac{xd^2x + yd^2y + zd^2z}{dt^2} + Na - gz = 0.$$

En différentiant l'équation de la sphère, une première fois, on a

$$xdx + ydy + zdz = 0, \qquad (2)$$

et, une seconde fois,

$$xd^2x + yd^2y + zd^2z = -dx^2 - dy^2 - dz^2.$$

Si donc on représente par v la vitesse du mobile au bout du temps t, de sorte qu'on ait

$$\frac{dx^2 + dy^2 + dz^2}{dt^2} = v^2,$$

il en résultera

$$N = \frac{v^2}{a} + \frac{gz}{a};$$

et, en effet, la tension mN doit être la somme de la force centrifuge $\frac{mv^2}{a}$ et de la composante $\frac{mgz}{a}$ du poids du mobile suivant le prolongement du rayon CM.

J'ajoute aussi les équations (1), après les avoir multipliées par dx, dy, dz; l'inconnue N disparaît en vertu de l'équation (2), et l'on a

$$\frac{dxd^2x + dyd^2y + dzd^2z}{dt^2} = gdz.$$

En intégrant et désignant par b la constante arbitraire, on aura donc

$$\frac{dx^2 + dy^2 + dz^2}{dt^2} = 2gz + b. \qquad (3)$$

La valeur initiale du premier membre est k^2; par conséquent, si l'on désigne par γ celle de z, on aura

$$k^2 - 2g\gamma = b,$$

et, à un instant quelconque,

$$v^2 = k^2 + 2g(z - \gamma);$$

ce que nous savions déjà.

Enfin, je multiplie la seconde équation (1) par x, et j'en retranche la première, multipliée par y; ce qui donne

$$x\frac{d^2y}{dt^2} - y\frac{d^2x}{dt^2} = 0;$$

donc, en intégrant et désignant par c la constante arbitraire, nous aurons

$$xdy - ydx = cdt. \qquad (4)$$

De cette manière, la solution du problème ne dépend plus que des trois équations différentielles (2), (3), (4), qui sont du premier ordre, et dont la première a déjà pour intégrale l'équation de la sphère. On peut séparer les variables, et réduire la question aux quadratures par le calcul suivant.

205. L'équation (2) donne

$$xdx + ydy = - zdz;$$

en élevant au carré ses deux membres et ceux de l'équation (4), et ajoutant ensuite les équations résultantes, il vient

$$(x^2 + y^2)(dx^2 + dy^2) = z^2dz^2 + c^2dt^2.$$

Je mets $a^2 - z^2$ au lieu de $x^2 + y^2$, et j'élimine $dx^2 + dy^2$ au moyen de l'équation (3); il en résulte

$$(a^2 - z^2)[(2gz + b)dt^2 - dz^2] = z^2dz^2 + c^2dt^2;$$

d'où l'on tire

$$dt = \frac{adz}{\sqrt{(a^2 - z^2)(2gz + b) - c^2}}. \qquad (5)$$

Désignons par r le rayon vecteur de la projection du mobile sur le plan horizontal des x et y, et par ψ l'angle que fait ce rayon avec l'axe des x; nous aurons

$$x = r\cos\psi, \quad y = r\sin\psi, \quad xdy - ydx = r^2d\psi;$$

à cause de $r^2 = a^2 - z^2$, l'équation (4) deviendra

$$(a^2 - z^2)d\psi = cdt;$$

et en y mettant pour dt sa valeur précédente, on

en déduira

$$d\psi = \frac{cadz}{(a^2 - z^2)\sqrt{(a^2 - z^2)(2gz + b) - c^2}}. \quad (6)$$

Les intégrales de ces expressions de dt et $d\psi$ feront connaître les expressions de t et ψ en fonctions de z; elles se réduiront toujours aux fonctions elliptiques, et ne pourront s'obtenir sous forme finie que quand la quantité du troisième degré par rapport à z, renfermée sous le radical, aura un facteur double. La valeur de ψ et l'équation de la sphère détermineront la trajectoire du mobile; la valeur de t en fonction de z, ou de z en fonction de t, fera ensuite connaître la position du mobile, à chaque instant, sur cette courbe.

La constante b est connue d'après les valeurs données de k et γ. On déterminera les constantes arbitraires qui seront introduites par les intégrations de dt et $d\psi$, d'après les conditions $t = 0$ et $\psi = 0$, quand $z = \gamma$, dont la seconde suppose qu'on place l'axe des x dans le plan vertical ACB, d'où part le pendule. Il ne restera donc que la constante c à déterminer. Or, la vitesse v du mobile étant perpendiculaire au rayon CM de la sphère sur laquelle il se meut, si on la décompose en deux, l'une perpendiculaire au plan vertical MCB, et l'autre comprise dans ce plan, la première composante sera la vitesse de la projection horizontale du mobile, perpendiculaire à son rayon vecteur r; en la désignant par u, on aura donc (n° 156)

$$u = r\frac{d\psi}{dt},$$

ou bien, en vertu de l'équation (4),

$$u = \frac{c}{r} = \frac{c}{\sqrt{a^2 - z^2}};$$

donc, si l'on appelle ε l'angle que la vitesse initiale k fait avec la perpendiculaire au plan ACB, de sorte qu'on ait $u = k \cos \varepsilon$ à l'origine du mouvement, il en résultera

$$c = k\sqrt{a^2 - \gamma^2} \cos \varepsilon.$$

Lorsque la vitesse k sera nulle, on aura $c = 0$, $b = -2g\gamma$, et, par conséquent,

$$dt = \frac{adz}{\sqrt{2g}\sqrt{(a^2 - z^2)(z - \gamma)}};$$

ce qui coïncide avec la valeur de dt du n° 185, en observant que $a - z$ et $a - \gamma$ sont ce qu'on a appelé ax et $a\beta$ dans cette valeur.

206. Considérons spécialement le cas où le pendule a été très peu écarté de la verticale CB, et a reçu une très petite vitesse initiale. Supposons cette vitesse horizontale, et, par conséquent, perpendiculaire au plan ACB, de sorte qu'on ait $\varepsilon = 0$. Désignons par β une fraction très petite, et faisons

$$k = \beta\sqrt{ga}.$$

Soient aussi α et θ les angles ACB et MCB; en négligeant leurs quatrièmes puissances, on aura

$$\gamma = a - \tfrac{1}{2} a\alpha^2, \qquad z = a - \tfrac{1}{2} a\theta^2,$$
$$b = -2ga + ga(\alpha^2 + \beta^2), \quad c^2 = ga^3\alpha^2\beta^2;$$

et les formules (5) et (6) deviendront

$$\left.\begin{aligned} dt &= -\sqrt{\frac{a}{g}}\,\frac{\theta d\theta}{\sqrt{(\alpha^2-\theta^2)(\theta^2-\beta^2)}}, \\ d\psi &= -\frac{\alpha\beta d\theta}{\theta\sqrt{(\alpha^2-\theta^2)(\theta^2-\beta^2)}}. \end{aligned}\right\} \quad (a)$$

L'angle ψ fera connaître la position du plan vertical MCB, dans lequel le pendule se trouve à chaque instant; il pourra croître indéfiniment. L'angle θ déterminera, aussi à chaque instant, la position du pendule dans ce plan variable; on le regardera comme une quantité positive, et les positions du pendule, également éloignées des deux côtés de la verticale CB, répondront à un même angle θ et à des valeurs de ψ qui différeront entre elles de 180°.

D'après la valeur de $\frac{d\theta}{dt}$, tirée de la première équation (a), on voit que l'angle θ sera toujours compris entre α et β. Si l'on a $\beta = \alpha$, on aura constamment $\theta = \alpha$; en divisant les équations (a) l'une par l'autre, on a, dans tous les cas,

$$d\psi = \sqrt{\frac{g}{a}}\,\frac{\alpha\beta}{\theta^2}\,dt; \qquad (b)$$

dans le cas de $\theta = \alpha = \beta$, on aura donc

$$\psi = t\sqrt{\frac{g}{a}};$$

par conséquent, le pendule décrira alors uniformément un cône droit à base circulaire, et le temps d'une révolution entière sera $2\pi\sqrt{\frac{a}{g}}$, c'est-à-dire, le même que celui d'une double oscillation dans le plan vertical ACB. Ainsi, deux pendules de même longueur a, qui partiraient ensemble de la même droite CA, l'un sans vitesse initiale et l'autre avec une vitesse perpendiculaire au plan ACB et égale à $\alpha\sqrt{ga}$, reviendraient ensemble à cette droite CA.

207. On peut écrire la valeur dt sous la forme :

$$dt = -2\sqrt{\frac{a}{g}}\frac{\theta d\theta}{\sqrt{(\alpha^2-6^2)^2-(2\theta^2-\alpha^2-6^2)^2}}.$$

Je fais, pour simplifier,

$$2\theta^2-\alpha^2-6^2=(\alpha^2-6^2)x, \qquad 4\theta d\theta=(\alpha^2-6^2)dx;$$

le radical devient $\pm(\alpha^2-6^2)\sqrt{1-x^2}$; et il en résulte

$$dt = \mp\frac{1}{2}\sqrt{\frac{a}{g}}\frac{dx}{\sqrt{1-x^2}}.$$

A cause de $\theta=\alpha$ et $x=1$, quand $t=0$, on tire de là

$$t=\pm\frac{1}{2}\sqrt{\frac{a}{g}}\operatorname{arc}(\cos = x),$$

et, réciproquement,

$$x = \cos 2t\sqrt{\frac{g}{a}}.$$

On aura donc, à un instant quelconque,

$$\theta^2=\frac{1}{2}(\alpha^2+6^2)+\frac{1}{2}(\alpha^2-6^2)\cos 2t\sqrt{\frac{g}{a}};$$

ce qui montre que le pendule fera dans le plan variable MCB, des oscillations isochrones dont les extrémités répondront à $\theta = \alpha$ et $\theta = \beta$, et dont la durée sera $\frac{1}{2}\pi\sqrt{\frac{a}{g}}$, ou moitié d'une oscillation dans le plan fixe ACB.

Je substitue cette valeur de θ^2 dans l'équation (*b*); en observant que

$$\cos 2t\sqrt{\frac{g}{a}} = \cos^2 t\sqrt{\frac{g}{a}} - \sin^2 t\sqrt{\frac{g}{a}},$$

il en résulte

$$d\psi = \sqrt{\frac{g}{a}}\,\frac{\alpha\beta dt}{\alpha^2\cos^2 t\sqrt{\frac{g}{a}} + \beta^2\sin^2 t\sqrt{\frac{g}{a}}};$$

et, à cause de $\psi = 0$ quand $t = 0$, on en conclut

$$\alpha \operatorname{tang}\psi = \beta \operatorname{tang} t\sqrt{\frac{g}{a}}.$$

Cela étant, le mouvement du plan MCB ne sera plus uniforme comme dans le cas de $\alpha = \beta$; mais on voit que ce plan effectuera successivement les quatre quarts de sa révolution entière, dans des temps égaux entre eux et au temps $\frac{1}{2}\pi\sqrt{\frac{a}{g}}$, pendant lequel le pendule fait une oscillation dans ce plan variable.

On tire de cette dernière équation

$$\cos^2\psi = \frac{\alpha^2\cos^2 t\sqrt{\frac{g}{a}}}{\alpha^2\cos^2 t\sqrt{\frac{g}{a}} + \beta^2\sin^2 t\sqrt{\frac{g}{a}}},$$

$$\sin^2\psi = \frac{\beta^2\sin^2 t\sqrt{\frac{g}{a}}}{\alpha^2\cos^2 t\sqrt{\frac{g}{a}} + \beta^2\sin^2 t\sqrt{\frac{g}{a}}};$$

on a aussi

$$x^2 = (a^2 - z^2)\cos^2\psi = a^2\theta^2\cos^2\psi,$$
$$y^2 = (a^2 - z^2)\sin^2\psi = a^2\theta^2\sin^2\psi,$$

d'après la valeur approchée de z; donc, à cause de

$$\theta^2 = \alpha^2\cos^2 t\sqrt{\frac{g}{a}} + \beta^2\sin^2 t\sqrt{\frac{g}{a}},$$

nous aurons

$$x^2 = a^2\alpha^2\cos^2\psi, \qquad y^2 = a^2\beta^2\sin^2\psi,$$

et, par conséquent,

$$\frac{x^2}{\alpha^2} + \frac{y^2}{\beta^2} = a^2;$$

ce qui fait voir que la trajectoire de la projection du mobile sur le plan horizontal passant par le point C, est une ellipse qui a son centre en ce point, et l'un de ses axes dans le plan ACB, d'où part le pendule avec une vitesse perpendiculaire à ce plan.

CHAPITRE VI.

EXEMPLES DU MOUVEMENT D'UN MOBILE ENTIÈREMENT LIBRE.

§ Ier. *Mouvement des projectiles.*

208. Dans ce paragraphe, nous nous occuperons particulièrement des *projectiles* de l'artillerie, qui sont lancés avec de grandes vitesses, et soumis à la pesanteur et à la résistance de l'air.

Faisons d'abord abstraction de cette résistance, et considérons un point matériel pesant qui part du point O (fig. 48), avec une vitesse a dirigée suivant la droite OA. Il est évident que le mobile ne sortira pas du plan vertical passant par cette droite. Soit OMD sa trajectoire dans ce plan, laquelle sera tangente à OA. Dans ce même plan, menons deux axes Ox et Oy, le premier horizontal, et le second vertical et dirigé en sens contraire de la pesanteur. Prenons ces axes pour ceux des coordonnées; au bout du temps quelconque t, soit M la position du mobile, x son abscisse OP, et y son ordonnée PM. Désignons par g la gravité. Enfin, appelons α l'angle aigu AOx que fait la vitesse initiale a avec l'axe Ox, de sorte que ses composantes soient $a \cos \alpha$ suivant cet axe, et a sin α suivant l'axe Oy : l'angle α serait négatif, si la droite OA était située au-dessous de Ox.

D'après ce qu'on a vu dans le n° 148, les mouvemens des projections du mobile sur les deux axes Ox et Oy seront indépendans l'un de l'autre; le mouvement de sa projection horizontale sera donc uniforme et dû à la vitesse $a \cos \alpha$, et celui de sa projection verticale sera dû à la vitesse initiale $a \sin \alpha$ et à la force constante g agissant en sens contraire de cette vitesse; par conséquent, on aura

$$x = ta\cos\alpha, \qquad y = ta\sin\alpha - \tfrac{1}{2}gt^2;$$

et si l'on élimine t, et qu'on suppose la vitesse a due à une hauteur h, de sorte qu'on ait $a = \sqrt{2gh}$, il en résultera

$$y = x \operatorname{tang} \alpha - \frac{x^2}{4h\cos^2\alpha},$$

pour l'équation de la trajectoire.

Cette courbe est donc une parabole qui a son grand axe vertical; son sommet, déterminé par l'équation $\frac{dy}{dx} = 0$, répond à

$$x = 2h\cos\alpha\sin\alpha, \qquad y = h\sin^2\alpha;$$

et elle rencontre l'axe Ox en un second point B, tel qu'en appelant b la distance OB, on a

$$b = 4h\sin\alpha\cos\alpha = 2h\sin 2\alpha.$$

Cette distance b est ce qu'on appelle l'*amplitude du jet*. Dans le vide, son *maximum* répond, comme on voit, à $\alpha = 45°$, et il est égal à $2h$, c'est-à-dire, double de la hauteur due à la vitesse initiale.

En appelant v la vitesse du mobile au bout du temps t, et substituant les différentielles des valeurs précédentes de x et y dans l'équation

$$v^2 = \frac{dx^2 + dy^2}{dt^2},$$

il en résulte

$$v^2 = a^2 - 2agt \sin \alpha + g^2 t^2.$$

Le temps que le mobile emploie à arriver au point B en décrivant la courbe OCB, est le même que s'il décrivait la droite OB avec la vitesse $a \cos \alpha$; il est donc

$$t = \frac{b}{a \cos \alpha} = \frac{4h \sin \alpha}{a};$$

et à cause de $h = \frac{a^2}{2g}$, il en résulte $gt = 2a \sin \alpha$; ce qui donne $v^2 = a^2$. La vitesse en ce point B est donc la même qu'au point O ; elle est dirigée suivant la tangente BE, et l'angle de chute EBx est aussi le même que l'angle de projection AOx.

Si le mobile, au lieu d'être un point matériel, est un corps solide, de forme et de dimensions quelconques, on verra par la suite que ces équations du mouvement parabolique devront être rapportées à son centre de gravité.

209. La vitesse a étant donnée, si l'on demande quel doit être l'angle α pour que le mobile atteigne un point déterminé, dont les coordonnées seront $x = \beta$ et $y = \gamma$, on mettra ces valeurs dans l'équation de la trajectoire, et l'on aura

$$y = \beta \operatorname{tang} \alpha - \frac{\beta^2}{4h \cos^2 \alpha},$$

pour déterminer α. En faisant

$$\operatorname{tang} \alpha = z, \qquad \cos^2 \alpha = \frac{1}{1 + z^2},$$

cette équation devient

$$4hy + \beta^2 - 4h\beta z + \beta^2 z^2 = 0;$$

d'où l'on tire

$$z = \frac{2h}{\beta} \pm \frac{1}{\beta} \sqrt{4h^2 - 4hy - \beta^2}.$$

Cette double valeur de z ou de tang α nous montre qu'on peut atteindre un but donné, en tirant sous deux directions différentes, tant que $4h^2$ surpasse $4hy + \beta^2$; que ces deux directions se réduisent à une seule, lorsque ces deux quantités sont égales; et qu'on ne peut atteindre le but, sous aucune direction, quand $4h^2$ est moindre que $4hy + \beta^2$.

Ainsi, en traçant dans le plan vertical qui passe par la direction initiale du mobile, la parabole dont l'équation est

$$4hy + \beta^2 = 4h^2,$$

cette courbe divisera le plan en deux parties, telles que tous les points de la partie extérieure seront garantis de toute atteinte, que ceux de la partie intérieure pourront être atteints de deux manières différentes, et ceux de la ligne de séparation, d'une manière seulement.

210. La théorie du mouvement des projectiles

serait donc très simple, si l'on pouvait négliger la résistance que l'air oppose à leur mouvement; mais dans le cas des grandes vitesses dont nous nous occupons spécialement, cette force est beaucoup trop considérable pour qu'on en puisse faire abstraction : elle change entièrement la forme de la trajectoire et les lois du mouvement sur cette courbe, ainsi qu'on va le voir.

Quelles que soient la forme et les dimensions du projectile, on fera voir, dans un autre chapitre, que son centre de gravité aura le même mouvement qu'un point matériel pesant, dont la masse serait celle du mobile, qui aurait une vitesse initiale donnée en grandeur et en direction, et auquel on appliquerait en outre, parallèlement à elles-mêmes, les forces provenant de la résistance et du frottement de l'air, qui s'exercent à la surface de ce corps solide. On verra aussi que la force motrice qui résultera de ces résistances transportées au centre de gravité, pourra quelquefois faire sortir ce point du plan vertical mené par la direction de la vitesse initiale; mais ici nous supposerons que ce cas n'ait pas lieu, et que la force motrice dont il s'agit soit constamment tangente à la trajectoire du centre de gravité.

Cela posé, pour former les équations de son mouvement, conservons toutes les notations précédentes, et supposons qu'elles se rapportent maintenant à la figure 49, où la trajectoire OMD n'est plus une parabole. Soit, en outre, s l'arc OM décrit par le mobile au bout du temps t, et R la force motrice provenant de la résistance de l'air, qui sera dirigée suivant la partie MT de la tangente en M. Les cosinus des angles que fera cette droite MT avec des axes menés par le point M suivant les directions des x et des y positives, seront $-\frac{dx}{ds}$ et $-\frac{dy}{ds}$; en appelant m la masse du projectile et g la gravité, nous aurons donc

$$\frac{d^2x}{dt^2} = -\frac{R}{m}\frac{dx}{ds}, \quad \frac{d^2y}{dt^2} = -g - \frac{R}{m}\frac{dy}{ds},$$

pour les équations du mouvement de son centre de gravité.

Je prendrai pour ce projectile une sphère homogène ou composée de couches concentriques dont chacune sera homogène; en appelant D sa densité moyenne et r son rayon, on aura alors

$$m = \frac{4\pi D r^3}{3}.$$

Je supposerai aussi, conformément aux hypothèses généralement admises, la force R proportionnelle au carré de la vitesse du centre de gravité, à la surface du projectile, et à la densité de l'air; il en résultera

$$\frac{R}{m} = \frac{n\rho}{Dr}\frac{ds^2}{dt^2};$$

ρ étant cette densité, et n un facteur numérique qui devra être déterminé par l'expérience. Cette expression satisfait à la condition de l'homogénéité des quantités; car $\frac{R}{m}$ et le rapport de $\frac{ds^2}{dt^2}$ à r sont deux quantités de la même nature que la gravité g, et les facteurs n et $\frac{\rho}{D}$ sont des nombres abstraits. Pour plus de commodité, je ferai

$$\frac{n\rho}{\mathrm{D}r} = c,$$

de sorte que $\frac{1}{c}$ soit une ligne dont la longueur sera donnée, et que je regarderai comme constante, en faisant abstraction du changement de densité de la masse d'air que traverse le projectile.

211. En mettant à la place de $\frac{\mathrm{R}}{m}$, sa valeur $c\,\frac{ds^2}{dt^2}$, les deux équations du mouvement deviennent

$$\left.\begin{aligned} &\frac{d^2x}{dt^2} + c\,\frac{ds}{dt}\,\frac{dx}{dt} = 0, \\ &\frac{d^2y}{dt^2} + c\,\frac{ds}{dt}\,\frac{dy}{dt} + g = 0. \end{aligned}\right\} \quad (1)$$

L'intégrale de la première est

$$\frac{dx}{dt} = a \cos\alpha\, e^{-cs},$$

en observant qu'on a $\frac{dx}{dt} = a\cos\alpha$, au point O où $s = 0$, et désignant par e la base des logarithmes népériens. La forme de la seconde ne différant de celle de la première que par son dernier terme, je fais, pour l'intégrer,

$$\frac{dy}{dt} = p\,\frac{dx}{dt};$$

p étant une nouvelle inconnue. En substituant cette valeur de $\frac{dy}{dt}$ dans la seconde équation (1), et ayant égard à la première, il vient

$$\frac{dx}{dt}\frac{dp}{dt} = -g.$$

Je divise cette valeur par le carré de $\frac{dx}{dt}$ ou de sa valeur précédente; il en résulte

$$\frac{dp}{dt} : \frac{dx}{dt} = -\frac{g}{a^2 \cos^2 \alpha} e^{2cs}.$$

En considérant y et p comme des fonctions de x, on aura

$$p = \frac{dy}{dt} : \frac{dx}{dt} = \frac{dy}{dx}, \qquad \frac{dp}{dt} : \frac{dx}{dt} = \frac{dp}{dx};$$

si donc on fait toujours $a^2 = 2gh$, l'équation précédente deviendra

$$\frac{dp}{dx} = -\frac{1}{2h \cos^2 \alpha} e^{2cs}; \qquad (2)$$

et ce sera l'équation différentielle de la trajectoire.

On a identiquement

$$\sqrt{1 + p^2}\, dx = ds;$$

en multipliant membre à membre ces deux dernières équations, on aura donc

$$\sqrt{1 + p^2}\, dp = -\frac{ds}{2h \cos^2 \alpha} e^{2cs};$$

d'où il suit, en intégrant et désignant par γ la constante arbitraire,

$$p\sqrt{1+p^2} + \log(p + \sqrt{1+p^2}) = \gamma - \frac{1}{2ch \cos^2 \alpha} e^{2cs}. \quad (3)$$

Pour déterminer γ, on fera, à la fois, $s = 0$ et

$p = \text{tang}\,\alpha$; ce qui donne

$$\gamma = \frac{1}{2ch\cos^2\alpha} + \text{tang}\,\alpha\sqrt{1+\text{tang}^2\alpha} + \log(\text{tang}\,\alpha + \sqrt{1+\text{tang}^2\alpha});$$

mais, pour abréger, je conserverai γ à la place de cette valeur.

D'après les équations précédentes, on a

$$dx = -2h\cos^2\alpha e^{-2cs}dp,\quad dy = pdx,\quad gdt^2 = -dxdp;$$

en éliminant l'exponentielle au moyen de l'équation (3), nous aurons donc

$$\left.\begin{aligned} cdx &= \frac{dp}{p\sqrt{1+p^2}+\log(p+\sqrt{1+p^2})-\gamma}, \\ cdy &= \frac{pdp}{p\sqrt{1+p^2}+\log(p+\sqrt{1+p^2})-\gamma}, \\ \sqrt{cg}dt &= \frac{-dp}{[\gamma-p\sqrt{1+p^2}-\log(p+\sqrt{1+p^2})]^{\frac{1}{2}}}; \end{aligned}\right\} (4)$$

formules qui ne sont point intégrables sous forme finie : dans la dernière, on regardera le radical comme une quantité positive, parce que l'angle dont p est la tangente diminue quand le temps augmente.

212. Si l'on appelle ω cet angle, c'est-à-dire, l'inclinaison MTx de la tangente à la trajectoire, sur l'axe horizontal Ox, on aura

$$p = \text{tang}\,\omega,\quad dp = \frac{d\omega}{\cos^2\omega}.$$

Les valeurs de x, y, t, déduites des équations (4), seront de la forme $\int\Omega d\omega$; l'intégrale étant prise de manière qu'elle s'évanouisse au point O où l'on a $\omega = \alpha$, et Ω désignant une fonction donnée de ω.

On calculera ces trois valeurs, pour chaque point M, par la méthode des quadratures (n° 15). De cette manière, on pourra construire la trajectoire par points, et l'on connaîtra le temps t que le mobile emploiera à décrire chaque arc OM, dont la longueur s sera donnée par l'équation (3). Quant à la vitesse du mobile au point M, on aura

$$v^2 = (1+p^2)\frac{dx^2}{dt^2} = g^2(1+p^2)\frac{dt^2}{dp^2},$$

et, par conséquent,

$$cv^2 = \frac{g(1+p^2)}{\gamma - p\sqrt{1+p^2} - \log(p+\sqrt{1+p^2})}. \quad (5)$$

En étendant ces intégrales jusqu'à $\omega = 0$, on déterminera l'abscisse et l'ordonnée du point C, le plus élevé de la trajectoire. Si l'on donne ensuite à ω des valeurs négatives, on déterminera les points de la branche descendante CBD de la trajectoire. Quand on sera parvenu à une valeur $-\alpha'$ de ω, pour laquelle l'ordonnée y de la trajectoire sera nulle, la valeur correspondante de x exprimera l'amplitude du jet OB, qui ne sera plus double de l'abscisse du point C, comme dans le cas du vide, et dont le *maximum*, par rapport à α, répondra à un angle moindre que 45° et dépendant de la grandeur de la vitesse initiale. L'angle α' ou EBx et la vitesse au point B différeront aussi de α et a.

Ainsi, toutes les circonstances du mouvement seront connues, et la solution du problème est complète, sauf la longueur des calculs numériques qu'il faudra exécuter dans chaque cas, lorsque les valeurs des trois constantes h, α, c, contenues dans les formules précédentes, seront données.

213. Le mouvement du projectile sur la branche descendante de la trajectoire, approche de plus en plus d'être vertical et uniforme.

En effet, soient x_1, y_1, t_1, les valeurs de x, y, t, qui répondent au sommet C; transportons l'origine des coordonnées en ce point, et faisons

$$x = x_1 + x', \quad y = y_1 - y', \quad t = t_1 + t';$$

en sorte que x' et y' soient l'abscisse et l'ordonnée du point quelconque M' (fig. 50) de la branche descendante, rapportées à l'axe horizontal Cx' et à l'axe Cy' qui est dirigé dans le sens de la pesanteur, et que t représente le temps employé à parcourir l'arc CM'. Soit aussi p' la tangente de l'angle $M'T'x'$ que fait la tangente à la courbe en M' avec l'axe Cx'. Nous aurons

$$p' = \frac{dy'}{dx'} = -p;$$

et à cause de

$$\log(\sqrt{1+p'^2} - p') = -\log(p' + \sqrt{1+p'^2}),$$

la première équation (4) deviendra

$$cdx' = \frac{dp'}{P'},$$

en faisant, pour abréger,

$$\gamma + p'\sqrt{1+p'^2} + \log(p' + \sqrt{1+p'^2}) = P'.$$

L'angle aigu $M'T'x'$ pouvant approcher continuellement d'un angle droit, la variable p' croîtra indéfiniment; mais il n'en sera pas de même à l'égard de x'. Pour de très grandes valeurs de p', on pourra mettre p' à la place de $\sqrt{1+p'^2}$; et en négligeant $\gamma + \log 2$ par rapport à p'^2, on aura

$$P' = p'^2 + \tfrac{1}{2}\log p'^2,$$

ou simplement $P' = p'^2$, en observant que le logarithme d'une quantité très grande p'^2, et, à plus forte raison, $\frac{1}{2}\log p'^2$, est très petit relativement à cette quantité : on aura donc, pour ces valeurs de p',

$$dx' = \frac{dp'}{cp'^2};$$

en intégrant et désignant par C une quantité constante, et il en résultera

$$x' = C - \frac{1}{cp'};$$

ce qui montre que les valeurs de x' ne croîtront pas indéfiniment avec celles de p'. Cela étant, soit

$$q = \frac{1}{c}\int_0^\infty \frac{dp'}{P'};$$

q sera une ligne de grandeur finie, qu'on pourra calculer par la méthode des quadratures; et si l'on prend sur Cx' une partie CA égale à cette ligne, la verticale AB menée par ce point sera une asymptote de la partie CD de la trajectoire; en sorte que le mouvement du projectile sur cette branche descendante, approchera indéfiniment de la direction verticale.

Observons, de plus, que pour les très grandes

valeurs de p', les deux dernières équations (4) se réduiront à

$$cdy' = \frac{dp'}{p'}, \qquad \sqrt{cg}dt' = \frac{dp'}{p'};$$

d'où il résultera

$$\frac{dy'}{dt'} = \sqrt{\frac{g}{c}};$$

par conséquent, le mouvement final et vertical du projectile sera uniforme; ce qu'il s'agissait de démontrer. La vitesse de ce mouvement sera celle qu'un corps pesant acquiert en tombant dans le vide, d'une hauteur égale à $\frac{1}{2c}$; et c'est aussi ce que l'on conclut de la formule (5), en mettant $-p'$ au lieu de p, et considérant ensuite p' comme une très grande quantité.

En faisant, dans la première équation (4),

$$p = \text{tang}\,\omega, \qquad dp = \frac{d\omega}{\cos^2\omega},$$

et, pour abréger,

$$[\gamma - \text{tang}\,\omega\sqrt{1+\text{tang}^2\omega} - \log(\text{tang}\,\omega + \sqrt{1+\text{tang}^2\omega})]\cos^2\omega = \frac{1}{\Omega},$$

on en déduira

$$x_1 = \frac{1}{c}\int_0^\alpha \Omega d\omega,$$

pour l'abscisse du point C. Si donc on prend sur Ox (fig. 49), un point F, tel que l'on ait

$$\text{OF} = x_1 + q,$$

la verticale FG, menée par ce point F, sera l'asymptote de la branche descendante de la trajectoire.

214. Soit ON le prolongement de la trajectoire OCD; le point de départ du mobile étant O, le mouvement n'aura pas lieu sur cette partie de la courbe; mais on peut, néanmoins, désirer d'en connaître la forme. Or, on la construit par points, au moyen des deux premières formules (4), en y donnant à p des valeurs positives et plus grandes que tang α; et il est aisé de s'assurer qu'elle a aussi une asymptote, mais qui n'est pas verticale, comme celle de la branche descendante.

Pour cela, j'observe que, d'après la valeur de γ du n° 211, il y a toujours un angle β aigu, et $> \alpha$, qui est tel que $p = \text{tang}\,\beta$ rend nul le dénominateur commun de ces deux formules, c'est-à-dire, un angle β qui satisfait à l'équation

$$\gamma - \text{tang}\,\beta\sqrt{1+\text{tang}^2\beta} - \log(\text{tang}\,\beta + \sqrt{1+\text{tang}^2\beta}) = 0. \quad (6)$$

Cela étant, on voit par la valeur de dp, tirée de l'une ou l'autre des deux premières équations (4), que l'abscisse x et l'ordonnée y croissant indéfiniment, abstraction faite du signe, dans cette partie ON de la courbe, la quantité p cesse de croître, lorsqu'elle diffère infiniment peu de tang β; en sorte que p ne peut jamais dépasser ni même atteindre rigoureusement cette valeur $p = \text{tang}\,\beta$; ce qui signifie que la branche de courbe ON a une asymptote qui coupe le prolongement de l'axe Ox sous l'angle β. On déterminera sa distance au point O de la manière suivante.

Je mène par le point O un axe qui fasse, avec le prolongement de Ox, un angle égal au complément de β, et qui soit, par conséquent, perpendiculaire à l'asymptote de ON. J'appelle u l'abscisse d'un point quelconque de la courbe, comptée sur cet axe à partir du point O; les coordonnées de ce point, par rapport aux axes Ox et Oy, étant toujours x et y, on aura

$$u = y \cos 6 - x \sin 6.$$

En différentiant et mettant pour dx et dy leurs valeurs données par les deux premières équations (4), il vient

$$cdu = \frac{(\text{tang}\, 6 - p)\, dp}{[\gamma - p\sqrt{1+p^2} - \log(p + \sqrt{1+p^2})] \cos 6};$$

formule dans laquelle on donnera à p des valeurs plus grandes ou plus petites que tang α, selon qu'il s'agira d'un point de la partie ON ou de la partie OM de la courbe. On peut retrancher de son dénominateur le premier membre de l'équation (6), multiplié par cos 6; et si l'on fait, en outre,

$$p = \text{tang}\, \omega, \qquad dp = \frac{d\omega}{\cos^2 \omega},$$

et, pour abréger,

$$\begin{aligned} &\text{tang}\, 6 \sqrt{1+\text{tang}^2 6} + \log(\text{tang}\, 6 + \sqrt{1+\text{tang}^2 6}) \\ &- \text{tang}\, \omega \sqrt{1+\text{tang}^2 \omega} - \log(\text{tang}\, \omega + \sqrt{1+\text{tang}^2 \omega}) = \text{U}, \end{aligned}$$

il en résultera

$$du = \frac{(\text{tang}\, 6 - \text{tang}\, \omega)\, d\omega}{c\text{U} \cos 6 \cos^2 \omega}.$$

Or, en faisant

$$r = \frac{1}{c \cos 6} \int_{\alpha}^{6} \frac{(\text{tang}\, 6 - \text{tang}\, \omega)\, d\omega}{\text{U} \cos^2 \omega},$$

r sera une ligne de grandeur finie, que l'on calculera par la méthode des quadratures, et qui exprimera la valeur de u relative à l'asymptote de ON, c'est-à-dire, la longueur de la perpendiculaire abaissée du point O sur cette droite, qu'il s'agissait de déterminer.

Cette droite asymptotique aura pour équation

$$y \cos \beta - x \sin \beta = r;$$

en sorte que si l'on prend sur le prolongement de Ox un point H tel que l'on ait

$$\text{OH} = r,$$

l'asymptote de la branche ON sera la droite HK, menée par le point H, et faisant avec le prolongement de Ox un angle KHO supplément de β. Les deux asymptotes FG et HK, prolongées au-dessus de l'axe Ox, se rencontreront en un point L, de manière que la courbe entière sera comprise dans l'angle KLG, dont le complément est l'angle β déterminé par l'équation (6).

215. Lorsque l'angle de projection AOx ou α est très petit (fig. 51), le projectile ne s'élève qu'à une petite hauteur au-dessus de l'axe horizontal Ox, mené par son point de départ. Or, dans ce cas, on peut obtenir, avec une approximation suffisante, l'équation en x et y de la partie OCB de la trajectoire, située au-dessus de Ox; et même on peut étendre cette équation jusqu'à un point D, dont la distance à cet axe n'est pas très considérable.

En effet, dans toute cette partie OCB, ou même OCD de la trajectoire, la tangente à cette courbe sera presque horizontale, et la quantité p très petite;

en négligeant le carré de p, on aura donc

$$ds = dx, \quad s = x,$$

et l'équation (2) deviendra

$$\frac{dp}{dx} = \frac{d^2y}{dx^2} = -\frac{1}{2h\cos^2\alpha}e^{2cx}.$$

En intégrant deux fois de suite, et déterminant les constantes arbitraires de manière qu'on ait $\frac{dy}{dx} = \operatorname{tang}\alpha$ et $y = 0$, quand $x = 0$, il vient

$$y = x \operatorname{tang}\alpha - \frac{1}{8c^2h\cos^2\alpha}(e^{2cx} - 2cx - 1),$$

pour l'équation approchée de la trajectoire, qu'il s'agissait d'obtenir. En développant l'exponentielle qu'elle renferme, réduisant et faisant ensuite $c = 0$, elle devient l'équation exacte de cette courbe dans le vide.

D'après l'équation $gdt^2 = -dxdp$ du nº 212, et la valeur précédente de $\frac{dp}{dx}$, on aura

$$dt = \frac{1}{\sqrt{2gh}\cos\alpha}e^{cx}dx.$$

et, par conséquent,

$$t = \frac{1}{c\sqrt{2gh}\cos\alpha}(e^{cx} - 1);$$

ce qui fait connaître le temps t que le mobile emploiera à parcourir une portion quelconque OM de la courbe OCD.

216. Supposons que le projectile vienne tomber

sur le terrein en un point D; représentons par λ l'abaissement de ce point au-dessous du plan horizontal, mené par le point O, ou la perpendiculaire DQ à l'axe Ox; soient aussi l la distance OQ, et τ le temps employé à aller du point O au point D; nous aurons, à la fois,

$$x = l, \quad y = -\lambda, \quad t = \tau;$$

et en remplaçant, pour plus de simplicité, $\cos^2 \alpha$ par l'unité dans les formules précédentes, il en résultera

$$\left.\begin{aligned} 8c^2h(\lambda + l \operatorname{tang} \alpha) &= e^{2cl} - 2cl - 1, \\ \tau c\sqrt{2gh} &= e^{cl} - 1. \end{aligned}\right\} (a)$$

Lors donc que les deux constantes h et c seront données, et qu'on aura mesuré l'angle α et l'élévation λ du point O au-dessus du terrein, ces équations feront connaître la *portée* horizontale l, et la durée τ du trajet du projectile. Réciproquement, quand on connaîtra α, λ, l, τ, par des mesures directes, ces équations pourront servir à déterminer le coefficient c de la résistance, et la hauteur h due à la vitesse initiale. En éliminant h, on a

$$4(\lambda + l \operatorname{tang} \alpha)(e^{cl} - 1)^2 = g\tau^2(e^{2cl} - 2cl - 1);$$

équation d'où l'on tirera la valeur de c: l'une des deux précédentes donnera ensuite immédiatement la valeur de h.

Il existe encore de l'incertitude sur les grandeurs des portées et des vitesses initiales. D'après Lombard, pour un canon de 24 chargé au tiers du poids du boulet, la vitesse initiale est de 463 mètres par seconde; et pour un canon de 12, dont la charge est aussi le tiers du poids du projectile, cette vitesse s'élève à 494 mètres. Suivant le même auteur, les portées correspondantes et relatives à $\lambda = 0$, sont 700 mètres dans le premier cas, en supposant $\alpha = 1° 15' 6''$, et 660 mètres dans le second cas, en supposant $\alpha = 1° 5' 36''$.

Au lieu du temps τ, on pourrait employer à la détermination de h et de c, une seconde portée du même canon à une élévation différente au-dessus du terrein. Ainsi, en supposant que le poids du projectile, celui de la charge et l'angle α ne soient pas changés, les quantités h et c resteront aussi les mêmes; et si λ et l deviennent λ' et l', on aura

$$8c^2h\,(\lambda' + l' \operatorname{tang} \alpha) = e^{2cl'} - 2cl' - 1\,;$$

d'où il résultera

$$(\lambda + l \operatorname{tang} \alpha)\,(e^{2cl'} - 2cl' - 1)$$
$$= (\lambda' + l' \operatorname{tang} \alpha)\,(e^{2cl} - 2cl - 1), \qquad (b)$$

en éliminant h au moyen de la première équation (a).

Les auteurs de Balistique ne sont nullement d'accord sur la grandeur du nombre n qui entre dans l'expression du coefficient c, savoir (n° 210),

$$c = \frac{n\rho}{\mathrm{D}r}.$$

D'après une théorie très imparfaite de la résistance des fluides, ce nombre n serait $\frac{3}{8}$; mais toutes les expériences le donnent plus petit, et Lombard le fait égal à $\frac{9}{40}$. L'équation (b) fournirait le moyen le plus susceptible de précision pour la détermination de c, en supposant bien connu et invariable, l'angle de projection α.

§ II. *Mouvement des planètes.*

217. Les lois du mouvement des planètes autour du soleil sont connues sous la dénomination de *Lois de Kepler*, parce qu'elles ont été découvertes par cet astronome, qui les a déduites de l'observation. Elles sont au nombre de trois, dont voici les énoncés :

1°. Les planètes se meuvent dans des courbes planes, et leurs rayons vecteurs décrivent, autour du centre du soleil, des aires proportionnelles au temps.

2°. Les orbites, c'est-à-dire, les trajectoires des planètes, sont des ellipses dont le soleil occupe un des foyers.

3°. Les carrés du temps des révolutions des planètes autour du soleil sont entre eux comme les cubes des grands axes de leurs orbites.

Toute leur importance n'avait pas d'abord été comprise; c'est Newton qui en a montré l'usage pour déterminer la force qui retient chaque planète dans son orbite, c'est-à-dire, la direction de cette force et les variations de son intensité, soit d'une position à une autre d'une même planète, soit d'une planète à une autre. On verra, en effet, dans ce paragraphe, que chacune de ces trois choses est une conséquence nécessaire des trois lois du mouvement planétaire que l'on vient d'énoncer.

Ces lois se rapportent au mouvement du centre de gravité de chaque planète; c'est le mouvement de ce point que nous allons considérer; et quand il sera question de la position ou de la vitesse d'une planète, il faudra entendre la position ou la vitesse de son centre de gravité.

218. Soient AMBD (fig. 52) l'ellipse décrite par une planète, AB son grand axe, C son centre, O et O' ses deux foyers, O celui qui est occupé par le centre du soleil, B le *périhélie* ou le point de l'orbite le plus rapproché de O, A l'*aphélie* ou le point le plus éloigné du soleil.

Au bout du temps t qui sera compté à partir du passage de la planète à son périhélie, soit M sa position sur l'orbite. Désignons par r son rayon vecteur OM, et par θ l'angle MOB que l'on appelle, en Astronomie, l'*anomalie vraie*. Le secteur décrit par ce rayon pendant l'instant dt sera $\frac{1}{2} r^2 d\theta$ (n° 156); d'après la première loi de Kepler, on aura donc

$$r^2 d\theta = cdt; \qquad (1)$$

c étant une constante égale au double de l'aire décrite dans l'unité de temps, et $\frac{1}{2} ct$ le double de l'aire MOB décrite dans le temps quelconque t.

Soient aussi

$$O'M = r', \quad CB = CA = a, \quad CO = CO' = ae.$$

D'après une propriété de l'ellipse, on aura

$$r + r' = 2a;$$

dans le triangle O'MO, on a aussi

$$r'^2 = r^2 + 4rae\cos\theta + 4a^2e^2;$$

et si l'on élimine r' entre ces deux équations, il vient

$$r = \frac{a(1 - e^2)}{1 + e\cos\theta}, \qquad (2)$$

pour l'équation de la trajectoire.

Pour toutes les planètes connues avant ce siècle, l'*excentricité* e est une fraction très petite; celle de l'orbite de la terre est

$$e = 0{,}0168318,$$

ou, à peu près, un soixantième. La plus grande était celle de Mars, qui surpasse neuf centièmes; c'était donc pour cette planète que le mouvement elliptique devait être le plus différent du mouvement circulaire excentrique, que l'on adoptait avant Képler; et c'est, en effet, dans les observations de Ticho-Brahé, relatives à cette planète, que Képler a reconnu d'abord la différence de ces deux mouvemens. Si l'on développe les valeurs de r et θ, en séries ordonnées suivant les puissances de e, au moyen de l'équation des aires proportionnelles au temps, jointe à celle de la trajectoire elliptique ou à celle de la trajectoire circulaire excentrique, on trouve que pour un même temps t, les développemens correspondans à ces deux courbes, ne diffèrent que dans les termes qui dépendent du carré ou des puissances supérieures de e; circonstance qui rendait, à l'époque de Képler, la différence des deux mouvemens très difficile à découvrir.

219. Si l'on appelle T le temps de la révolution

d'une planète, et qu'on fasse

$$n = \frac{2\pi}{T},$$

cette constante n sera la vitesse moyenne angulaire, et nt le *moyen mouvement* de la planète.

Imaginons un astre fictif dont le mouvement soit uniforme, et qui parte du périhélie et achève sa révolution en même temps que cette planète; son rayon vecteur décrira l'angle nt, pendant que celui de la planète décrit l'angle θ; l'angle $\theta - nt$, compris à une époque quelconque entre ces deux rayons, est ce que les astronomes appellent l'*équation du centre* : il est positif, et la planète précède l'astre fictif, en allant du périhélie à l'aphélie; le contraire a lieu en revenant du second point au premier. Le *maximum* de l'équation du centre dépend de la grandeur de l'excentricité.

En prenant le jour moyen pour unité de temps, et mettant 360° au lieu de 2π, on a, relativement à la terre,

$$T = 365^j,256374, \qquad n = 0^\circ\, 59'\, 8''.$$

Cette valeur de T est la durée de l'année *sidérale*, ou l'intervalle de temps qui s'écoule entre deux retours consécutifs du soleil à une même étoile, dans son mouvement apparent autour de la terre. L'intervalle compris entre deux retours consécutifs à un même *équinoxe*, est plus court, à cause que les points équinoxiaux ont sur l'*écliptique* un mouvement rétrograde, ou en sens contraire de celui du soleil.

En prenant 50″,22427 pour la *précession* annuelle en 1800, et observant que le rayon vecteur du soleil emploie $0^j,014158$, à décrire ce petit angle, il en résulte

$$365^j,242216,$$

pour la longueur de l'année *équinoxiale* au commencement de ce siècle. L'année sidérale est constante; mais la précession des équinoxes varie un peu, et, par conséquent aussi, l'année équinoxiale : sa longueur diminue d'à peu près une demi-seconde par siècle.

220. La constante c aura pour valeur le double de la surface de l'ellipse divisé par T; en observant que le demi-petit axe est $a\sqrt{1-e^2}$, et la surface $\pi a^2\sqrt{1-e^2}$, on aura donc

$$c = \frac{2\pi a^2\sqrt{1-e^2}}{T}.$$

Au moyen de cette valeur et de celle de n, l'équation (1) devient

$$r^2 d\theta = na^2\sqrt{1-e^2}\,dt.$$

L'équation (2) donne

$$\theta = \text{arc}\left(\cos = \frac{a(1-e^2)-r}{er}\right),$$

$$d\theta = \frac{a\sqrt{1-e^2}\,dr}{r\sqrt{a^2e^2-(r-a)^2}};$$

par conséquent, on aura

$$nadt = \frac{rdr}{\sqrt{a^2e^2-(r-a)^2}}.$$

Pour intégrer ces formules, faisons

$$r = a(1 - e\cos u); \qquad (a)$$

nous aurons

$$dr = ae\sin u, \quad ndt = (1 - e\cos u)\,du;$$

à cause de $r = a(1 - e)$ au point B, il faudra que l'angle u soit nul en ce point où l'on a aussi $t = 0$; en intégrant, on aura donc

$$nt = u - e\sin u. \qquad (b)$$

En mettant pour r sa valeur dans celle de $d\theta$, et observant que $\cos u = \cos^2 \frac{1}{2}u - \sin^2 \frac{1}{2}u$, il en résulte

$$d\theta = \frac{\sqrt{1 - e^2}\,du}{1 - e\cos^2 \frac{1}{2}u + e\sin^2 \frac{1}{2}u};$$

et si l'on fait

$$\text{tang}\,\tfrac{1}{2}u = z, \quad \frac{du}{\cos^2 \frac{1}{2}u} = 2dz,$$

cette valeur devient

$$d\theta = \frac{2\sqrt{1 - e^2}\,dz}{1 - e + (1 + e)z^2}.$$

En intégrant et observant que θ et u sont zéro en même temps, c'est-à-dire, au point B, on aura

$$\tfrac{1}{2}\theta = \text{arc}\left(\text{tang} = z\sqrt{\frac{1 + e}{1 - e}}\right);$$

d'où l'on conclut

$$\text{tang}\,\tfrac{1}{2}\theta = \sqrt{\frac{1 + e}{1 - e}}\,\text{tang}\,\tfrac{1}{2}u, \qquad (c)$$

en remettant pour z sa valeur.

Ces trois équations (*a*), (*b*), (*c*), expriment, sous forme finie, les valeurs de r, nt, θ, au moyen de la variable auxiliaire u, qu'on appelle l'*anomalie excentrique*. En éliminant u entre elles, on aura les deux coordonnées polaires r et θ de la planète en fonctions du temps, sous forme de séries ordonnées suivant les puissances de l'excentricité, qui seront, par conséquent, très convergentes dans le cas des anciennes planètes. Après qu'on aura formé ces séries, on y pourra remplacer les puissances de cos nt qui se trouveront dans le développement de r, et celles de sin nt que renfermera le développement de $\theta - nt$, par des cosinus et des sinus des multiples de nt. Si l'on conçoit qu'on ait ensuite ordonné ces développemens du rayon vecteur et de l'équation du centre suivant les cosinus ou sinus des multiples croissans de nt, on pourra déterminer directement, par l'analyse suivante, les valeurs des coefficiens de ces deux séries en fonctions de l'excentricité.

221. Je fais

$$r = A_0 + A_1 \cos nt + A_2 \cos 2nt + \ldots + A_i \cos int + \text{etc.},$$
$$\theta - nt = B_1 \sin nt + B_2 \sin 2nt + \ldots + B_i \sin int + \text{etc.};$$

A_0, A_1, A_2, etc., B_1, B_2, etc., et généralement A_i et B_i, étant les coefficiens qu'il s'agit de déterminer.

Si i et i' sont deux nombres entiers positifs et différens, on aura, en effectuant les intégrations,

$$\int_0^\pi \cos int \cos i'nt \, d.nt = 0,$$

$$\int_0^\pi \sin int \sin i'nt \, d.nt = 0;$$

et dans le cas de $i = i'$, on trouvera

$$\int_0^\pi \cos^2 int\, d\,.\,nt = \frac{1}{2}\pi,$$

$$\int_0^\pi \sin^2 int\, d\,.\,nt = \frac{1}{2}\pi.$$

Ces dernières formules ne s'appliquent point à $i = 0$; dans ce cas, la première intégrale est égale à π, et la seconde à zéro.

Cela étant, je multiplie le développement de r par $\cos int\, d.nt$, et celui de $\theta - nt$ par $\sin int\, d.nt$; puis j'intègre depuis $nt = 0$ jusqu'à $nt = \pi$. Tous les termes s'évanouissent, excepté ceux qui ont A_i ou B_i pour coefficient, et l'on en conclut

$$A_i = \frac{2}{\pi}\int_0^\pi r \cos int\, d.nt,$$

$$B_i = \frac{2}{\pi}\int_0^\pi (\theta - nt) \sin int\, d.nt.$$

Dans le cas de $i = 0$, on aura, en particulier,

$$A_0 = \frac{1}{\pi}\int_0^\pi r\, d.nt,$$

c'est-à-dire qu'il faudra réduire à moitié la valeur générale de A_i. En intégrant par partie, et observant que $\theta - nt$ est zéro aux deux limites $nt = 0$ et $nt = \pi$, l'expression de B_i pourra être remplacée par celle-ci :

$$B_i = \frac{2}{i\pi}\int_0^\pi \cos int\, d(\theta - nt).$$

Je substitue à la place de r, nt, θ, leurs valeurs en fonctions de u, tirées des équations (a), (b), (c); à cause de

$$\frac{d\vartheta}{du}=\frac{\sqrt{1-e^2}}{1-e\cos u},\qquad \frac{d.nt}{du}=1-e\cos u,$$

et parce que $u=0$ et $u=\pi$ répondent à $nt=0$ et $nt=\pi$, il en résultera

$$A_i=\frac{2a}{\pi}\int_0^\pi(1-e\cos u)^2\cos(iu-ie\sin u)\,du,$$

$$B_i=\frac{2}{i\pi}\int_0^\pi\left[\sqrt{1-e^2}-(1-e\cos u)^2\right]\frac{\cos(iu-ie\sin u)}{1-e\cos u}du;$$

formules qui feront connaître les valeurs numériques des coefficiens A_i et B_i, soit par la méthode des quadratures, soit par la réduction en séries. Pour cette réduction, on aura, par le théorème de Taylor,

$$\cos(iu-ie\sin u)=\left(1-\frac{i^2e^2}{2}\sin^2u+\frac{i^4e^4}{2.3.4}\sin^4u-\text{etc.}\right)\cos iu$$
$$+\left(ie\sin u-\frac{i^3e^3}{2.3}\sin^3u+\text{etc.}\right)\sin iu;$$

et il en résultera pour A_i et B_i des séries d'intégrales relatives à u, dont les valeurs exactes s'obtiendront toutes, soit immédiatement, soit par des formules connues; en sorte que l'on pourra prolonger ces développemens de A_i et B_i aussi loin qu'on voudra. On pourra même obtenir leurs termes généraux en fonctions de i et de e; mais ce n'est point ici le lieu d'insister davantage sur ce sujet, qui appartient spécialement à l'Astronomie.

Relativement à $i=0$, on a

$$A_0 = \frac{a}{\pi}\int_0^\pi (1 - e\cos u)^2 du = a(1 + \tfrac{1}{2}e^2),$$

en ne prenant que la moitié de la valeur de A_i, qui répond à $i = 0$: c'est le seul des coefficiens A_0, A_1, A_2, etc., B_1, B_2, etc., dont on puisse obtenir la valeur exacte.

222. Si l'on appelle v la vitesse de la planète au bout du temps t, et δ l'angle que fait sa direction avec le prolongement de son rayon vecteur r ou OM, on aura (n° 156)

$$v^2 = \frac{dr^2 + r^2 d\theta^2}{dt^2}, \qquad v\cos\delta = r\frac{d\theta}{dt}.$$

En éliminant dt au moyen de l'équation (1), on a

$$v^2 = c^2\left(\frac{d.\frac{1}{r}}{d\theta}\right)^2 + \frac{c^2}{r^2}, \qquad v\cos\delta = \frac{c}{r}.$$

En vertu de l'équation (2), on a aussi

$$\frac{1}{r} = \frac{1 + e\cos\theta}{a(1 - e^2)}, \qquad \frac{d.\frac{1}{r}}{d\theta} = -\frac{e\sin\theta}{a(1 - e^2)};$$

d'où il résulte

$$a^2(1 - e^2)^2 v^2 = (1 + 2e\cos\theta + e^2)c^2,$$

et, par conséquent,

$$v^2 = \frac{c^2}{a^2(1 - e^2)}\left(\frac{2a}{r} - 1\right), \quad \cos\delta = \frac{a\sqrt{1 - e^2}}{\sqrt{\frac{2a}{r} - 1}}; \quad (d)$$

ce qui montre comment, dans le mouvement elliptique, la vitesse et la direction du mobile en chaque point se déterminent au moyen de son rayon vecteur. D'après la valeur de c du n° 220, celle de v^2 peut aussi être écrite ainsi :

$$v^2 = \frac{4\pi^2 a^2}{T^2}\left(\frac{2a}{r} - 1\right).$$

Ces formules, jointes à celles des numéros précédens, font connaître complètement le mouvement d'une planète dans le plan de son orbite; mais quand on veut considérer à la fois les mouvemens de deux ou de plusieurs planètes, il est nécessaire de rapporter la position de chacune d'elles à un autre plan, qui est ordinairement le plan de l'*écliptique* ou de l'orbite de la terre.

223. Soient NON′ (fig. 53) l'intersection du plan de l'orbite d'une planète avec un plan passant par le centre O du soleil, OE une droite menée dans ce second plan, OM′ la projection du rayon vecteur OM de la planète sur ce même plan. Désignons par γ l'inclinaison des deux plans, par α l'angle NOE, par ω l'angle BON que fait le rayon vecteur OB aboutissant au périhélie avec la droite ON. Ces trois angles α, γ, ω, devront être donnés, et ils détermineront le plan de l'orbite et la position de l'ellipse dans ce plan. Soient aussi φ et ψ les angles variables MOM′ et M′OE, que fait le rayon vecteur OM avec sa projection OM′, et cette projection avec la droite OE, lesquels angles détermineront, à chaque instant, la direction du rayon OM aboutissant à la planète.

Cela posé, considérons l'angle trièdre qui a son sommet au point O, et dont les trois arètes sont OM, OM′, ON. L'anomalie vraie, ou l'angle MOB, étant toujours θ, les trois faces de cet angle trièdre seront

$$\begin{aligned} \text{MON} &= \text{MOB} + \text{BON} = \theta + \omega, \\ \text{M'ON} &= \text{M'OE} - \text{NOE} = \psi - \alpha, \\ \text{MOM'} &= \varphi; \end{aligned}$$

la première sera opposée à un angle droit, et la troisième à l'angle γ. D'après les premières règles de la Trigonométrie sphérique, on aura donc

$$\sin\varphi = \sin\gamma \sin(\theta + \omega),$$
$$\tang(\psi - \alpha) = \cos\gamma \tang(\theta + \omega);$$

et l'angle θ étant connu en fonction de t, par ce qui précède, chacun des angles φ et ψ le sera aussi, au moyen de ces formules.

Lorsque le plan donné sur lequel on compte l'angle ψ est l'écliptique, et que la droite OE, à partir de laquelle on compte cet angle, dans le sens du mouvement de la terre, est celle qui va du soleil à l'équinoxe du printemps, les angles ψ et φ s'appellent la *longitude* et la *latitude* de la planète que l'on considère. La droite NON' est la ligne des *nœuds* de son orbite; si elle entre dans l'hémisphère *boréal* quand elle traverse le plan de l'écliptique au point N, ce point est le nœud *ascendant*, et N' le nœud *descendant*. Selon que la planète se trouve dans cet hémisphère ou dans l'hémisphère *austral*, la latitude φ est positive ou négative, et l'angle MON, ou $\theta + \omega$, est plus grand ou moindre que 180°. L'angle φ s'étend depuis $-90°$ jusqu'à 90°, et l'angle MON, ainsi que la longitude M'OE, depuis zéro jusqu'à 360°.

Si l'on remplace le point O par le centre de la terre, que l'on prenne l'équateur pour le plan donné sur lequel on compte l'angle ψ, et pour origine de cet angle la droite OE qui va de ce centre au premier point du signe *aries*, les angles ψ et φ seront alors l'*ascension* droite et la *déclinaison* de la planète. En appliquant les formules précédentes au mouvement apparent du soleil autour de la terre, on aura $\alpha = 0$, γ exprimera l'*obliquité* de l'écliptique, et l'on devra prendre pour $\theta + \omega$ la longitude de cet astre; d'où il résulte qu'en la désignant par λ, on aura

$$\sin\varphi = \sin\gamma \sin\lambda, \quad \text{tang}\,\psi = \cos\gamma \,\text{tang}\,\lambda,$$

et, en même temps,

$$\sin\varphi = \frac{\sin\gamma \;\text{tang}\,\psi}{\sqrt{\cos^2\gamma + \text{tang}^2\psi}}.$$

Les plus grandes déclinaisons boréale et australe répondent à $\lambda = 90°$ et $\lambda = 270°$, et sont $\pm\gamma$. Cet angle γ est aussi celui que fait l'axe de rotation de la terre avec la perpendiculaire au plan de l'écliptique; il est soumis à une petite inégalité qu'on appelle la *nutation*, dont la période est d'environ 18 ans, et le *maximum* de 9″,4 seulement. Sa valeur moyenne, au commencement de 1800, était

$$\gamma = 23° \, 27' \, 55'';$$

elle diminue de 0″,45692 par année.

224. Dans tout ce qui précède, on n'a point eu égard à la force qui agit sur chaque planète, dont le mouvement a été déterminé d'après les données de

l'observation, et sans recourir aux principes de la Dynamique; il s'agit maintenant de déterminer les lois de cette force, ainsi qu'il a été dit précédemment (n° 217).

Il suit de la première loi de Képler que la force qui retient chaque planète dans son orbite est constamment dirigée vers le centre du soleil; quoique cette conséquence nécessaire de la proportionnalité des aires au temps ait été déduite des équations du mouvement dans le n° 155, il ne sera pas superflu d'en donner ici une démonstration synthétique.

Soit M_1M (fig. 54) le côté de la trajectoire que le mobile décrit pendant un temps τ infiniment petit. Arrivé au point M, si aucune force n'agissait sur ce mobile, il décrirait, dans un autre temps τ, une partie Mm du prolongement MT de M_1M, égale à M_1M; mais, à cause de la force à laquelle il est soumis, il se transporte, dans ce second instant, en un autre point M'. Soit MK la direction de cette force au point M; pendant le temps τ, on pourra supposer qu'elle reste parallèle à elle-même, et alors si l'on tire la droite mM', elle sera parallèle à MK (n° 148). Or, si C est le centre fixe autour duquel le rayon vecteur CM décrit des aires proportionnelles au temps, les triangles M_1CM et MCM', qui sont les aires décrites dans deux instans égaux, seront équivalens; mais les triangles M_1CM et MCm le sont aussi, puisqu'ils ont leurs sommets au même points C, et leurs bases M_1M et Mm égales et sur une même droite; les triangles MCm et MCM' sont donc équivalens; et comme ils ont une même base

MC, il faut que la droite mM' qui joint leurs sommets soit parallèle à cette base; par conséquent, la droite MK, parallèle à mM', coïncide avec MC. Donc, en chaque point M de la trajectoire, la direction MK de la force sera celle du rayon vecteur MC; ce qu'il s'agissait de démontrer.

Réciproquement, si la force qui agit sur le mobile, au point quelconque M, est dirigée suivant MC, la droite mM' sera parallèle à ce rayon vecteur, les deux triangles $M'CM$ et MCm seront équivalens, et, par conséquent aussi, les deux triangles $M'CM$ et M_1CM. Les aires décrites par le rayon vecteur autour du point C, en deux instans consécutifs et égaux, étant égales, et cela ayant lieu dans toute l'étendue de la trajectoire, si la force qui agit sur le mobile est constamment dirigée vers ce point, il s'ensuit que les aires décrites en temps égaux seront égales, et, en des temps quelconques, proportionnelles à ces temps.

225. Soit, comme dans le n° 218, M la position de la planète au bout du temps t (fig. 52). Conservons toutes les notations de ce numéro, de sorte que r et θ soient le rayon vecteur OM et l'angle MOB; désignons, en outre, par x et y les deux coordonnées rectangulaires OP et PM, rapportées à des axes Ox et Oy, dont le premier passe par le périhélie B; nous aurons

$$x = r\cos\theta,\quad y = r\sin\theta,\quad x^2 + y^2 = r^2.$$

Soit aussi R la force accélératrice, inconnue en grandeur, qui agit sur la planète. Cette force est dirigée, comme on vient de le voir, suivant le rayon vecteur, et elle agit du point M vers le point O, à cause que la trajectoire tourne sa concavité du côté du soleil; les cosinus des angles qu'elle fait avec les prolongemens de x et y sont donc $-\frac{x}{r}$ et $-\frac{y}{r}$; par conséquent, les équations du mouvement seront

$$\frac{d^2x}{dt^2} = -\mathrm{R}\frac{x}{r}, \quad \frac{d^2y}{dt^2} = -\mathrm{R}\frac{y}{r}. \quad (1)$$

En appelant toujours v la vitesse au point M, nous aurons

$$v^2 = \frac{dx^2}{dt^2} + \frac{dy^2}{dt^2},$$

et, en différentiant,

$$\frac{1}{2}d.v^2 = \frac{d^2x}{dt^2}dx + \frac{d^2y}{dt^2}dy;$$

par conséquent, si l'on ajoute les équations (1) après les avoir multipliées par dx et dy, et si l'on observe que $xdx + ydy = rdr$, il en résultera

$$\tfrac{1}{2}d.v^2 = -\mathrm{R}dr.$$

Mais, dans le mouvement elliptique, on a (n° 222)

$$v^2 = \frac{2\mu}{r} - \frac{\mu}{a},$$

en faisant

$$\frac{4\pi^2a^3}{\mathrm{T}^2} = \mu;$$

on aura donc

$$\mathrm{R} = \frac{\mu}{r^2};$$

ce qui montre que la force qui agit sur chaque planète suit la raison inverse du carré de la distance au centre du soleil.

La grandeur de cette force est μ à l'unité de distance; soit μ' ce qu'elle devient pour une autre planète, dont le demi-grand axe et le temps de la révolution seront représentés par a' et T'; on aura de même

$$\mu' = \frac{4\pi^2 a'^3}{T'^2}.$$

Or, d'après la troisième loi de Képler, on a

$$T^2 : T'^2 :: a^3 : a'^3;$$

d'où il résulte

$$\frac{a^3}{T^2} = \frac{a'^3}{T'^2}, \qquad \mu = \mu';$$

par conséquent, à l'unité de distance, et, généralement, à la même distance du soleil, la force accélératrice R est la même pour deux planètes différentes.

La force motrice de chaque planète est donc indépendante de sa nature particulière, et proportionnelle à sa masse, comme les poids à la surface de la terre. Elle varie d'une planète à une autre suivant la même loi que d'une position à une autre de la même planète; et si deux planètes étaient situées à la même distance du soleil et abandonnées à elles-mêmes, sans vitesse initiale, elles tomberaient d'un même mouvement vers cet astre, et l'atteindraient dans le même intervalle de temps.

Ainsi, les trois lois de Képler nous font connaître complètement la force qui retient les planètes dans leurs orbites : la loi des aires proportionnelles au temps nous fait voir que cette force est constamment dirigée vers le centre du soleil; celle du mouvement elliptique, ou l'expression de la vitesse qui se déduit de cette loi et de la précédente, nous montre que son intensité varie, pour une même planète, en raison inverse du carré des distances au soleil; enfin, nous concluons de la loi des carrés des temps des révolutions proportionnels aux cubes des grands axes, qu'à égalité de distance au centre de cet astre, l'intensité de la force motrice est proportionnelle aux masses de chaque planète, et indépendante de sa nature particulière.

226. Newton a étendu aux comètes, dans leur mouvement autour du soleil, et aux satellites autour de leurs planètes respectives, les lois de Képler et les conséquences qui s'en déduisent relativement à la force qui agit sur ces mobiles.

Les comètes, dans leur mouvement, ne diffèrent des planètes qu'en ce qu'elles ne sont pas constamment visibles, à raison de l'éloignement de leurs aphélies; ce qui rend très difficile la détermination de leurs orbites. Néanmoins, il y a maintenant trois comètes dont on connaît les orbites et les temps de leurs révolutions, presque aussi exactement que pour les planètes. A l'égard des autres comètes, on calcule leur mouvement par approximation, en prenant pour la trajectoire, dans la petite étendue où chaque comète est visible, une parabole dont le foyer est au centre du soleil, et supposant toujours les aires décrites par le rayon vecteur autour de ce point, proportionnelles au temps pour chaque comète. Ce cas est compris dans les formules précédentes du mouvement elliptique, en y faisant

$$a = \infty, \qquad a(1 - e) = b;$$

b désignant la distance périhélie OB, qui est une quantité finie.

Les masses des comètes sont très petites par rapport à celles des planètes et paraissent d'une tout autre nature. En vertu de la troisième loi de Képler, les forces motrices de deux comètes, ou d'une comète et d'une planète, à la même distance du soleil, sont entre elles comme leurs masses respectives, et leurs forces accélératrices sont égales; il en est de même à l'égard de plusieurs satellites d'une même planète, mais non pas relativement aux satellites de deux planètes différentes, ou à un satellite et une planète; car la loi des carrés du temps des révolutions proportionnels aux cubes des grands axes n'a lieu que pour les corps qui tournent autour d'un même centre: nous ferons connaître par la suite le rapport qui existe entre les forces motrices de deux satellites appartenant à des planètes différentes, et entre celles d'une planète et d'un satellite.

Ajoutons encore que dans ces derniers temps on a étendu les lois du mouvement elliptique aux étoiles doubles, dans lesquelles un mouvement révolutif de l'une des étoiles autour de l'autre a été reconnu, et que leurs positions relatives, calculées d'après ces lois, se sont accordées aussi bien qu'on pouvait l'espérer avec leurs positions observées.

227. Examinons actuellement les altérations que la résistance d'un éther très rare répandu autour du soleil, produirait dans le mouvement elliptique des planètes. Leur non-sphéricité parfaite et le frottement du fluide contre leur surface, pourraient faire sortir le centre de gravité du plan de son orbite : on fera abstraction de ces deux circonstances; et il ne s'agira que de former les équations du mouvement de ce point, en ayant égard, à la fois, à la force centrale en raison inverse du carré de la distance, et à une force tangentielle provenant de la résistance du milieu.

Je supposerai, comme dans le mouvement des projectiles dans l'air, cette résistance proportionnelle au carré de la vitesse, à la densité du milieu et à la surface de chaque planète; la force accélératrice qui en résultera sera, en outre, en raison inverse de la masse du mobile; je la représenterai par $\rho\,\frac{ds^2}{dt^2}$, en désignant par ds l'élément de la trajectoire, et par ρ un coefficient très petit et proportionnel, pour une même planète, à la densité du milieu. En observant que cette force agit en sens contraire de la vitesse du mobile, et représentant toujours la force principale dirigée vers le centre du soleil, par μ à l'unité de distance et par $\frac{\mu}{r^2}$ à la distance r, les équations (1) devront être remplacées par celles-ci :

$$\left.\begin{aligned} \frac{d^2x}{dt^2}+\frac{\mu x}{r^3} &= -\rho\frac{ds}{dt}\frac{dx}{dt}, \\ \frac{d^2y}{dt^2}+\frac{\mu y}{r^3} &= -\rho\frac{ds}{dt}\frac{dy}{dt}. \end{aligned}\right\} \quad (2)$$

En employant les coordonnées polaires, on en déduit, sans difficulté, ces autres équations

$$\left.\begin{aligned} \frac{d(dr^2+r^2d\theta^2)}{dt^2} - 2\mu d.\frac{1}{r} &= -\frac{2\rho(dr^2+r^2d\theta^2)}{dt^2}ds, \\ d.r^2d\theta &= -\rho r^2 d\theta ds, \end{aligned}\right\} \quad (3)$$

qui en sont une transformation.

228. Lorsqu'on néglige leurs seconds membres, les équations (2) se réduisent à

$$\frac{d^2x}{dt^2}+\frac{\mu x}{r^3}=0, \quad \frac{d^2y}{dt^2}+\frac{\mu y}{r^3}=0, \quad (4)$$

et les équations (3) à celles-ci :

$$\frac{d(dr^2+r^2d\theta^2)}{dt^2} - 2\mu\, d.\frac{1}{r}=0, \quad d.r^2d\theta=0. \quad (5)$$

On satisfait à ces équations (5) au moyen des formules (*a*), (*b*), (*c*), du n° 220; ces formules n'en sont pas les intégrales complètes, parce qu'elles ne contiennent que deux constantes arbitraires a et e; mais si l'on fait attention que les équations (5) ne renferment pas explicitement les variables θ et t, et qu'elles contiennent seulement leurs différentielles $d\theta$ et dt, on en conclut que les formules du numéro cité devront encore satisfaire à ces équations, en ajoutant des constantes quelconques à t et θ. De cette manière, les intégrales complètes des équations (5), et, par conséquent, des équations (4), seront exprimées par ce système de formules :

$$\left.\begin{aligned} r &= a(1 - e\cos u),\\ nt + \varepsilon &= u - e\sin u,\\ \operatorname{tang}\tfrac{1}{2}(\theta - \omega) &= \sqrt{\frac{1+e}{1-e}}\operatorname{tang}\tfrac{1}{2}u; \end{aligned}\right\} (a)$$

a, e, ε, ω, étant les quatre constantes arbitraires, et n une constante liée à a par l'équation

$$a^3n^2 = \mu,$$

qui résulte de $\frac{2\pi}{T} = n$, $\frac{4\pi^2a^3}{T^2} = \mu$, par l'élimination de T.

Le zéro de la variable u répondra toujours à la plus petite valeur de r, ou au périhélie B (fig. 52). Pour $u = 0$, on aura $\theta = \omega$; de sorte que θ représentera maintenant l'angle MOE, compté à partir d'une droite OE, qui fait un angle BOE $= \omega$, avec OB. La valeur de θ en série sera de la forme

$$\theta = nt + \varepsilon + \theta_1,$$

en désignant par θ_1 sa partie périodique, ordonnée suivant les sinus des multiples croissans de $nt + \varepsilon - \omega$. Cet angle θ sera la longitude vraie de la planète dans le plan de son orbite, au bout du temps t quelconque; $nt + \varepsilon$ exprimera sa longitude moyenne au même instant, ε sa longitude moyenne à l'époque d'où l'on compte le temps t, et ω la longitude de son périhélie.

229. Cela posé, quand on connaît les intégrales complètes d'un système d'équations différentielles comme les équations (4), on en déduit les intégrales d'un autre système d'équations différentielles, telles

que les équations (2), qui ne diffèrent des premières que par de très petits termes, au moyen d'une méthode dont les géomètres ont fait les plus heureuses applications à la *Mécanique céleste*, et que je vais exposer à l'occasion du problème qui nous occupe.

Les valeurs de x et y, qui satisfont aux équations (4), sont de la forme :

$$x = f(t, a, e, \varepsilon, \omega), \qquad y = \mathrm{F}(t, a, e, \varepsilon, \omega);$$

f et F indiquant des fonctions données. Pour que ces valeurs satisfassent encore aux équations (4), j'y considère a, e, ε, ω, comme de nouvelles variables qu'il s'agira de déterminer. Mais ces inconnues étant au nombre de quatre, et les équations (2) seulement au nombre de deux, je peux prendre à volonté deux équations auxiliaires; et je fais, en conséquence,

$$\left.\begin{aligned} \frac{df}{da}da + \frac{df}{de}de + \frac{df}{d\varepsilon}d\varepsilon + \frac{df}{d\omega}d\omega &= 0, \\ \frac{d\mathrm{F}}{da}da + \frac{d\mathrm{F}}{de}de + \frac{d\mathrm{F}}{d\varepsilon}d\varepsilon + \frac{d\mathrm{F}}{d\omega}d\omega &= 0, \end{aligned}\right\} (b)$$

ou, autrement dit, j'égale à zéro les parties de dx et dy, provenant des variations de a, e, ε, ω De cette manière, les valeurs complètes de $\frac{dx}{dt}$ et $\frac{dy}{dt}$ sont simplement

$$\frac{dx}{dt} = \frac{df}{dt}, \qquad \frac{dy}{dt} = \frac{d\mathrm{F}}{dt}.$$

En différentiant de nouveau, on a

$$\frac{d^2x}{dt^2} = \frac{d^2f}{dt^2} + \frac{d^2f}{dtda}\frac{da}{dt} + \frac{d^2f}{dtde}\frac{de}{dt} + \frac{d^2f}{dtd\varepsilon}\frac{d\varepsilon}{dt} + \frac{d^2f}{dtd\omega}\frac{d\omega}{dt},$$

$$\frac{d^2y}{dt^2} = \frac{d^2\mathrm{F}}{dt^2} + \frac{d^2\mathrm{F}}{dtda}\frac{da}{dt} + \frac{d^2\mathrm{F}}{dtde}\frac{de}{dt} + \frac{d^2\mathrm{F}}{dtd\varepsilon}\frac{d\varepsilon}{dt} + \frac{d^2\mathrm{F}}{dtd\omega}\frac{d\omega}{dt}.$$

Or, par hypothèse, les valeurs précédentes de x et y satisfont aux équations (4), en y regardant a, e, ε, ω, comme des constantes arbitraires, on a donc

$$\frac{d^2f}{dt^2}+\frac{\mu x}{r^3}=0, \qquad \frac{d^2F}{dt^2}+\frac{\mu y}{r^3}=0;$$

par conséquent, si l'on substitue les valeurs complètes de $\frac{d^2x}{dt^2}$ et $\frac{d^2y}{dt^2}$ dans les équations (2), on aura

$$\left.\begin{aligned}\frac{d^2f}{dtda}da+\frac{d^2f}{dtde}de+\frac{d^2f}{dtd\varepsilon}d\varepsilon+\frac{d^2f}{dtd\omega}d\omega&=-\rho\frac{ds}{dt}\frac{dx}{dt}dt,\\ \frac{d^2F}{dtda}da+\frac{d^2F}{dtde}de+\frac{d^2F}{dtd\varepsilon}d\varepsilon+\frac{d^2F}{dtd\omega}d\omega&=-\rho\frac{ds}{dt}\frac{dy}{dt}dt;\end{aligned}\right\}\ (c)$$

et ce système des quatre équations (b) et (c) servira à déterminer a, e, ε, ω, en fonctions de t.

230. Cette substitution de quatre équations différentielles du premier ordre, aux deux équations (2), qui sont du second ordre, n'aurait, en général, aucun avantage. Mais les valeurs de da, de, $d\varepsilon$, $d\omega$, qu'on tire des équations (b) et (c), auront pour facteur le coefficient ρ de la résistance, qui est une très petite quantité; les parties variables de a, e, ε, ω, seront donc aussi très petites; et si l'on néglige le carré de ρ, on pourra considérer a, e, ε, ω, comme des constantes, dans les expressions de da, de, $d\varepsilon$, $d\omega$; ce qui réduira aux quadratures le calcul des parties variables de a, e, ε, ω. Par la méthode des approximations successives, on obtiendra ainsi des valeurs de ces quantités, ordonnées suivant les puissances de ρ et aussi exactes que l'on voudra; nous nous arrêterons à la première puissance de ρ.

Les équations (a), après qu'on y aura substitué les valeurs variables de a, e, ε, ϖ, feront connaître, comme dans le cas du mouvement elliptique, les valeurs de r et θ en fonctions du temps. La trajectoire sera encore une ellipse, mais dont les élémens varieront continuellement. Si l'on suppose que l'on construise à chaque instant l'ellipse constante qui répond aux valeurs des élémens à ce même instant, les ordonnées x et y, et leurs différentielles dx et dy, seront communes, en vertu des équations (b), à cette ellipse et à la trajectoire, qui sera, par conséquent, la courbe de contact de toutes les ellipses constantes. Par la même raison, la vitesse du mobile et ses composantes auront les mêmes expressions, et seront déterminées par les formules (d) du n° 222, dans le mouvement elliptique et dans le mouvement altéré par la résistance du milieu.

231. Observons qu'on a identiquement

$$nt = \int ndt + \int tdn;$$

en comprenant $\int tdn$ dans l'inconnue ε, on pourra donc écrire ainsi :

$$\int ndt + \varepsilon - \varpi = u - e \sin u, \quad (d)$$

la seconde équation (a). Alors, en même temps qu'on changera, dans les équations du mouvement elliptique, les constantes a, e, ε, ϖ, dans leurs valeurs variables, il y faudra remplacer nt par l'intégrale $\int ndt$, que nous supposerons nulle quand $t = 0$. La quantité n qu'elle renferme se déduira de a, au moyen de la formule

$$n = \frac{\sqrt{\mu}}{a\sqrt{a}},$$

donnée par l'équation $a^3n^2 = \mu$ du n° 228. Cette intégrale $\int ndt$ exprimera le moyen mouvement de la planète (n° 219), altéré par la résistance du milieu; et, de cette manière, la différentielle du moyen mouvement sera ndt, dans le mouvement troublé comme dans le mouvement elliptique.

Au périhélie, l'angle $\theta - \varpi$ est égal à zéro ou à un multiple de 360°; en vertu de la première équation (a), il en sera de même à l'égard de l'angle u; donc, pendant l'intervalle de temps compris entre deux passages consécutifs de la planète à son périhélie, la quantité $\int ndt + \varepsilon - \varpi$ augmentera de 360°; ce qui servira à déterminer cet intervalle, quand on connaîtra n, ε, ϖ en fonctions de t. Le temps de la révolution, ou l'intervalle compris entre deux retours consécutifs de la planète au même point fixe, sera celui qui répondra à un pareil accroissement de sa longitude vraie θ.

232. Nous pouvons remplacer les équations (b) et (c) par d'autres équations équivalentes, desquelles il sera plus facile de déduire les valeurs de da, de, $d\varepsilon$, $d\varpi$.

Pour cela, observons que si une équation quelconque

$$\varphi(nt, r, \theta, a, e, \varepsilon, \varpi) = 0,$$

a lieu dans le mouvement elliptique, elle subsistera encore dans le mouvement altéré par la résistance du milieu, en y regardant a, e, ε, ϖ, comme des variables déterminées par les équations (b) et (c), et y mettant $\int ndt$ à la place de nt. La différentielle de la fonction φ sera donc nulle, soit qu'on la prenne, dans le premier cas, par rapport à nt, r, θ; soit qu'on la prenne, dans le second cas, par rapport à $\int ndt$, r, θ, a, e, ε, ϖ; or, r et θ étant des fonctions de x et y, leurs différentielles sont les mêmes dans les deux cas, en vertu des équations (b); par conséquent, en supprimant, dans la différentielle complète de φ, la partie $\frac{d\varphi}{d.nt}d.nt + \frac{d\varphi}{dr}dr + \frac{d\varphi}{d\theta}d\theta$, qui est séparément nulle, on aura

$$\frac{d\varphi}{da}da + \frac{d\varphi}{de}de + \frac{d\varphi}{d\varepsilon}d\varepsilon + \frac{d\varphi}{d\varpi}d\varpi = 0.$$

Cela posé, après avoir mis dans l'équation (2) du n° 218, $\theta - \varpi$ à la place de θ, on en déduit

$$r + re\cos(\theta - \varpi) = a(1 - e^2);$$

en différentiant, comme il vient d'être dit, on aura donc

$$r\cos\theta d.e\cos\varpi + r\sin\theta d.e\sin\varpi = d.a(1 - e^2). \quad (e)$$

Je différentie de même la première équation (a) et l'équation (d); ce qui donne

$$(1 - e\cos u)da - a\cos u de + ae\sin u du = 0,$$

$$d\varepsilon - d\varpi + \sin u de - (1 - e\cos u)du = 0,$$

en considérant u comme une fonction de a, e, ε, ϖ. J'élimine du entre ces deux équations; il vient

$$(1-e\cos u)^2 da+a(e-\cos u)de+ae\sin u(d\varepsilon-d\omega)=0.$$

Mais, en mettant dans les formules

$$\cos u=\frac{1-\tang^2\frac{1}{2}u}{1+\tang^2\frac{1}{2}u},\quad \sin u=\frac{2\tang\frac{1}{2}u}{1+\tang^2\frac{1}{2}u},$$

à la place de $\tang\frac{1}{2}u$ sa valeur donnée par la troisième équation (a), on a

$$\cos u=\frac{e+\cos(\theta-\omega)}{1+e\cos(\theta-\omega)},\quad \sin u=\frac{\sqrt{(1-e^2)}\sin(\theta-\omega)}{1+e\cos(\theta-\omega)};$$

au moyen de quoi l'équation précédente devient

$$\frac{(1-e^2)da}{1+e\cos(\theta-\omega)}-a\cos(\theta-\omega)de+\frac{ae\sin(\theta-\omega)}{\sqrt{1-e^2}}(d\varepsilon-d\omega)=0. \quad (f)$$

Ce que nous disons relativement à l'équation $\varphi=0$, s'applique également au cas où la fonction φ renferme les différentielles premières de r et θ. Ainsi, l'on a, dans le mouvement elliptique,

$$\frac{dr^2+r^2d\theta^2}{dt^2}-\frac{2\mu}{r}=-\frac{\mu}{a},$$
$$r^2d\theta=\sqrt{\mu a(1-e^2)}dt,$$

en mettant $\sqrt{\mu a}$ au lieu de a^2n dans la valeur de $r^2d\theta$ du n° 220 : or, les différentielles dr et $d\theta$, ainsi que r et θ, restant les mêmes lorsque a, e, ε, ω, deviennent variables, il s'ensuit que ces deux équations subsisteront encore dans cette hypothèse ; cela étant, en comparant leurs différentielles complètes aux équations (3) du n° 228, on en conclut

$$\left.\begin{aligned} d.\frac{1}{a}&=2\rho\left(\frac{2}{r}-\frac{1}{a}\right)ds,\\ d.\sqrt{a(1-e^2)}&=-\rho\sqrt{a(1-e^2)}ds.\end{aligned}\right\}\quad (g)$$

Maintenant, on tirera facilement des quatre équations (e), (f), (g), les valeurs de da, de, $d\varepsilon$, $d\omega$; en y mettant pour r sa valeur, savoir,

$$r = \frac{a(1-e^2)}{1+e\cos(\theta-\omega)},$$

afin de les exprimer en fonctions de l'angle θ seulement, on trouve

$$\left.\begin{aligned} da &= -\frac{2\rho a}{1-e^2}[1+2e\cos(\theta-\omega)+e^2]ds,\\ de &= -2\rho[e+\cos(\theta-\omega)]ds,\\ ed\omega &= -2\rho\sin(\theta-\omega)ds,\\ d\varepsilon &= +\frac{2\rho e\sin(\theta-\omega)\left[\sqrt{1-e^2}-e^2-e\cos(\theta-\omega)\right]}{[1+e\cos(\theta-\omega)]\left(1+\sqrt{1-e^2}\right)}. \end{aligned}\right\}(h)$$

La valeur de ds qu'on devra substituer dans ces formules, est

$$ds = \sqrt{r^2+\frac{dr^2}{d\theta^2}}\,d\theta;$$

et en y substituant celle de r, elle devient

$$ds = \frac{a(1-e^2)\sqrt{1+2e\cos(\theta-\omega)+e^2}}{[1+e\cos(\theta-\omega)]^2}\,d\theta.$$

On intégrera les seconds membres des équations (h), en y considérant a, e, ε, ω, comme des constantes, ainsi qu'il a été dit précédemment; et quand le coefficient ρ sera donné en fonction de r, et conséquemment de θ, on en déduira, par la méthode des quadratures ou par la réduction en série, les valeurs variables de a, e, ε, ω, qui devront être substituées dans les équations du mouvement elliptique.

233. Si l'excentricité e est une très petite fraction, les formules (h), réduites à leur partie principale, deviendront

$$da = -2\rho\, a^2 d\theta,\quad de = -2\rho a \cos(\theta - \omega) d\theta,$$
$$ed\omega = -2\rho a \sin(\theta - \omega) d\theta,\quad d\varepsilon = 2\rho a e \sin(\theta - \omega) d\theta;$$

et l'on y pourra considérer le coefficient ρ comme constant. En intégrant et désignant par δa, δe, $\delta\omega$, $\delta\varepsilon$, les parties variables de a, e, ε, ω, on aura donc

$$\begin{aligned}
\delta a &= -2\rho a^2 \theta,\\
\delta e &= -2\rho a \sin(\theta - \omega),\\
e\delta\omega &= 2\rho a \cos(\theta - \omega),\\
\delta\varepsilon &= -2\rho a e \cos(\theta - \omega).
\end{aligned}$$

Si l'on exprime par δn la partie correspondante de n, ou de $\frac{\sqrt{\mu}}{a\sqrt{a}}$, de sorte qu'on ait

$$\delta n = -\frac{3\sqrt{\mu}}{2a^2\sqrt{a}}\delta a,$$

il en résultera

$$\delta n = 3\rho a n \theta.$$

On voit donc que l'effet de la résistance d'un milieu très rare sur le mouvement d'une planète très peu excentrique, serait de faire décroître indéfiniment le grand axe, d'augmenter de même la vitesse angulaire n, et de produire dans chacune des trois quantités e, ω, ε, une inégalité dont la période est la même que la révolution de cette planète. Non-seulement le mouvement angulaire s'accélérerait de plus en plus, mais même la vitesse absolue; car elle est à peu près égale à an; son accroissement est donc $a\delta n + n\delta a$; quantité positive et égale à $\rho a^2 n\theta$.

En négligeant tout-à-fait l'excentricité, on a

$$r = a, \qquad \theta = \int ndt + \varepsilon;$$

si donc on désigne par δr et $\delta\theta$, les parties du rayon vecteur et de la longitude qui proviennent de la résistance du milieu, on aura, au même degré d'approximation,

$$\delta r = -\ 2\rho a^2\theta, \qquad \delta\theta = \tfrac{3}{2}\rho a\theta^2.$$

En vertu de cette diminution continuelle du rayon vecteur, qui s'éléverait à $4\pi\rho a^2$ à chaque révolution de la planète, elle finirait nécessairement par atteindre la surface du soleil.

Au reste, s'il existe dans l'espace un éther qui influe sur le mouvement des astres, c'est sur les comètes que cette influence peut être sensible, à cause de la petitesse de leur masse, et parce que, toutes choses d'ailleurs égales, le coefficient ρ est en raison inverse de la masse du mobile. Et, en effet, on n'a reconnu jusqu'à présent aucune trace d'une résistance de l'éther dans le mouvement des planètes et des satellites; mais d'après les calculs de M. Enke, cette résistance paraît influer d'une manière appréciable sur le mouvement de la comète récemment découverte, dont la révolution est d'environ 1200 jours.

§ III. *Mouvement d'un point matériel soumis à une force centrale.*

234. Le problème que nous allons résoudre est l'inverse de celui du paragraphe précédent : on supposait alors la trajectoire et la loi du mouvement données par l'observation, et il s'agissait de déterminer en grandeur et en direction, la force à laquelle ce mouvement était dû; maintenant, on suppose qu'une force constante dirigée vers un centre fixe, et donnée en fonction de la distance du mobile à ce point, est appliquée à ce mobile, et l'on propose d'en conclure la trajectoire et la loi du mouvement.

Cette courbe DMB (fig. 55) sera comprise dans le plan passant par le centre fixe C, et par la direction DA de la vitesse initiale. Je mène dans ce plan et par le point C, deux axes rectangulaires Cx et Cy, dont le premier passe par le point de départ D du mobile, et qui seront les axes des coordonnées. Au bout du temps t, compté depuis ce départ, je suppose que le mobile soit en M, et je désigne par x et y ses coordonnées CP et PM, par r son rayon vecteur CM, et par R sa force accélératrice, dirigée de M vers C et donnée en fonction de r; les équations du mouvement seront

$$\frac{d^2x}{dt^2} = -\frac{x}{r}\,\text{R}, \quad \frac{d^2y}{dt^2} = -\frac{y}{r}\,\text{R}; \qquad (1)$$

et si la force R était dirigée suivant le prolongement de CM, il suffirait de changer les signes de leurs seconds membres.

On en déduit immédiatement les deux intégrales premières

$$xdy - ydx = cdt, \quad \frac{dx^2 + dy^2}{dt^2} = -2\int Rdr + b,$$

dans lesquelles b et c sont les constantes arbitraires ; et si l'on appelle θ l'angle MCx, de sorte qu'on ait

$$x = r\cos\theta, \qquad y = r\sin\theta,$$

ces intégrales deviendront

$$r^2 d\theta = cdt, \quad \frac{dr^2 + r^2 d\theta^2}{dt^2} = -2\int Rdr + b; \quad (2)$$

d'où l'on déduira des valeurs de dt et $d\theta$, de la forme

$$dt = frdr, \qquad d\theta = Frdr,$$

qu'il ne s'agira plus que d'intégrer exactement ou par approximation.

En éliminant dt entre les équations (2), on a

$$c^2 \left(\frac{d.\frac{1}{r}}{d\theta}\right)^2 + \frac{c^2}{r^2} + 2\int Rdr = b, \qquad (3)$$

pour l'équation différentielle de la trajectoire. Si l'on appelle v la vitesse du mobile au point M, on aura

$$v^2 = b - 2\int Rdr; \qquad (4)$$

et en représentant par δ l'angle que sa direction fait avec MC, ses composantes seront

$$v\cos\delta = -\frac{dr}{dt}, \quad v\sin\delta = r\frac{d\theta}{dt},$$

suivant MC et suivant MH perpendiculaire à ce rayon vecteur.

Les deux constantes b et c, et celles qui seront introduites par l'intégration des valeurs de dt et $d\theta$, se détermineront d'après la position et la vitesse initiales du mobile. Pour cela, je représenterai par γ la distance initiale CD, par α l'angle CDA qui pourra être aigu ou obtus, et par h la hauteur due à la vitesse initiale, de sorte que cette vitesse soit $\sqrt{2gh}$, en appelant g la gravité. Si l'on suppose que l'intégrale $\int \mathrm{R}dr$, qui entre dans les formules précédentes, soit nulle quand $r=\gamma$, on aura d'abord

$$b = 2gh,$$

d'après la valeur de v^2. En vertu de l'équation $r^2d\theta = cdt$, la valeur de $v \sin \delta$ est la même chose que $\frac{c}{r}$; par conséquent, nous aurons

$$c = \gamma\sqrt{2gh}\sin\alpha.$$

Quant aux deux autres constantes arbitraires, on les déterminera de manière qu'on ait $\theta = 0$ et $r = \gamma$ quand $t = 0$, et le problème sera complètement résolu.

235. Lorsque la force R est proportionnelle à la distance r, les variables x et y sont séparées dans les équations (1), et l'on n'a pas besoin de recourir aux coordonnées polaires et aux équations (2).

Soient, en effet, k la valeur de R qui répond à $r=\gamma$, et

$$\mathrm{R} = \frac{kr}{\gamma},$$

sa valeur générale. Les équations (1) deviendront

$$\frac{d^2x}{dt^2} = -\frac{kx}{\gamma}, \quad \frac{d^2y}{dt^2} = -\frac{ky}{\gamma};$$

et leurs intégrales complètes seront

$$x = \mathrm{A}\cos t\sqrt{\frac{k}{\gamma}} + \mathrm{A}'\sin t\sqrt{\frac{k}{\gamma}},$$

$$y = \mathrm{B}\cos t\sqrt{\frac{k}{\gamma}} + \mathrm{B}'\sin t\sqrt{\frac{k}{\gamma}};$$

A, A′, B, B′, étant les quatre constantes arbitraires. Pour les déterminer, on a, d'après les suppositions précédentes,

$$x=\gamma,\ y=0,\ \frac{dx}{dt}=-\sqrt{2gh}\cos\alpha,\ \frac{dy}{dt}=\sqrt{2gh}\sin\alpha,$$

quand $t=0$; d'où il résulte

$$\mathrm{A}=\gamma, \quad \mathrm{A}'\sqrt{\frac{k}{\gamma}} = -\sqrt{2gh}\cos\alpha,$$

$$\mathrm{B}=0, \quad \mathrm{B}'\sqrt{\frac{k}{\gamma}} = \sqrt{2gh}\sin\alpha,$$

et, par conséquent,

$$x=\gamma\left(\cos t\sqrt{\frac{k}{\gamma}} - \sqrt{\frac{2gh}{k\gamma}}\cos\alpha\sin t\sqrt{\frac{k}{\gamma}}\right),$$

$$y=\gamma\sqrt{\frac{2gh}{k\gamma}}\sin\alpha\sin t\sqrt{\frac{k}{\gamma}}.$$

Ces formules nous montrent que les révolutions du mobile autour du point C seront isochrones, et leur durée commune égale à $2\pi\sqrt{\frac{\gamma}{k}}$. On en déduit

$$\gamma\sin\alpha\sin t\sqrt{\frac{k}{\gamma}} = y\sqrt{\frac{k\gamma}{2gh}},$$

$$\gamma\sin\alpha\cos t\sqrt{\frac{k}{\gamma}} = x\sin\alpha + y\cos\alpha;$$

d'où il résulte

$$\frac{k\gamma}{2gh}y^2 + (x\sin\alpha + y\cos\alpha)^2 = \gamma^2\sin^2\alpha,$$

pour l'équation de la trajectoire, qui est, comme on voit, une ellipse dont le centre est au point C. Pour que cette ellipse soit un cercle, il faut qu'on ait $\alpha = 90°$ et $k\gamma = 2gh$. Dans ce cas, le mouvement est uniforme; car, d'après les valeurs de x et y, on a

$$\frac{dx}{dt} = -\sqrt{\gamma k}\sin t\sqrt{\frac{k}{\gamma}},\ \frac{dy}{dt} = \sqrt{\gamma k}\cos t\sqrt{\frac{k}{\gamma}};$$

ce qui donne $\sqrt{\gamma k}$ pour la vitesse v. La force centrale R et la force centrifuge $\frac{v^2}{\gamma}$ sont constantes et toutes deux égales à k.

Si la force R est répulsive au lieu d'être attractive, comme on l'a supposé, il faudra changer k en $-k$ dans les formules précédentes. La trajectoire sera alors une hyperbole, et le mouvement cessera d'être révolutif.

236. Prenons actuellement la force R en raison inverse du cube des distances, et représentons-la par

$$R = \frac{k\gamma^3}{r^3};$$

k étant toujours sa valeur au point D.

Nous aurons, dans cette hypothèse,

$$2\int R\,dr = k\gamma\left(1 - \frac{\gamma^2}{r^2}\right),$$

à cause que l'intégrale doit s'évanouir quand $r = \gamma$.

En ayant égard aux valeurs de b et c, et faisant

$$\frac{\gamma}{r} = z, \qquad \frac{\gamma d.\frac{1}{r}}{d\theta} = \frac{dz}{d\theta},$$

l'équation (3) deviendra

$$\frac{dz^2}{d\theta^2} + \left(1 - \frac{k\gamma}{2gh\sin^2\alpha}\right)z^2 = \frac{1}{\sin^2\alpha} - \frac{k\gamma}{2gh\sin^2\alpha}.$$

Le coefficient de z^2 pourra être positif ou négatif; je fais donc

$$1 - \frac{k\gamma}{2gh\sin^2\alpha} = \pm n^2;$$

d'où il résulte

$$\frac{dz^2}{d\theta^2} \pm n^2z^2 = \cot^2\alpha \pm n^2,$$

et, par conséquent,

$$nd\theta = \frac{ndz}{\sqrt{\cot^2\alpha \pm n^2 \mp n^2z^2}}.$$

Dans le cas des signes supérieurs, on aura

$$n\theta = \text{arc}\left(\sin = \frac{nz}{\sqrt{\cot^2\alpha + n^2}}\right) - \text{arc}\left(\sin = \frac{n}{\sqrt{\cot^2\alpha + n^2}}\right),$$

et, dans le cas des signes inférieurs,

$$n\theta = \log\frac{nz + \sqrt{\cot^2\alpha - n^2 + n^2z^2}}{n + \cot\alpha},$$

en observant qu'on a $r = \gamma$ et $z = 1$ quand $\theta = 0$.

De la première valeur de $n\theta$, on tire

$$nz = \cot\alpha\sin n\theta + n\cos n\theta.$$

Le *maximum* de z ou le *minimum* de r répond à la valeur de θ, tirée de l'équation $dz = 0$, ou

$$\tang n\theta = \frac{1}{n} \cot \alpha,$$

pour laquelle on aura

$$z = \frac{\gamma}{r} = \sqrt{1 + \frac{1}{n^2} \cot^2 \alpha}.$$

Au-delà de cette valeur de θ, le mobile s'éloignera indéfiniment du point C, et son rayon vecteur r sera infini, pour la plus petite valeur de θ tirée de l'équation $z = 0$, ou

$$\tang n\theta = - n \tang \alpha;$$

valeur que θ ne pourra atteindre qu'après un temps infini. En mettant à la place de r, la valeur de $\frac{\gamma}{z}$ dans la première équation (2), on en déduira sans difficulté, t en fonction de θ.

Dans le cas de la valeur logarithmique de $n\theta$, on aura, en passant aux nombres et désignant par e la base des logarithmes népériens,

$$nz + \sqrt{\cot^2 \alpha - n^2 + n^2 z^2} = (n + \cot \alpha) e^{n\theta};$$

d'où l'on tire

$$z = \frac{\gamma}{r} = \frac{1}{2n}(n + \cot \alpha) e^{n\theta} + \frac{1}{2n}(n - \cot \alpha) e^{-n\theta};$$

ce qui montre que r diminuera indéfiniment; en sorte que le mobile décrira une spirale autour du point C, et atteindra ce point après un nombre infini de révolutions.

Si l'on fait $\alpha = 90°$, pour simplifier, on aura

$$r = \frac{2\gamma}{e^{n\theta} + e^{-n\theta}},$$

pour l'équation de cette spirale. La première équation (2) devient

$$\sqrt{2gh}\,dt = \frac{4\gamma\, d\theta}{\left(e^{n\theta} + e^{-n\theta}\right)^2};$$

et, en intégrant, on a

$$nt\sqrt{2gh} = \frac{\gamma\left(e^{n\theta} - e^{-n\theta}\right)}{e^{n\theta} + e^{-n\theta}}.$$

237. Pour dernier exemple, supposons, comme dans la nature, la force R en raison inverse du carré des distances; de sorte qu'on ait

$$R = \frac{k\gamma^2}{r^2}, \quad \int R dr = k\gamma\left(1 - \frac{\gamma}{r}\right);$$

k étant l'intensité de cette force au point D, pour lequel l'intégrale est supposée nulle.

Si l'on fait

$$\frac{1}{r} = \rho, \quad 2k\gamma - b = \beta,$$

l'équation (3) de la trajectoire deviendra

$$c^2\frac{d\rho^2}{d\theta^2} = 2k\gamma^2\rho - c^2\rho^2 - \beta;$$

d'où l'on tire

$$d\theta = \frac{c d\rho}{\sqrt{\frac{k^2\gamma^4}{c^2} - 6 - \left(\frac{k\gamma^2}{c} - c\rho\right)^2}}.$$

En intégrant et désignant par ω la constante arbitraire, on aura donc

$$\theta = \omega + \text{arc}\left(\cos = \frac{k\gamma^2 - c^2\rho}{\sqrt{k^2\gamma^4 - c^2 6}}\right);$$

ce qui donne

$$k\gamma^2 r = c^2 - r\sqrt{k^2\gamma^4 - c^2 6} \cos(\theta - \omega), \quad (a)$$

en mettant $\omega + \pi$ à la place de ω, afin que ω soit la valeur de θ qui répond à la plus petite valeur de r, c'est-à-dire, au point de la trajectoire où le mobile est le plus rapproché de C.

Pour en déduire l'équation de cette courbe en coordonnées rectangulaires, je fais

$$x' = r\cos(\theta - \omega), \quad y' = r\sin(\theta - \omega);$$

x' et y' seront les coordonnées du mobile rapportées à des axes Cx' et Cy', tels que l'on ait $x'Cx = \omega$; on aura

$$x'^2 + y'^2 = r^2;$$

et en élevant au carré les deux membres de l'équation (a) de la trajectoire, elle deviendra

$$k^2\gamma^4 y'^2 + 6c^2 x'^2 = c^4 - 2c^2 x' \sqrt{k^2\gamma^4 - c^2 6}.$$

Or, sous cette forme, on voit qu'elle appartient à une section conique, qui sera une ellipse, une parabole ou une hyperbole, selon que la constante 6 sera positive, nulle ou négative. On voit aussi que, dans tous les cas, le point C sera un foyer de cette courbe; car, d'après l'équation (a), le rayon vecteur r est une fonction linéaire de l'abscisse x'; ce qui n'a lieu, dans les trois sections coniques, que quand l'origine des coordonnées est un de leurs foyers.

A cause de $b = 2gh$, on aura

$$\beta = 2k\gamma - 2gh;$$

il s'ensuit donc que le signe de β, et, par conséquent, la nature de la section conique qui sera décrite par le mobile, ne dépendra que de sa distance et de sa vitesse initiales, et nullement de la direction de cette vitesse; en sorte que différens points matériels partant d'un même point D, avec des vitesses égales, décriront tous des sections coniques de même nature, quelles que soient leurs directions initiales. Si l'on a, par exemple, $k = g$, la courbe décrite sera une ellipse, une parabole ou une hyperbole, selon que la hauteur due à la vitesse initiale sera moindre que CD, égale à cette distance, ou plus grande.

238. Dans le cas de l'ellipse, l'équation (a) montre que la plus grande et la plus petite valeur de r, répondent à $\theta = \omega + \pi$ et $\theta = \omega$; en les désignant par $a(1+e)$ et $a(1-e)$, de sorte que a soit le demi-grand axe et e l'excentricité, on aura donc

$$(k\gamma^2 - \sqrt{k^2\gamma^4 - c^2\beta})\, a(1+e) = c^2,$$
$$(k\gamma^2 + \sqrt{k^2\gamma^4 - c^2\beta})\, a(1-e) = c^2,$$

ou, ce qui est la même chose,

$$\beta a(1+e) = k\gamma^2 + \sqrt{k^2\gamma^4 - c^2\beta},$$
$$\beta a(1-e) = k\gamma^2 - \sqrt{k^2\gamma^4 - c^2\beta}.$$

En ajoutant ces équations et les multipliant membre à membre, il vient

$$6a = k\gamma^2, \quad 6a^2(1 - e^2) = c^2.$$

Si l'on y met pour 6 et c leurs valeurs

$$6 = 2(k\gamma - gh), \quad c = \gamma\sqrt{2gh}\sin\alpha,$$

on en déduit

$$\left.\begin{array}{l} 2(k\gamma - gh)a = k\gamma^2, \\ \gamma k\sqrt{1 - e^2} = 2\sqrt{gh(k\gamma - gh)}\sin\alpha; \end{array}\right\} \quad (b)$$

ce qui fait connaître le demi-grand axe et l'excentricité. On déterminera l'angle ω en faisant, à la fois, $\theta = 0$ et $r = \gamma$ dans l'équation (a). Ainsi, les dimensions de l'ellipse et la position de son grand axe seront complètement déterminées, d'après la position, la vitesse et la direction initiales du mobile. Quant à son mouvement sur cette courbe, il est connu par les formules (a), (b), (c), du n° 220.

Le carré de la vitesse à un instant quelconque est, d'après la formule (4) du n° 234,

$$v^2 = 2gh - 2k\gamma + \frac{2k\gamma^2}{r},$$

ou, ce qui est la même chose,

$$v^2 = \mu\left(\frac{2}{r} - \frac{1}{a}\right), \qquad (c)$$

à cause de la valeur qu'on vient de trouver pour a, et en faisant $k\gamma^2 = \mu$, de sorte que μ soit ici comme dans la formule du n° 225, l'intensité de la force centrale à l'unité de distance.

239. Il ne sera pas inutile de considérer en particulier le mouvement parabolique que l'on prend, par approximation, pour celui des comètes pendant la durée de leur apparition.

A cause que l'on a, dans ce cas, $\beta = 0$ ou $k\gamma = gh$, les équations (b) donnent $a = \infty$ et $e = 1$; ce qui a effectivement lieu dans la parabole. La formule (c) se réduit à

$$v^2 = \frac{2\mu}{r};$$

en appelant u la vitesse dans un cercle du rayon r, on aurait, en vertu de la même formule,

$$u^2 = \frac{\mu}{r};$$

par conséquent, à distance égale du soleil, la vitesse d'une comète est à celle d'une planète qui décrirait un cercle, comme $\sqrt{2}$ est à 1.

En général, les équations (b) donnent

$$k\gamma a(1 - e)(1 + e) = 2gh\gamma \sin^2\alpha,$$

en élevant au carré les deux membres de la dernière, et les multipliant ensuite par ceux de la première. Si donc on appelle p la plus courte distance de la comète au soleil, de sorte qu'on ait

$$p = a(1 - e),$$

et qu'on fasse $k\gamma = gh$ et $e = 1$, on aura

$$p = \gamma \sin^2 \alpha;$$

ce qui détermine la distance périhélie, au moyen de

la distance et de la direction initiales du mobile, que l'on suppose connues.

Je fais $6 = 0$ et $k\gamma = gh$ dans l'équation (a), et j'y mets pour c^2 sa valeur $2gh\gamma^2 \sin^2 \alpha$; elle devient

$$r = 2\gamma \sin^2 \alpha - r \cos(\theta - \omega);$$

d'où il résulte

$$r = \frac{2p}{1 + \cos(\theta - \omega)}, \qquad (d)$$

pour l'équation de la trajectoire. Si l'on y fait $\theta = 0$ et $r = \gamma$, on en déduit

$$\gamma(1 + \cos\omega) = 2p, \quad \cos\tfrac{1}{2}\omega = \sin\alpha;$$

ce qui détermine l'angle ω que fait le rayon vecteur du périhélie avec celui qui aboutit au point de départ du mobile.

Je substitue les valeurs de c et de r, dans la première équation (2) du n° 234, et je fais, pour abréger,

$$\frac{\gamma\sqrt{gh}\sin\alpha}{p^2} = n,$$

il en résulte

$$\frac{4d\theta}{[1 + \cos(\theta - \omega)]^2} = n\sqrt{2}dt.$$

En observant que

$$1 + \cos(\theta - \omega) = 2\cos^2\tfrac{1}{2}(\theta - \omega),$$

et faisant

$$\theta - \omega = 2\psi, \quad d\theta = 2d\psi,$$

on aura donc

$$\frac{d\psi}{\cos^4\psi} = \frac{ndt}{\sqrt{2}};$$

d'où l'on tire, en intégrant et désignant par ε la constante arbitraire,

$$(3 + \tang^2 \psi) \tang \psi + \varepsilon = \frac{3nt}{\sqrt{2}}.$$

Pour déterminer cette constante, on a, en même temps,

$$t = 0, \quad \theta = 0, \quad \psi = -\tfrac{1}{2}\omega;$$

et à cause de $\cos \frac{1}{2}\omega = \sin \alpha$, il en résulte

$$\varepsilon = (3 + \cot^2 \alpha) \cot \alpha.$$

En appelant t' le temps écoulé depuis le départ du mobile jusqu'à son passage au périhélie, on aura à la fois

$$t = t', \quad \theta = \omega, \quad \psi = 0,$$

et, par conséquent,

$$t' = \frac{\varepsilon\sqrt{2}}{3n}.$$

Cela étant, désignons par τ le temps compté à partir de l'instant de ce passage, de sorte qu'on ait $t = t' + \tau$, nous aurons

$$[3 + \tang^2 \tfrac{1}{2}(\theta - \omega)] \tang \tfrac{1}{2}(\theta - \omega) = \frac{3n\tau}{\sqrt{2}}; \qquad (e)$$

en résolvant cette équation du troisième degré, on aura donc $\tang \frac{1}{2}(\theta - \omega)$ en fonction de τ, et, par suite, r et θ à un instant quelconque : le temps τ sera positif après le passage au périhélie, et négatif avant ce passage.

A cause de

$$gh\gamma = k\gamma^2 = \mu, \qquad \sqrt{\gamma}\sin\alpha = \sqrt{p},$$

la valeur précédente de n est la même que

$$n = \frac{\sqrt{\mu}}{p\sqrt{p}};$$

elle est donc, d'après l'équation $a^3n^2 = \mu$ du n° 228, la vitesse moyenne angulaire d'une planète dont le demi-grand axe serait égal à p; et si l'on appelle i celle de la terre et l son demi-grand axe, de sorte qu'on ait

$$i = \frac{\sqrt{\mu}}{l\sqrt{l}},$$

on en conclura

$$n = \frac{il\sqrt{l}}{p\sqrt{p}},$$

pour la valeur de n.

240. Cette analyse montre qu'en considérant la détermination du mouvement d'une comète, comme un problème de dynamique, et supposant, en conséquence, que sa position, sa direction et sa vitesse initiales soient connues, on peut déduire de ces données, la distance p du sommet de la parabole à son foyer, l'instant du passage du mobile par ce sommet ou la valeur de t', et la position de l'axe dépendante de l'angle ω; les équations (c), (d), (e), font

ensuite connaître la vitesse de la comète et sa position sur sa trajectoire à un instant quelconque; et comme le plan de cette courbe est celui qui passe par le centre du soleil et par la direction de la vitesse initiale, il s'ensuit que le mouvement est complètement déterminé. Mais le problème astronomique est différent. Lorsqu'on découvre une comète, les observations ne donnent pas immédiatement le plan de son orbite, sa distance au soleil, sa vitesse et sa direction, à l'instant où elle apparaît; en sorte qu'en prenant sa position à cet instant, pour son point de départ, les constantes γ, h, α, ne sont pas données comme dans le problème précédent. La question consiste alors à déduire des observations, les valeurs de cinq quantités, savoir : l'inclinaison de l'orbite et la longitude de son nœud ascendant sur le plan de l'écliptique, ce qui déterminera le plan de l'orbite ; la longitude du périhélie et sa distance au soleil, d'où il résultera la position de l'orbite dans son plan ; et, enfin, le temps correspondant au passage de la comète par son périhélie. Lorsque ces cinq inconnues sont déterminées, les équations (*c*), (*d*), (*e*), représentent, comme précédemment, le mouvement de la comète dans son plan. Or, chaque observation de la comète donne son ascension droite et sa déclinaison; trois observations fournissent donc six données, et, par conséquent, six équations qui sont plus que suffisantes pour déterminer les cinq inconnues; et cela permet de remplacer deux de ces équations par leur combinaison la plus propre à diminuer l'influence des erreurs des observations. Les valeurs approchées des cinq élémens qu'on vient d'énumérer étant ainsi conclues de trois observations faites à l'époque de l'apparition, les observations subséquentes servent ensuite à corriger ces premières valeurs et à vérifier les formules (d) et (e).

Nous ne pouvons qu'indiquer ici ce problème d'astronomie, dont il existe différentes solutions.

CHAPITRE VII.

DIGRESSION SUR L'ATTRACTION UNIVERSELLE.

241. *Les points matériels de tous les corps s'attirent mutuellement, en raison directe des masses, et inverse du carré des distances.*

Cette grande loi de la nature, que Newton a découverte, est une conséquence nécessaire de l'observation et du calcul. On peut voir, en effet, dans l'*Exposition du Système du Monde*, comment, en partant de l'expérience, on est conduit, sans aucune hypothèse et par une suite de raisonnemens rigoureux, au principe de l'*attraction universelle*. Les développemens de ce principe sont l'objet spécial de la *Mécanique céleste*. Dans ce chapitre, nous nous bornerons à en exposer succinctement les principales conséquences.

242. La force qui retient les planètes dans leurs orbites, est la résultante de l'attraction exercée par tous les points matériels du soleil sur tous ceux de chaque planète. Vu la petitesse des dimensions du soleil et des planètes par rapport aux distances qui les séparent, on conçoit que ces attractions peuvent être regardées, avec une approximation suffisante, comme des forces parallèles et égales dans toute l'étendue d'une même planète; leur résultante est alors égale à leur somme, et la distance restant la même, la

force motrice de chaque planète est proportionnelle au produit de sa masse et de celle du soleil ; ce qui devient encore plus exact, à cause de la forme à peu près sphérique de ces deux corps, lorsqu'on prend pour leur distance celle de leurs centres de gravité (n° 99).

Supposons donc, pour exprimer numériquement l'intensité de cette force, que l'on prenne une certaine distance, par exemple, celle du soleil à la terre, pour unité linéaire ; choisissons une masse et un intervalle de temps déterminés pour unités de ces deux sortes de quantités ; et prenons enfin pour unité de force, comme dans le n° 118, la force accélératrice constante qui produit dans l'unité de temps une vitesse égale à l'unité de longueur. Concevons maintenant deux corps dont les masses soient égales à celle qu'on a prise pour unité, et qui soient placés à une distance l'un de l'autre égale à l'unité linéaire ; soit f la force attractive de l'un des deux corps sur l'autre, c'est-à-dire, le rapport numérique de son intensité à celle de la force choisie pour unité ; soient aussi M et m la masse du soleil et celle de la planète : la force motrice de la planète sera $f\text{M}m$, à l'unité de distance, et deviendra $\frac{f\text{M}m}{r^2}$, à la distance quelconque r.

La grandeur de la quantité que nous désignons par f, dépend du pouvoir attractif dont la matière est douée ; ce pouvoir est le même, à égalité de masse et de distance, pour tous les corps de la nature ; rien, jusqu'à présent, ne fait soupçonner qu'il augmente ou diminue avec le temps ; et nous avons lieu de penser qu'il a été et qu'il restera constamment le même.

243. La force motrice de la masse M, due à l'attraction de m, est aussi représentée par $\frac{fm\text{M}}{r^2}$, de manière que la réaction de chaque planète sur le soleil est égale et contraire à l'action de cet astre sur la planète ; mais la force motrice $\frac{f\text{M}m}{r^2}$, agissant sur les deux masses M et m, leur imprimera à chaque instant des vitesses infiniment petites qui sont réciproquement proportionnelles à ces masses, ou, autrement dit, leurs forces accélératrices sont $\frac{fm}{r^2}$ et $\frac{f\text{M}}{r^2}$. Il en résulte que si ces deux corps sont abandonnés, sans aucune vitesse initiale, à leur attraction mutuelle, ils s'avanceront l'un vers l'autre en parcourant, dans le même temps, des espaces qui seront en raison inverse de leurs masses ; ils se joindront au centre de gravité de M et m, qui partage leur distance primitive en deux parties réciproquement proportionnelles aux masses.

En général, si la planète est projetée dans l'espace suivant une direction quelconque, et qu'on propose de déterminer son mouvement apparent autour du centre du soleil, regardé comme un point fixe, il faudra concevoir que l'on imprime à chaque instant à cet astre, une vitesse infiniment petite, égale et contraire à celle qu'il reçoit de l'attraction de la planète ; mais, afin de ne point altérer le mouvement relatif de ces deux corps, il faudra, en même temps, imprimer cette vitesse à la planète ; ce qui revient à lui appliquer une force accélératrice égale et contraire à celle du soleil; donc, dans le mouvement dont il est question, la force accélératrice de la planète m sera constamment dirigée vers le soleil M, et égale à la somme des deux forces $\frac{fM}{r^2}$ et $\frac{fm}{r^2}$; si donc on veut l'exprimer par $\frac{\mu}{r^2}$, comme dans le n° 225, il faudra prendre

$$\mu = f(M + m).$$

Ainsi, l'on devra substituer cette valeur dans les différentes équations du mouvement elliptique qu'on a données précédemment; par conséquent, l'équation

$$\frac{4\pi^2 a^3}{T^2} = \mu,$$

du n° cité donnera

$$\frac{T^2}{a^3} = \frac{4\pi^2}{f(M + m)}; \qquad (1)$$

T étant toujours le temps de la révolution de la planète, et a le demi-grand axe de son orbite.

Le rapport $\frac{T^2}{a^3}$ qui dépend, comme on voit, de la quantité m, différera donc, pour deux planètes dont les masses sont inégales; en sorte qu'on ne peut pas supposer qu'il soit rigoureusement le même pour toutes les planètes. Cependant les observations qui conduisent à la troisième loi de Képler, prouvent que ce rapport est sinon exactement, du moins à très peu près constant; il en faut donc conclure que les masses des planètes sont très petites par rapport à celle du soleil;

ce qui fait que le rapport $\frac{T^2}{a^3}$ du carré du temps au cube de la distance moyenne varie très peu en passant d'une planète à une autre. La masse de Jupiter, la plus considérable de toutes, est effectivement moindre qu'un millième de la masse du soleil.

244. C'est pour cette raison que l'attraction mutuelle des planètes ne produit que des *perturbations*, ou très lentes, ou très peu considérables, dans le mouvement elliptique dû à l'attraction du soleil. En effet, les masses de deux planètes étant m et $m_{\prime}$, la force motrice dirigée de l'une vers l'autre, est exprimée par $\frac{fmm_{\prime}}{\rho^2}$, à la distance ρ; la force accélératrice de m provenant de l'attraction de $m_{\prime}$, sera donc $\frac{fm_{\prime}}{\rho^2}$; et comme la distance ρ ne devient jamais très petite par rapport à la distance r de m au soleil, il s'ensuit que si $m_{\prime}$ est une très petite fraction de M, le mouvement de m produit par l'attraction solaire devra être fort peu modifié par l'attraction de $m_{\prime}$.

Les perturbations planétaires peuvent donc être déterminées par la méthode de la variation des constantes arbitraires, que nous avons expliquée précédemment (nº 229). Elles sont de deux espèces. Les unes consistent en des *inégalités périodiques* généralement très petites, dont les périodes comprennent des multiples peu considérables, en général, des révolutions de la planète troublée et de la planète perturbatrice. Cependant, lorsque leurs moyens mouvemens approchent d'être commensurables, ces périodes peuvent devenir beaucoup plus longues, et les inégalités beaucoup plus sensibles. Ainsi, les moyens mouvemens de Saturne et de Jupiter étant à peu près entre eux comme 2 et 5, Laplace a trouvé qu'il résulte de l'attraction mutuelle de ces deux planètes, une inégalité dont la période est de 929 ans, et dont le *maximum* est d'environ 48′ dans la longitude de Saturne, et d'à peu près 20′ dans celle de Jupiter.

Les autres perturbations des planètes sont : 1°. les mouvemens progressifs du périhélie et des nœuds de leurs orbites, dans lesquels ces points parcourent la circonférence entière, en des temps extrêmement longs qui peuvent surpasser un millier de siècles ; 2°. les variations séculaires qui affectent les excentricités et les inclinaisons de ces orbites, ainsi que les longitudes moyennes des planètes, dont les périodes sont semblables aux précédentes, et dont les amplitudes, peu considérables, ne sont pas encore bien connues.

Mais tandis que ces divers élémens du mouvement elliptique varient simultanément en vertu de l'attraction planétaire, il est très remarquable que cette force n'altère aucunement les grands axes des orbites et les moyens mouvemens des planètes, qui seront les mêmes à toutes les époques, ainsi que les temps des révolutions, liés aux grands axes par l'équation (1). Toutefois, les variations séculaires des longitudes moyennes en produisent de semblables dans les intervalles entre deux retours consécutifs à un même point fixe ; elles sont insensibles dans le mouvement des planètes, mais non pas dans celui des satellites, et particulièrement dans le mouvement de la lune, qui s'accélère, pour cette raison, de siècle en siècle.

La force accélératrice qui provient de l'attraction d'une planète $m_{,}$ sur une autre planète m, étant indépendante de la masse m et proportionnelle à la masse $m_{,}$, on conçoit que les perturbations dues à cette force et observées dans le mouvement de m autour du soleil, peuvent servir à déterminer le rapport de la masse $m_{,}$ à celle de cet astre. Ainsi, par exemple, d'après la grande inégalité de Saturne, produite par l'action de Jupiter, on a trouvé la masse de cette dernière planète égale à $\frac{1}{1070}$ de celle du soleil. Nous indiquerons tout à l'heure un autre moyen de calculer la masse des planètes, quand elles sont accompagnées d'un ou plusieurs satellites.

Les comètes, à cause de la petitesse de leurs masses, ne produisent aucun effet appréciable sur les planètes; mais leurs mouvemens sont troublés par les attractions planétaires, et l'on détermine aussi par la méthode du n° 229, leurs perturbations, qui influent considérablement sur les époques de la réapparition de chaque comète, c'est-à-dire, sur l'intervalle de temps compris entre deux passages consécutifs à son périhélie.

245. Soient m' et m les masses d'un satellite et de sa planète, et r' la distance de leurs centres; la force motrice du satellite, dirigée vers le centre de la planète, sera aussi exprimée par $\frac{fm\,m'}{r'^2}$ à cette distance r'; le coefficient f étant le même que précédemment. Dans son mouvement apparent autour de la planète, la force accélératrice du satellite aura pour expression $\frac{\mu'}{r'^2}$, en faisant

$$\mu' = f(m + m').$$

Je représenterai par a' le demi-grand axe de l'orbite du satellite, et par T' le temps de sa révolution; en appliquant l'équation (1) à son mouvement, on aura

$$\frac{T'^2}{a'^3} = \frac{4\pi^2}{f(m + m')};$$

et si l'on divise ces deux équations membre à membre, afin d'éliminer le coefficient f, il en résultera

$$\frac{T^2}{T'^2}\,\frac{a'^3}{a^3} = \frac{m + m'}{M + m}.$$

Or, si l'on excepte la lune, les masses des satellites sont très petites par rapport à celles de leurs planètes respectives : la masse d'un satellite de Jupiter, par exemple, n'est pas un dix-millième de celle de cette planète; on peut donc mettre m à la place de $m + m'$ dans cette dernière équation; et comme a, a', T, T', sont des données de l'observation, elle pourra servir à déterminer le rapport de m à M. C'est de cette manière que Newton a trouvé pour la masse de Jupiter, $\frac{1}{1067}$ de celle du soleil; ce qui diffère peu de la fraction $\frac{1}{1070}$ qu'on a obtenue depuis par un autre moyen.

246. L'attraction mutuelle des satellites d'une même planète, quand elle en a plusieurs, et l'inégalité d'action du soleil sur chaque satellite et sur sa planète, produisent dans les mouvemens elliptiques des satellites, des perturbations analogues à celles que nous venons d'indiquer pour les planètes. Les perturbations provenant de l'action réciproque des satellites, font connaître les rapports de leurs masses à celle de la planète, dont l'attraction produit leur mouvement elliptique. Mais ce moyen manquant

pour la lune, on y supplée par d'autres considérations, parmi lesquelles je vais indiquer l'action de ce satellite sur les eaux de la mer.

Soient C (fig. 56) le centre de la terre, A celui de la lune, M un point quelconque du sphéroïde terrestre; faisons

$$CA = \alpha, \quad AM = \rho, \quad CM = r,$$

et appelons λ l'angle ACM; nous aurons

$$\rho^2 = \alpha^2 - 2\alpha r \cos\lambda + r^2;$$

et si nous abaissons du point M la perpendiculaire MB sur la droite AC, nous aurons aussi

$$MB = r\sin\lambda, \quad AB = \alpha - r\cos\lambda.$$

Au point M, la force accélératrice provenant de l'attraction de la lune et dirigée suivant MA, aura pour valeur $\frac{fm'}{\rho^2}$, en désignant par m' la masse du satellite, et par f le même coefficient que précédemment. Les composantes de cette force suivant la perpendiculaire MB et la parallèle MD à la droite AC, seront donc

$$\frac{fm'r\sin\lambda}{\rho^3}, \quad \frac{fm'\alpha}{\rho^3} - \frac{fm'r\cos\lambda}{\rho^3}.$$

Je substitue la valeur de ρ dans ces quantités; et la plus grande valeur de r, c'est-à-dire, le rayon du globe terrestre, étant, à peu près, un soixantième de α, je néglige le carré de r; en faisant alors

$$\frac{fm'r\sin\lambda}{\alpha^3} = \varphi, \quad \frac{2fm'r\cos\lambda}{\alpha^3} = \varphi',$$

les deux composantes de l'attraction lunaire seront

φ et $\frac{fm'}{a^2} + \varphi'$. Tous les points de la terre sont donc sollicités parallèlement à CA par une force constante et égale à $\frac{fm'}{a^2}$, et, en outre, par des forces φ et φ' dont la résultante varie en grandeur et en direction, d'un point M à un autre, et est nulle au centre C. Or, il est évident qu'en vertu de la force $\frac{fm'}{a^2}$, la masse entière de la terre se portera vers la lune, d'un mouvement commun à toutes ses parties, sans que les points de la partie fluide changent de position relative; c'est donc aux forces φ et φ' appliquées aux différens points de la mer, que seront dus le *flux* et le *reflux* produits par l'action de la lune.

La masse du soleil étant M, et a sa distance à la terre, si l'on désigne, en outre, par μ, ψ, ψ', ce que deviennent λ, φ, φ', relativement à cet astre, on aura de même

$$\psi = \frac{fMr \sin \mu}{a^3}, \qquad \psi' = \frac{2fMr \cos \mu}{a^3},$$

pour les composantes de la force provenant de l'action du soleil, qui concourent au phénomène des marées. En les comparant aux forces φ et φ', on voit que pour un point de la mer, dont le rayon vecteur r fait le même angle λ ou μ avec le rayon vecteur de la lune ou du soleil, les actions de ces deux astres, qui produisent les oscillations de la mer, sont entre elles comme leurs masses, divisées par le cube de leurs distances au centre de la terre. Or, on conçoit que, toutes choses d'ailleurs égales, les grandeurs de ces oscillations doivent être entre elles comme les forces correspondantes; si donc on désigne par ω le rapport de la marée lunaire à la marée solaire, dans un même lieu de la terre et pour des positions semblables des deux astres, on aura

$$\frac{m'}{\alpha^3} = \frac{\omega M}{a^3};$$

équation dans laquelle on prendra pour α et a les distances moyennes de la lune et du soleil à la terre, et d'où l'on tire

$$\frac{m'}{m} = \omega \frac{\alpha^3}{a^3} \frac{M}{m},$$

en appelant m la masse de la terre.

D'après les lois différentes que suivent les marées lunaire et solaire, on peut, effectivement, distinguer les unes des autres, et déterminer leur rapport en chaque lieu de la terre. La moyenne d'un grand nombre d'observations, faites dans le port de Brest, donne (*)

$$\omega = 2,3533,$$

pour la valeur de ce rapport. La distance a est, à très peu près, 400 fois la distance α, et la masse M, comme on le verra tout à l'heure, aussi à très peu près, 355000 fois la masse m. Au moyen de ces valeurs, on trouve, d'après la formule précédente, la masse de la lune égale à $\frac{1}{75}$ de celle de la terre.

Indépendamment des oscillations de la partie fluide

(*) *Mécanique céleste,* tome V, page 206.

de la terre, les actions du soleil et de la lune produisent encore, dans le mouvement du sphéroïde terrestre autour de son centre de gravité, à raison de sa non-sphéricité, des perturbations que nous ferons connaître lorsqu'il sera question du mouvement de rotation d'un corps solide.

247. On peut remarquer que la composante des forces φ et φ', suivant le prolongement ME du rayon CM, est $\varphi' \cos\lambda - \varphi \sin\lambda$; en sorte que sa valeur est

$$(2\cos^2\lambda - \sin^2\lambda)\frac{fmr}{75\alpha^3}.$$

C'est la diminution de la pesanteur au point M, produite par l'action de la lune. Or, en supposant que M appartienne à la surface de la terre, et désignant par g la gravité en ce point, on a aussi $fm = gr^2$, à très peu près; d'ailleurs, le *maximum* de $2\cos^2\lambda - \sin^2\lambda$ répond à $\lambda = 0$, et est égal à 2. La plus grande valeur de cette diminution de pesanteur sera donc $\frac{2gr^3}{75\alpha^3}$; quantité à peu près égale à un huit-millionième de g, en prenant 60 pour le rapport $\frac{\alpha}{r}$. Pour que l'influence de l'action lunaire sur la longueur du pendule à secondes fût appréciable, il faudrait donc pouvoir porter l'exactitude jusqu'à la seconde décimale au-delà des cent-millièmes, où l'on s'arrête ordinairement dans la mesure de sa longueur. Cette influence produirait, dans la mesure du temps, une inégalité réglée sur le mouvement de la lune, dont le *maximum* ne s'éleverait qu'à un demi-centième de seconde en un jour.

248. Abstraction faite de la force centrifuge due à la rotation de la terre, la pesanteur que nous observons à sa surface est la résultante des attractions exercées par tous les points du sphéroïde sur chaque point matériel, laquelle résultante ne dépend que de la position et de la masse de ce point, et nullement de la nature du corps auquel il appartient; c'est, en effet, ce que l'expérience a pleinement confirmé. L'intensité de cette force doit diminuer à mesure qu'on s'élève au-dessus de la surface de la terre; et c'est aussi ce qui résulte des observations du pendule, faites à différentes hauteurs. De plus, la pesanteur terrestre, diminuée dans le rapport du carré du rayon de la terre au carré du rayon de l'orbite lunaire, doit être la force accélératrice qui retient la lune dans son orbite. Or, la distance du satellite étant, à peu près, 60 fois le rayon de la terre, il s'ensuit que la lune, si elle n'avait aucune vitesse, devrait tomber vers la terre, de la même quantité en une minute qu'un corps quelconque, dans le vide, en une seconde à la surface de la terre. Cette quantité n'est autre chose que le sinus verse de l'arc que la lune décrit sur son orbite en une minute, ou, à très peu près, le carré de cet arc divisé par le diamètre de cette courbe; et comme la circonférence de l'orbite est 60 fois celle de la terre, on en conclut que la quantité dont il s'agit est égale à 40 millions de mètres, multipliés par $\frac{60\pi}{n^2}$, en désignant par n le nombre de minutes que contient une révolution lunaire. Il faut donc, d'après la va-

leur de la gravité g qu'on a trouvée par l'expérience du pendule, que ce produit soit à très peu près égal à $4^{m},90$; on trouve, effectivement, $4^{m},88$ pour sa valeur, en observant que $n = 39343$. La différence serait encore moindre, en ayant égard à diverses circonstances dont nous avons fait abstraction pour simplifier la démonstration.

La pesanteur terrestre est donc un cas particulier de l'attraction universelle; et, pour cette raison, l'on appelle aussi cette force générale la *pesanteur* ou la *gravitation universelle*.

249. A cause que la terre s'écarte peu de la forme sphérique, l'attraction qu'elle exerce sur un point de sa surface est à peu près $\frac{fm}{r^2}$, comme celle d'une sphère, en désignant par m sa masse, par r son rayon, et par f le coefficient de l'attraction universelle. Cette valeur approchée doit être tout-à-fait exacte pour les points appartenant à un certain *parallèle;* et, d'après la théorie de l'attraction des sphéroïdes peu différens d'une sphère, ce parallèle est celui dont le carré du sinus de la latitude est $\frac{1}{3}$. Sur ce parallèle, la pesanteur a pour mesure $9^{m},79386$ (n° 193); mais, pour l'égaler à l'attraction terrestre, il faut préalablement l'augmenter de la composante verticale de la force centrifuge, laquelle composante est égale, sous ce parallèle, à la fraction $\frac{2}{3.289}$ de la gravité (n° 178). Donc, en faisant

$$g = (9^{m},79386)\left(1 + \frac{2}{3.289}\right) = 9^{m},81645,$$

on pourra regarder cette valeur de la gravité, ainsi modifiée, comme égale à l'attraction de la terre, et poser l'équation

$$g = \frac{fm}{r^2}.$$

En la multipliant membre à membre par l'équation (1) du n° 243, appliquée au mouvement de la terre autour du soleil, on en conclut

$$\frac{m}{M + m} = \frac{gT^2r^2}{4\pi^2a^3};$$

formule qui va servir à déterminer le rapport de la masse de la terre à celle du soleil.

Si l'on conçoit un triangle rectangle qui ait pour base le rayon de la terre, et pour hauteur sa distance au soleil, le petit angle opposé à la base est la *parallaxe* du soleil, que l'on détermine directement par des observations astronomiques, et que l'on peut aussi déduire d'une certaine inégalité produite dans le mouvement de la lune par l'action du soleil, que l'on appelle l'inégalité *parallactique*. La grandeur de la parallaxe varie avec le rayon de la terre et son éloignement du soleil auxquels elle répond; pour la distance moyenne a et pour le rayon r qui aboutit au parallèle dont le sinus de la latitude est $\sqrt{\frac{1}{3}}$, sa valeur est 8″,60. On a, par conséquent,

$$\frac{r}{a} = \text{tang } 8'',60, \quad a = (23984)r.$$

Sous ce même parallèle, et en prenant $\frac{1}{290}$ pour l'aplatissement de la terre, on a

$$r = 6364551^{\text{m}},$$

pour son rayon. Le temps de sa révolution autour du soleil, exprimé en secondes, est

$$T = (86400)\,(365,256374).$$

Au moyen de ces valeurs et de celle de g, qui suppose aussi qu'on a pris la seconde pour unité de temps, on trouve

$$m = \frac{M}{354592}.$$

250. Le soleil est une sphère d'un rayon égal à 110 fois celui de la terre; on connaît donc le rapport des volumes de ces deux corps et celui de leurs masses; d'où l'on conclut immédiatement le rapport de leurs densités moyennes : celle du soleil est, à peu près, le quart de la densité de la terre.

A la surface de cet astre, l'attraction est exprimée par

$$\frac{fM}{R^2},$$

en appelant R son rayon. A cause de

$$R = 110r, \qquad g = \frac{fm}{r^2},$$

cette quantité est la même chose que

$$\frac{gM}{(110)^2 m},$$

et elle a pour valeur $(29,5)\,g$, d'après celle de $\frac{M}{m}$. La durée de la rotation du soleil autour de son axe étant de $25^j,5$, la force centrifuge à son équateur n'est que le sixième de cette force à l'équateur de la terre. En négligeant donc la diminution qu'elle produit dans la pesanteur à la surface du soleil, on voit que le poids d'un corps à cette surface est 29 fois et demie le poids du même corps à la surface de la terre, et que les corps y parcourent à peu près 145 mètres dans la première seconde de leur chute.

En appliquant successivement l'équation (1) du n° 243 à la terre et à une autre planète, et supposant que les quantités m, a, T, relatives à la terre, deviennent m_1, a_1, T_1, par rapport à la planète, on en conclura

$$\frac{a_1^3}{a^3} = \frac{M + m_1}{M + m} \frac{T_1^2}{T^2},$$

par l'élimination de f. Connaissant la valeur de a par l'observation de la parallaxe solaire, ou autrement, ainsi que la masse m de la terre et la durée T de l'année sydérale, cette équation servira à déterminer la valeur du demi-grand axe a_1 d'une planète quelconque, lorsque sa masse m_1 et le temps T_1 de sa révolution seront donnés. Le procédé du n° 245 pour déterminer cette masse, suppose seulement qu'on connaisse une valeur approchée du demi-grand axe.

251. L'attraction exercée à la surface de la terre par une masse considérable, telle qu'une haute montagne, fera dévier les corps pesans de la direction verticale, et le prolongement du *fil à plomb* n'ira plus rencontrer le ciel au *zénith*. Il s'en écartera en sens contraire des deux côtés opposés de la montagne; en sorte que si tout est semblable de part et d'autre, pour la forme de la montagne et pour l'éloignement du fil à plomb, la distance angulaire des

deux étoiles par lesquelles son prolongement ira passer, sera double de sa déviation. Cet effet a été observé, par les astronomes, au Pérou et en Écosse; mais, à cause que les masses des plus hautes montagnes sont encore très petites, eu égard à la masse de la terre, les déviations dont il s'agit sont aussi très peu considérables, et ne s'élèvent qu'à de petits nombres de secondes. Voici un exemple du calcul de la déviation du fil à plomb, due à l'attraction d'une masse donnée.

Soit A (fig. 57) le centre d'une sphère homogène, suspendue à l'extrémité d'un fil inextensible et inflexible, dont l'autre bout est attaché au point fixe C; soit aussi O le centre fixe d'une autre sphère homogène qui agit sur la première. Le fil CA s'écartera de la verticale CB sans sortir du plan passant par cette droite et la ligne CO; et, dans sa position d'équilibre, il faudra que la résultante du poids de la première sphère et de l'attraction de la seconde vienne passer par le point fixe C. Or, ces deux forces seront appliquées au point A, l'une suivant la verticale AD, l'autre suivant la droite AO; et elles tendront à faire tourner le fil CA en sens opposés autour du point C. Pour que leur résultante passe par le point O, il faudra donc que leurs momens, par rapport à ce même point, soient égaux (n° 46); par conséquent, si l'on appelle P et Q le poids de la première sphère et l'attraction totale de la seconde, et que l'on désigne par p et q les perpendiculaires CE et CF, abaissées du point C sur les prolongemens de DA et de OA, on aura

$$Pp = Qq,$$

pour l'équation d'équilibre qui devra servir à déterminer la déviation inconnue BCA.

J'appelle x cet angle, γ l'angle donné BCO, a et c les distances aussi données CA et CO, et y la distance inconnue AO; nous aurons

$$y^2 = a^2 + c^2 - 2ac\cos(\gamma - x),$$

et, en outre,

$$\sin \text{COA} = \frac{a\sin(\gamma - x)}{y}, \quad q = \frac{ac\sin(\gamma - x)}{y}, \quad p = a\sin x.$$

Appelons aussi m la masse de la terre, m_1 celle de la sphère mobile, m' celle de la sphère attirante. En désignant toujours par f le coefficient de l'attraction universelle, et représentant par r le rayon de la terre, les forces motrices P et Q auront pour valeurs

$$P = \frac{fmm_1}{r^2}, \qquad Q = \frac{fm'm_1}{y^2};$$

et si ρ est la densité moyenne de la terre, ρ' celle de la sphère attirante, et r' son rayon, on aura aussi

$$m' = \frac{m\rho' r'^3}{\rho r^3}.$$

Au moyen de ces différentes valeurs, l'équation $Pp = Qq$ se changera en celle-ci :

$$\rho r y^3 \sin x = \rho' r'^3 c \sin(\gamma - x),$$

où il ne restera plus qu'à mettre la valeur de y pour en déduire ensuite celle de x.

Je supposerai, ce qui a lieu généralement, la longueur CA du fil à plomb très petite par rapport à la distance CO. En négligeant a par rapport à c dans les valeurs de y, on aura simplement $y = c$; d'où il résultera

$$\frac{\sin x}{\sin(\gamma - x)} = \frac{\rho' r'^3}{\rho r c^2}.$$

La densité ρ' et le rayon r' de la sphère attirante restant les mêmes, la valeur de x que l'on tirera de cette équation sera d'autant plus grande que la distance c sera plus petite, et que l'angle γ approchera davantage d'être un angle droit; et comme c ne peut pas être moindre que le rayon r', il s'ensuit qu'on aura le *maximum* de déviation du fil à plomb que puisse produire l'attraction d'une sphère donnée, en prenant $c = r'$ et $\gamma = 90°$; ce qui réduit l'équation précédente à

$$\operatorname{tang} x = \frac{\rho' r'}{\rho r}.$$

Si l'on suppose, par exemple, $\rho' = \rho$, et qu'on demande quel doit être le rayon r' pour que la déviation x s'élève à une seconde, on aura $r' = r \operatorname{tang} 1''$; et, à cause que la circonférence $2\pi r$ de la terre est de 40 millions de mètres, il en résultera $r' = 30^{m},856\ldots$ Ainsi, une sphère homogène d'environ 31 mètres de rayon, et d'une densité égale à la densité moyenne de la terre, ne produit qu'une déviation d'une seconde au plus dans la direction du fil à plomb; et pour qu'elle la produise, il faut qu'elle touche l'extrémité inférieure de ce fil, et que son centre soit situé dans le plan horizontal passant par cette extrémité.

252. Cette moyenne densité de la terre, conclue de la déviation du fil à plomb que produit l'attraction des montagnes, a été évaluée à quatre ou cinq fois la densité de l'eau. Cavendish l'a trouvée égale à cinq fois et demie cette densité, en la déduisant de l'attraction exercée par deux globes de plomb de huit pouces anglais de diamètre, qu'il a su rendre sensible par le moyen de la *balance de torsion*. Sans entrer ici dans tous les détails de cette belle expérience, des diverses précautions qu'elle exige, et des calculs qu'il faut faire pour en déduire un résultat exact, je vais seulement indiquer les points principaux de ces calculs (*).

La balance de torsion est l'instrument le plus exact que nous ayons pour servir à la mesure des forces très petites. Coulomb, à qui l'invention en est due, l'a surtout employée à mesurer les forces d'attraction et de répulsion des corps électrisés; et, pour cette raison, elle est aussi connue, en Physique, sous le nom de *balance électrique*. Elle consiste principalement en un fil métallique très délié, vertical, attaché à un point fixe, et à l'extrémité duquel est suspendu un levier horizontal. Supposons ce levier formé d'une tige très mince ACA′ (fig. 58), partagée en deux parties égales à son point d'attache C, et terminée

(*) On trouve dans le 17e cahier du *Journal de l'École Polytechnique* une traduction exacte du mémoire de Cavendish.

par deux sphères d'un petit diamètre, dont les centres sont A et A'. Du point C comme centre, et d'un rayon égal à CA, décrivons le cercle horizontal BAB'A', dont nous diviserons la circonférence en un grand nombre de parties égales. Lorsque le levier tournera autour du point C, ses extrémités A et A' parcourront cette circonférence, et les points de division auxquels ils répondront à chaque instant feront connaître les arcs qu'ils auront décrits. Tant que le fil de suspension qui aboutit au point C n'est pas tordu, le levier reste en repos dans une certaine position. Je suppose qu'il réponde alors à la ligne BCB'; si l'on vient à l'écarter de cette ligne, pour le mettre dans une autre position quelconque ACA', le fil de suspension sera tordu sur lui-même, et cette torsion tendra à ramener ce levier vers la ligne BCB'. Pour le retenir dans la direction ACA', supposons que l'on applique à ses deux extrémités des forces égales et contraires, dirigées dans le plan horizontal, et perpendiculaires à sa longueur; la valeur commune de ces deux forces sera la mesure de la force de torsion qui leur fait équilibre. Or, les expériences de Coulomb ont prouvé que le fil de suspension restant le même, cette force de torsion est proportionnelle à l'angle BCA; en prenant donc l'angle droit pour unité, appelant h la force de torsion qui répond à cet angle, et désignant par θ l'angle BCA, cette force, dans la position ACA' du levier, sera égale à $h\theta$: ainsi, dans cette position, la torsion du fil de suspension équivaudra à deux forces égales à $h\theta$, horizontales, perpendiculaires à ACA', appliquées aux points A et A′, et tendantes à ramener le levier à la ligne de repos BCB′.

Cela posé, approchons du levier deux sphères homogènes d'une même matière, d'un même diamètre, et symétriquement placées de part et d'autre de la ligne BCB′. Soient O et O′ leurs centres situés dans le plan horizontal qui contient le levier, à égale distance de C, et sur une droite OCO′ menée par ce point. L'attraction de ces deux corps va écarter le levier de la ligne BCB′; et, à cause que tout est semblable autour du centre C, la droite ACA′ tournera autour de ce point, qui restera immobile. A mesure que le levier s'écartera de la ligne de repos, la force de torsion augmentera. Il existe une position dans laquelle cette force ferait équilibre à l'attraction des deux sphères; mais comme le levier atteint cette position avec une vitesse acquise, il la dépasse, et il oscille, de part et d'autre, à la manière d'un pendule horizontal. L'observation fait connaître la durée d'une oscillation entière. En comparant la longueur de ce pendule à celle d'un pendule ordinaire qui oscillerait dans le même temps, on en conclut le rapport de la force d'attraction de chaque sphère à la pesanteur; et, par suite, on a le rapport de la masse de cette sphère à celle de la terre. L'équation qui sert à déterminer ce rapport est facile à former, ainsi qu'on va le voir.

253. Les deux sphères mobiles dont les centres sont en A et A′, étant sollicitées par les mêmes forces, et ayant le même mouvement autour du point fixe C, il suffira de considérer le mouvement du centre de

l'une d'elles, du point A, par exemple; soient donc comme dans le problème précédent,

$$\text{CA} = a, \quad \text{CO} = c, \quad \text{BCO} = \gamma;$$

appelons m' la masse de la sphère attirante dont le centre est en O, et f le coefficient de l'attraction universelle; au bout d'un temps quelconque t, désignons par θ l'angle ACB, et par z la distance AO, nous aurons

$$z^2 = a^2 + c^2 - 2ac\cos(\gamma - \theta);$$

et la force accélératrice provenant de l'attraction dirigée suivant AO sera $\frac{fm'}{z^2}$. Je la décompose en deux autres forces, l'une dirigée suivant le prolongement de CA, et l'autre perpendiculaire à CA. Cette dernière composante sera égale à $\frac{fm'}{z^2}$ sin CAO, c'est-à-dire, à $\frac{fm'c}{z^3}\sin(\gamma - \theta)$, en y mettant pour sin CAO sa valeur déduite du triangle COA. Si l'on retranche de cette composante tangente à la trajectoire, la force de torsion $h\theta$ qui lui est directement opposée, et si l'on observe que l'arc BA décrit par le mobile est égal à $a\theta$, on aura

$$a\,\frac{d^2\theta}{dt^2} = \frac{fm'c}{z^3}\sin(\gamma - \theta) - h\theta,$$

pour l'équation du mouvement (n° 152).

L'attraction de la masse m' étant une très petite force, l'angle θ dont elle écarte le levier ACA' de sa ligne de repos sera très petit. En appelant b la distance BO, ou la valeur de z qui répond à $\theta = 0$, de sorte qu'on ait

$$b^2 = a^2 + c^2 - 2ac \cos \gamma,$$

et développant suivant les puissance de θ, il vient

$$\frac{\sin(\gamma - \theta)}{z^3} = \frac{\sin \gamma}{b^3} - [(a^2 + c^2)\cos\gamma - 2ac - ac\sin^2\gamma]\frac{\theta}{b^5} + \text{etc}$$

Si donc, on fait, pour abréger,

$$[(a^2 + c^2)\cos\gamma - 2ac - ac\sin^2\gamma]\frac{fm'c}{b^5} + h = g',$$

$$\frac{fm'c \sin\gamma}{b^3} = \beta g',$$

et qu'on néglige les puissances de θ supérieures à la première, l'équation du mouvement deviendra

$$a\frac{d^2\theta}{dt^2} = g'\beta - g'\theta;$$

d'où l'on tire, en intégrant,

$$\theta = \beta + k\cos\left(t\sqrt{\frac{g'}{a}} + k'\right);$$

k et k' étant les deux constantes arbitraires.

D'après cette valeur de θ, le plus petit et le plus grand écart du levier ACA′, à partir de la ligne BCB′, seront $\beta + k$ et $\beta - k$; et, si l'on tire la ligne DCD′, telle que l'angle BCD soit égal à β, le levier fera, de part et d'autre de cette droite, des oscillations égales et isochrones dont l'amplitude sera la constante k:

on déterminera l'angle ϵ par l'expérience, en mesurant le plus petit et le plus grand écart du levier, et prenant, pour cet angle, la demi-somme de ces valeurs extrêmes de θ. La droite DCD' qui répond à $\theta = \epsilon$ est la position du levier dans laquelle il demeurerait en équilibre, s'il y parvenait sans vitesse acquise. La durée de chaque oscillation entière du levier, de part et d'autre de cette ligne, sera le temps pendant lequel l'angle $t\sqrt{\frac{g'}{a}} + k'$ augmentera de 180°; en le désignant par T, on aura donc

$$T = \pi\sqrt{\frac{a}{g'}};$$

et cette durée T sera aussi donnée par l'observation.

Maintenant, si l'on appelle g la gravité, et l la longueur du pendule simple qui fait ses oscillations infiniment petites dans le temps T, on a (n° 182),

$$T = \pi\sqrt{\frac{l}{g}};$$

on aura donc

$$ga = g'l;$$

par conséquent, à cause de

$$g = \frac{fm}{r^2}, \quad g' = \frac{fm'c\sin\gamma}{\epsilon b^3},$$

nous aurons, finalement,

$$\frac{m'}{m} = \frac{\epsilon a b^3}{c l r^2 \sin\gamma};$$

m étant la masse de la terre et r son rayon.

Toutes les quantités contenues dans cette formule sont connues dans chaque expérience; elle servira donc à calculer le rapport de la masse m' à celle de la terre; et connaissant, en outre, les volumes de ces deux corps et la densité de m', on en conclura la densité moyenne de la terre.

254. On démontre, dans la *Mécanique céleste*, que pour la stabilité de l'équilibre de la mer, il est nécessaire et il suffit que la densité moyenne de la terre surpasse celle de l'eau. C'est parce que cette condition est remplie, que les forces provenant des actions simultanées du soleil et de la lune ne produisent que de petites oscillations : si elle ne l'était pas, et que la terre, par exemple, en conservant sa densité moyenne, fût recouverte par une mer de mercure, l'action des moindres forces étrangères au sphéroïde terrestre, produirait, dans ce fluide, un mouvement progressif, de sorte que la mer, au lieu d'osciller, parcourrait la surface entière de la terre.

On prouve aussi, par diverses considérations, que la densité des couches concentriques du sphéroïde terrestre doit croître en allant de la surface au centre; d'où il résulte que sa densité moyenne doit surpasser celle de la couche superficielle; condition qui se trouve effectivement remplie; car si l'on excepte les métaux, qui sont en petite quantité dans cette couche. les densités des autres matières dont elle est formée, sont toutes beaucoup moindres que cinq fois et demie la densité de l'eau. Mais il importe d'observer que cet accroissement de densité ne suppose pas l'existence de matières entièrement différentes de celles que nous voyons à la surface, et dont la densité propre serait excessivement grande : on peut admettre que toutes les couches de la terre sont formées d'une même matière, un peu compressible, ou d'un mélange de différentes matières, comme à sa surface; et dans cette hypothèse, qui paraît la plus naturelle, leur accroissement de densité serait dû à la condensation produite, dans chaque couche, par la pression des couches supérieures, qui va en augmentant de la surface au centre.

Dans l'intérieur de la terre, la loi de l'attraction dépend de la loi inconnue des densités; en dehors, elle varie sur le prolongement de chaque rayon, à peu près en raison inverse du carré de la distance au centre; et d'un rayon à un autre, elle éprouve en même temps une variation proportionnelle au carré du cosinus de l'angle que chaque rayon fait avec l'axe de figure du sphéroïde terrestre. Il résulte de cette dernière variation qu'à égale distance du centre de la terre, la force appliquée au centre de la lune et provenant de l'attraction de ce sphéroïde, n'est pas la même dans toutes les directions du rayon vecteur; en sorte qu'on peut considérer cette force comme étant composée de deux autres, l'une provenant de la partie sphérique de la terre et qui est constante ou ne varie qu'à raison de la distance à son centre, l'autre due au renflement de la terre à l'équateur et qui varie avec la direction du rayon par rapport à l'axe des pôles. Laplace a déterminé la petite inégalité en longitude et en latitude, que cette seconde force produit dans le mouvement de la lune; on conçoit que sa grandeur doit dépendre de l'applatissement de la terre; et en la comparant à celle que l'observation a donnée, on en conclut un applatissement $\frac{1}{305}$, peu différent de celui qui résulte de l'ensemble des mesures du pendule et des degrés du méridien.

A la surface de la terre, la variation de la pesanteur provenant de celle de l'attraction et de la force centrifuge, suit la même loi qu'à une distance quelconque du centre, c'est-à-dire qu'elle est proportionnelle, comme nous l'avons déjà dit (n° 178), au carré du cosinus de la latitude. Mais pour vérifier cette loi par les mesures du pendule à secondes, il faut que les oscillations ne soient pas observées près d'une montagne; car, en même temps que la composante horizontale de son attraction écarte le pendule de la verticale, dans sa position d'équilibre, la composante verticale de cette force diminue la pesanteur, et, conséquemment, la longueur du pendule simple. En évitant cette cause d'anomalie, on trouve encore qu'en certains lieux la longueur du pendule à secondes s'écarte de la loi de variation donnée par la théorie; ce qu'on doit attribuer à ce qu'en ces lieux, la densité du terrein, dans une étendue et une profondeur considérables, est plus grande ou plus petite que la densité générale de la couche superficielle; d'où il résulte une augmentation ou une diminution de la pesanteur totale, et, par conséquent, de la longueur du pendule simple, qui est proportionnelle à son intensité. Le pendule est donc aussi un instrument de Géologie, qui annonce, par ses anomalies, des variations d'une grande étendue dans la nature du sol.

Au reste, il faut observer que la loi du décroissement de la pesanteur, proportionnel au carré du cosinus de la latitude, en allant du pôle à l'équateur, suppose qu'on prend pour la surface de la terre le prolongement du niveau des mers; et comme les lieux des continens où se font les observations s'élèvent à des hauteurs différentes au-dessus de ce niveau, il est nécessaire de réduire les longueurs observées, à celles qui auraient lieu à ce niveau-même sur chaque verticale. Cette réduction se fait ordinairement en augmentant la pesanteur et la longueur du pendule à secondes, dans le rapport du carré de la distance du lieu de l'observation au centre de la terre, au carré de cette même distance diminuée de la hauteur de ce lieu au-dessus du niveau des mers; ce qui revient à négliger l'attraction de la couche de terre comprise entre la surface du continent et le prolongement de la surface des mers. On va voir, dans le numéro suivant, que cette correction est trop grande de près de moitié.

255. Soient AM'B (fig. 59) la surface d'un continent, DAMBE le niveau des mers et son prolongement, et C le centre de la terre; soient aussi M' le lieu de l'observation, et M le point où le rayon CM' rencontre ce prolongement; M'M sera la hauteur du point M au-dessus de la surface des mers, que je représenterai par h, et qui sera donnée par un nivellement ou par des mesures barométriques. Si M' était

très voisin de la mer, la pesanteur pourrait être un peu diminuée et sa direction un peu dérangée, à cause que la densité de l'eau est moindre que celle du terrein; mais je supposerai que cela n'ait pas lieu, et je supposerai aussi qu'autour du point M′ la surface du terrein soit horizontale ou sensiblement perpendiculaire au rayon CM′, et que sa densité soit uniforme. Il s'agira de calculer l'attraction exercée au point M′, par la couche AM′BM, élevée au-dessus du niveau des mers. Dans ce calcul, on poura faire abstraction de la courbure de cette couche et de la variation de son épaisseur, ou, autrement dit, on pourra considérer l'épaisseur de cette couche comme constante et égale à h, dans toute l'étendue où son attraction peut être sensible. Je représenterai par c le rayon de cette étendue, et par ρ' la densité de la couche.

Cela posé, soit K un point quelconque de la couche attirante; désignons par z et y ses distances à la surface du terrein et au rayon CM′; et décrivons deux surfaces cylindriques qui aient MM′ pour axe commun, et dont les rayons soient y et $y+dy$. Le volume compris entre ces deux surfaces aura $2\pi y dy$ pour base et dz pour hauteur; et si on le décompose en anneaux horizontaux d'une épaisseur infiniment petite, le volume de l'anneau qui répondra au point K sera $2\pi y dy dz$, et sa masse $2\pi\rho' y dy dz$. L'attraction de cet anneau sur un point matériel situé en M′ se réduira à une force dirigée suivant MM′, qui sera égale à la somme des composantes verticales des attractions de tous ses points; et comme, pour le point quelconque K, on a

$$\text{KM}' = \sqrt{y^2 + z^2}, \qquad \cos \text{KM}'\text{M} = \frac{z}{\sqrt{y^2 + z^2}},$$

la force accélératrice provenant de l'attraction de l'anneau entier, aura pour valeur

$$\frac{2\pi f \rho' y z dy dz}{(y^2 + z^2)^{\frac{3}{2}}};$$

f étant toujours le coefficient de l'attraction universelle. Par conséquent, pour avoir l'attraction de la couche que nous considérons, il faudra intégrer cette formule depuis $z = 0$ jusqu'à $z = h$, et depuis $y = 0$ jusqu'à $y = c$; ce qui donne

$$k' = 2\pi f \rho' (c + h - \sqrt{c^2 + h^2}),$$

en désignant cette force par k'. Mais, en général, l'épaisseur verticale de la couche attirante est petite, eu égard à son rayon horizontal; si donc on néglige h^2 par rapport à c^2, on aura simplement

$$k' = 2\pi f \rho' h.$$

Soit k l'attraction exercée au point M par la partie de la terre qui se termine au niveau des mers, et r le rayon CM; cette attraction au point M′ deviendra

$$\frac{kr^2}{(r + h)^2}.$$

En désignant la pesanteur et la composante verticale de la force centrifuge par g et γ au point M, et par g' et γ' au point M′, on aura donc

$$g = k - \gamma, \quad g' = \frac{kr^2}{(r+h)^2} + k' - \gamma'.$$

Je développe le premier terme de g' suivant les puissances de h, puis je retranche g' de g, et je néglige le carré de h et la petite différence $\gamma' - \gamma$; il vient

$$g - g' = \frac{2kh}{r} - k'.$$

A cause de la petitesse du facteur $\frac{h}{r}$, on peut faire $k = g'$ dans le premier terme de cette formule; dans la petite quantité k', on peut aussi supposer

$$\frac{4\pi\rho f r}{3} = g',$$

en désignant par ρ la densité moyenne de la terre, et prenant $\frac{4\pi r^3}{3}$ pour son volume; il en résultera alors

$$k' = \frac{3\rho' h g'}{2\rho r},$$

et, par conséquent,

$$g = g'\left(1 + \frac{2h}{r} - \frac{3\rho' h}{2\rho r}\right).$$

C'est donc par le facteur compris entre les parenthèses, et non par le facteur $1 + \frac{2h}{r}$, comme on a coutume de le faire, qu'on devra multiplier la pesanteur g' qui a lieu sur un continent, à une hauteur h au-dessus du niveau des mers, pour la réduire à ce niveau. On peut, en général, évaluer ρ' à la moitié de ρ, et prendre, en conséquence, $1 + \frac{5h}{4r}$ pour ce facteur. A Paris, l'élévation h du point de l'Observatoire où se trouve le baromètre, est de 63 mètres; d'où il résulte que la gravité et la longueur du pendule à secondes y sont moindres qu'au niveau des mers, dans le rapport de l'unité à 1,0000125.

LIVRE TROISIÈME.

STATIQUE,

SECONDE PARTIE.

CHAPITRE PREMIER.

DE L'ÉQUILIBRE D'UN CORPS SOLIDE.

256. Il n'y a pas de corps solide, dans la nature, qui ne soit plus ou moins compressible, et qui ne change de forme lorsqu'il est soumis à des forces qui se font équilibre. Mais quand le corps solide que nous allons considérer aura pris la forme convenable, on pourra regarder les points d'application des forces qui le sollicitent comme un système de forme invariable; et c'est à cet état que répondront les coordonnées de ces différens points, qu'on supposera connues, et qui entreront dans les équations d'équilibre.

Soient M, M', M'', etc., ce système de points matériels. Pour chaque point on aura sept quantités à considérer, savoir, ses trois coordonnées, la force qui le sollicite, et les trois angles qui en déterminent la direction. Je désignerai par P la force qui est appliquée au point M, et dont la direction sera la droite MD (fig. 60); par x, y, z, les trois coordonnées OG, GH, HM, du point M, rapportées aux axes rectangulaires Ox, Oy, Oz; et par α, β, γ, les angles aigus ou obtus que fait la droite MD, avec des parallèles à ces axes, menées par le point M. Relativement aux autres points M′, M″, etc., je représenterai les quantités analogues par les mêmes lettres avec des accens.

Cela posé, avant de chercher les conditions d'équilibre des forces données P, P′, P″, etc., nous allons transformer ce système de forces en trois autres, dont l'un sera composé de forces parallèles à l'axe Oz, un autre de forces parallèles à l'axe Oy et dirigées dans le plan des x et y, et le troisième de forces dirigées suivant l'axe Ox.

257. Décomposons chacune des forces P, P′, P″, etc., sans changer son point d'application, en trois forces parallèles aux axes des x, y, z; $P\cos\alpha$, $P'\cos\alpha'$, $P''\cos\alpha''$, etc., seront les forces parallèles à l'axe Ox; $P\cos\beta$, $P'\cos\beta'$, $P''\cos\beta''$, etc., les forces parallèles à l'axe Oy; $P\cos\gamma$, $P'\cos\gamma'$, $P''\cos\gamma''$, etc., les forces parallèles à l'axe Oz; et l'on pourra d'abord remplacer les forces données par ces trois groupes de forces parallèles.

Sans altérer le système de forces que l'on considère, il est permis d'appliquer en un même point deux forces égales et contraires. J'applique donc au point M deux forces parallèles à l'axe Oz, égales et opposées, et que je représente par g et $-g$. Je compose la force g qui agit suivant MC, avec la force P cos α, dirigée suivant MA parallèle à Ox; soient ME la direction de leur résultante, et K le point où son prolongement vient rencontrer le plan des x et y. Je transporte son point d'application en ce point K, puis je la décompose en deux forces parallèles aux axes des x et z; ce qui reproduit les forces P cos α et g; mais la force P cos α est maintenant dirigée suivant la projection sur le plan des x et y, de sa première direction; et la force g est appliquée, perpendiculairement à ce plan, au point K de cette projection, dont les coordonnées sont faciles à déterminer.

En effet, H étant la projection du point M sur le plan des x et y, ses coordonnées seront x et y, et l'on aura y et x — KH pour celles du point K, puisque ces deux points appartiennent à une même parallèle à l'axe des x. Or, en considérant le rectangle KNMH, dont la diagonale KM est la direction de la résultante des forces g et P cos α, qui agissent suivant les côtés KN et KH, on a la proportion

$$KH : HM :: P\cos\alpha : g;$$

d'où l'on tire

$$KH = \frac{zP\cos\alpha}{g},$$

à cause de HM $= z$. Les coordonnées du point d'application K de la force g, dans le plan des x et y, sont donc

$$y \quad \text{et} \quad x - \frac{zP\cos\alpha}{g}.$$

32.

En opérant de la même manière sur les forces $P\cos\beta$ et $-g$, la première sera transportée dans le plan des x et y suivant la projection de sa première direction, et les coordonnées du nouveau point d'application de la force $-g$, dans ce même plan, seront

$$y + \frac{zP\cos\beta}{g} \quad \text{et} \quad x.$$

On transportera par le même moyen toutes les forces $P'\cos\alpha'$, $P''\cos\alpha''$, etc., $P'\cos\beta'$, $P''\cos\beta''$, etc., dans le plan des x et y; chacune de ces forces agira suivant la projection sur ce plan, de sa direction primitive, qui pouvait être au-dessus ou au-dessous de ce même plan; et l'on aura de plus autant de couples de forces g' et $-g'$, g'' et $-g''$, etc., qu'il y a de points M', M'', etc. Les coordonnées des points d'application de ces dernières forces, dans le plan des x et y, se déduiront de celles qui répondent aux forces g et $-g$, en accentuant les lettres x, y, z, g, P, α, β.

258. Maintenant, par une semblable opération, faite sur les forces $P\cos\alpha$, $P'\cos\alpha'$, $P''\cos\alpha''$, etc., parallèles à l'axe des x, et comprises dans le plan des x et y, on les transformera en deux groupes de forces, dont l'un se composera de forces parallèles à l'axe Oy, et l'autre de forces dirigées suivant l'axe Ox.

Ainsi, au point H (fig. 61), où agit la force $P\cos\alpha$ suivant la direction HF, j'applique des forces parallèles à Oy et représentées par h et $-h$; je compose la force h, dirigée suivant HB, avec la force $P\cos\alpha$; je transporte le point d'application de leur résultante au point Q, où le prolongement de sa direction HK vient rencontrer l'axe Ox; puis je la décompose suivant les directions rectangulaires Qx et Qy, ce qui reproduit en ce point Q les forces $P\cos\alpha$ et h. D'ailleurs, on aura

$$GQ : GH :: P\cos\alpha : h;$$

et, à cause de $OG = x$ et $GH = y$, on en conclura

$$OQ = x - \frac{y P\cos\alpha}{h},$$

pour l'abscisse du point Q.

La force $P\cos\alpha$, dont la direction était HF, sera donc remplacée par une force $P\cos\alpha$, qui agira suivant l'axe Ox, et deux forces h et $-h$, perpendiculaires à cet axe, et appliquées à des points Q et G dont les positions sont connues. Il en sera de même à l'égard des autres forces $P'\cos\alpha'$, $P''\cos\alpha''$, etc., parallèles à l'axe des x, et comprises dans le plan des x et y, qui seront aussi remplacées par des forces $P'\cos\alpha'$, $P''\cos\alpha''$, etc., dirigées suivant la droite Ox, et par des couples de forces h' et $-h'$, h'' et $-h''$, etc., parallèles à l'axe Oy.

259. Nous voyons donc que par ces deux opérations successives, les forces données seront transformées, comme on l'avait dit, en trois groupes de forces, dirigées suivant l'axe des x, perpendiculaires à cet axe et comprises dans le plan des x et y, et perpendiculaires à ce plan.

Dans cette transformation, la force quelconque P se trouvera remplacée par six autres forces, qui seront :

1°. Les trois forces $P\cos\gamma$, g, $-g$, parallèles à

l'axe des z, et dont les points d'application sur le plan des x et y ont pour coordonnées rapportées aux axes Ox et Oy, savoir : celui de la première, x et y; celui de la deuxième, $x - \frac{zP \cos \alpha}{g}$ et y; celui de la troisième, x et $y + \frac{zP \cos \alpha}{g}$.

2°. Les deux forces $P \cos \mathfrak{G} - h$ et h, parallèles à l'axe des y, comprises dans le plan des x et y, et qu'on peut supposer appliquées à l'axe des x; la première à la distance x du point O, et la seconde à la distance $x - \frac{yP \cos \alpha}{h}$.

3°. La force $P \cos \alpha$, dirigée suivant l'axe des x, et dont on pourra transporter le point d'application en O.

260. Il est facile actuellement de former les équations d'équilibre des forces données P, P′, P″, etc., ou des trois groupes de forces qu'on vient de leur substituer.

On doit d'abord remarquer que cet équilibre ne peut exister, à moins qu'il n'ait lieu séparément dans chacun de ces trois groupes de forces. En effet, si les forces parallèles à l'axe des z ne se détruisaient pas entre elles, et que cependant l'équilibre de toutes les forces données fût possible, on pourrait, sans troubler cet équilibre, rendre fixe une droite tracée dans le plan des x et y; mais alors les forces comprises dans ce plan seraient détruites, soit parce qu'elles rencontreraient cet axe fixe, soit à cause qu'elles lui seraient parallèles. On pourrait donc les supprimer; et, cela fait, l'équilibre serait rompu, contre l'hypothèse, puisque rien n'empêcherait plus les forces perpendiculaires au plan des x et y de faire tourner le corps solide autour de l'axe fixe; par conséquent, l'équilibre est impossible tant que ces dernières forces ne se détruisent pas séparément. Cela étant, on verra de même que l'équilibre ne peut exister entre les forces comprises dans le plan des x et y, sans que les forces parallèles à l'axe des y ne se détruisent entre elles; car s'il avait lieu, et que cette condition ne fût pas remplie, on fixerait un point de l'axe des x, qui détruirait toutes les forces dirigées suivant cette droite : rien n'empêcherait plus les forces perpendiculaires à cette droite, de faire tourner le système autour de ce point; en sorte que l'équilibre se trouverait détruit par l'addition d'un point fixe, ce qui serait absurde.

Cela posé, si le corps solide que nous considérons est entièrement libre, il faudra d'abord (n° 57), pour l'équilibre des forces parallèles $P\cos\gamma$, $P'\cos\gamma'$, $P''\cos\gamma''$, etc., g et $-g$, g' et $-g'$, g'' et $-g''$, etc., que leur somme soit nulle; ce qui donne

$$P\cos\gamma + P'\cos\gamma' + P''\cos\gamma'' + \text{etc.} = 0.$$

Il faudra, en outre, que les sommes de leurs momens par rapport au plan des x et z et à celui des y et z, qui sont parallèles à ces forces, soient aussi nulles. Or, par rapport au premier plan, on a

$$yP\cos\gamma + y'P'\cos\gamma' + y''P''\cos\gamma'' + \text{etc.},$$

pour la somme des momens des forces $P\cos\gamma$, $P'\cos\gamma'$, $P''\cos\gamma''$, etc.; celle des momens des forces

g, g', g'', etc., est

$$gy + g'y' + g''y'' + \text{etc.};$$

et la somme des momens des forces $-g$, $-g'$, $-g''$, etc., a pour valeur

$$-g\left(y + \frac{z\text{P}\cos\text{6}}{g}\right) - g'\left(y' + \frac{z'\text{P}'\cos\text{6}'}{g'}\right) - \text{etc.},$$

d'après les coordonnées des points d'application de ces diverses forces. On a donc, en ajoutant ces trois sommes et réduisant,

$$\text{P}(y\cos\gamma - z\cos\text{6}) + \text{P}'(y\cos\gamma' - z'\cos\text{6}') + \text{etc.} = 0;$$

et l'on trouvera de même, en formant la somme des momens des mêmes forces, par rapport au plan des y et z, et l'égalant à zéro,

$$\text{P}(x\cos\gamma - z\cos\alpha) + \text{P}'(x'\cos\gamma' - z'\cos\alpha') + \text{etc.} = 0.$$

Quant aux forces $\text{P}\cos\text{6} - h$, $\text{P}'\cos\text{6}' - h'$, $\text{P}''\cos\text{6}'' - h''$, etc., et h, h', h'', etc., parallèles à l'axe des y, et toutes comprises dans le plan des x et y, il n'y aura que deux équations d'équilibre (nº 57): il suffira que leur somme soit égale à zéro, ce qui donne

$$\text{P}\cos\text{6} + \text{P}'\cos\text{6}' + \text{P}''\cos\text{6}'' + \text{etc.} = 0,$$

et que la somme de leurs momens, par rapport au plan des y et z, soit aussi égale à zéro. Or, par rapport à ce plan, la somme des momens des premières forces est

$$x(\text{P}\cos\text{6} - h) + x'(\text{P}'\cos\text{6}' - h') + \text{etc.} = 0;$$

celle des momens des forces h, h', h'', etc., est, en même temps,

$$h\left(x - \frac{Py\cos\alpha}{h}\right) + h'\left(x' - \frac{P'y'\cos\alpha'}{h'}\right) + \text{etc.},$$

d'après leurs distances à l'axe des y; par conséquent, en égalant la somme totale à zéro, on aura

$$P(x\cos6 - y\cos\alpha) + P'(x'\cos6' - y'\cos\alpha') + \text{etc.} = 0.$$

Enfin, pour l'équilibre des forces dirigées suivant l'axe des x, il suffira que leur somme soit nulle; d'où il résulte

$$P\cos\alpha + P'\cos\alpha' + P''\cos\alpha'' + \text{etc.} = 0.$$

Telles sont les six équations nécessaires et suffisantes pour l'équilibre d'un corps solide entièrement libre et sollicité par des forces quelconques, qu'il s'agissait d'obtenir.

261. En faisant, pour abréger,

$$P\cos\alpha + P'\cos\alpha' + P''\cos\alpha'' + \text{etc.} = X,$$
$$P\cos6 + P'\cos6' + P''\cos6'' + \text{etc.} = Y,$$
$$P\cos\gamma + P'\cos\gamma' + P''\cos\gamma'' + \text{etc.} = Z,$$
$$P(x\cos6 - y\cos\alpha) + P'(x'\cos6' - y'\cos\alpha') + \text{etc.} = L,$$
$$P(z\cos\alpha - x\cos\gamma) + P'(z'\cos\alpha' - x'\cos\gamma') + \text{etc.} = M,$$
$$P(y\cos\gamma - z\cos6) + P'(y'\cos\gamma' - z'\cos6') + \text{etc.} = N,$$

ces équations d'équilibre deviendront

$$X = 0,\quad Y = 0,\quad Z = 0,\quad L = 0,\quad M = 0,\quad N = 0. \quad (1)$$

On peut remarquer que ces quantités L, M, N, ainsi

que Z, Y, X, se déduisent les unes des autres par la règle du n° 22.

Ces six équations renferment des conditions d'équilibre communes à tous les systèmes de points matériels, entièrement libres; car, quelle que soit la nature d'un pareil système, ou la liaison mutuelle des points qui le composent, il est évident qu'on ne troublera pas leur équilibre en rendant leurs distances invariables, sans changer leurs coordonnées, ni les forces qui les sollicitent. Par conséquent, les équations d'équilibre d'un système de forme invariable, qui ont lieu entre ces quantités, doivent encore subsister pour tout autre système; mais alors elles ne sont plus suffisantes; et il y faut joindre d'autres conditions spéciales pour chaque système en particulier, qui serviront, comme on le verra par la suite, à déterminer les positions relatives de ses différens points dans l'état d'équilibre.

262. Quand les forces données sont toutes parallèles entre elles, les angles qu'elles font avec chacun des axes Ox, Oy, Oz, sont égaux ou supplémentaires, selon que ces forces agissent dans le même sens ou en sens contraire; on peut les supposer égaux, en considérant, en même temps, comme positives les forces qui agissent dans un sens, et comme négatives celles qui agissent dans le sens opposé (n° 11); on aura donc alors

$$\alpha = \alpha' = \alpha'', \text{ etc.}, \quad \beta = \beta' = \beta'', \text{ etc.}, \quad \gamma = \gamma' = \gamma'', \text{ etc.};$$

au moyen de quoi les trois premières équations (1) se réduisent à une seule, savoir :

$$P + P' + P'' + \text{etc.} = 0,$$

et les trois autres deviendront

$$(Px + P'x' + P''x'' + \text{etc.})\cos 6 = (Py + P'y' + P''y'' + \text{etc.})\cos\alpha,$$
$$(Pz + P'z' + P''z'' + \text{etc.})\cos\alpha = (Px + P'x' + P''x'' + \text{etc.})\cos\gamma,$$
$$(Py + P'y' + P''y'' + \text{etc.})\cos\gamma = (Pz + P'z' + P''z'' + \text{etc.})\cos 6.$$

Mais les équations d'équilibre des forces parallèles étant seulement au nombre de trois, il faut que ces trois dernières équations se réduisent à deux ; et, en effet, si on les ajoute après les avoir multipliées par $\cos\gamma$, $\cos 6$, $\cos\alpha$, on trouve une équation identique ; en sorte que l'une d'elles est une suite des deux autres.

Quand toutes les forces données sont comprises dans un même plan, on peut prendre ce plan pour celui des x et y ; alors les angles γ, γ', γ'', etc., sont droits, et les coordonnées z, z', z'', etc., égales à zéro ; ce qui fait évanouir la troisième et les deux dernières équations (1). Dans ce cas particulier, comme dans le cas des forces parallèles, il y a donc seulement trois équations d'équilibre, qui sont

$$X = 0, \quad Y = 0, \quad L = 0.$$

263. Lorsque les forces données ne se font pas équilibre, on peut demander la condition qu'elles doivent remplir pour avoir une résultante unique, et quelle est cette résultante.

Pour répondre à cette question, je désigne par R cette force ; par a, b, c, les angles que sa direction fait avec des parallèles aux axes Ox, Oy, Oz, menées par un de ses points, qu'on prendra pour son point d'application, et dont les coordonnées, rapportées à ces mêmes axes, seront représentées par x_1, y_1, z_1. Cette force, prise en sens contraire de sa direction, fera équilibre aux forces données. Les équations (1) auront donc lieu en joignant à P, P', P'', etc., une force égale et contraire à R; par conséquent, on aura

$$X = R\cos a, \quad Y = R\cos b, \quad Z = R\cos c, \qquad (2)$$

et, en outre,

$$\begin{aligned} L &= R(x_1 \cos b - y_1 \cos a), \\ M &= R(z_1 \cos a - x_1 \cos c), \\ N &= R(y_1 \cos c - z_1 \cos b), \end{aligned}$$

c'est-à-dire, en vertu des trois premières équations,

$$\left.\begin{aligned} Xy_1 - Yx_1 + L &= 0, \\ Zx_1 - Xz_1 + M &= 0, \\ Yz_1 - Zy_1 + N &= 0. \end{aligned}\right\} \qquad (3)$$

Les coordonnées x_1, y_1, z_1, pouvant appartenir à un point quelconque de la droite suivant laquelle est dirigée la résultante, ces trois dernières équations seront celles de ses projections sur les trois plans des coordonnées. Pour que cette droite existe, il faudra donc qu'elles se réduisent à deux; or, en les ajoutant après les avoir multipliées par Z, Y, X, les trois variables x_1, y_1, z_1, disparaissent, et l'on a

$$ZL + YM + XN = 0; \qquad (4)$$

par conséquent, il sera nécessaire et il suffira que

cette équation (4) soit satisfaite pour que les forces données aient une résultante unique : quand elle aura lieu, cette force sera déterminée, en grandeur et en direction, par les équations (2).

Si les trois sommes X, Y, Z, des composantes parallèles aux axes des x, y, z, sont nulles, l'équation (4) sera satisfaite; mais alors la résultante sera une force infiniment petite, située à une distance infinie des points d'application des forces données, ou, plus exactement, ces forces se réduiront à deux, égales, parallèles, agissant en sens contraire, et non réductibles à une seule (nº 44).

Lorsque les trois sommes L, M, N, sont nulles, l'équation (4) sera aussi satisfaite; et l'on voit, par les équations (3), que la résultante passera par l'origine des coordonnées.

264. Quand la condition exprimée par l'équation (4) ne sera pas remplie, on y pourra satisfaire en joignant aux forces données une force convenable. Je supposerai, pour plus de simplicité, qu'elle passe par l'origine O des coordonnées; je la représenterai par Q, et par λ, μ, ν, les angles qu'elle fait avec les axes Ox, Oy, Oz. Les quantités L, M, N, ne changeront pas par l'addition de cette force, et les sommes X, Y, Z, augmenteront des termes $Q\cos\lambda$, $Q\cos\mu$, $Q\cos\nu$. L'équation (4) deviendra donc

$$Q(L\cos\nu + M\cos\mu + N\cos\lambda) + LZ + MY + NZ = 0;$$

en sorte qu'on y satisfera d'une infinité de manières différentes, au moyen de la force Q et des angles λ, μ, ν, relatifs à sa direction

La résultante R des forces Q, P, P′, P″, etc., et sa position, se détermineront au moyen des équations (2) et (3), dans lesquelles on mettra $X+Q\cos\lambda$, $Y+Q\cos\mu$, $Z+Q\cos\nu$, au lieu de X, Y, Z. Les forces données P, P′, P″, etc., pourront donc être remplacées par cette résultante R et une force égale et directement contraire à la force Q; d'où l'on conclut que quand des forces données ne sont point en équilibre, ni réductibles à une force unique, on peut toujours les réduire, d'une infinité de manières différentes, à deux forces seulement, qui ne seront pas comprises dans un même plan, sans quoi elles se réduiraient à une seule, contre l'hypothèse. C'est d'ailleurs ce qu'on voit immédiatement par la transformation du n° 257; car les forces données P, P′, P″, etc., pourront être remplacées par la résultante des forces parallèles à l'axe des z, et par celle des forces comprises dans le plan des x et y; et l'on pourra ensuite transformer, sans difficulté, ces deux résultantes en deux autres forces, d'une infinité de manières différentes. En cherchant la condition pour qu'elles se rencontrent, on trouvera l'équation (4), relative à l'existence d'une résultante unique.

265. Si l'on considère deux corps solides A et A′ (fig. 62), qui se touchent en un point K et s'appuient l'un contre l'autre, et si l'on suppose qu'ils soient sollicités par des forces données, il sera facile de déduire de ce qui précède les conditions de leur équilibre.

Pour cela, je suppose que les six quantités X, Y, Z, L, M, N, du n° 24, se rapportent au corps A, et je désigne par X', Y', Z', L', M', N', ce qu'elles deviennent relativement à A'; j'appelle x_1, y_1, z_1, les coordonnées du point K rapportées aux mêmes axes que celles qui entrent dans ces diverses quantités; par le point K, je mène une droite HKH′ perpendiculaire au plan tangent commun aux deux corps; je représente par a, b, c, les angles que fait la partie KH de cette droite, comprise dans A, avec des parallèles aux axes des x, y, z, menées par ce même point K : toutes ces quantités sont données, et il s'agira de former les équations d'équilibre auxquelles elles doivent satisfaire.

Or, le corps A exercera sur A′, dans la direction KH′, une pression inconnue que je représenterai par R; il en éprouvera, en même temps, une résistance égale et contraire à cette force normale. Si donc on joint aux forces données qui agissent sur A une force R dirigée suivant KH, on pourra ensuite faire abstraction de A′; et, de même, si l'on joint aux forces appliquées à A′ une force R dirigée suivant KH′, on pourra aussi considérer A′ isolément. Il résulte de là et des équations (1) qu'on aura pour l'équilibre de ces deux corps les douze équations suivantes :

$$X + R\cos a = 0, \quad Y + R\cos b = 0, \quad Z + R\cos c = 0,$$
$$X' - R\cos a = 0, \quad Y' - R\cos b = 0, \quad Z' - R\cos c = 0,$$
$$L + R(x_1\cos b - y_1\cos a) = 0,$$
$$M + R(z_1\cos a - x_1\cos c) = 0,$$
$$N + R(y_1\cos c - z_1\cos b) = 0,$$
$$L' - R(x_1\cos b - y_1\cos a) = 0,$$
$$M' - R(z_1\cos a - x_1\cos c) = 0,$$
$$N' - R(y_1\cos c - z_1\cos b) = 0,$$

qui se réduiront à onze par l'élimination de R. Après que ces onze équations d'équilibre auront été vérifiées, l'une des précédentes fera connaître la valeur de R, qui devra être une quantité positive pour que les deux corps s'appuient réellement l'un contre l'autre.

Ces douze équations donnent immédiatement

$$X + X' = 0, \quad Y + Y' = 0, \quad Z + Z' = 0,$$
$$L + L' = 0, \quad M + M' = 0, \quad N + N' = 0;$$

ce qui résulte aussi des conditions d'équilibre communes à tous les systèmes entièrement libres, comme celui des deux corps A et A' (n° 261).

On trouvera pareillement les équations d'équilibre d'un nombre quelconque de corps solides, dont plusieurs s'appuient l'un contre l'autre; et il est aisé de voir que le nombre de ces équations sera égal à six fois celui des corps, moins le nombre de leurs contacts.

266. Les équations d'équilibre d'un corps solide assujetti à des conditions données doivent être comprises parmi celles d'un corps entièrement libre; car l'équilibre de celui-ci ne serait pas troublé, si on l'assujettissait à ces conditions particulières; en sorte qu'aucune nouvelle équation d'équilibre ne peut être introduite par ces conditions. Mais, au contraire, une ou plusieurs des équations (1) deviendront superflues; et il s'agira de déterminer, pour les différens cas qui peuvent se présenter, celles de ces équations qui resteront nécessaires. C'est ce que nous allons faire successivement dans ce numéro, en supposant

toujours qu'on ait remplacé les forces données P, P', P'', etc., par les trois groupes de forces du n° 259.

1°. Si le corps solide qui doit rester en équilibre renferme un point fixe, on prendra ce point pour l'origine O des coordonnées. Les forces dirigées suivant l'axe Ox seront détruites par ce point; ce qui fera disparaître l'équation $X = 0$. Pour l'équilibre des forces parallèles à l'axe Oy et comprises dans le plan des x et y, il ne sera plus nécessaire qu'on ait $Y = 0$, et il suffira que leur résultante coïncide avec l'axe Oy, ou que la somme L de leurs momens, par rapport au plan des y et z, soit égale à zéro. Enfin, pour l'équilibre des forces parallèles à l'axe des z, l'équation $Z = 0$ ne sera plus nécessaire ; il suffira que leur résultante coïncide avec l'axe Oz ; ce qui exigera que les sommes de leurs momens, par rapport aux plans des y et z, et des x et z, qui sont les quantités $-$ M et N, soient égales à zéro.

Ainsi, dans ce premier cas, les trois équations d'équilibre qui resteront nécessaires seront

$$L = 0, \quad M = 0, \quad N = 0.$$

Elles signifient, effectivement, que les forces données ont une résultante unique, et que cette résultante vient passer par le point fixe O. Cette force exprimera, en grandeur et en direction, la pression exercée sur ce point, et sera déterminée par les équations (2).

2°. Supposons que le corps solide soit retenu par un axe fixe, autour duquel il est assujetti à tourner, sans pouvoir glisser dans le sens de sa longueur. Prenons cet axe pour celui des z; les forces parallèles à cette droite Oz ne pourront produire aucun mouvement, et les trois équations $Z=0$, $M=0$, $N=0$, relatives à leur équilibre, ne seront plus nécessaires. Les équations $X=0$ et $Y=0$ ne le seront pas non plus pour l'équilibre des forces comprises dans le plan des x et y; en sorte que, dans ce cas, il n'y aura plus qu'une seule équation d'équilibre, qui sera $L=0$, c'est-à-dire,

$$P(x\cos\beta - y\cos\alpha) + P'(x'\cos\beta' - y'\cos\alpha') + \text{etc.} = 0. \quad (5)$$

Mais si le corps avait la liberté de glisser le long de l'axe fixe, il faudrait en outre, pour empêcher ce mouvement, que la somme Z des forces parallèles à Oz fût égale à zéro; et il y aurait alors les deux équations d'équilibre

$$Z=0, \quad L=0.$$

La pression que l'axe fixe éprouvera perpendiculairement à sa direction sera la résultante des forces comprises dans le plan des x et y, déterminée, en grandeur et en direction, par les deux premières équations (2), et passant par le point O, en vertu de l'équation (5). Les forces parallèles à cet axe tendront en même temps à le faire tourner sur lui-même.

En comparant les quantités M et N à L, on conclut de leur composition que l'équation d'équilibre autour de l'axe Oy sera $M=0$, et qu'elle sera $N=0$ autour de l'axe Ox. Il en résulte aussi que la condition d'équilibre autour d'un point fixe consiste en ce que l'équilibre ait lieu successivement autour de trois axes fixes et rectangulaires, menés arbitrairement par ce point. Par conséquent, si l'équilibre existe autour de trois axes rectangulaires qui se coupent en un même point, il aura aussi lieu autour de toute autre droite passant par ce point.

3°. Je suppose que trois ou un plus grand nombre de points non en ligne droite, appartenant au corps solide, soient assujettis à demeurer sur un plan fixe dont la position est donnée; et je prends ce plan pour celui des x et y. Les forces parallèles à l'axe des z ne pouvant produire aucun mouvement, les équations relatives à leur équilibre n'auront pas lieu; mais les trois équations

$$X = 0, \quad Y = 0, \quad L = 0,$$

qui répondent aux forces comprises dans le plan des x et y, seront nécessaires pour empêcher le corps de glisser ou de tourner parallèlement à ce plan fixe.

La force Z exprimera la pression totale que le plan fixe éprouvera. Si le corps est seulement posé sur ce plan, de sorte qu'il s'agisse, par exemple, d'un polyèdre dont une face soit en contact avec le plan des x et y, il faudra que le signe de Z soit tel, que cette force appuie le corps contre ce plan. Il faudra, en outre, que cette résultante des forces parallèles à l'axe des z vienne percer le plan des x et y dans l'étendue de la base du corps, sans quoi elle le détacherait de ce plan, en le faisant tournant autour de l'un des côtés de cette base. Or, si l'on appelle x_1 et

y_1 les coordonnées du point où cette résultante rencontre le plan des x et y, ses momens par rapport aux plans des x et z et des y et z seront Zy_1 et Zx_1; ils devront être égaux aux sommes des momens des composantes par rapport aux mêmes plans; et, d'après les valeurs de ces deux sommes qu'on a trouvées précédemment (nº 260), on aura

$$Zx_1 = -M, \quad Zy_1 = N.$$

Il faudra donc vérifier, dans chaque cas particulier, que les valeurs de x_1 et y_1, tirées de ces équations, appartiennent à un point de la base du corps; condition d'équilibre qui ne peut être exprimée par des équations, non plus que celle qui est relative au signe de Z.

4°. Si les points du corps assujettis à rester sur le plan fixe des x et y sont seulement au nombre de deux, ou bien s'ils sont tous situés sur une même droite, on prendra cette ligne pour l'axe des y; la résultante Z devra alors rencontrer le plan des x et y en un point de cet axe; et, indépendamment des trois équations du cas précédent, on aura cette quatrième équation d'équilibre $M = 0$.

5°. Enfin, lorsque le corps solide ne touchera le plan fixe des x et y qu'en un seul point, où l'on placera l'origine O des coordonnées, on verra, sans difficulté, que les équations d'équilibre seront au nombre de cinq, savoir :

$$X = 0, \quad Y = 0, \quad L = 0, \quad M = 0, \quad N = 0,$$

La force Z exprimera toujours la pression exercée sur

le plan fixe au point O, et devra avoir un signe convenable.

Ce résultat coïncide avec celui du numéro précédent; car si l'on suppose le corps A′ fixe et terminé par un plan, que l'on prenne ce plan pour celui des x et y, et le point K (fig. 62) pour origine des coordonnées, on devra faire, dans les équations de ce numéro, $x_1 = 0$, $y_1 = 0$, $z_1 = 0$, $a = 90°$, $b = 90°$; ce qui réduira aux cinq équations précédentes, un pareil nombre des six équations relatives à l'équilibre du corps A. La sixième de ces équations deviendra, en même temps,

$$R + Z = 0,$$

en supposant qu'on ait $c = 0$, ou que la partie KH de la normale soit l'axe des z positives; par conséquent, la pression exercée sur A′, qui est égale et contraire à la résistance R, sera la force Z en grandeur et en direction.

On peut remarquer, d'après cette énumération des différens cas d'équilibre, que les nombres d'équations relatives à un corps solide gêné par des obstacles fixes peuvent être tous ceux qui sont inférieurs au nombre six, correspondant à un corps entièrement libre.

267. L'équation (5) relative à l'équilibre autour de l'axe des z supposé fixe, ne contient ni les composantes parallèles à cet axe, des forces données P, P′, P″, etc., ni les coordonnées parallèles au même axe, de leurs points d'application M, M′, M″, etc.; en sorte que l'équilibre ne serait pas

troublé, si l'on remplaçait ces forces et leurs points d'application par leurs projections sur le plan des x et y; ce qu'on démontrerait d'ailleurs facilement *à priori*.

Soient donc Q, Q', Q'', etc., les forces P, P', P'', etc., projetées sur le plan des x et y, c'est-à-dire, décomposées parallèlement à ce plan et transportées aux projections des points M, M', M'', etc., sur ce même plan. Désignons par q, q', q'', etc., les perpendiculaires abaissées de l'origine des coordonnées, supposée fixe, sur les directions des forces Q, Q', Q'', etc.; et, pour fixer les idées, supposons que Q, Q', Q'', tendent à faire tourner, dans le même sens, autour de cette origine, et que Q''', Q^{IV}, etc., tendent à faire tourner dans le sens opposé. Pour l'équilibre de toutes ces forces, il faudra, d'après le n° 47, que l'on ait

$$Qq + Q'q' + Q''q'' - Q'''q''' - Q^{\text{IV}}q^{\text{IV}} - \text{etc.} = 0, \quad (6)$$

en considérant q, q', q'', q''', etc., comme des quantités positives, aussi bien que Q, Q', Q'', Q''', etc.; par conséquent, cette équation devra coïncider avec l'équation (5); ce qu'on vérifie, en effet, de la manière suivante.

Soient H (fig. 63) la projection du point M, OG et HG ses coordonnées x et y, HA la direction de la force Q, λ et μ les angles que fait cette droite avec des parallèles aux axes Ox et Oy, menées par le point H. Par le point O, menons deux autres axes Ox_1 et Oy_1, le premier suivant la direction HA, et le second perpendiculaire à cette droite et tel que l'angle yOy_1 soit aigu ou obtus en même temps que xOx_1; appelons x_1 et y_1 les coordonnées OF et FH du point H, rapportées à ces nouveaux axes; nous aurons, comme on sait,

$$x_1 = y\cos\mu + x\cos\lambda, \quad y_1 = y\cos\lambda - x\cos\mu.$$

Or, la perpendiculaire OK ou q, abaissée du point O sur HA, devant être une quantité positive, on aura

$$q = \pm y_1 = \pm(y\cos\lambda - x\cos\mu),$$

selon que l'ordonnée y_1 sera positive ou négative, ou, ce qui est la même chose, d'après le sens qu'on a supposé à l'axe Oy_1, selon que la force Q tendra à faire tourner, dans un sens ou dans le sens opposé, autour du point O. On a d'ailleurs

$$Q = P\sin\gamma,$$

et, de plus (n° 8)

$$\cos\alpha = \sin\gamma\cos\lambda, \quad \cos\beta = \sin\gamma\cos\mu;$$

il en résultera donc

$$Qq = \pm P(y\cos\alpha - x\cos\beta).$$

Les forces Q' et Q'' tendant, par hypothèse, à faire tourner dans le même sens que Q, on aura de même

$$Q'q' = \pm P'(y'\cos\alpha' - x'\cos\beta'),$$
$$Q''q'' = \pm P''(y''\cos\alpha'' - x''\cos\beta'');$$

et les autres forces Q''', Q^{IV}, etc., tendant à faire tourner en sens opposé, on aura, au contraire,

$$Q'''q''' = \mp P'''(y'''\cos\alpha''' - x'''\cos\beta'''),$$
$$Q^{\text{iv}}q^{\text{iv}} = \mp P^{\text{iv}}(y^{\text{iv}}\cos\alpha^{\text{iv}} - x^{\text{iv}}\cos\beta^{\text{iv}}),$$
etc.

On prendra donc, en même temps, les signes supérieurs ou les signes inférieurs dans toutes ces valeurs; et en les substituant dans l'équation (6), elle deviendra l'équation (5); ce qu'il s'agissait de vérifier.

268. Le corps en équilibre étant toujours soumis à la pesanteur, il faudra comprendre parmi les forces données P, P′, P″, etc., son poids appliqué suivant la verticale à son centre de gravité. Supposons, par exemple, qu'il s'agisse d'un corps pesant posé sur un plan incliné et soutenu par une seule force. La figure 64 représente une section du corps passant par le centre de gravité G, et perpendiculaire au plan incliné; la longueur de ce plan est AB, sa base BC, et sa hauteur AC. On place l'origine O des coordonnées sur la verticale GH passant par le centre de gravité, et l'on prend les axes Oz et Ox perpendiculaire et parallèle à AB : le troisième axe Oy, qui n'est pas représenté, serait perpendiculaire au plan de la figure. La force P sera le poids du corps, la verticale GH sa direction, et HOx l'angle α. On aura, en outre, $x = 0$, $y = 0$, $\beta = 90°$. En prenant donc P′ pour la force donnée qui soutient le corps pesant, les équations d'équilibre du troisième cas du n° 266 se réduiront à

$$P\cos\alpha + P'\cos\alpha' = 0, \quad P'\cos\beta' = 0, \quad P'(x'\cos\beta' - y'\cos\alpha') = 0.$$

D'après les deux dernières, on aura $\beta' = 90°$ et

$y' = 0$; ce qui montre d'abord que la force P' devra être comprise dans le plan des x et z; et, en effet, cela est évidemment nécessaire pour que cette force et le poids du corps aient une résultante unique, perpendiculaire au plan incliné. Je supposerai que O soit le point où la direction de P' rencontre la verticale GH, et je représenterai par OD cette direction. L'angle α' ou DOx devra être obtus pour satisfaire à la première des trois équations précédentes; j'appellerai δ l'angle aigu DOx' que fait la force P' avec le prolongement de Ox, de sorte qu'on ait

$$\cos\alpha' = -\cos\delta.$$

L'angle α ou HOx est le complément de l'inclinaison ABC du plan; en désignant la hauteur AC par h, et la longueur AB par l, on aura donc

$$\cos\alpha = \frac{h}{l};$$

d'où il résultera finalement

$$\frac{Ph}{l} = P'\cos\delta;$$

equation d'équilibre qui fera connaître l'une des deux quantités P' et δ, quand l'autre sera donnée.

Lorsque, par exemple, la force P' sera parallèle au plan incliné, on aura $\delta = 0$, et, conséquemment,

$$P' : P :: h : l,$$

ou, ce qui est la même chose,

$$P' = P\sin i.$$

en appelant i l'inclinaison du plan. Si l'on appelle Q la pression que le plan éprouvera, et qui sera, dans ce cas, la composante du poids P suivant la perpendiculaire Oz, on aura, en même temps,

$$Q = P \cos i.$$

269. On fait ici abstraction du frottement qui s'ajoute à la force P′ parallèle au plan incliné, pour empêcher le corps de glisser le long de ce plan. Si cette force P′ est nulle, le frottement seul peut retenir le corps tant que l'inclinaison i n'a pas atteint une certaine limite. En désignant par λ cette limite, c'est-à-dire, l'angle i qui a lieu lorsque l'équilibre va commencer à se rompre, et supposant qu'à cet instant le frottement est une fraction f de la pression, il faudra que la force fQ fasse exactement équilibre à la composante $P \sin \lambda$ du poids du corps, parallèle au plan incliné. Par conséquent, on aura, à la fois,

$$Q = P \cos \lambda, \quad fQ = P \sin \lambda;$$

d'où l'on tire

$$f = \tang \lambda;$$

ce qui fera connaître la valeur de f, d'après l'observation de l'angle λ, sous lequel le mouvement commence, et qu'on appelle l'*angle du frottement*.

Toutes choses d'ailleurs égales, l'expérience prouve qu'à l'instant qui précède la rupture de l'équilibre, le frottement est proportionnel à la pression ; en sorte que le coefficient f et l'angle λ sont indépendans de la pression Q, et par suite du poids P. Ce coefficient varie avec la nature du corps et le poli des surfaces : on a aussi remarqué qu'il n'atteint le *maximum* de sa valeur qu'après que le contact du corps et du plan a eu lieu pendant un certain temps, différent pour les corps de nature diverse ; et ce n'est qu'à partir de ce *maximum* que le frottement est proportionnel à la pression.

En admettant cette loi expérimentale, il en résulte que si plusieurs corps de même nature, et dont les surfaces ont le même poli, sont placés sur un plan horizontal, et qu'après un certain temps on incline ce plan graduellement, tous ces corps commenceront à glisser sous un même angle λ, quels que soient leurs poids et l'étendue de leurs surfaces en contact avec le plan.

270. Lorsqu'un corps est posé sur un plan horizontal, la pression exercée par son poids P se distribue entre les points d'appui de ce plan ; mais quand leur nombre surpasse trois, cette distribution semble d'abord indéterminée ; ce qui présenterait une difficulté que nous allons examiner.

Pour fixer les idées, supposons que ce plan horizontal soit la surface d'une table dont les pieds sont verticaux. Dans ce plan, menons deux axes rectangulaires Ox et Oy (fig. 65). Soient C la projection du centre de gravité du corps sur ce plan, et A, A′, A″, etc., les points de ce même plan qui répondent aux pieds de la table. Désignons par x_1 et y_1, x et y, x' et y', x'' et y'', etc., les coordonnées de ces points C, A, A′, A″, etc., rapportées aux axes Ox et Oy. Pour que la table ne soit pas renversée, il faudra que le point C soit situé dans l'intérieur du polygone

AA'A''A''' etc. Cette condition étant remplie, le poids P appliqué au point C se décomposera en forces parallèles, dirigées dans le sens de la pesanteur, et passant par les points d'appui A, A', A'', etc., lesquelles forces seront les charges que les pieds de la table auront à supporter. Soient Q, Q', Q'', etc., ces charges inconnues; d'après la théorie des forces parallèles, nous aurons

$$P = Q + Q' + Q'' + \text{etc.},$$
$$Px_1 = Qx + Q'x' + Q''x'' + \text{etc.},$$
$$Py_1 = Qy + Q'y' + Q''y'' + \text{etc.}$$

Or, s'il n'existe que trois points d'appui A, A', A'', ces trois équations suffiront pour déterminer les charges Q, Q', Q''; mais s'il y en a trois ou un plus grand nombre, le problème sera indéterminé, et l'on pourra prendre à volonté les valeurs de toutes les inconnues, moins trois, pourvu qu'il n'en résulte, pour ces trois inconnues, que des valeurs positives.

Cette indétermination aurait lieu, en effet, si la table était rigoureusement inflexible; mais cela n'arrive jamais; et, quelque peu flexible qu'on la suppose, elle se déformera un tant soit peu et se comprimera inégalement dans ses différentes parties. Or, la figure qu'elle prendra et la quantité dont elle sera comprimée en chaque point dépendront non-seulement du poids P, mais aussi du nombre et de la disposition des points d'appui A, A', A'', etc.; et l'une et l'autre, ainsi que la pression qui aura lieu en chacun de ces points, seront complètement déterminées dans chaque cas particulier. Toutefois, cette détermination est un problème très difficile, dont la solution générale n'a pas encore été donnée, et qui appartient à la Physique mathématique. Nous nous bornerons ici à remarquer que tout est nécessairement déterminé dans la nature, et que quand quelque chose nous semble indéterminé, c'est que nous avons fait abstraction de quelque donnée du problème, c'est-à-dire, de quelque propriété de la matière, comme le degré de flexibilité de la table, dans la question présente.

CHAPITRE II.

THÉORIE DES MOMENS.

271. Les momens que nous allons considérer dans ce chapitre sont ceux dont il a été question dans le n° 42. Ainsi, le moment d'une force P est le produit Pp de cette force et de la perpendiculaire p abaissée du centre des momens sur sa direction. Si donc ce centre est C (fig. 66), et que la force P soit représentée par la droite MA prise sur sa direction, son moment aura pour expression le double du triangle CAM qui a pour base cette force et son sommet au point C. D'après cela, le théorème du n° 46, relatif au moment de la résultante de deux forces, n'est plus qu'une proposition de Géométrie facile à démontrer.

En effet, soient MA et MB les deux composantes; la diagonale MD du parallélogramme MADB sera leur résultante; et le point C étant en dehors de l'angle AMB et de son opposé au sommet, il s'agira de prouver que le triangle CMD est la somme des triangles CMA et CMB. Or, on a d'abord

$$\text{CMD} = \text{CMA} + \text{CAD} + \text{MAD};$$

en abaissant du point C une perpendiculaire CE sur la droite MB, qui rencontre en F sa parallèle AD, on aura

$$\text{CMB} = \tfrac{1}{2}\,\text{MB}.\text{CE}, \quad \text{CAD} = \tfrac{1}{2}\,\text{AD}.\text{CF};$$

et à cause de

$$MB = AD, \quad CF = CE - EF,$$

il en résultera

$$CAD = CMB - \tfrac{1}{2} MB.EF;$$

mais le produit MB.EF est la surface du parallélogramme MADB, ou le double du triangle MAD; on aura donc

$$CAD = CMB - MAD,$$

et, par conséquent,

$$CMD = CMA + CMB;$$

ce qu'il s'agissait de démontrer.

La figure suppose que la droite EF soit la différence des perpendiculaires CE et CF; elle pourrait être leur somme, et l'on modifierait sans difficulté la démonstration précédente pour l'appliquer à cet autre cas. On prouvera aussi, de la même manière, que le triangle CMD est la différence des triangles CMA et CMB, quand le point C est placé dans l'angle AMB ou dans son opposé au sommet.

272. Par le centre des momens (fig. 67), menons un plan quelconque; projetons sur ce plan la droite AB qui représente la force P en grandeur et en direction; soit Q la force représentée de même par la projection A'B' de AB; le moment de la force P sera le double du triangle CAB, et celui de la force Q le double du triangle CA'B'; par conséquent, le centre des momens restant le même, le moment de la projection d'une force sur un plan passant par ce point,

est la projection, sur ce même plan, du moment de cette force.

Si l'on appelle H le moment de la force P, et K celui de sa projection Q; que l'on élève sur les plans de ces deux momens des perpendiculaires CD et CE, et qu'on appelle δ l'angle DCE, cet angle sera aussi l'inclinaison de H sur K, et l'on aura (n° 10)

$$K = H \cos \delta.$$

Pour une même force P, l'angle δ et le moment H changeront avec la position du point C sur la droite CE; mais cette droite restant la même, le produit $H \cos \delta$ ne variera pas; car K ou le triangle CA'B' ne fera que se déplacer parallèlement à lui-même, sans changer de grandeur.

273. Au lieu d'une seule force, considérons un système de forces quelconques P, P', P'', etc. Soient H, H', H'', etc., leurs momens par rapport au point C (fig. 68). Désignons par δ, δ', δ'', etc., les angles que les perpendiculaires CD, CD', CD'', etc., aux plans de ces momens, font avec un même axe CE; par Q, Q', Q'', etc., les projections de P, P', P'', etc., sur le plan mené par le point C et perpendiculaire à cet axe; et par K, K', K'', etc., les projections de H, H', H'', etc., sur ce même plan. Nous aurons

$$K = H \cos \delta, \quad K' = H' \cos \delta', \quad K'' = H'' \cos \delta'', \text{ etc.}$$

Si l'on voulait seulement connaître les aires des projections d'après celles des surfaces projetées, il faudrait considérer les inclinaisons δ, δ', δ'', etc., comme des angles aigus; mais dans les usages que nous ferons des projections des momens, nous regarderons ces angles comme aigus ou obtus, ou, autrement dit, nous prendrons pour les droites CD, CD′, CD″, etc., les parties des perpendiculaires aux plans des momens H, H′, H″, etc., qui font des angles aigus ou obtus avec l'axe CE, selon que les projections Q, Q′, Q″, etc., des forces P, P′, P″, etc., tendront à faire tourner autour du point C, dans un sens convenu, ou dans le sens opposé. Ainsi, dans la figure, les angles DCE, D′CE, D″CE, étant aigus, et les angles D‴CE, D^{iv}CE, etc., étant obtus, cela suppose que les forces Q, Q′, Q″, tendent à faire tourner dans un même sens, et les forces Q‴, Q^{iv}, etc., dans le sens opposé. Les droites CD″ et CD‴ étant le prolongement l'une de l'autre, cela signifie que les forces P″ et P‴ sont comprises dans un même plan passant par le point C, mais qu'elles tendent, ainsi que leurs projections Q″ et Q‴, à faire tourner en des sens opposés.

En appelant S la somme des valeurs positives ou négatives de K, K′, K″, etc., nous aurons

$$S = H\cos\delta + H'\cos\delta' + H''\cos\delta'' + \text{etc.};$$

abstraction faite du signe, S sera la somme des momens des forces Q, Q′, Q″, etc., qui tendent à faire tourner dans un sens, moins la somme des momens de celles qui tendent à faire tourner dans le sens opposé; d'après le théorème du n° 47, la quantité $\pm S$ exprimera donc le moment de leur résultante qui tendra à faire tourner dans le sens des forces qui répondent aux angles aigus δ, δ', δ'', ou aux angles obtus δ''', δ^{iv}, etc., selon que la valeur précédente de S sera positive ou négative.

Si l'on change à la fois toutes les droites CD, CD′, CD″, etc., dans leurs prolongemens, les angles δ, δ', δ'', etc., se changeront dans leurs supplémens, et S deviendra — S. Il en sera de même lorsqu'on remplacera l'axe CE par son prolongement CE′.

La somme S, comme chacune de ses parties, sera indépendante de la position du point C sur l'axe CE; elle ne dépendra que du système des forces P, P′, P″, etc., de la position de cet axe et de sa direction perpendiculaire au plan de projection. Dorénavant nous appellerons cette quantité S le moment des forces P, P′, P″, etc., par rapport à l'axe CE.

274. D'après cette définition, les trois quantités L, M, N, du n° 261, seront les momens des forces P, P′, P″, etc., par rapport aux axes des coordonnées positives de leurs points d'application.

Pour le faire voir, soit Q la projection de la force P sur le plan des x et y, et q la perpendiculaire abaissée de l'origine des coordonnées sur sa direction, de sorte que son moment par rapport à ce point ait Qq pour valeur. Supposons que la force Q agisse de A vers B (fig. 69), et que AC et AD soient les coordonnées x et y de son point d'application A, rapportées aux axes rectangulaires Ox et Oy. Soient aussi λ et μ les angles BAC′ et BAD′ que fait la force Q avec les prolongemens de x et y; les composantes dirigées suivant AC′ et AD′ seront $Q\cos\lambda$ et $Q\cos\mu$, et leurs momens par rapport au point O, $yQ\cos\lambda$ et $xQ\cos\mu$; d'après la figure, elle tendront à faire tourner en sens contraire l'une de l'autre, et la force Q, dans le sens de $Q \cos \mu$; on aura donc

$$Qq = xQ \cos \mu - yQ \cos \lambda.$$

En examinant les différentes positions que peut avoir le point A, et les diverses directions qu'on peut supposer à la force Q, il est aisé de voir que cette équation subsistera quels que soient les signes de x, y, $\cos \lambda$, $\cos \mu$, pourvu que la force Q, transportée au point E ou F, où sa direction rencontre l'axe des x ou des y, tende à faire tourner l'axe Ox des x positives, dans l'angle des x et y positives, et, conséquemment, l'axe Oy des y positives, en dehors de cet angle, comme cela est indiqué par les flèches s et s'. Si le contraire avait lieu, c'est-à-dire, si la force Q, ainsi transportée, tendait à faire tourner l'axe des y positives, dans l'angle des x et y positives, et, par conséquent, l'axe des x positives, en dehors de cet angle, on aurait

$$Qq = yQ \cos \lambda - xQ \cos \mu,$$

quels que soient aussi les signes de x, y, $\cos \lambda$, $\cos \mu$.

Il suit de là que si S est le moment des forces P, P', P", etc., par rapport à l'axe des z positives, et que l'on regarde les angles δ, δ', δ'', etc., du numéro précédent, comme aigus ou obtus, selon que les projections Q, Q', Q", etc., de ces forces tendent à faire tourner l'axe des x positives, dans l'angle des coordonnées x et y positives, ou en dehors de cet angle, on aura

$$S = Q(x \cos \mu - y \cos \lambda) + Q'(x' \cos \mu' - y' \cos \lambda')$$
$$+ Q''(x'' \cos \mu'' - y'' \cos \lambda'') + \text{etc.};$$

x', y', λ', μ'; x'', y'', λ'', μ''; etc., étant ce que deviennent x, y, λ, μ, relativement aux forces Q′, Q″, etc.

Soient, de plus, α, β, γ; α', β', γ'; α'', β'', γ''; etc., les angles que font les directions des forces P, P′, P″, etc., avec des parallèles aux axes des x, y, z; on aura

$$Q = P\sin\gamma, \qquad Q' = P'\sin\gamma', \qquad Q'' = P''\sin\gamma'', \text{ etc.},$$
$$\cos\alpha = \sin\gamma\cos\lambda,\ \cos\alpha' = \sin\gamma'\cos\lambda',\ \cos\alpha'' = \sin\gamma''\cos\lambda'', \text{ etc.},$$
$$\cos\beta = \sin\gamma\cos\mu,\ \cos\beta' = \sin\gamma'\cos\mu',\ \cos\beta'' = \sin\gamma''\cos\mu'', \text{ etc.};$$

et d'après ces valeurs, celle de S coïncidera avec la quantité L du n° 261. Ainsi L est le moment des forces P, P′, P″, etc., par rapport à l'axe des z positives; et selon qu'il est positif ou négatif, ce système de forces tend à faire tourner le plan des x et z positives autour de cet axe, dans l'angle trièdre des coordonnées positives, ou en dehors de cet angle.

Maintenant, si l'on substitue respectivement les axes des z, x, y, positives, à ceux des x, y, z, positives, L se changera dans M; il s'ensuit donc que M est le moment des forces P, P′, P″, etc., par rapport à l'axe des y positives, et que, selon qu'il sera positif ou négatif, ce système de forces tendra à faire tourner le plan des z et y positives autour de cet axe, dans l'angle trièdre des coordonnées positives, ou en dehors de cet angle. Cela fait, si l'on remplace de même les axes des z, x, y, positives, par ceux des y, z, x, positives, M se changera en N; par conséquent, N sera le moment des forces P, P′, P″, etc., par rapport à l'axe des x positives; et suivant qu'il sera positif ou négatif, ce système de forces tendra à faire tourner le plan des y et x positives autour de cet axe, dans l'angle des coordonnées positives, ou en dehors de cet angle trièdre.

Les trois quantités L, M, N, sont donc, comme on l'a dit, les momens d'un même système de force par rapport aux trois axes des coordonnées positives de leurs points d'application ; et les signes de leurs valeurs, telles qu'elles sont écrites dans le n° 261, répondent à un sens de rotation connu, autour de chaque axe supposé fixe.

275. La première valeur de Qq du numéro précédent, est la même chose que

$$Qq = x\mathrm{P}\cos 6 - \mathrm{P}y\cos\alpha.$$

En appelant H le moment de P par rapport à l'origine des coordonnées, et δ l'angle compris entre une partie de la perpendiculaire au plan de ce moment et l'axe des z positives, on aura donc (n° 272)

$$\mathrm{H}\cos\delta = \mathrm{P}(x\cos 6 - y\cos\alpha);$$

ce qui suppose que cette partie de la perpendiculaire au plan de H, soit celle qui fait un angle aigu ou obtus avec l'axe des z positives, selon que la quantité comprise entre les parenthèses est positive ou négative.

Soient δ_1 et δ_2 les angles que fait la même partie de cette perpendiculaire avec les axes des y et des x positives ; on aura de même

$$\mathrm{H}\cos\delta_1 = \mathrm{P}(z\cos\alpha - x\cos\gamma),$$

$$\mathrm{H}\cos\delta_2 = \mathrm{P}(y\cos\gamma - z\cos 6).$$

Si donc on fait, pour abréger,

$$(x\cos\beta - y\cos\alpha)^2 + (z\cos\alpha - x\cos\gamma)^2 + (y\cos\gamma - z\cos\beta)^2 = p^2,$$

et qu'on regarde p comme une quantité positive, il en résultera

$$\mathrm{H} = \mathrm{P}p,$$

à cause de

$$\cos^2\delta + \cos^2\delta_1 + \cos^2\delta_2 = 1;$$

par conséquent, on aura

$$\cos\delta = \frac{1}{p}(x\cos\beta - y\cos\alpha),$$

$$\cos\delta_1 = \frac{1}{p}(z\cos\alpha - x\cos\gamma),$$

$$\cos\delta_2 = \frac{1}{p}(y\cos\gamma - z\cos\beta),$$

pour déterminer sans ambiguité les trois angles δ, δ_1, δ_2. L'angle δ sera aigu ou obtus, comme on l'a supposé, selon le signe de $x\cos\beta - y\cos\alpha$, et les angles δ_1 et δ_2, selon les signes de $z\cos\alpha - x\cos\gamma$ et $y\cos\gamma - z\cos\beta$.

On vérifiera aisément ces formules. En effet, représentons l'équation du plan qui comprend l'origine des coordonnées et la force P, par

$$\mathrm{A}u + \mathrm{B}v + \mathrm{C}w = 0;$$

u, v, w, étant les coordonnées courantes. Les coordonnées du point d'application de cette force étant x, y, z, il faudra qu'on ait

$$\mathrm{A}x + \mathrm{B}y + \mathrm{C}z = 0;$$

de plus les équations d'une droite menée par l'origine des coordonnées et parallèle à cette force, seront

$$v \cos \alpha = u \cos \beta, \qquad w \cos \alpha = u \cos \gamma;$$

et comme cette parallèle est aussi comprise dans le plan que l'on considère, il en résultera cette seconde équation de condition :

$$A \cos \alpha + B \cos \beta + C \cos \gamma = 0.$$

De ces deux équations, on tire

$$C = \frac{A(x \cos \beta - y \cos \alpha)}{y \cos \gamma - z \cos \beta},$$

$$B = \frac{A(z \cos \alpha - x \cos \gamma)}{y \cos \gamma - z \cos \beta};$$

et en substituant ces valeurs dans l'équation du plan, elle devient

$$u(y \cos \gamma - z \cos \beta) + v(z \cos \alpha - x \cos \gamma) + w(x \cos \beta - y \cos \alpha) = 0.$$

Or, d'après les formules connues (n° 17), les cosinus des angles δ, δ_1, δ_2, que fait la normale à ce plan avec les axes des u, v, w, qui sont aussi ceux des x, y, z, auront pour valeurs les formules qu'il s'agissait de vérifier.

En vertu de l'équation $H = Pp$, la quantité p est la perpendiculaire abaissée de l'origine des coordonnées sur la direction de la force P. C'est aussi ce qui se vérifiera sans difficulté, en prenant le pied de cette perpendiculaire pour le point d'application de P; car, si l'on appelle r le rayon vecteur de ce point, qui sera alors cette perpendiculaire, et λ, μ, ν, les angles que fait sa direction avec les axes des x, y, z, on aura

$$x = r\cos\lambda, \quad y = r\cos\mu, \quad z = r\cos\gamma;$$

et en substituant ces valeurs dans celle de p^2, et ayant égard aux équations (n°s 6 et 9)

$$\cos^2\alpha + \cos^2\beta + \cos^2\gamma = 1,$$
$$\cos^2\lambda + \cos^2\mu + \cos^2\nu = 1,$$
$$\cos\alpha\cos\lambda + \cos\beta\cos\mu + \cos\gamma\cos\nu = 0,$$

on trouvera

$$p^2 = r^2 \quad \text{ou} \quad p = r.$$

276. Les momens d'un même système de forces par rapport à différens axes, jouissent de propriétés remarquables qui sont une conséquence immédiate de celles des projections des surfaces planes sur différens plans, que nous allons maintenant exposer.

Soient Ox, Oy, Oz, trois axes rectangulaires qui se coupent en un point O (fig. 70). Menons par ce point trois autres axes Ox', Oy', Oz', aussi rectangulaires. Pour déterminer les directions de ces nouveaux axes par rapport aux premiers, faisons

$$xOx' = \alpha, \quad yOx' = \beta, \quad zOx' = \gamma,$$
$$xOy' = \alpha', \quad yOy' = \beta', \quad zOy' = \gamma',$$
$$xOz' = \alpha'', \quad yOz' = \beta'', \quad zOz' = \gamma'';$$

et considérons α, β, γ, etc., comme étant neuf angles donnés, aigus ou obtus. Leurs cosinus seront liés entre eux par six équations. En considérant successivement les trois droites Ox', Oy', Oz', on aura d'abord

$$\left.\begin{array}{l}\cos^2\alpha + \cos^2\beta + \cos^2\gamma = 1,\\ \cos^2\alpha' + \cos^2\beta' + \cos^2\gamma' = 1,\\ \cos^2\alpha'' + \cos^2\beta'' + \cos^2\gamma'' = 1;\end{array}\right\} (1)$$

et à cause que $x'Oy'$, $x'Oz'$, $y'Oz'$, sont des angles droits, on aura aussi

$$\left.\begin{array}{l}\cos\alpha\cos\alpha' + \cos\beta\cos\beta' + \cos\gamma\cos\gamma' = 0,\\ \cos\alpha\cos\alpha'' + \cos\beta\cos\beta'' + \cos\gamma\cos\gamma'' = 0,\\ \cos\alpha'\cos\alpha'' + \cos\beta'\cos\beta'' + \cos\gamma'\cos\gamma'' = 0.\end{array}\right\} (2)$$

Les neuf angles α, α', α'', etc., détermineront réciproquement les directions des premiers axes Ox, Oy, Oz, par rapport aux seconds Ox', Oy', Oz'. De cette manière on aura d'abord

$$\left.\begin{array}{l}\cos^2\alpha + \cos^2\alpha' + \cos^2\alpha'' = 1,\\ \cos^2\beta + \cos^2\beta' + \cos^2\beta'' = 1,\\ \cos^2\gamma + \cos^2\gamma' + \cos^2\gamma'' = 1,\end{array}\right\} (3)$$

et, en outre,

$$\left.\begin{array}{l}\cos\alpha\cos\beta + \cos\alpha'\cos\beta' + \cos\alpha''\cos\beta'' = 0,\\ \cos\alpha\cos\gamma + \cos\alpha'\cos\gamma' + \cos\alpha''\cos\gamma'' = 0,\\ \cos\beta\cos\gamma + \cos\beta'\cos\gamma' + \cos\beta''\cos\gamma'' = 0;\end{array}\right\} (4)$$

équations qui seront équivalentes aux six précédentes, et pourront leur être substituées.

Soit a l'aire d'une surface plane terminée par un contour quelconque, et située dans un plan passant par le point O; par ce point, élevons sur ce plan une perpendiculaire OD, et faisons

$$xOD = q, \quad yOD = q', \quad zOD = q''.$$

Ces trois angles aigus ou obtus, détermineront la direction de OD et celle du plan de a ; s'ils se changent tous les trois dans leurs supplémens, la droite OD se changera dans son prolongement, et le plan de a restera le même.

Appelons aussi p, p', p'', les projections de a sur les plans yOz, xOz, xOy, nous aurons (n° 10)

$$p = a\cos q, \quad p' = a\cos q', \quad p'' = a\cos q''.$$

Soit, enfin, b la projection de a sur un quatrième plan, qui sera, si l'on veut, le plan $y'Oz'$, et c l'angle $x'OD$; on aura aussi

$$b = a\cos c,$$

et, d'après la formule (2) du n° 9,

$$\cos c = \cos q\cos\alpha + \cos q'\cos\beta + \cos q''\cos\gamma\,; \quad (5)$$

d'où l'on conclut

$$b = p\cos\alpha + p'\cos\beta + p''\cos\gamma\,; \quad (6)$$

équation qui fera connaître la projection d'une aire a sur un plan quelconque, lorsque l'on connaîtra ses projections sur trois plans rectangulaires.

Comme l'équation (5) n'a lieu qu'en tenant compte des signes des cosinus qu'elle renferme, il s'ensuit qu'il faut de même avoir égard, dans l'équation (6), aux signes des projections p, p', p'', et les considérer comme des quantités positives ou négatives, selon que la perpendiculaire OD au plan de a fait des angles aigus ou obtus avec les axes Ox, Oy, Oz.

277. Cela posé, considérons de même un nombre quelconque d'aires planes a, a', a'', etc., situées dans des plans différens; projetons toutes ces aires sur les

trois plans xOy, xOz, yOz, et ajoutons ensemble les projections faites sur un même plan, en ayant égard à leurs signes, ainsi qu'il vient d'être dit. Soient A, A′, A″, les trois sommes qu'on obtiendra de cette manière; soit aussi B la somme des projections de a, a', a'', etc., sur le plan $y'Oz'$; en formant pour chacune de ces aires, une équation semblable à l'équation (6), et ajoutant ensuite toutes ces équations, on aura

$$B = A\cos\alpha + A'\cos\beta + A''\cos\gamma.$$

Représentons encore par B′ la somme des projections de a, a', a'', etc., sur le plan $x'Oz'$. Il est évident que la valeur de B′ se déduira de celle de B, par la substitution de l'axe Oy' perpendiculaire à ce plan, à l'axe Ox' perpendiculaire au plan $y'Oz'$, c'est-à dire, en mettant dans la formule précédente α', β', γ', au lieu de α, β, γ; ce qui donne

$$B' = A\cos\alpha' + B\cos\beta' + C\cos\gamma'.$$

Si l'on représente de même par B″ la somme des projections de a, a', a'', etc., sur le plan $x'Oy'$, sa valeur se déduira de celle de B, en y substituant α'', β'', γ'', au lieu de α, β, γ; d'où il résultera

$$B'' = A\cos\alpha'' + B\cos\beta'' + C\cos\gamma''.$$

De ces valeurs de B, B′, B″, et en ayant égard aux équations (3) et (4), on tire réciproquement

$$\left.\begin{aligned} A &= B\cos\alpha + B'\cos\alpha' + B''\cos\alpha'', \\ A' &= B\cos\beta + B'\cos\beta' + B''\cos\beta'', \\ A'' &= B\cos\gamma + B'\cos\gamma' + B''\cos\gamma''. \end{aligned}\right\} \quad (7)$$

Ces différentes équations nous montrent que les projections des surfaces planes sur différens plans, suivent les mêmes lois que celles des lignes droites sur des droites différentes.

278. En faisant la somme des carrés des valeurs de B, B', B'', il vient, d'après les équations (3) et (4),

$$B^2 + B'^2 + B''^2 = A^2 + A'^2 + A''^2; \quad (8)$$

ce qui fait voir que la somme des carrés de ces trois quantités B, B', B'', ne varie pas avec la direction des trois plans rectangulaires de projection auxquels elles se rapportent. Dans le cas particulier où toutes les aires a, a', a'', etc., sont dans un même plan, cette somme n'est autre chose que le carré de l'aire totale $a + a' + a'' +$ etc.; et si l'on prend ce plan pour celui des axes Oy et Oz, par exemple, on aura évidemment

$$A = a + a' + a'' + \text{etc.}, \quad A' = 0, \quad A'' = 0.$$

Cherchons actuellement ce que la même somme représente dans le cas général où les aires a, a', a'', etc., sont situées dans des plans quelconques.

L'équation (8) donne

$$B = \sqrt{A^2 + A'^2 + A''^2 - B'^2 - B''^2};$$

la somme B, qui varie en passant d'un plan de projection à un autre, est donc la plus grande possible, quand on a $B' = 0$ et $B'' = 0$; et alors elle est égale à $\sqrt{A^2 + A'^2 + A''^2}$. Ainsi, la quantité constante dont il s'agit représente, dans le cas général, la plus grande somme des projections sur un même plan, des aires planes que l'on considère dans l'espace.

279. Le plan $y'Oz'$ qui répond à cette plus grande projection, jouit de propriétés importantes en mécanique, que nous ferons connaître dans la suite de ce traité. Sa position est facile à déterminer, d'après les équations $B' = 0$ et $B'' = 0$, qui le caractérisent.

En effet, les équations (7) se réduisent alors à

$$A = B\cos\alpha, \quad A' = B\cos\beta, \quad A'' = B\cos\gamma;$$

d'où l'on tire

$$\cos\alpha = \frac{A}{\sqrt{A^2 + A'^2 + A''^2}},$$

$$\cos\beta = \frac{A'}{\sqrt{A^2 + A'^2 + A''^2}},$$

$$\cos\gamma = \frac{A''}{\sqrt{A^2 + A'^2 + A''^2}}.$$

Lors donc que l'on connaîtra les sommes A, A', A'', des projections sur trois plans rectangulaires yOx, xOz, xOy, choisis arbitrairement, on pourra immédiatement déterminer la direction du plan $y'Oz'$ de la plus grande projection, au moyen des trois angles α, β, γ, qui se rapportent à la droite Ox' perpendiculaire à ce plan. Quant à sa position absolue dans l'espace, il est évident qu'elle est indéterminée; car les projections de chacune des aires a, a', a'', etc., et, par conséquent, la somme de ces projections, sont les mêmes sur tous les plans parallèles.

280. La somme des projections des aires a, a',

a'', etc., est égale sur tous les plans également inclinés sur celui de la plus grande projection.

Pour le démontrer, prenons le plan perpendiculaire à la droite OD; désignons par C la somme des projections de a, a', a'', etc., sur ce plan; soient toujours q, q', q'', les angles que cette droite OD fait avec les axes Ox, Oy, Oz, et c l'angle x'OD qui mesure l'inclinaison de ce plan sur celui de la plus grande projection. On aura, d'après ce qu'on vient de trouver (n° 277),

$$C = A \cos q + A' \cos q' + A'' \cos q''.$$

En substituant B cos α, B cos β, B cos γ, à la place de A, A′, A″, on aura donc

$$C = B(\cos\alpha\cos q + \cos\beta\cos q' + \cos\gamma\cos q''),$$

ou bien, en vertu de la formule (5), $C = B \cos c$, et, en mettant pour B sa valeur,

$$C = \sqrt{A' + A'^2 + A''^2}\cos c;$$

par conséquent, la valeur de C est la même pour tous les plans qui font le même angle c avec le plan $y'Oz'$ de la plus grande projection.

Cette valeur diminue à mesure que l'angle c approche de 90°; elle est nulle pour tous les plans perpendiculaires à $y'Oz'$.

281. Pour appliquer maintenant à la théorie des momens ces propositions relatives aux projections des surfaces planes, il suffit de supposer que les aires a, a', a'', etc., sont les doubles des triangles qui ont pour sommet commun le point O, et pour bases les

droites qui représentent, en grandeur et en direction, les forces P, P′, P″, etc., que l'on a considérées précédemment. Leurs momens L, M, N, par rapport aux axes Oz, Oy, Ox, des coordonnées positives de leurs points d'application (n° 274) seront alors les sommes des projections de a, a', a'', etc., sur les plans xOy, xOz, yOz; et voici les conséquences qui résultent des propositions qu'on vient de démontrer :

1°. En appelant E le moment des forces P, P′, P″, etc., par rapport à un axe passant par le point O, qui fait avec les axes Ox, Oy, Oz, des angles ε, ε', ε'', aigus ou obtus, on aura

$$E = N \cos \varepsilon + M \cos \varepsilon' + L \cos \varepsilon''.$$

2°. Parmi toutes les directions autour du point O, de l'axe du moment E, il en est une pour laquelle ce moment est le plus grand possible et égal à $\sqrt{L^2 + M^2 + N^2}$. Par rapport à tout autre axe, passant toujours par le point O et perpendiculaire à celui du plus grand moment, le moment E est zéro, et il est égal à $\sqrt{L^2 + M^2 + N^2} \cos \delta$, relativement à un axe qui fait l'angle δ avec celui du plus grand moment.

3°. Enfin, si l'on appelle α, β, γ, les angles que fait l'axe du plus grand moment passant par le point O, avec les axes Ox, Oy, Oz, des momens N, M, L, et que l'on désigne par G la grandeur de ce plus grand moment, on aura

$$\cos \alpha = \frac{N}{G}, \quad \cos \beta = \frac{M}{G}, \quad \cos \gamma = \frac{L}{G},$$

et, en même temps,

$$G = \sqrt{L^2 + M^2 + N^2};$$

d'où il résulte qu'en prenant sur les axes Ox, Oy, Oz, à partir du point O, des droites proportionnelles aux momens N, M, L, et achevant le parallélépipède dont ces droites seront les trois côtés adjacens, la longueur de sa diagonale représentera la grandeur du plus grand moment, et cette droite sera l'axe de ce moment principal.

Ces théorèmes remarquables sont dus à Euler. Ils établissent une parfaite analogie entre la composition des momens et celle des forces; analogie qui tient à ce que les forces étant représentées par des lignes droites, les momens sont exprimés par des surfaces planes, qui se projettent sur des plans différens, de la même manière que les lignes sur des droites différentes (n° 277).

282. Le point O et le système des forces P, P', P'', etc., étant donnés, j'appellerai *moment principal* de ces forces, leur plus grand moment G. Si l'on transporte toutes ces forces parallèlement à elles-mêmes, en ce point O, elles auront une résultante que je désignerai par R, et dont les composantes, suivant les axes Ox, Oy, Oz, seront les trois quantités X, Y, Z, du n° 261. La considération de cette résultante et du moment principal, fournit un énoncé très simple des résultats du chapitre précédent.

Pour l'équilibre des forces P, P', P'', etc., appliquées à un corps solide entièrement libre, il suffira que la résultante R et le moment principal G soient égaux à zéro ; car, à cause de

$$R^2 = X^2 + Y^2 + Z^2, \quad G^2 = L^2 + M^2 + N^2,$$

les équations $R = o$ et $G = o$, entraîneront les six équations d'équilibre du n° 261.

On en peut conclure que pour qu'un système de forces fasse équilibre à un autre, il est nécessaire et il suffit : 1°. que les résultantes R qui ont lieu dans ces deux systèmes soient égales et contraires ; 2°. que, pour un même point O, leurs momens principaux soient égaux et répondent à des axes dirigés en sens contraire, ou dont l'un soit le prolongement de l'autre. La résultante R et sa direction, le moment principal et la direction de son axe, resteront les mêmes, dans toutes les transformations qu'on peut faire subir à un même système de forces, et, généralement, pour deux systèmes de forces équivalens.

Soient a, b, c, les angles que la force R fait avec les axes Ox, Oy, Oz, on aura

$$\cos a = \frac{X}{R}, \quad \cos b = \frac{Y}{R}, \quad \cos c = \frac{Z}{R}.$$

Soient aussi ω l'angle compris entre sa direction et l'axe du moment principal ; α, β, γ, étant les angles que fait cet axe avec Ox, Oy, Oz, nous aurons

$$\cos \omega = \cos a \cos \alpha + \cos b \cos \beta + \cos c \cos \gamma,$$

ou, ce qui est la même chose,

$$\cos \omega = \frac{XN + YM + ZL}{RG}.$$

Il s'ensuit donc que la condition d'une résultante

unique qui est exprimée (n° 263) par l'équation

$$XN + YM + ZL = o,$$

consiste en ce que l'axe du moment principal G et la direction de la résultante R doivent se couper à angle droit. C'est ce qu'on vérifie, en effet, en observant que si les forces P, P', P'', etc., dans leur véritable position, ont une résultante unique, cette force doit être égale et parallèle à R, et que son moment par rapport au point O, doit aussi être le moment principal G; en sorte que l'axe du moment principal est alors perpendiculaire à cette résultante transportée au point O parallèlement à elle-même; mais ce raisonnement ne suffirait pas pour prouver que réciproquement, quand l'équation précédente a lieu, les forces données ont une résultante unique.

283. Je transporte le point O en un autre point quelconque que j'appelle O_1; je désigne par x_1, y_1, z_1, les coordonnées de O_1, rapportées aux axes Ox, Oy, Oz, et par L_1, M_1, N_1, ce que deviennent L, M, N, relativement à ce point O_1 : les valeurs de ces dernières quantités se déduiront des premières (n° 261), en y mettant $x - x_1$, $y - y_1$, $z - z_1$, à la place de x, y, z; et il en résultera

$$\left.\begin{aligned} L_1 &= L + Xy_1 - Yx_1, \\ M_1 &= M + Zx_1 - Xz_1, \\ N_1 &= N + Yz_1 - Zy_1. \end{aligned}\right\} \qquad (a)$$

Ces formules montrent que quand P, P', P'', etc., se réduisent à des forces égales, parallèles et dirigées en sens contraire, mais non directement opposées, auquel cas on a $X=0$, $Y=0$, $Z=0$, les quantités $L_{,}$, $M_{,}$, $N_{,}$, sont indépendantes des coordonnées du point $O_{,}$; en sorte que la grandeur du moment principal et la direction de son axe ne varient pas avec la position de ce point. En effet, quelque part que soit placé le point $O_{,}$, il est évident que l'axe du moment principal des deux forces parallèles qu'on peut substituer aux forces données P, P′, P″, etc., est la perpendiculaire à leur plan; et nous savons d'ailleurs (nº 48) que la somme des momens de ces deux forces qui sera le moment principal des forces données, est une quantité constante.

Dans tout autre cas, le moment principal change avec la position du point $O_{,}$; et l'on peut demander quel doit être ce point, ou ces points, s'il y en a plusieurs, pour lesquels ce moment est un *minimum*. En le désignant généralement par $G_{,}$, c'est-à-dire, en faisant

$$G_{,}^2 = L_{,}^2 + M_{,}^2 + N_{,}^2,$$

nous aurons

$$G_{,}^2 = (L+Xy_{,}-Yx_{,})^2+(M+Zx_{,}-Xz_{,})^2+(N+Yz_{,}-Zy_{,})^2.$$

Si l'on égale à zéro ses trois différences partielles par rapport à $x_{,}$, $y_{,}$, $z_{,}$, afin de déterminer sa valeur *minima*. et si l'on observe que

$$R^2 = L^2 + M^2 + N^2,$$

on obtient trois équations qu'il est facile d'écrire sous cette forme :

$$R^2x_1 = X(Xx_1 + Yy_1 + Zz_1) + YL - ZM,$$
$$R^2y_1 = Y(Xx_1 + Yy_1 + Zz_1) + ZN - XL,$$
$$R^2z_1 = Z(Xx_1 + Yy_1 + Zz_1) + XM - YN.$$

Or, si l'on ajoute ces trois équations après les avoir multipliées par X, Y, Z, on trouve une équation identique; il s'ensuit donc que l'une d'elles est une suite des deux autres; et comme les coordonnées x_1, y_1, z_1, ne s'y montrent qu'au premier degré, elles appartiennent à une ligne droite qui est le lieu des centres des momens, par rapport auxquels le moment principal est au *minimum*. Il n'est pas nécessaire d'examiner lequel a lieu du *maximum* ou du *minimum*; car il est évident que la valeur de G_1 croît indéfiniment avec les variables x_1, y_1, z_1, et n'est pas susceptible de *maximum*.

284. En éliminant la quantité $Xx_1 + Yy_1 + Zz_1$, entre les équations précédentes, prises successivement deux à deux, on trouve

$$\left.\begin{aligned} Xy_1 - Yx_1 + L &= \frac{Z(NX + MY + LZ)}{R^2}, \\ Zx_1 - Xz_1 + M &= \frac{Y(NX + MY + LZ)}{R^2}, \\ Yz_1 - Zy_1 + N &= \frac{X(NX + MY + LZ)}{R^2}; \end{aligned}\right\} \quad (b)$$

équations qui appartiendront aux projections sur les trois plans des coordonnées du lieu des centres des momens principaux *minima*.

On en déduit

$$G_1 = \frac{NX + MY + LZ}{R}, \qquad (c)$$

pour la valeur du moment principal *minimum*, qui est ainsi la même pour tous les centres O_1.

Si l'on appelle α_1, β_1, γ_1, les angles que l'axe du moment G_1 fait avec des parallèles aux axes Ox, Oy, Oz, menées par le point O_1, on aura

$$\cos \alpha_1 = \frac{N_1}{G_1}, \quad \cos \beta_1 = \frac{M_1}{G_1}, \quad \cos \gamma_1 = \frac{L_1}{G_1},$$

quel que soit le centre des momens; et, d'après les équations (*a*), (*b*), (*c*), il en résultera, en particulier, pour un point O_1 appartenant à la droite déterminée par les équations (*b*),

$$\cos \alpha_1 = \frac{X}{R}, \quad \cos \beta_1 = \frac{Y}{R}, \quad \cos \gamma_1 = \frac{Z}{R};$$

ce qui montre que les axes de tous les momens principaux *minima*, dont la valeur commune est donnée par la formule (*c*), sont parallèles entre eux et à la direction de la force R.

Quand les forces données ont une résultante unique, il est évident que la plus petite valeur de G_1 doit avoir lieu lorsque le point O_1 est pris sur sa direction; ce qui rend cette valeur égale à zéro. Réciproquement, si la valeur de G_1 est nulle par rapport à un point O_1, on en conclura que les forces données P, P', P'', etc., ont une résultante unique, passant par ce point; car si elles se réduisaient à deux forces non comprises dans un même plan, on pourrait faire passer l'une d'elles par le point O_1, et réduire leur moment principal à celui de l'autre force, lequel ne serait pas zéro, contre l'hypothèse. On conclut de là que la condition nécessaire et suffisante pour que les forces données aient une résultante unique, consiste en ce que leur moment principal puisse être égal à zéro. Ce moment étant alors un *minimum*, la condition dont il s'agit sera exprimée par l'équation

$$LZ + MY + NX = 0,$$

d'après la formule (c); et le point O, auquel il se rapporte, appartenant à cette résultante, les équations de la droite suivant laquelle elle est dirigée, seront

$$Xy_1 - Yx_1 + L = 0,$$
$$Zx_1 - Xz_1 + M = 0,$$
$$Yz_1 - Zy_1 + N = 0,$$

en vertu des équations (b). Ces résultats coïncident avec ceux du n° 263 qu'on a trouvés par d'autres considérations.

CHAPITRE III.

EXEMPLES DE L'ÉQUILIBRE D'UN CORPS FLEXIBLE.

§ Ier. *Équilibre du polygone funiculaire.*

285. On appelle, en général, *machine funiculaire*, tout assemblage de cordes liées entre elles par des nœuds fixes, ou simplement passées dans des anneaux qui peuvent couler le long de ces cordes. Le nombre des cordons qui viennent aboutir à un même nœud peut être quelconque ; mais pour simplifier la question, nous supposerons que chaque nœud n'assemble jamais que trois cordons; et, en premier lieu, nous exclurons les anneaux mobiles.

Prenons donc une corde parfaitement flexible et d'une longueur quelconque, dont A et B (fig. 71) soient les deux extrémités. Soient M, M′, M″, etc., différens points de cette corde ; attachons à ces points des cordons MC, M′C′, M″C″, etc., suivant lesquels agiront des forces données P, P′, P″, etc. ; appliquons aussi au point M une force donnée H, agissant dans la direction du cordon MA, et au dernier des points M, M′, M″, etc., une autre force donnée K, dirigée vers le point B. Dans l'état d'équilibre, cette corde flexible formera un polygone dont les sommets seront les points A, M, M′, M″,... B, et que nous appellerons spécialement un *polygone funiculaire*. Il s'agit de trouver les conditions que les forces données H, P, P′, P″, ... K, doivent remplir pour que cet équilibre soit possible, et de déterminer la figure du polygone qui convient à cet état.

Pour trouver ces conditions, je pars de ce principe évident que si l'équilibre existe, chacun des cordons MM′, M′M″, etc., doit être tiré, à ses deux extrémités, par des forces égales, dirigées suivant ses prolongemens; car si ces deux forces n'avaient pas la même direction que le cordon, rien ne les empêcherait de le faire tourner; et si elles n'étaient pas égales et contraires, elles feraient avancer le cordon suivant sa direction.

Il s'ensuit d'abord que la résultante des deux forces H et P, appliquées au point M, doit coïncider avec le prolongement MD du cordon M′M. On peut donc transporter le point d'application de cette force au point M′ situé sur sa direction (n° 41); en la composant ensuite avec la force P′, appliquée à ce point, il faudra que cette seconde résultante, qui sera celle des trois forces H, P, P′, coïncide avec le prolongement M′D′ du cordon M″M′; et, par conséquent, il sera permis de la transporter au point M″. Je prends encore la résultante de cette force et de P″ qui agit en ce même point M″; j'ai, de cette manière, la force qui tire le cordon M″M‴ à son extrémité M″, et qui doit être dirigée suivant son prolongement M″D″. Cette force est, comme on voit, la résultante des forces H, P, P′, P″; un raisonnement semblable prouverait que la force qui tire le même cordon à son extrémité M‴, et qui doit coïncider avec son autre prolongement M‴D‴, est la résultante des forces P‴, P^{IV},..., K; ces deux résultantes sont donc égales et directement opposées; et, conséquemment, la résultante de toutes les forces données H, P, P′, P″.... K, doit être égale à zéro. On parviendrait évidemment au même résultat, en considérant les forces qui agissent aux deux extrémités de tout autre côté du polygone.

Ainsi, les forces appliquées au polygone funiculaire doivent être telles qu'en les transportant en un même point parallèlement à elles-mêmes, elles s'y fassent équilibre; ce qui donne, comme on sait, trois équations entre les grandeurs de ces forces et les angles que font leurs directions avec trois axes rectangulaires menés par ce point. Ces équations sont (n° 35)

$$\left.\begin{array}{l} \text{H}\cos a+\text{K}\cos e+\text{P}\cos\alpha+\text{P}'\cos\alpha'+\text{etc.}=0, \\ \text{H}\cos b+\text{K}\cos f+\text{P}\cos 6+\text{P}'\cos 6'+\text{etc.}=0, \\ \text{H}\cos c+\text{K}\cos g+\text{P}\cos\gamma+\text{P}'\cos\gamma'+\text{etc.}=0; \end{array}\right\} (a)$$

a, e, α, α', etc., désignant les angles relatifs à l'un des axes; b, f, 6, $6'$, etc., les angles relatifs à un autre axe; et c, g, γ, γ', etc., ceux qui répondent au troisième.

286. Lorsque les forces H, P, P′, P″,... K, et les directions des cordons par lesquels elles agissent, ne satisferont pas à ces équations, il sera impossible qu'elles se fassent équilibre par le moyen du polygone funiculaire, quelque figure qu'on lui donne; mais toutes les fois que ces équations seront satis-

faites, on pourra donner au polygone une figure telle que l'équilibre ait lieu. Les grandeurs et les directions des forces H, P, P′, P″,... K, étant données, cette figure est déterminée, et sa construction résulte de la suite de compositions de forces que nous venons d'indiquer.

En effet, connaissant les directions des cordons MA et MC, par lesquels agissent les forces H et P, on déterminera la grandeur et la direction de leur résultante. Sur le prolongement de cette direction, à partir du point M, je porte la longueur donnée du côté MM′; cela fait, j'applique au point M′ la résultante de H et P suivant la ligne M′M, et la force P′ suivant la direction donnée du cordon M′C′. Je prends la résultante de ces deux forces, et sur le prolongement de sa direction, à partir du point M′, je porte la longueur donnée du côté M′M″. Maintenant, je fais au point M″ une construction semblable à celle que je viens d'indiquer pour le point M; j'applique en M″ la dernière résultante sur le côté M″M′, et la force P″ suivant la direction donnée du cordon M″C″; je compose ensuite ces deux forces en une seule, et, sur le prolongement de celle-ci, je porte la longueur donnée du côté M‴M″.

Je continue ainsi jusqu'à ce que je sois parvenu au dernier des nœuds M, M′, M″, etc., qui sera, je suppose, le point M^{iv}, de sorte que M^{iv}B soit le dernier côté du polygone. Sa direction est connue, puisqu'elle représente celle de la force extrême K, qui est donnée par hypothèse. Il faudra donc que la direction prolongée de la résultante des deux forces appliquées au point M^{IV}, suivant le côté $M'''M^{\text{IV}}$ et suivant le cordon $M^{\text{IV}}C^{\text{IV}}$, coïncide avec la direction donnée du côté $M^{\text{IV}}B$. C'est, effectivement, ce qui arrivera toujours; car, d'après notre construction, la force dirigée suivant $M^{\text{IV}}M'''$ n'est autre chose que la résultante des cinq forces H, P, P′, P″, P‴, transportées au point M^{IV} parallèlement à leurs directions; en la composant avec la force P^{IV}, dirigée suivant $M^{\text{IV}}C^{\text{IV}}$, on aura la résultante de toutes les forces données, moins la force K; or, en vertu des équations (a), qu'on suppose satisfaites, cette résultante est égale et directement opposée à la force K (nº 35).

Si l'on mène par le point A, les trois axes auxquels se rapportent les angles a, e, α, α', etc., b, f, β, β', etc., c, g, γ, γ', etc., les coordonnées de chacun des sommets du polygone, rapportées à ces axes, seront les projections sur ces mêmes axes de la partie du polygone comprise depuis le point A jusqu'à ce sommet. On pourrait les calculer, en fonctions de ces angles, des longueurs des côtés du polygone et des forces données; les formules générales que l'on obtiendrait de cette manière serviraient, dans chaque cas, à construire directement tous les sommets du polygone, ou seulement un ou plusieurs de ces points; mais il est plus simple de déterminer successivement, et les uns au moyen des autres, les différens côtés du polygone, ainsi qu'on vient de l'indiquer.

287. Quand les forces données remplissent les conditions exprimées par les équations (a), et qu'on a fait prendre au polygone la figure propre à l'équi-

libre, l'intensité commune des deux forces égales et contraires qui tirent chacun des côtés suivant son prolongement, est la *tension* que ce cordon éprouve; il est donc important, dans la pratique, de calculer cette tension, et de s'assurer, par l'expérience, qu'elle ne dépasse pas celle qu'un cordon du même diamètre et de la même matière peut supporter sans se rompre.

Or, d'après ce qu'on vient de voir, cette tension variera d'un côté à l'autre du polygone; la tension du côté MM' sera égale à la résultante des forces H et P, ou à celle des forces P', P'', P''',... K; la tension du côté M'M'' sera égale à la résultante des forces H, P, P', ou à celle des forces P'', P''',... K; et ainsi de suite. Il sera donc aisé, dans chaque cas particulier, de déterminer les tensions qu'éprouvent tous les côtés du polygone en équilibre, lorsque les grandeurs et les directions des forces H, P, P', P'',... K, seront toutes données.

Si les points extrêmes A et B du polygone sont fixes, les forces H et K représenteront à la fois les tensions des cordons qui aboutissent à ces points et les pressions que ces points éprouvent. Dans ce cas, les valeurs de H et K, et des angles a, b, c, e, f, g, qui déterminent les directions des deux côtés extrêmes du polygone, ne seront plus données; mais on aura huit équations pour déterminer ces huit inconnues, savoir, les équations (a), les équations (n° 6), $\cos^2 a+\cos^2 b+\cos^2 c=1$, $\cos^2 e+\cos^2 f+\cos^2 g=1$, et trois équations résultant de ce que la position des deux points fixes A et B est donnée. On formera celles-ci en calculant les valeurs des trois coordonnées de l'un de ces points, rapportées à des axes passant par l'autre point, c'est-à-dire, les projections du polygone entier sur ces trois axes, et les égalant aux valeurs données de ces mêmes coordonnées.

La détermination de ces huit inconnues sera généralement très compliquée; mais après que le polygone funiculaire aura pris de lui-même la figure propre à l'équilibre des forces appliquées à ses sommets, on obtiendra sans difficulté les tensions de ses différens côtés; ce qui suffira pour la pratique. Ainsi, en décomposant la force P appliquée au point M en deux autres forces dirigées suivant les prolongemens des côtés AM et MM', les composantes, données immédiatement par la règle du parallélogramme des forces, seront les tensions de ces deux côtés. Celle qui agira suivant le prolongement de AM devra être égale à la force agissant suivant ce premier côté, lorsque le point A sera libre; et quand il sera fixe, elle exprimera la pression exercée sur ce point. Pareillement, les composantes de la force P' suivant les prolongemens de MM' et M'M'', exprimeront la tension de MM', déjà connue par la décomposition de P, et celle du côté adjacent M'M''; et ainsi de suite.

288. Les cordons qui forment les différens côtés d'un polygone funiculaire sont toujours un peu extensibles; chacun d'eux s'allonge d'une petite quantité, en raison de la tension qu'il éprouve dans l'état d'équilibre; et lorsque cette tension est connue, on peut calculer l'allongement correspondant.

En effet, l'expérience prouve que tant que la

tension d'un fil homogène et d'une épaisseur constante n'approche pas de la force nécessaire pour le rompre, son allongement est proportionnel à sa longueur et à la tension qu'il éprouve; il varie d'ailleurs, d'un fil à un autre, avec l'épaisseur et la matière du fil. Cela étant, je suppose que l'on attache à un point fixe un fil de la même épaisseur et de la même matière que le cordon AM, et que l'on suspende à son extrémité inférieure un poids donné Π, très grand par rapport à celui du fil. Soient l et $l(1+\varpi)$ ses longueurs avant et après la suspension du poids Π; cette quantité ϖ sera une fraction très petite, indépendante de l et proportionnelle à Π, en négligeant le poids du fil; en sorte que si, dans une autre expérience, les trois quantités l, ϖ, Π, sont l', ϖ', Π', on aura

$$\varpi' = \frac{\varpi\Pi'}{\Pi},$$

quels que soient l et l'. Or, il est évident qu'un fil attaché à un point fixe et tiré à son autre extrémité par une force dirigée suivant son prolongement, est dans le même état que s'il était tiré par cette même force suivant ses deux prolongemens. Si donc on appelle T la tension du cordon AM, et si l'on suppose qu'il se soit allongé dans le rapport de $1+\tau$ à l'unité, on aura

$$\tau = \frac{\varpi T}{\Pi},$$

pour déterminer cet allongement; et il en sera de même pour tous les autres côtés du polygone.

289. Soit que les points extrêmes A et B du polygone soient fixes, ou qu'ils soient libres, si l'un ou plusieurs des nœuds M, M', M'', etc., sont remplacés par des anneaux, cette circonstance donnera lieu à de nouvelles conditions d'équilibre. Supposons, par exemple, que M'' soit un anneau mobile qui puisse glisser le long du cordon M'M''M'''; il est clair que dans ce mouvement la somme des distances M'M'' et M''M''', du point M'' aux points M' et M''', restera constante. Or, si l'équilibre existe, cet état ne sera pas troublé en rendant fixes ces deux derniers points; mais alors le point M'' sera dans le même cas que s'il était astreint à demeurer sur la surface d'un ellipsoïde de révolution, dont M' et M''' sont les deux foyers, et dont le grand axe est égal à la longueur donnée du cordon M'M''M'''; donc ce point ne peut rester en équilibre (n° 36), à moins que la force P'' qui lui est appliquée ne soit perpendiculaire à cette surface; d'où il suit, d'après une propriété connue de l'ellipse, que la direction de cette force doit couper en deux parties égales l'angle des deux rayons vecteurs M''M' et M''M'''.

Lors donc qu'en exécutant la construction du n° 286, on sera parvenu à un anneau mobile tel que M'', et que l'on aura pris la résultante des deux forces dirigées suivant M''M' et M''C'', dont le prolongement sera le côté M''M'''; si l'on trouve que les angles C''M''M' et C''M''M''' ne sont pas égaux entre eux, il en faudra conclure que l'équilibre n'existe pas. En général, il faudra que la direction du cordon M''C'', attaché à un anneau mobile, ne soit pas donnée d'avance, afin qu'on puisse, en la déterminant d'une manière convenable, remplir la condition de l'égalité des deux angles M'M''C'' et M'''M''C''.

Observons que dans l'état d'équilibre, les tensions des deux côtés adjacens à un anneau mobile seront égales entre elles; cela résulte de ce que ces deux côtés font des angles égaux avec la direction de la force appliquée à cet anneau, et que leurs tensions sont les composantes de cette force suivant leurs propres directions; mais cette égalité de tension peut aussi être considérée comme évidente en elle-même, puisque les deux côtés le long desquels l'anneau peut glisser ne forment qu'un cordon, qui doit nécessairement éprouver la même tension dans toute son étendue.

290. Ce que nous disons à l'égard d'un anneau obligé de glisser le long d'un fil considéré comme inextensible et parfaitement flexible, peut s'étendre à tous les points d'un système de points matériels en équilibre. Quelle que soit la liaison de ces points entre eux, on ne troublera pas cet équilibre en fixant tous les points du système, excepté un seul. Or, si la liaison de ce point avec les autres est telle qu'il puisse encore décrire une surface ou seulement une ligne courbe autour de ces points fixes, il est évident que le point mobile sera dans le même cas que si la surface ou la ligne courbe existait réellement; par conséquent, la direction de la force qui lui est appliquée doit être normale à cette surface ou à cette ligne.

Concluons donc que dans tout système de points matériels en équilibre, la force appliquée à chacun de ces points est perpendiculaire à la surface ou à la ligne sur laquelle ce point serait obligé de rester, si tous les autres points auxquels il est lié étaient regardés, pour un moment, comme des points fixes.

Quand cette condition, relative à la direction des forces et à la liaison des parties du système, n'est pas remplie, on peut être certain que l'équilibre n'existe pas; mais elle ne suffit pas à elle seule pour assurer l'équilibre du système.

291. Si toutes les forces qui agissent sur un polygone funiculaire suspendu aux deux points fixes A et B, sont des poids donnés, il résulte de la construction du n° 286, que ce polygone tout entier sera contenu dans le plan vertical passant par ces deux points; et cela est d'ailleurs évident en soi-même, puisqu'il n'y aurait aucune raison pour qu'il s'écartât de ce plan plutôt d'un côté que de l'autre. En prenant alors la perpendiculaire à ce plan pour l'axe auquel répondent c, g, γ, γ', etc., tous ces angles seront droits, et la troisième équation (a) disparaîtra; les deux autres se réduiront à

$$\left.\begin{aligned} \mathrm{H}\cos a + \mathrm{K}\cos e &= 0, \\ \mathrm{H}\cos b + \mathrm{K}\cos f + \Pi &= 0, \end{aligned}\right\} \quad (b)$$

en supposant que les angles a, e, α, α', etc., répondent à un axe horizontal, et les angles b, f, β, β', etc., à un axe dirigé dans le sens de la pesanteur, et en représentant par Π la somme des poids P, P′, P″, etc., appliqués au polygone.

L'équilibre de ce polygone ne sera pas troublé si l'on rend sa forme invariable; par conséquent, la force Π devra être égale et directement opposée à la résultante des forces H et K. En vertu des équations (*b*), elle est déjà égale et contraire à cette résultante; il faudra donc encore qu'elle passe par le point O (fig. 72), où les prolongemens des cordons extrêmes AM et BN viennent se couper, et qu'on peut prendre pour le point d'application commun aux deux forces H et K. Ainsi, dans l'état d'équilibre, la résultante Π des forces verticales P, P′, P″, etc., sera dirigée suivant la verticale OD; et, cela étant, on aura les proportions (n° 29)

$$H : \Pi :: \sin BOD : \sin AOB,$$
$$K : \Pi :: \sin AOD : \sin AOB,$$

qui feront connaître les tensions des cordons extrêmes, ou les pressions H et K exercées sur les deux points fixes A et B, quand on aura mesuré les angles AOD et BOD.

292. On peut faire sur les tensions des cordons qui supportent un poids donné, la même remarque que l'on a déjà faite à l'égard des pressions éprouvées par les points d'appui d'un plan horizontal sur lequel un poids est placé (n° 270).

Supposons que les trois cordons attachés aux points fixes A, B, C (fig. 73), se réunissent au point M, et qu'en ce point un poids P soit suspendu et agisse suivant la verticale MD. Prenons un point D′ sur le prolongement de cette droite, et construisons le parallélépipède dont MD′ est la diagonale, et qui a ses trois côtés adjacens MA′, MB′, MC′, sur les directions des trois cordons. Si l'on représente la force P par la droite MD′, ses composantes suivant ces directions seront représentées par les droites MA′, MB′, MC′, et elles exprimeront les tensions des trois cordons MA, MB, MC, ou les charges des trois points fixes A, B, C, lesquelles se trouveront, dans ce cas, complètement déterminées. Mais, lorsque les cordons aboutissant au point M seront au nombre de quatre, ou en plus grand nombre, on pourra décomposer la force P d'une infinité de manières différentes, suivant leurs directions; en sorte que leurs tensions et les charges des points fixes ne seront plus déterminées, et une ou plusieurs d'entre elles pourront être nulles ou prises arbitrairement. Or, cette indétermination aurait réellement lieu dans la question abstraite, où l'on n'a tenu aucun compte de l'extensibilité des cordons; mais elle n'existe plus dès qu'on a égard à cette propriété de la matière : alors tous les cordons s'allongent un tant soit peu; leurs extensions dépendent de leur nombre et de leurs positions relatives; et si l'on mesurait ces petits allongemens, on en pourrait conclure la tension de chaque cordon, ou la charge de chaque point fixe qui a réellement lieu.

Ainsi, en supposant que le cordon AM, par exemple, se soit allongé dans le rapport de $1+\delta$ à l'unité, et sachant, d'ailleurs, qu'un cordon de même matière et de même diamètre s'allonge dans le rapport de

$1+\varpi$ à l'unité, quand on le suspend verticalement à un point fixe, et qu'on attache le poids P à son extrémité inférieure, on en conclura (n° 288) que la tension éprouvée par ce cordon, ou la charge que supporte le point A, est égale au produit $\frac{\delta}{\varpi}P$.

Si l'on désigne par ϖ' et δ', ϖ'' et δ'', etc., ce que deviennent les fractions ϖ et δ relativement aux cordons MB, MC, etc., et par γ, γ', γ'', etc., les angles aigus que font les cordons MA, MB, MC, etc., avec la verticale MD', il faudra qu'on ait

$$\frac{\delta}{\varpi}\cos\gamma+\frac{\delta'}{\varpi'}\cos\gamma'+\frac{\delta''}{\varpi''}\cos\gamma''+\text{etc.}=1,$$

afin que la somme des composantes verticales de toutes les tensions soit égale au poids P. En projetant les mêmes cordons sur un plan horizontal mené par le point M, et désignant par ω, ω', ω'', etc., les angles que les projections de MA, MB, MC, etc., font avec une droite MO tracée arbitrairement dans ce plan, on aura aussi

$$\frac{\delta}{\varpi}\sin\gamma\sin\omega+\frac{\delta'}{\varpi'}\sin\gamma'\sin\omega'+\text{etc.}=0,$$

$$\frac{\delta}{\varpi}\sin\gamma\cos\omega+\frac{\delta'}{\varpi'}\sin\gamma'\cos\omega'+\text{etc.}=0,$$

pour exprimer que la résultante de toutes les tensions est une force verticale.

Quand il n'y a que trois cordons, ces trois équations suffisent pour déterminer les rapports de leurs tensions au poids P, ou les valeurs de $\frac{\delta}{\varpi}$, $\frac{\delta'}{\varpi'}$, $\frac{\delta''}{\varpi''}$, au moyen des angles que ces trois cordons font avec la verticale MD′, et des angles compris entre les plans de cette droite et de leurs directions. Quand il n'y en a que deux, leurs directions et cette verticale sont comprises dans un même plan; ce qui réduit à une seule les deux dernières équations.

§ II. *Équilibre d'un fil flexible.*

293. Considérons d'abord un fil pesant, homogène et d'un diamètre constant; supposons-le parfaitement flexible et attaché par ses extrémités A et C (fig. 74) à deux points fixes; et proposons-nous de déterminer la courbe ABC qu'il forme dans son état d'équilibre. On nomme cette courbe la *chaînette;* elle est évidemment comprise dans le plan vertical passant par les deux points fixes A et C; car il n'y aurait aucune raison pour qu'elle s'en écartât plutôt d'un côté que de l'autre.

Par un point O, menons dans ce plan deux axes rectangulaires Ox et Oy, qui seront ceux des coordonnées positives; prenons Ox horizontal et dirigé du côté du point A, et Oy vertical, dirigé en sens contraire de la pesanteur, et passant par le point B, le plus bas de la courbe. Soient x et y les coordonnées OP et PM, rapportées à ces deux axes, d'un point quelconque M de la chaînette, et s l'arc BM aboutissant en ce point et compté du point B; et désignons par x', y', s', ce que deviendront x, y, s, relativement à un autre point de cette courbe, tel que l'on ait $s' > s$.

Si l'on appelle p le poids de l'unité de longueur du fil, lorsqu'il est couché sur un plan horizontal, $p(s'-s)$ sera, dans cet état, le poids d'une longueur $s'-s$ du même fil, puisqu'on le suppose homogène et d'une épaisseur constante. Quand il sera suspendu aux deux points fixes A et B, ses différentes parties s'allongeront inégalement, à raison de leurs tensions respectives; et, en même temps, leurs densités ou leurs épaisseurs diminueront de manière que leurs masses ne changent pas; par conséquent, le poids de cette longueur $s'-s$ ne sera plus exactement le même qu'auparavant; mais si la matière du fil est très peu extensible, et qu'on néglige les petites dilatations de ses parties, on pourra encore prendre $p(s'-s)$ pour le poids correspondant à l'arc MM' de la chaînette.

Soient, en outre, T et T' les forces inconnues qui agissent à ses extrémités M et M', et proviennent de ce que ces points sont liés aux parties CM et AM' de cette courbe. En joignant ces forces au poids $p(s'-s)$, on pourra considérer MM' comme entièrement libre; par conséquent, si l'on représente par α et 6 les angles que fait la direction de la force T avec les prolongemens des coordonnées x et y de son point d'application, et par α' et $6'$ les angles analogues relativement à la force T', nous aurons

$$\left.\begin{aligned} \mathrm{T}\cos\alpha + \mathrm{T}'\cos\alpha' &= 0, \\ \mathrm{T}\cos 6 + \mathrm{T}'\cos 6' &= p(s'-s), \\ \mathrm{T}(x\cos 6 - y\cos\alpha) + \mathrm{T}'(x'\cos 6' - y'\cos\alpha') &= p(s'-s)x_1, \end{aligned}\right\} \quad (a)$$

pour l'équilibre de ces trois forces comprises dans un même plan (n° 262); x_1 étant l'abscisse horizontale du centre de gravité de l'arc MM'. Elles auront lieu, quelle que soit la longueur de cet arc : si on la suppose infiniment petite, on pourra négliger, dans ces équations, les quantités infiniment petites du second ordre ; mais il faudra conserver les quantités du premier ordre ; ce qui n'empêchera pas qu'on ne doive considérer la force T comme étant dirigée suivant la partie MH de la tangente, à l'extrémité M, et la force T', suivant la partie M'H' de la tangente, à l'autre extrémité M'.

Pour le faire voir, prenons sur MM' un point *m* tel que l'arc M*m* soit infiniment petit du second ordre ; ce qui permettra de négliger le poids de cette partie de la chaînette. Si l'on fixe le point *m*, l'équilibre ne sera pas troublé ; or, le fil étant supposé parfaitement flexible, il n'y aurait rien qui empêchât la force T de faire tourner l'arc M*m* autour de *m*, si elle n'était pas dirigée suivant son prolongement MH. On verra de même que la force T' doit être dirigée suivant M'H'.

D'après cela, nous aurons

$$\cos \alpha = -\frac{dx}{ds}, \quad \cos \varepsilon = -\frac{dy}{ds},$$
$$\cos \alpha' = \frac{dx'}{ds'}, \quad \cos \varepsilon' = \frac{dy'}{ds'};$$

et en négligeant les infiniment petits du second ordre, ces dernières valeurs seront

$$\cos \alpha' = \frac{dx}{ds} + d.\frac{dx}{ds}, \quad \cos \varepsilon' = \frac{dy}{ds} + d.\frac{dy}{ds}.$$

On peut aussi prouver qu'on a $T' = T + dT$. En

effet, la quantité T est une fonction des coordonnées du point quelconque M auquel elle répond, qui devient, conséquemment, $T + dT$ au point M'; en ce point, elle exprime la force qui agit sur la partie supérieure AM' de la chaînette, suivant la direction $M'H_{,}$, prolongement de H'M'. Or, si m' est un point de la courbe dont la distance à M' est infiniment petite du second ordre, la force qui agit en m' sur la partie Am', sera la même, en grandeur et en direction, que celle qui agit en M' sur AM'; par conséquent, la partie $M'm'$ de la chaînette est tirée en sens contraire, suivant M'H' et $m'H_{,}$, par des forces T' et $T + dT$, qui doivent être égales pour que $M'm'$ demeure en équilibre.

Cela posé, je substitue ces différentes valeurs dans les deux premières équations (a), et j'y fais $s' - s = ds$; elles deviennent

$$d.\mathrm{T}\frac{dx}{ds} = 0, \quad d.\mathrm{T}\frac{dy}{ds} = pds. \qquad (b)$$

Quant à la troisième, elle prendra la forme

$$d.\mathrm{T}\left(x\frac{dy}{ds} - y\frac{dx}{ds}\right) = pxds,$$

en y négligeant les infiniment petits du second ordre, ce qui permet de remplacer x_{1} par x dans son second membre. Or, cette équation est la même chose que

$$xd.\mathrm{T}\frac{dy}{ds} - yd.\mathrm{T}\frac{dx}{ds} = pxds;$$

et, comme on voit, elle est une suite des deux autres. Effectivement, le problème ne peut dépendre que de deux équations, puisqu'il n'y a que deux inconnues y et T à déterminer en fonctions de x; la première, pour connaître l'équation de la courbe, et la seconde, pour savoir quelle est la tension en un point quelconque M, c'est-à-dire, la grandeur des forces égales qui tirent l'élément Mm suivant ses deux prolongemens.

294. L'intégrale de la première équation (b) est

$$\mathrm{T}\frac{dx}{ds} = c,$$

en désignant par c la constante arbitraire. Au point B, on a $\frac{dx}{ds} = 1$ et $\mathrm{T} = c$; si donc on représente la tension en ce point le plus bas, par le poids d'une longueur h du fil, on aura $c = ph$, et, en un point quelconque,

$$\mathrm{T} = ph\frac{ds}{dx}.$$

La seconde équation (b) deviendra donc

$$hd.\frac{dy}{dx} = ds;$$

d'où l'on tire

$$s = h\frac{dy}{dx},$$

en observant qu'on a, en même temps, $s = 0$ et $\frac{dy}{dx} = 0$ au point B. Ces équations feront connaître immédiatement l'arc s et la tension T, lorsque l'ordonnée y aura été déterminée en fonction de x.

En mettant dans l'équation précédente, à la place de ds, sa valeur

$$ds = dx\sqrt{1 + \frac{dy^2}{dx^2}},$$

on en déduit

$$dx = \frac{hd.\frac{dy}{dx}}{\sqrt{1 + \frac{dy^2}{dx^2}}}.$$

En intégrant et observant qu'on a $x = 0$ et $\frac{dy}{dx} = 0$ au point B, on en déduit

$$x = h \log\left(\frac{dy}{dx} + \sqrt{1 + \frac{dy^2}{dx^2}}\right),$$

et, par conséquent,

$$\frac{dy}{dx} + \sqrt{1 + \frac{dy^2}{dx^2}} = e^{\frac{x}{h}};$$

e étant, à l'ordinaire, le base des logarithmes népériens. Je multiplie cette équation par

$$\left(\sqrt{1 + \frac{dy^2}{dx^2}} - \frac{dy}{dx}\right)e^{-\frac{x}{h}};$$

il en résulte

$$e^{-\frac{x}{h}} = \sqrt{1 + \frac{dy^2}{dx^2}} - \frac{dy}{dx};$$

on aura donc

$$ds = \frac{1}{2}\left(e^{\frac{x}{h}} + e^{-\frac{x}{h}}\right)dx,$$

$$dy = \frac{1}{2}\left(e^{\frac{x}{h}} - e^{-\frac{x}{h}}\right)dx;$$

d'où l'on tire

$$\left.\begin{aligned} s &= \frac{h}{2}\left(e^{\frac{x}{h}} - e^{-\frac{x}{h}}\right), \\ y &= \frac{h}{2}\left(e^{\frac{x}{h}} + e^{-\frac{x}{h}}\right), \end{aligned}\right\} \quad (c)$$

en observant que $s=0$ et $x=0$, au point B, et prenant l'origine O des coordonnées à la distance h au-dessous de ce point, de sorte qu'on ait $y=h$ quand $x=0$.

Ces équations (c) donnent $s=h\frac{dy}{dx}$, comme plus haut. La seconde est l'équation de la chaînette, sous la forme la plus simple; elle montre que cette courbe est symétrique de part et d'autre de son point le plus bas.

La valeur précédente de T deviendra

$$\text{T} = ph\,\frac{ds}{ds} = py;$$

en sorte que la tension en un point quelconque M est exprimée par le poids d'une longueur du fil, égale à la perpendiculaire MP abaissée de ce point sur la droite horizontale, passant par le point O. C'est au point B que cette tension est la plus petite; et sa valeur en ce point est ph, comme on l'a supposé.

295. Il ne reste plus qu'à déterminer la constante h qui entre dans ces formules. L'expression de y fera ensuite connaître la figure de la chaînette; mais pour que sa position soit connue dans le plan vertical passant par les points A et C, il faudra aussi déter-

miner la distance de l'axe Oy à l'un de ces points fixes.

Pour cela, je mène par le point A une horizontale qui coupe l'axe Oy en un point Q, et par le point C, une verticale qui rencontre cette horizontale au point D. La position du point C, par rapport au point A, étant connue, les distances AD et DC seront données. Je les représente par a et b; je désigne aussi par k la distance AQ; en sorte qu'on ait

$$AD = a, \quad DC = b, \quad AQ = k, \quad OB = h;$$

a et b étant des quantités données, et k et h les deux inconnues qu'il s'agira de déterminer.

J'appellerai k' la distance QD, l la longueur donnée de la courbe ABC, g et g' ses parties AB et BC, f la flèche BQ; on aura

$$k + k' = a, \quad g + g' = l,$$

en regardant k' et g' comme des quantités positives ou négatives, selon que le point C appartiendra au prolongement de AB ou à AB même. Les ordonnées des points A et C seront $h + f$ et $h + f - b$, en considérant aussi la quantité b comme positive ou comme négative, selon que C sera au-dessous ou au-dessus de la droite horizontale, menée par le point A.

Si l'on fait dans les équations (c), d'abord

$$x = k, \quad s = g, \quad y = h + f,$$

et ensuite

$$x = -k', \quad s = -g', \quad y = h + f - b,$$

il en résultera

$$g = \frac{h}{2}\left(e^{\frac{k}{h}} - e^{-\frac{k}{h}}\right), \quad h+f = \frac{h}{2}\left(e^{\frac{k}{h}} + e^{-\frac{k}{h}}\right),$$

$$g' = \frac{h}{2}\left(e^{\frac{k'}{h}} - e^{-\frac{k'}{h}}\right), \quad h+f-b = \frac{h}{2}\left(e^{\frac{k'}{h}} + e^{-\frac{k'}{h}}\right);$$

d'où l'on tire

$$l = \frac{h}{2}\left(e^{\frac{k}{h}} - e^{-\frac{k}{h}} + e^{\frac{k'}{h}} - e^{-\frac{k'}{h}}\right),$$

$$b = \frac{h}{2}\left(e^{\frac{k}{h}} + e^{-\frac{k}{h}} - e^{\frac{k'}{h}} - e^{-\frac{k'}{h}}\right).$$

De là et de $k + k' = a$, on conclut

$$l^2 - b^2 = h^2\left(e^{\frac{a}{h}} + e^{-\frac{a}{h}} - 2\right),$$

et, par conséquent,

$$\frac{1}{2\alpha}\left(e^{\alpha} - e^{-\alpha}\right) = n, \qquad (d)$$

en faisant, pour abréger,

$$\frac{a}{2h} = \alpha, \quad \sqrt{\frac{l^2 - b^2}{a^2}} = n.$$

Cette quantité n étant composée de quantités données, l'équation (d) fera connaître la valeur de α, et par suite celle de h. En général, cette équation se résoudra par des essais; et l'on en déduira la valeur numérique de α d'après celle de n, aussi exactement qu'on voudra. Si n diffère très peu de l'unité, la valeur de α sera très petite; en développant alors les exponentielles, et négligeant la quatrième puissance de α, on aura simplement $\alpha^2 = 6(n - 1)$.

Si nous faisons aussi

$$\frac{k - k'}{h} = 2\mathit{6},$$

nous aurons

$$k = \tfrac{1}{2}a + h\mathit{6}, \quad k' = \tfrac{1}{2}a - h\mathit{6};$$

et la valeur précédente de b deviendra

$$b = \frac{h}{2}\left(e^{\frac{a}{2h}} - e^{-\frac{a}{2h}}\right)\left(e^{\mathit{6}} - e^{-\mathit{6}}\right); \qquad (e)$$

ce qui fera connaître la valeur de $\mathit{6}$, d'après celle de h, et, conséquemment, les quantités k et k'. Le signe de k' décidera de quel côté de Oy, le point C sera placé.

Le cas le plus simple aura lieu quand les points fixes A et C seront situés sur une même droite horizontale. On aura alors $b = 0$; l'équation (e) donnera $\mathit{6} = 0$, et, par suite, $k = k' = \frac{1}{2}a$, comme cela doit être. On aura, en même temps,

$$h + f = \frac{h}{2}\left(e^{\frac{a}{2h}} + e^{-\frac{a}{2h}}\right);$$

ce qui fera connaître les tensions aux points A et C, ou les charges que ces points fixes auront à supporter, après que la valeur de h aura été calculée. Dans le cas général, ces tensions extrêmes se déduiront des valeurs de y, correspondantes à $x = k$ et $x = -k'$.

296. Parmi toutes les courbes de même longueur,

qui aboutissent aux points donnés A et C, la chaînette est celle dont le centre de gravité est le plus bas.

En effet, menons par le point A (fig. 75) un axe horizontal Ay', et un axe Ax' vertical et dirigé dans le sens de la pesanteur. Soient x' et y' les coordonnées d'un point quelconque M, rapportées à ces axes. En appelant x_1 la distance du centre de gravité d'une courbe quelconque AMC, à l'axe Ay', nous aurons

$$lx_1 = \int_0^b x' \sqrt{1 + \frac{dy'^2}{dx'^2}}\, dx';$$

b étant la valeur de x' qui répond au point C, et l désignant la longueur donnée de cette courbe, de sorte qu'on ait

$$l = \int_0^b \sqrt{1 + \frac{dy'^2}{dx'^2}}\, dx'.$$

Or, d'après la formule (e) du n° 201, la courbe dans laquelle la première intégrale est un *maximum* entre toutes les courbes de même longueur, a pour équation différentielle

$$dy' = \frac{c'dx'}{\sqrt{(x' + c)^2 - c'^2}};$$

c et c' étant des constantes arbitraires. En intégrant et observant que les variables x' et y' sont nulles en même temps, il vient

$$y' = c' \log \frac{x' + c + \sqrt{(x' + c)^2 - c'^2}}{c + \sqrt{c^2 - c'^2}},$$

et, par conséquent,

$$x' + c + \sqrt{(x' + c)^2 - c'^2} = \gamma e^{\frac{y'}{c'}},$$

en faisant, pour abréger,

$$c + \sqrt{c^2 - c'^2} = \gamma.$$

On tire de là

$$x' + c - \sqrt{(x' + c)^2 - c'^2} = \gamma' e^{-\frac{y}{c'}},$$

en faisant aussi

$$c - \sqrt{c^2 - c'^2} = \gamma'.$$

On aura donc

$$x' + c = \tfrac{1}{2}\gamma e^{\frac{y'}{c'}} + \tfrac{1}{2}\gamma' e^{-\frac{y'}{c'}}, \qquad (f)$$

pour l'équation de la courbe qui jouit de la propriété demandée. Au point C, on aura

$$b + c = \tfrac{1}{2}\gamma e^{\frac{a}{c'}} + \tfrac{1}{2}\gamma' e^{-\frac{a}{c'}};$$

a étant la distance donnée de ce point à l'axe Ax', de sorte qu'on ait à la fois $x' = b$ et $y' = a$. Cette équation particulière et la longueur l de la courbe serviront à déterminer les deux constantes c et c'.

Maintenant, pour faire coïncider l'équation (f) avec celle de la chaînette, désignons par ε une constante indéterminée, et changeons les coordonnées x' et y' en d'autres, telles que l'on ait

$$x' + c = -y, \quad y' = \varepsilon - x;$$

de manière que ces nouvelles coordonnées x et y soient dirigées en sens contraire de y' et x', et rapportées à une autre origine. Par ce changement, l'équation (f) deviendra

$$y = -\tfrac{1}{2}\gamma e^{\frac{\varepsilon}{c'}} e^{-\frac{x}{c'}} - \tfrac{1}{2}\gamma' e^{-\frac{\varepsilon}{c'}} e^{\frac{x}{c'}}.$$

Déterminons la quantité ε, en posant l'équation

$$\gamma e^{\frac{\varepsilon}{c'}} = \gamma' e^{-\frac{\varepsilon}{c'}};$$

et désignons par $-h$, la valeur commune de ces deux quantités égales, de sorte qu'on ait

$$\gamma e^{\frac{\varepsilon}{c'}} = -h, \quad \gamma' e^{-\frac{\varepsilon}{c'}} = -h.$$

Comme on a $\gamma\gamma' = c'^2$, il en résultera $h = c'$; et l'équation précédente de la courbe deviendra

$$y = \tfrac{1}{2} h \left(e^{\frac{x}{h}} + e^{-\frac{x}{h}}\right);$$

ce qui coïncide avec la seconde équation (c) que nous avons trouvée pour la chaînette.

297. Si la force verticale qui agit sur chaque élément du fil suspendu aux points A et C (fig. 74), au lieu d'être proportionnelle à la longueur de l'élément ds, est proportionnelle à sa projection horizontale dx, la seconde équation (b) deviendra

$$d.\mathrm{T}\frac{dy}{ds} = p\,dx;$$

p étant une constante donnée qui représente le poids d'un prisme dont la hauteur est l'unité linéaire. En vertu de la première équation (b), qui ne changera pas, on aura toujours

$$\mathrm{T} = ph\frac{ds}{dx},$$

en désignant par h une ligne de longueur inconnue, et par ph un poids équivalent à la tension au point B, le plus bas de la courbe. Il en résultera donc

$$hd.\frac{dy}{dx} = dx;$$

d'où l'on tire

$$h\frac{dy}{dx} = x, \qquad 2hy = x^2,$$

en plaçant l'origine des coordonnées x et y au point B. Dans ce cas, la courbe sera, comme on voit, une parabole qui aura son sommet au point le plus bas; et l'on aura

$$T = p\sqrt{h^2 + x^2},$$

pour la tension en un point quelconque.

En employant les notations du n° 295, on aura, aux points A et C,

$$2hf = k^2, \qquad 2h(f - b) = k'^2,$$

et à cause de $k + k' = a$, on en conclura

$$2hb = a(k - k');$$

ce qui fera connaître k, k', f, quand on aura déterminé h, dont la valeur se déduira de la longueur l du fil. On aura, en effet,

$$\frac{ds}{dx} = \frac{1}{h}\sqrt{h^2 + x^2}, \qquad hl = \int_{-k'}^{k}\sqrt{h^2+x^2}dx;$$

ce qui donne, en effectuant l'intégration par les règles ordinaires,

$$2hl = h^2 \log \frac{\sqrt{h^2+k^2}+k}{\sqrt{h^2+k'^2}-k'} + k\sqrt{h^2+k^2} + k'\sqrt{h^2+k'^2}.$$

En supposant, pour plus de simplicité, les deux points A et C dans une même droite horizontale, on aura

$$b = 0, \qquad k = k' = \tfrac{1}{2} a;$$

l'équation précédente se réduira à

$$hl = h^2 \log \frac{k + \sqrt{h^2 + k^2}}{h} + k\sqrt{h^2 + k^2};$$

et l'on en déduira, par des essais, la valeur approchée de h, lorsque les valeurs numériques de l et k seront données.

Cette inconnue h se déterminera plus facilement quand la longueur l de la courbe différera très peu de sa projection a; ce qui rendra la valeur de h très grande par rapport à a. On aura alors, en séries très convergentes,

$$\sqrt{h^2 + k^2} = h + \tfrac{1}{2}\frac{k^2}{h} - \tfrac{1}{8}\frac{k^4}{h^3} + \text{etc.},$$

$$\log \frac{k + \sqrt{h^2 + k^2}}{h} = \frac{k}{h} - \tfrac{1}{6}\frac{k^3}{h^3} + \text{etc.}$$

Au moyen de ces valeurs, l'équation précédente devient, à très peu près,

$$h^2(l - 2k) = \tfrac{1}{3}k^3;$$

d'où l'on tire

$$h = \frac{a\sqrt{2a}}{4\sqrt{3(l-a)}}.$$

On a choisi cet exemple, parce qu'il trouve une application utile dans la construction des ponts suspendus, où il est important de calculer la tension de la chaîne de suspension et la charge de ses points d'appui.

298. Supposons actuellement que tous les points du fil soient sollicités par des forces quelconques. Il formera, en général, une courbe à double courbure; les équations d'équilibre de chacun de ses élémens seront au nombre de trois; et, en supposant toujours le fil parfaitement flexible, on obtiendra ces équations par les considérations que nous avons exposées en détail dans le n° 293. De cette manière, on trouve

$$\left.\begin{aligned} d.\mathrm{T}\frac{dx}{ds} + \mathrm{X}\varepsilon ds &= 0, \\ d.\mathrm{T}\frac{dy}{ds} + \mathrm{Y}\varepsilon ds &= 0, \\ d.\mathrm{T}\frac{dz}{ds} + \mathrm{Z}\varepsilon ds &= 0; \end{aligned}\right\} \quad (1)$$

x, y, z, étant les coordonnées rectangulaires d'un point quelconque M de la courbe, ds l'élément différentiel de sa longueur, ε le produit de la densité du fil et de la section perpendiculaire à sa longueur qui ont lieu au point M, de sorte que εds soit l'élément de la masse du fil; T la tension en ce même point, ou la force, de grandeur inconnue, qui tire cet élément εds suivant chacun de ses prolongemens; X, Y, Z, les forces rapportées à l'unité de masse et parallèles aux axes des x, y, z, qui répondent au point M et seront des fonctions données de ses trois coordonnées.

En vertu de la tension T, l'élément ds aura éprouvé une extension et la quantité ε une diminution, telles que la masse εds n'ait pas changé; en désignant donc par ds' et ε', ce que ces quantités étaient dans l'état naturel du fil, on aura

$$\varepsilon ds = \varepsilon' ds';$$

et en supposant l'extension proportionnelle à la force qui la produit (n° 288), nous aurons, en même temps,

$$ds = (1 + \omega T) ds'; \qquad (2)$$

ω étant un coefficient très petit, dépendant de la matière et de l'épaisseur du fil au point M. Quand le fil sera homogène et d'une épaisseur constante dans toute sa longueur, ε' et ω seront des quantités constantes; mais, en général, ces deux quantités pourront être regardées comme des fonctions données de l'arc s', compté d'un point déterminé du fil et aboutissant au point M.

299. Si le fil, de nature quelconque, est seulement soumis à la pesanteur et suspendu verticalement à un point fixe que j'appellerai A, les deux dernières équations (1) disparaîtront, et la troisième se réduira à

$$dT + g\varepsilon dx = 0,$$

en prenant l'axe des x vertical et dirigé dans le sens de la pesanteur, et désignant cette force par g. Je place au point A l'origine des x, et j'appelle Q la valeur de T qui répond à $x = 0$, c'est-à-dire, la charge que ce point aura à supporter. Au point quelconque M, on aura

$$T = Q - g\int \varepsilon dx;$$

l'intégrale étant nulle en même temps que x.

Appelons B l'extrémité inférieure du fil; attachons en ce point un poids P, et désignons par l la longueur de AB. Il est évident que P sera la tension au point B; on aura donc, en même temps, $x = l$, et $T = P$; ce qui donne

$$Q = P + g\int_0^l \varepsilon dx,$$

et, par conséquent,

$$T = P + g\int_0^l \varepsilon dx - g\int \varepsilon dx.$$

Or, le second et le troisième terme de cette formule sont les poids du fil entier et de sa partie AM; il s'ensuit donc que la tension au point M est le poids de la partie BM, augmenté du poids P; ce qui est d'ailleurs évident.

La loi de l'allongement du fil dans toute son étendue, dépend de sa nature et de son épaisseur. Je suppose, par exemple, qu'il soit homogène et partout d'une même épaisseur, ce qui rendra constant le coefficient ω. En appelant x' la longueur de la partie AM, avant que le fil soit tendu, laquelle longueur devient x par l'effet de la tension, et mettant, en conséquence, dx' et dx au lieu de ds' et ds, dans l'équation (2), on aura

$$dx = (1 + \omega T)\, dx'.$$

Soient aussi l' la longueur totale du fil avant son allongement, et p son poids entier. Le poids de la partie BM sera $\frac{p(l'-x')}{l'}$, et la tension au point M aura pour valeur

$$T = P + \frac{p(l'-x')}{l'}.$$

En la substituant dans l'équation précédente, intégrant et observant qu'on a $x' = 0$ et $x = 0$ au point A, il vient

$$x - x' = \omega P x' + \frac{\omega p(2l'x' - x'^2)}{2l'},$$

pour l'allongement de la partie AM. On en déduit l'allongement total en faisant $x' = l'$ et $x = l$; ce qui donne

$$l - l' = \omega\, l' (P + \tfrac{1}{2} p);$$

en sorte que pour avoir égard au poids du fil dans le calcul de cet allongement, il faut ajouter la moitié de ce poids à celui qui est attaché à son extrémité inférieure.

300. Dans le cas général, j'ajoute les équations (1), après les avoir multipliées par $\frac{dx}{ds}$, $\frac{dy}{ds}$, $\frac{dz}{ds}$; il en résulte

$$dT + \varepsilon(Xdx + Ydy + Zdz) = 0, \qquad (3)$$

à cause de

$$\frac{dx^2}{ds^2} + \frac{dy^2}{ds^2} + \frac{dz^2}{ds^2} = 1,$$

$$\frac{dx}{ds}\, d.\frac{dx}{ds} + \frac{dy}{ds}\, d.\frac{dy}{ds} + \frac{dz}{ds}\, d.\frac{dz}{ds} = 0.$$

Si l'on suppose le fil homogène et son épaisseur constante, et qu'on néglige la petite dilatation de ses élémens, la quantité ε sera constante; de plus, la formule $Xdx + Ydy + Zdz$ est, en général, la différentielle exacte d'une fonction des trois variables x, y, z, considérées comme indépendantes; en faisant donc

$$Xdx + Ydy + Zdz = -d.\varphi(x, y, z),$$

nous aurons

$$dT = \varepsilon d.\varphi(x, y, z),$$

et, par conséquent,

$$T = \varepsilon\varphi(x, y, z),$$

en comprenant la constante arbitraire dans la fonction φ. Cette constante disparaîtra dans la différence des valeurs de T relatives à deux points du fil; il s'ensuit donc que sans avoir déterminé la figure d'équilibre, on connaîtra l'accroissement de la tension d'un point à un autre; en sorte qu'il suffira que la tension soit connue en un point déterminé, pour qu'elle le soit aussi dans toute la longueur du fil.

Quant à la courbe formée par le fil, elle sera déterminée par deux des trois équations (1), ou par deux combinaisons quelconques de ces trois équations, dans lesquelles on substituera la valeur précédente de T; en sorte qu'il faudra généralement intégrer le système de deux équations différentielles du second ordre pour connaître cette courbe. Son rayon de courbure au point quelconque M s'exprimera au moyen de la formule différentielle suivante, qui n'est que du premier ordre, et qui suppose seulement connue la direction de la tangente en ce point.

Les équations (1) peuvent être remplacées par celles-ci :

$$\frac{dx}{ds}d.\mathrm{T}\frac{dy}{ds} - \frac{dy}{ds}d.\mathrm{T}\frac{dx}{ds} = \varepsilon(\mathrm{X}dy - \mathrm{Y}dx),$$

$$\frac{dz}{ds}d.\mathrm{T}\frac{dx}{ds} - \frac{dx}{ds}d.\mathrm{T}\frac{dz}{ds} = \varepsilon(\mathrm{Z}dx - \mathrm{X}dz),$$

$$\frac{dy}{ds}d.\mathrm{T}\frac{dz}{ds} - \frac{dz}{ds}d.\mathrm{T}\frac{dy}{ds} = \varepsilon(\mathrm{Y}dz - \mathrm{Z}dy),$$

qui sont la même chose que

$$\left.\begin{aligned} dxd^2y - dyd^2x &= (\mathrm{X}dy - \mathrm{Y}dx)\frac{\varepsilon ds^2}{\mathrm{T}},\\ dzd^2x - dxd^2z &= (\mathrm{Z}dx - \mathrm{X}dz)\frac{\varepsilon ds^2}{\mathrm{T}},\\ dyd^2z - dzd^2y &= (\mathrm{Y}dz - \mathrm{Z}dy)\frac{\varepsilon ds^2}{\mathrm{T}},\end{aligned}\right\}\quad (4)$$

en effectuant les différentiations et prenant l'arc s pour la variable indépendante. Or, si l'on appelle ρ le rayon de courbure au point M, on a (n° 18)

$$\rho = \frac{ds^3}{[(dxd^2y - dyd^2x)^2 + (dzd^2x - dxd^2z)^2 + (dyd^2z - dzd^2x)^2]^{\frac{1}{2}}};$$

d'après les équations précédentes et la valeur de T, on aura donc

$$\rho = \frac{\varphi(x,\ y,\ z)\,ds}{[(\mathrm{X}dy - \mathrm{Y}dx)^2 + (\mathrm{Z}dx - \mathrm{X}dz)^2 + (\mathrm{Y}dz - \mathrm{Z}dx)^2]^{\frac{1}{2}}}.\quad (5)$$

Dans le cas de la chaînette, on a

$$\mathrm{X} = 0,\quad \mathrm{Y} = -g,\quad \mathrm{Z} = 0,\quad \varphi = gy,$$

en prenant les axes et l'origine des coordonnées que supposent les équations (c) du n° 294. On aura donc

$$\rho = y \frac{ds}{dx};$$

ce qu'il est aisé de vérifier, d'après ces équations.

301. Appliquons ces formules au cas d'un fil tendu sur la surface d'un corps solide, et supposons, pour plus de simplicité, qu'il ne soit soumis à aucune force donnée, de sorte que la seule force qui agisse sur ses différens points soit la résistance inconnue du solide sur lequel il s'appuie.

Au point quelconque M du fil, soit Nds la grandeur de cette force appliquée à l'élément εds du fil, et dont les trois composantes seront $X\varepsilon ds$, $Y\varepsilon ds$, $Z\varepsilon ds$; sa direction sera normale à la surface du solide, et dirigée de dehors en dedans. La pression qui aura lieu sur la partie du solide correspondant à ds sera égale et contraire à cette force Nds, de manière que N exprimera la mesure de la pression rapportée à l'unité de longueur.

En appelant λ, μ, ν, les angles que fait la partie extérieure de la normale en M avec des parallèles aux axes des x, y, z, menées par ce point, on aura

$$\varepsilon X = N \cos \lambda, \quad \varepsilon Y = N \cos \mu, \quad \varepsilon Z = N \cos \nu.$$

De plus, si $L = 0$ est l'équation de la surface du solide, et qu'on fasse, pour abréger,

$$V = \left(\frac{dL^2}{dx^2} + \frac{dL^2}{dy^2} + \frac{dL^2}{dz^2}\right)^{-\frac{1}{2}},$$

on aura aussi (n° 21)

$$\cos\lambda = V\frac{dL}{dx}, \quad \cos\mu = V\frac{dL}{dy}, \quad \cos\nu = V\frac{dL}{dz},$$

en prenant convenablement le signe de V.

Cela étant, nous aurons

$$Xdx + Ydy + Zdz = NVdL = 0;$$

ce qui rendra nulle la valeur de dT donnée par l'équation (3). La tension sera donc la même dans toute la longueur du fil, quelle que soit la forme du corps solide. Je supposerai sa valeur donnée, et je la représenterai par k. Si le fil est attaché par une de ses extrémités à un point du corps, et qu'un poids considérable, par rapport à celui du fil qu'on a négligé, soit suspendu verticalement à son autre bout, ce poids sera la tension k et la pression que le point fixe éprouvera. Si le fil est libre par ses deux bouts, et que des poids considérables y soient suspendus, ils exprimeront les tensions extrêmes; par conséquent, ils devront être égaux, et chacun d'eux sera la tension k. Enfin, si les deux bouts du fil sont supposés fixes, sa tension k se déduira de son extension, qui sera constante dans toute sa longueur.

302. Je désigne par λ', μ', ν', les angles que fait la perpendiculaire au plan osculateur au point M, avec des parallèles aux axes des x, y, z. Le rayon de courbure en ce point étant ρ, on aura (n° 19)

$$\frac{dxd^2y - dyd^2x}{ds^3} = \rho \cos \nu',$$

$$\frac{dzd^2x - dxd^2z}{ds^3} = \rho \cos \mu',$$

$$\frac{dyd^2z - dzd^2y}{ds^3} = \rho \cos \lambda'.$$

Si donc on ajoute les équations (4) après les avoir multipliées par $\cos \nu$, $\cos \mu$, $\cos \lambda$, et qu'on ait égard aux valeurs de X, Y, Z, qui ont lieu dans le cas que nous considérons, il en résultera

$$\cos \nu \cos \nu' + \cos \mu \cos \mu' + \cos \lambda \cos \lambda' = 0;$$

par conséquent, les normales à la surface du corps solide et au plan osculateur de la courbe formée par le fil, en chaque point M, sont perpendiculaires l'une à l'autre; ce qui est la propriété caractéristique de la ligne dont la longueur est un *minimum* ou un *maximum* sur une surface donnée (n° 161). Il s'ensuit donc qu'un fil tendu sur un corps solide, trace, en général, la plus courte distance d'un point à un autre sur la surface. A la rigueur, il est possible que cette distance soit, au contraire, un *maximum;* ainsi, par exemple, deux points donnés sur une sphère sont les extrémités communes à deux arcs de grands cercles, dont l'un est la plus courte distance entre ces points, et l'autre la courbe plane la plus longue; or, il est évident que l'équilibre du fil tendu sera rigoureusement possible sur ces deux arcs de cercle, puisqu'en le plaçant sur l'un des deux, il n'y aurait aucune raison pour qu'il s'en écartât plutôt d'un côté que de l'autre; mais sur le petit arc l'équilibre sera stable, et sur le grand il ne sera qu'instantané, de sorte qu'il ne pourra subsister, *physiquement*, qu'à l'aide du frottement du fil contre le corps solide.

Si l'on substitue encore les valeurs de εX, εY, εZ, du numéro précédent, dans la formule (5), on aura

$$N\left[\left(\frac{dy}{ds}\cos\lambda - \frac{dx}{ds}\cos\mu\right)^2 + \left(\frac{dx}{ds}\cos\nu - \frac{dz}{ds}\cos\lambda\right)^2 + \left(\frac{dz}{ds}\cos\mu - \frac{dy}{ds}\cos\nu\right)^2\right] = \frac{k}{\rho},$$

à cause de $\varepsilon\varphi(x, y, z) = k$. En même temps, on a

$$\frac{dx^2}{ds^2} + \frac{dy^2}{ds^2} + \frac{dz^2}{ds^2} = 1,$$

$$\cos^2\lambda + \cos^2\mu + \cos^2\nu = 1;$$

la normale à la surface du corps et la tangente à la courbe du fil, en chaque point M, étant perpendiculaires l'une à l'autre, on a aussi

$$\frac{dx}{ds}\cos\lambda + \frac{dy}{ds}\cos\mu + \frac{dz}{ds}\cos\nu = 0;$$

or, au moyen de ces trois dernières équations, on réduit sans difficulté le coefficient de N, dans la précédente, à l'unité. On a donc simplement

$$N = \frac{k}{\rho};$$

ce qui montre que la pression rapportée à l'unité de longueur, exercée par un fil tendu sur la surface d'un corps solide, est égale, en chaque point M, à la tension divisée par le rayon de courbure du fil, c'est-à-dire, par le rayon de la section normale à la surface et tangente à la courbe du fil.

303. Ces résultats seront modifiés par le frottement du fil contre la surface du corps sur lequel il s'appuie. Pour montrer comment on doit avoir égard à cette force dans l'équilibre d'un fil flexible, je vais considérer l'équilibre d'un cordon ABMCD (fig. 76), dont la partie BMC est appliquée sur la gorge d'une poulie fixe, et qui est tiré, suivant les prolongemens BA et CD de cette partie, par des forces données. La poulie et la droite AB seront supposées verticales; la force agissant suivant BA sera un poids k, et je représenterai par F celle qui agit suivant CD. Les tensions qui ont lieu aux points B et C suivant les tangentes BA et CD, auront k et F pour valeurs. Je supposerai aussi, pour simplifier la question, que la poulie soit circulaire; j'appellerai c son rayon, et je prendrai son centre O pour l'origine des coordonnées : l'axe des z sera perpendiculaire à la poulie, l'axe des y vertical et dirigé de bas en haut, l'axe des x horizontal et passant par le point B. Enfin, je fixerai au point C l'origine de l'arc s aboutissant au point quelconque M du cordon, de sorte qu'on ait $CM = s$.

Cela posé, si le frottement était nul, il faudrait qu'on eût $k = F$ dans le cas de l'équilibre; mais, à raison du frottement, l'équilibre peut subsister tant que la différence de ces deux forces k et F n'a pas dépassé une certaine limite. Concevons donc que l'équilibre soit sur le point de se rompre dans le sens du poids k; ce qui suppose qu'on ait $k > F$. A cet instant, le frottement du cordon contre la poulie, qui a lieu au point quelconque M, sera dirigé, suivant la partie MH de la tangente, en ce point. Je représente par μ son intensité, et, comme précédemment, par N la résistance normale qui a lieu au même point M, suivant le prolongement MO′ de MO, de manière que μds et Nds soient les forces tangente et normale qui agissent sur l'élément εds du cordon aboutissant au point M, et que μ et N représentent ces mêmes forces, rapportées à l'unité de longueur. Si l'on mène par ce point M des parallèles Mx' et My' aux axes Ox et Oy, on aura

$$\cos x'\mathrm{MH} = -\frac{y}{c}, \quad \cos y'\mathrm{MH} = \frac{x}{c},$$

$$\cos x'\mathrm{MO}' = \frac{x}{c}, \quad \cos y'\mathrm{MO}' = \frac{y}{c};$$

de là on conclut

$$\varepsilon X = \frac{Nx}{c} - \frac{\mu y}{c}, \quad \varepsilon Y = \frac{Ny}{c} + \frac{\mu x}{c},$$

pour les valeurs de εX et εY qu'il faudra substituer dans les équations (1). La force εZ sera évidemment nulle; la troisième équation (1) disparaîtra, et les deux premières deviendront

$$d.\mathrm{T}\frac{dx}{ds} + \frac{Nxds}{c} - \frac{\mu yds}{c} = 0,$$

$$d.\mathrm{T}\frac{dy}{ds} + \frac{Nyds}{c} + \frac{\mu xds}{c} = 0.$$

Le point M appartenant à la circonférence de la poulie, on a

$$x^2 + y^2 = c^2, \quad xdx + ydy = 0;$$

au moyen de quoi les deux équations précédentes peuvent être changées en celles-ci :

$$\left.\begin{array}{l} xd.\mathrm{T}\frac{dx}{ds}+yd.\mathrm{T}\frac{dy}{ds}+\mathrm{N}cds=0, \\ \frac{dx}{ds}d.\mathrm{T}\frac{dx}{ds}+\frac{dy}{ds}d.\mathrm{T}\frac{dy}{ds}-\frac{\mu}{c}(ydx-xdy)=0. \end{array}\right\} (6)$$

Mais $\frac{1}{2}(ydx-xdy)$ est la différentielle du secteur décrit par le rayon OM, à partir d'une ligne fixe (n° 156), qui sera OC, par exemple. Ce secteur étant circulaire et répondant à l'arc s, sa valeur est $\frac{1}{2}cs$; on a donc

$$ydx-xdy=cds.$$

D'ailleurs, on a aussi

$$x\frac{dx}{ds}+y\frac{dy}{ds}=0, \quad xd.\frac{dx}{ds}+yd.\frac{dy}{ds}=-ds,$$

$$\frac{dx^2}{ds^2}+\frac{dy^2}{ds^2}=1, \quad \frac{dx}{ds}d.\frac{dx}{ds}+\frac{dy}{ds}d.\frac{dy}{ds}=0;$$

ce qui réduit les équations (6) à

$$\mathrm{T}=c\mathrm{N}, \quad d\mathrm{T}=\mu ds;$$

d'où l'on tire

$$cd\mathrm{N}=\mu ds.$$

La pression qui a lieu au point M, sur la gorge de la poulie, est égale et contraire à la force N; si donc on suppose le frottement proportionnel à la pression (n° 269), on aura

$$\mu=f\mathrm{N};$$

f étant un coefficient constant qui dépendra de la

nature des deux surfaces en contact. On aura donc

$$cd\mathrm{N} = f\mathrm{N}ds,$$

et, en intégrant,

$$\mathrm{N} = \mathrm{A}e^{\frac{fs}{c}};$$

A désignant la constante arbitraire, et e la base des logarithmes népériens. On aura, en même temps,

$$\mathrm{T} = \mathrm{A}ce^{\frac{fs}{c}}, \qquad \mu = \mathrm{A}fe^{\frac{fs}{c}}.$$

Au point C, on a $s = 0$ et $\mathrm{T} = \mathrm{F}$; on a donc $\mathrm{A} = \frac{\mathrm{F}}{c}$; et si l'on appelle l la longueur de l'arc CMB, on aura $s = l$ et $\mathrm{T} = k$, à son autre extrémité B. Nous aurons donc finalement

$$\mathrm{N} = \frac{\mathrm{F}}{c}e^{\frac{fs}{c}}, \quad \mathrm{T} = \mathrm{F}e^{\frac{fs}{c}}, \quad \mu = \frac{f\mathrm{F}}{c}e^{\frac{fs}{c}},$$

en un point quelconque M, et, de plus,

$$k = \mathrm{F}e^{\frac{fl}{c}},$$

pour l'équation d'équilibre.

En représentant par F′ le frottement total qui a lieu dans toute la longueur de CMB, on aura

$$\mathrm{F}' = \int_0^l \mu ds = \mathrm{F}\left(e^{\frac{fl}{c}} - 1\right),$$

et l'équation d'équilibre pourra s'écrire ainsi :

$$k = \mathrm{F} + \mathrm{F}'.$$

Si nous faisons

$$e^{\frac{fl}{c}} - 1 = f',$$

nous aurons

$$F' = f'F, \quad f' = \frac{k}{F} - 1;$$

où l'on voit que le frottement total F′ est égal à la plus petite des deux forces k et F, multipliée par un coefficient f', qui varie non-seulement avec la quantité f, mais aussi avec l'étendue l du contact et le rayon c de la poulie. La différence des forces k et F, à l'instant où l'équilibre se rompt, fera connaître la valeur de F′, et leur rapport, diminué de l'unité, sera la valeur du coefficient f', d'où l'on pourra ensuite déduire celle de f. Lorsque F sera un poids, ainsi que k, on devra, pour plus d'exactitude, comprendre dans ces poids k et F, ceux des parties verticales BA et CD du cordon.

304. D'après les trois équations (1), il est facile de vérifier que les six équations générales de l'équilibre (n° 261) ont lieu dans le cas d'un fil parfaitement flexible.

Pour cela, j'appelle K et K′ les deux extrémités du fil, et l sa longueur; et je fixe au point K l'origine de l'arc s. En intégrant les premiers membres des équations (1), depuis le point K jusqu'au point K′, on aura

$$\left(T\frac{dx}{ds}\right) - \left[T\frac{dx}{ds}\right] + \int_0^l X\varepsilon ds = 0,$$
$$\left(T\frac{dy}{ds}\right) - \left[T\frac{dy}{ds}\right] + \int_0^l Y\varepsilon ds = 0,$$
$$\left(T\frac{dz}{ds}\right) - \left[T\frac{dz}{ds}\right] + \int_0^l Z\varepsilon ds = 0;$$

les quantités comprises entre les crochets répondant au point K, et celles qui sont renfermées entre deux parenthèses, au point K'. Indépendamment des forces X, Y, Z, qui agissent dans toute la longueur du fil, je suppose que des forces particulières, données en grandeur et en direction, soient appliquées à ses deux bouts : j'appelle k celle qui agit au point K, et α, 6, γ, les angles que fait sa direction avec des parallèles aux axes des x, y, z, menées par ce point ; et je désigne par k', α', $6'$, γ', les quantités analogues relativement au point K'. Ces forces k et k' seront les tensions extrêmes, en grandeur et en direction ; et d'après les parties des tangentes en K et K', avec lesquelles leurs directions devront coïncider, nous aurons

$$\left.\begin{aligned}\left[T\frac{dx}{ds}\right]&=-k\cos\alpha, & \left[T\frac{dy}{ds}\right]&=-k\cos 6, & \left[T\frac{dz}{ds}\right]&=-k\cos\gamma,\\ \left(T\frac{dx}{ds}\right)&=k'\cos\alpha', & \left(T\frac{dy}{dz}\right)&=k'\cos 6', & \left(T\frac{dz}{ds}\right)&=k'\cos\gamma';\end{aligned}\right\}(7)$$

les équations précédentes deviendront donc

$$\left.\begin{aligned}k\cos\alpha+k'\cos\alpha'+\int_0^l X\varepsilon ds&=0,\\ k\cos 6+k'\cos 6'+\int_0^l Y\varepsilon ds&=0,\\ k\cos\gamma+k'\cos\gamma'+\int_0^l Z\varepsilon ds&=0;\end{aligned}\right\}\quad(8)$$

et elles expriment, comme on voit, les conditions d'équilibre renfermées dans les trois premières équations (1) du n° 261.

En observant qu'on a identiquement

$$xd.\mathrm{T}\frac{dy}{ds}-yd.\mathrm{T}\frac{dx}{ds}=d.\mathrm{T}\left(x\frac{dy}{ds}-y\frac{dx}{ds}\right),$$

$$zd.\mathrm{T}\frac{dx}{ds}-xd.\mathrm{T}\frac{dz}{ds}=d.\mathrm{T}\left(z\frac{dx}{ds}-x\frac{dz}{ds}\right),$$

$$yd.\mathrm{T}\frac{dz}{ds}-zd.\mathrm{T}\frac{dy}{ds}=d.\mathrm{T}\left(y\frac{dz}{ds}-z\frac{dy}{ds}\right),$$

on déduira des équations (1) du n° 298

$$d.\mathrm{T}\left(x\frac{dy}{ds}-y\frac{dx}{ds}\right)+(x\mathrm{Y}-y\mathrm{X})\varepsilon ds=0,$$

$$d.\mathrm{T}\left(z\frac{dx}{ds}-x\frac{dz}{ds}\right)+(z\mathrm{X}-x\mathrm{Z})\varepsilon ds=0,$$

$$d.\mathrm{T}\left(y\frac{dz}{ds}-z\frac{dy}{ds}\right)+(y\mathrm{Z}-z\mathrm{Y})\varepsilon ds=0.$$

Si donc on intégre ces quantités nulles depuis le point K jusqu'au point K', et que l'on désigne par a, b, c, les valeurs de x, y, z, relatives à K, et par a', b', c', celles qui répondent à K', on aura, en ayant égard aux équations (7),

$$\left.\begin{aligned}
&k(a\cos6-b\cos\alpha)+k'(a'\cos6'-b'\cos\alpha')+\int_0^l(x\mathrm{Y}-y\mathrm{X})\varepsilon ds=0,\\
&k(c\cos\alpha-a\cos\gamma)+k'(c'\cos\alpha'-a'\cos\gamma')+\int_0^l(z\mathrm{X}-x\mathrm{Z})\varepsilon ds=0,\\
&k(b\cos c-c\cos b)+k'(b'\cos c'-c'\cos6')+\int_0^l(y\mathrm{Z}-z\mathrm{Y})\varepsilon ds=0;
\end{aligned}\right\}(9)$$

ce qui exprime les conditions d'équilibre relatives aux momens des forces données, qui sont renfermées dans les trois dernières équations (1) du n° 261.

305. Ces équations (8) et (9) serviront, en général, à déterminer les coordonnées a, b, c, a', b', c', des deux points extrêmes K et K'; toutefois, il y aura

des cas où une partie de ces quantités devra rester indéterminée. Si, par exemple, les forces données qui agissent sur le fil sont la pesanteur et d'autres forces indépendantes des coordonnées de leurs points d'application, il est évident que la position absolue du fil dans l'espace ne pourra pas être déterminée : on pourra alors prendre arbitrairement les trois coordonnées de l'un des points K et K'; les équations (9) détermineront les trois coordonnées de l'autre point; et, pour que l'équilibre soit possible, il faudra que les forces données satisfassent aux équations (8).

Lorsque l'un des points K et K' sera fixe, le premier par exemple, les équations (8) et (9) auront encore lieu, pourvu que l'on regarde la force k comme inconnue, en grandeur et en direction, et représentant la pression que le point K aura à supporter. Dans ce cas, les valeurs de a, b, c, seront données; les équations (9) détermineront celles de a', b', c', et les équations (8) feront connaître les trois composantes de la force k. Quand les deux points K et K' seront fixes et donnés de position, on connaîtra leurs coordonnées, et les équations (8) et (9) serviront à déterminer, en grandeur et en direction, les pressions k et k' exercées sur K et K'.

Dans tous les cas, soit que les coordonnées de K et K' aient été données, soit qu'on les ait déduites des équations (8) et (9), on assujettira la courbe formée par le fil à passer par ces deux points; ce qui servira à déterminer les quatre constantes arbitraires que renfermeront les intégrales complètes de ses deux équations différentielles du second ordre. Quant à la constante arbitraire que contiendra la fonction φ du n° 300, on déduira sa valeur de la longueur donnée du fil, c'est-à-dire, de l'équation

$$\int_a^{a'} \sqrt{1+\frac{dy^2}{dx^2}+\frac{dz^2}{dx^2}}\,dx = l,$$

dans laquelle on regarde y et z comme des fonctions de x. De cette manière, le problème sera complètement résolu.

§ III. *Équilibre d'une verge élastique.*

306. Nous entendons par cette dénomination une verge droite ou courbe, dont on ne peut changer la courbure sans y appliquer une ou plusieurs forces, et qui reprend sa forme naturelle dès que ces forces ont cessé d'agir, tandis qu'au contraire un fil parfaitement flexible conserve, sans le secours d'aucune force, la courbure qu'on lui a fait prendre, et n'est élastique que dans le sens de sa longueur. Pour qu'une verge soit élastique par rapport à la flexion, il faut qu'elle soit formée d'une matière fort peu extensible et contractible ; mais cela ne suffit pas : il faut encore que les dimensions de son épaisseur, quoique très petites par rapport à sa longueur, aient cependant une grandeur convenable ; car, quelle que soit la matière de la verge, on peut toujours diminuer assez son épaisseur pour qu'elle n'ait plus aucune tendance sensible à reprendre la figure dont on l'a écartée, et qu'elle soit ainsi réduite à l'état d'un fil parfaitement flexible.

Lorsqu'une verge élastique est écartée de sa forme naturelle par des forces données, chacun des filets longitudinaux dont elle se compose peut éprouver trois effets différens : chaque partie, d'une longueur aussi petite qu'on voudra, peut être contractée ou dilatée, sa courbure naturelle peut être augmentée ou diminuée, et cette partie peut avoir été tordue sur elle-même. La tendance de chaque partie à reprendre son état naturel, dépend des attractions et répulsions mutuelles qui ont lieu entre les molécules de tous les corps et ne s'étendent qu'à des distances insensibles. Le calcul des forces totales qui en résultent et doivent faire équilibre aux forces données, appartient à la Physique mathématique : je renverrai, pour cet objet, à mon Mémoire sur l'*équilibre et le mouvement des Corps élastiques* (*). Dans ce Traité, on formera les équations d'équilibre d'une verge élastique, en partant de principes secondaires qui sont généralement admis.

On appelle, en particulier, *lame élastique* un parallélépipède rectangle d'une petite épaisseur, que l'on courbe dans le sens de sa longueur, de manière qu'il se trouve compris entre deux surfaces cylindriques, dont les arètes sont égales à sa largeur. Cette dimension peut avoir une grandeur quelconque; en la divisant par des plans très rapprochés et perpendiculaires à sa direction, la lame sera partagée en verges élastiques rectangulaires. Jacques Bernouilli a déterminé, le premier, la figure de la lame élas-

(*) *Mémoires de l'Académie des Sciences,* tome VIII.

tique en équilibre, d'après des considérations que nous allons développer, et qui serviront ensuite à la solution complète du problème, dans le cas d'une verge élastique quelconque.

307. Considérons une lame élastique *encastrée* par une de ses extrémités, c'est-à-dire, fixée de manière que l'un des deux petits rectangles qui la terminent perpendiculairement à sa longueur, ne puisse prendre aucun mouvement. Supposons qu'on la plie dans le sens de sa longueur au moyen d'une force appliquée à son autre bout, et qui sera la seule qui agisse sur la lame. Pour que la lame prenne une figure cylindrique, comme on vient de le dire, il faudra qu'elle soit terminée, à son extrémité libre, par un rectangle inflexible, au milieu duquel on appliquera la force donnée, dans un plan perpendiculaire à la largeur de la lame. Toutes les coupes longitudinales ou perpendiculaires à cette largeur seront égales; celle qui renferme la direction de la force donnée est représentée par la figure 77; et les courbes AMB et A'M'B' sont les sections des deux surfaces cylindriques de la lame, qui formaient ses deux faces planes dans son état naturel.

On suppose que tous les points qui appartenaient, dans cet état, à une même perpendiculaire à ces deux faces, sont encore situés, après que la lame a été pliée, sur une même normale aux deux surfaces cylindriques; ce qui est, effectivement, conforme à ce qu'on observe dans son changement de figure. Il en résulte que si MM' est une normale à la courbe AMB, elle sera aussi perpendiculaire à A′M′B′, et contiendra tous les points de la lame qui étaient situés primitivement sur une des perpendiculaires à ses deux faces; il s'ensuit aussi que si l'on décompose la lame, dans son état naturel, en filets longitudinaux, et que la courbe CND représente un de ces filets après le changement de figure, elle coupera à angle droit en N la normale MM′.

Soit m un point de la courbe AMB, infiniment voisin de M; menons la normale mnm' aux trois lignes AMB, CND, A′M′B′, qui les coupe en m, n, m'; les prolongemens de MNM′ et mnm' se rencontreront en un point O, qui sera le centre de courbure commun à ces trois courbes. Appelons ρ le rayon de courbure du filet moyen, ou également éloigné de AMB et A′M′B′; σ la partie de ce filet comprise entre ces deux normales MNM′ et mnm'; u la distance du filet quelconque CND au filet moyen, et σ' la longueur de Nn. En considérant cette distance u comme positive ou comme négative, selon que CND se trouve, par rapport au filet moyen, du côté de la convexité AMB de la lame, ou du côté de sa concavité A′M′B′, le rayon de courbure NO de CND sera égal à $\rho + u$, et les longueurs infiniment petites σ' et σ seront entre elles comme $\rho + u$ et ρ, de sorte que l'on aura

$$\sigma' = \sigma + \frac{u\sigma}{\rho}.$$

En se courbant, les filets longitudinaux auront éprouvé de très petites extensions ou contractions, et les longueurs σ' et σ, qui étaient égales auparavant, seront devenues inégales. Désignons par γ leur grandeur primitive, et faisons

$$\sigma=\gamma(1+\delta), \quad \sigma'=\gamma(1+\delta');$$

δ et δ' étant de très petites fractions, positives ou négatives, selon que le filet moyen et le filet CND se seront allongés ou raccourcis. La fraction $\frac{u}{\rho}$ est aussi supposée très petite ; si donc on néglige le produit de δ et $\frac{u}{\rho}$, on aura

$$\delta'=\delta+\frac{u}{\rho};$$

ce qui montre que quand le filet moyen n'aura pas changé de longueur, les filets situés du côté de la convexité se seront tous allongés, et les filets situés du côté de la concavité se seront tous raccourcis, les uns et les autes proportionnellement à leurs distances au filet moyen.

Cela posé, rendons invariable la forme de chacune des deux parties de la lame qui répondent à AMM'A' et B*mm'*B', et que nous appellerons H et K, pour abréger. La partie H sera immobile; la partie K sera tirée vers H, ou en sera repoussée, par la tendance de la partie intermédiaire M*mm'*M' à reprendre son état naturel et redevenir une tranche d'une épaisseur constante γ. Le filet N*n* de cette tranche tendra à se contracter ou à se dilater, selon qu'il aura été allongé ou raccourci, c'est-à-dire, selon que la quantité δ' sera positive ou négative. La partie K sera donc tirée dans le premier cas, et poussée dans le second cas, par une force appliquée au point n ; or, on suppose que cette force, provenant de l'action de Nn, est proportionnelle à la quantité δ' et normale à mnm', comme si ce filet Nn était isolé.

En adoptant cette hypothèse, je représenterai par $\alpha\delta'$ la force dont il s'agit, rapportée à l'unité de surface, et, conséquemment, par $\alpha\delta'\lambda du$ la force normale exercée sur l'élément transversal de la surface K, qui répond au point n; α étant une constante dépendante de la matière de la lame, λ sa largeur, et λdu l'aire de cet élément. Si donc on désigne par 2ε l'épaisseur de la lame, et qu'on représente par T la force totale qui tirera ou poussera K, selon qu'elle sera positive ou négative, on aura

$$T = \alpha\lambda \int_{-\varepsilon}^{\varepsilon} \delta' du,$$

et, en mettant pour δ' sa valeur,

$$T = 2\alpha\lambda\varepsilon\delta.$$

Soit, en outre, μ le moment des forces normales à la surface de K, pris par rapport à l'axe transversal également éloigné des deux faces de la lame; nous aurons aussi

$$\mu = \alpha\lambda \int_{-\varepsilon}^{\varepsilon} \delta' u du,$$

et, par conséquent,

$$\mu = \frac{2\alpha\lambda\varepsilon^3}{3\rho}.$$

On voit par là, 1°. que la force T, qui tend à contracter ou à dilater une tranche quelconque de la lame, est proportionnelle à l'extension positive ou négative du filet moyen, et indépendante de sa courbure; 2°. que son moment μ est, au contraire, indépendant de cette extension, et en raison inverse du rayon de courbure; 3°. que la matière et la largeur de la lame restant les mêmes, la valeur de T est proportionnelle à son épaisseur, et celle de μ, au cube de cette dimension.

Quand le filet moyen n'a pas changé de longueur, on a $\delta = 0$ et $T = 0$; les forces parallèles qui tirent ou poussent K se réduisent à deux, égales et contraires, mais non directement opposées, dont le moment, par rapport à l'axe transversal perpendiculaire à ces forces, est toujours égal à μ. Cette quantité μ est ce qu'on appelle le *moment de l'élasticité,* lequel est proportionnel, en chaque point, à la courbure de la lame, ou à l'angle de contingence de son filet moyen.

308. Il est facile actuellement de former les équations d'équilibre de cette lame. Dabord, si l'on appelle T' ce que devient la force T au point M, on voit que la tranche infiniment petite qui répond à $Mmm'M'$, sera tirée ou poussée, d'un côté par cette force T', et de l'autre par une force égale et contraire à T; et puisque, par hypothèse, aucune force donnée n'agit sur cette tranche, il faudra donc qu'on ait $T' = T$. Ainsi la force T est constante dans toute la longueur de la lame, et, par conséquent, égale à la composante suivant cette longueur, de la force donnée qui agit à son extrémité libre. La dilatation δ sera aussi constante, proportionnelle à cette force, et positive ou négative selon que cette force tendra à allonger ou à

contracter les filets longitudinaux. Elle n'aura aucune influence sur la figure de la lame; mais quand on l'aura mesurée, elle pourra servir à déterminer la valeur de la constante α, relative à la matière de la lame. En représentant par ϖ un poids équivalent à la force qui tire la lame dans le sens de sa longueur, et par ω l'aire de chaque section transversale de la lame, on aura

$$\omega = 2\lambda\varepsilon, \qquad T = \varpi = \alpha\omega\delta, \qquad \alpha = \frac{\varpi}{\omega\delta}.$$

Pour déterminer la figure de la lame, menons par le point A, dans le plan du filet moyen, deux axes rectangulaires Ax et Ay, dont le premier sera tangent à la courbe AMB, et représentera la direction de la lame dans son état naturel, et dont le second sera tourné du côté de sa concavité. Soient x et y les coordonnées rapportées à ces deux axes, d'un point quelconque du filet moyen; a et b, celles de son extrémité libre, que nous prendrons pour le point d'application de la force donnée qui tient la lame en équilibre; P et Q les composantes de cette force, suivant les prolongemens de a et b. Par le point qui répond à x et y, menons l'axe perpendiculaire au plan de la figure, auquel répond le moment désigné par μ, et faisons une section perpendiculaire au filet moyen. Pour l'équilibre de la partie de la lame comprise entre cette section et son extrémité libre, il faudra que le moment μ, ajouté aux momens de P et Q, par rapport au même axe, donne une somme égale à zéro, en ayant égard au sens dans lequel les forces dont μ est le moment, et les forces P et Q, tendent à faire tourner cette partie de la lame; on aura de cette manière

$$\mu + P(b - y) - Q(a - x) = 0.$$

En prenant l'abscisse x pour la variable indépendante, et observant que la lame est convexe vers l'axe Ax, on aura

$$\frac{1}{\rho} = \frac{d^2y}{dx^2} : \left(1 + \frac{dy^2}{dx^2}\right)^{\frac{3}{2}},$$

où l'on regardera le radical comme une quantité positive. Si donc on substitue cette valeur dans celle de μ, et celle-ci dans l'équation précédente, et qu'on fasse, pour abréger,

$$\tfrac{2}{3}\alpha\lambda\varepsilon^3 = \mathfrak{E};$$

il en résultera

$$\mathfrak{E}\frac{d^2y}{dx^2} = [Q(a-x) - P(b-y)]\left(1 + \left(\frac{dy^2}{dx^2}\right)\right)^{\frac{3}{2}}, \quad (1)$$

pour l'équation de la courbe formée par la lame élastique en équilibre.

Son intégrale contiendra deux constantes arbitraires que l'on déterminera par les conditions $y = \varepsilon$ et $\frac{dy}{dx} = 0$, quand $x = 0$, ou, si l'on veut $y = 0$ et $\frac{dy}{dx} = 0$, pour cette valeur de x, à cause de la petitesse de ε. En faisant ensuite $x = a$ et $y = b$ dans cette intégrale, on aura une équation en a et b, que l'on joindra à celle qui résultera de la longueur donnée de la lame; on aura alors les deux équations nécessaires pour déterminer ces inconnues a et b; et la *courbe élastique* proprement dite, sera complètement déterminée.

309. Si la lame, au lieu d'être encastrée, est entièrement libre à son extrémité A, il faudra pour la maintenir en équilibre, appliquer à cette extrémité une force dont les composantes soient égales et contraires à P et Q; en prenant l'extrémité correspondante du filet moyen pour son point d'application, il faudra, de plus, que la résultante de P et Q vienne passer par ce point; ce qui exigera qu'on ait

$$Qa = P(b - \varepsilon).$$

Cette équation suffira, quand la lame sera retenue par un axe fixe, passant par cette extrémité du filet moyen, et dirigé dans le sens de sa largeur. Si elle est simplement posée sur un plan perpendiculaire à sa longueur, qui ne l'empêche pas de tourner autour de l'arète d'une de ses deux faces, il faudra que le frottement de cette arète contre le plan, ou une autre force, empêche la lame de glisser

La lame n'étant point encastrée, la direction de son plan tangent en A ne sera plus connue; si l'on place toujours en ce point l'origine des coordonnées x et y, on aura encore $y = \varepsilon$ ou $y = 0$, quand $x = 0$; mais on ne pourra plus prendre l'axe des x sur la tangente en A, dont la direction ne sera pas donnée *à priori*. Cet axe sera alors la direction donnée de la force P, et l'équation $\frac{dy}{dx} = 0$, quand $x = 0$, devra être remplacée, pour la détermination des constantes arbitraires, par l'équation précédente, relative aux momens des forces P et Q, qu'on pourra réduire à $Qa = Pb$.

310. Supposons qu'on ait $P = 0$; en sorte que la lame soit pliée par une force Q perpendiculaire à sa direction primitive; ce qui est, par exemple, le cas d'une lame horizontale, encastrée par un bout, et à l'autre bout de laquelle on suspend un poids donné Q.

Je fais dans ce cas

$$\mathfrak{E} = c^2 Q;$$

c étant une ligne dont la longueur donnée sera généralement très grande, à moins que le poids Q ne soit aussi très considérable. L'équation (1) deviendra

$$c^2 \frac{d^2y}{dx^2} : \left(1 + \frac{dy^2}{dx^2}\right)^{\frac{3}{2}} = a - x; \qquad (2)$$

et en intégrant de manière qu'on ait $\frac{dy}{dx} = 0$ quand $x = 0$, on aura

$$2c^2 \frac{dy}{dx} : \sqrt{1 + \frac{dy^2}{dx^2}} = 2ax - x^2.$$

On en déduit

$$dy = \frac{(2ax - x^2)\,dx}{\sqrt{4c^4 - (2ax - x^2)^2}},$$

$$ds = \frac{2c^2 dx}{\sqrt{4c^4 - (2ax - x^2)^2}};$$

ds étant l'élément différentiel de la courbe. Ces formules s'intégreront exactement par le moyen des fonctions elliptiques; mais à cause de la grandeur de c, on a $s = x$, à très peu près, et l'on peut réduire à

$$dy = \frac{1}{2c^2}(2ax - x^2)dx,$$

la valeur de dy; d'où l'on tire

$$6c^2y = 3ax^2 - x^3,$$

pour l'équation de la courbe.

La lame s'écartera peu de la direction horizontale; l'abscisse a pourra être prise pour sa longueur, et l'ordonnée b exprimera son plus grand écart. A cause de

$$3Qc^2 = \alpha\omega\varepsilon^2,$$

si l'on fait $2\varepsilon\lambda = \omega$, comme précédemment, nous aurons

$$\alpha\omega\varepsilon^2 b = a^3 Q,$$

dans le cas de $x = a$ et $y = b$. Il en résulte donc que la nature de la lame restant la même, la quantité b dont elle fléchira sera proportionnelle au poids Q et au cube de la longueur a, et en raison inverse du carré de son épaisseur ε et de l'aire ω de sa section tranversale.

Si l'on substitue pour $\alpha\omega$ sa valeur $\frac{\varpi}{\delta}$ du n° 308, et qu'on appelle h l'allongement total $a\delta$ de la lame, produit par un poids ϖ, on aura

$$b = \frac{ha^2Q}{\varepsilon^2\varpi}.$$

En supposant $\varpi = Q$, on en conclura que si un même poids Q, appliqué à l'extrémité libre d'une lame élastique, agit successivement dans le sens de sa longueur et perpendiculairement à sa longueur, l'extension h et la flexion b, supposées très petites par rapport à la longueur a, seront entre elles comme les carrés de l'épaisseur et de cette longueur.

311. Quelles que soient les forces P et Q, on obtiendra toujours une intégrale première de l'équation (1) en la réduisant à la forme de l'équation (2) par la transformation des coordonnées. Nous nous bornerons à considérer le cas où la lame, appuyée contre un plan et non encastrée, s'écarte peu de sa forme naturelle. Ce sera, par exemple, un ressort posé sur un plan horizontal par son extrémité inférieure A, et chargé d'un poids donné à son extrémité supérieure B. On suppose qu'en se pliant sous cette charge, le ressort s'écarte très peu de la verticale AB, et que dans toute sa longueur, la tangente à la courbe qu'il forme dans son état d'équilibre, fait un très petit angle avec cette ligne droite. La figure 78 représente différentes formes qu'il peut prendre dans cet état.

Prenons pour axes des x et des y, la verticale Ax dirigée en sens contraire de la pesanteur, et l'horizontale Ay. La quantité $\frac{dy}{dx}$ sera très petite, par hypothèse; nous négligerons son carré dans l'équation (1); on aura aussi $Q = 0$, puisque la force qui agit à l'extrémité B est verticale; en vertu de l'équation $Qa = Pb$ du n° 309, il s'ensuivra $b = 0$; et comme le poids P sera dirigé de B vers A, il faudra changer le signe de cette force dans l'équation (1), qui la suppose dirigée en sens contraire. De cette manière, cette équation deviendra simplement

$$c^2 \frac{d^2y}{dx^2} = -\pi^2 y,$$

en faisant, pour abréger,

$$\text{б} = \frac{1}{3}\alpha\omega\varepsilon^2 = \frac{c^2}{\pi^2}\text{P}.$$

On représente ici par ω l'aire de la section du ressort, perpendiculaire à sa longueur; par ε sa demi-épaisseur, dans le sens où il est plié; et par α une quantité dépendante de la matière dont il est formé. Ces trois quantités sont supposées constantes, et par suite c est une ligne de grandeur constante et donnée.

A cause que l'on a $y=0$, quand $x=0$, on déduit de cette équation

$$y = k \sin \frac{\pi x}{c}, \quad \frac{dy}{dx} = \frac{\pi k}{c} \cos \frac{\pi x}{c};$$

k étant une constante arbitraire qui doit être nulle ou très petite par rapport à c.

Quand on aura $k = 0$, le ressort restera droit, et sa longueur AB sera un peu diminuée par la pression du poids P. Lorsque ce coefficient k ne sera pas nul, le ressort se pliera; au point B, on aura $x = a$ et $y = b = 0$; en désignant par i un nombre entier, il faudra donc qu'on ait

$$a = ic,$$

pour la valeur de a ou de AB. Si l'on appelle l la longueur du ressort, on aura aussi

$$l = \int_0^a \sqrt{1 + \frac{dy^2}{dx^2}}\, dx = \int_0^a \sqrt{1 + \frac{\pi^2 k^2}{c^2} \cos^2 \frac{\pi x}{c}}\, dx\,;$$

en négligeant la quatrième puissance de $\frac{k}{c}$, et mettant pour a sa valeur, il vient

$$l = ic\left(1 + \frac{\pi^2 k^2}{4c^2}\right);$$

d'où l'on tire

$$k = \frac{2c}{\pi}\sqrt{\frac{l}{ic} - 1}. \qquad (3)$$

Ainsi le coefficient k sera nul ou exprimé par cette formule.

312. Voici les conséquences remarquables qui se déduisent de ce résultat.

1°. Tant que l sera moindre que c, la formule (3) sera imaginaire pour toutes les valeurs du nombre entier i; on ne pourra pas prendre le coefficient k différent de zéro, et le ressort ne sera pas plié par le poids P.

2°. Soit parce qu'on aura augmenté la longueur du ressort, soit parce qu'on aura diminué la quantité c en faisant croître le poids P, supposons que l surpasse c; la valeur de k, différente de zéro et qui répond à $i = 1$, sera réelle, et le ressort pourra être plié par ce poids. En désignant par f une fraction très petite, et faisant

$$l = c\left(1 + \frac{\pi^2 f^2}{4}\right),$$

on aura

$$i = 1, \quad a = c, \quad k = fa;$$

l'équation de la courbe du ressort sera donc

$$y = fa \sin \frac{\pi x}{a},$$

où l'on voit qu'elle ne coupera pas la verticale entre les deux points A et B.

3°. Le rapport $\frac{l}{c}$ continuant à croître, s'il vient à surpasser 2, la valeur de k qui répond à $i = 2$ sera réelle, et le ressort pourra prendre une figure différente de la précédente. En désignant par f' une fraction très petite, et faisant

$$l = 2c(1 + \pi^2 f'^2),$$

nous aurons

$$i = 2, \quad a = 2c, \quad k = f'a;$$

d'où il résultera

$$y = f'a \sin \frac{2\pi x}{a};$$

ce qui montre que, dans ce cas, la courbe coupera la verticale au milieu de AB, qui répond à $x = \frac{1}{2}a$.

4°. En continuant ainsi, on voit que si l surpasse un peu ic, et qu'en désignant par φ une très petite fraction, on ait

$$l = ic\left(1 + \frac{i^2\pi^2\varphi^2}{4}\right),$$

on pourra prendre

$$a = ic, \quad k = \varphi a;$$

ce qui donnera

$$y = \varphi a \sin \frac{i\pi x}{a};$$

équation d'une courbe qui coupera la droite AB en un nombre $i+1$ de points équidistans, y compris A et B.

Lorsque l surpasse un multiple de c d'une quantité qui n'est pas très petite, la valeur de k, donnée par la formule (3), cesse d'être très petite par rapport à c; et celle de $\frac{dy}{dx}$ n'étant plus alors une très petite fraction, la figure du ressort ne peut plus être déterminée par l'analyse précédente. Il faut observer que, dans tous les cas, la figure rectiligne, qui répond à $k=0$, est possible; mais elle n'est stable et nécessaire que quand l est moindre que c.

313. On entend par la *force* d'un ressort, supposé vertical pour fixer les idées, le plus grand poids qu'il peut supporter sans fléchir. Ce poids P est déterminé par l'équation $c=l$, qui donne

$$P=\frac{\pi^2 a\omega\varepsilon^2}{3l^2};$$

où l'on voit que, toutes choses d'ailleurs égales, la force d'un ressort est en raison inverse du carré de sa longueur. Le ressort étant un parallélépipède rectangle, on voit aussi que si l'on essaie de plier successivement les faces adjacentes, sa force sera proportionnelle au carré de l'épaisseur perpendiculaire à la face qu'on voudra plier.

Quant à la grandeur absolue de P, on la calculera en mettant dans la formule précédente la valeur de a, que l'on déduit soit de l'extension h de ce ressort, soit de sa flexion b, que produirait un poids ϖ; or, d'après les nos 308 et 310, et à cause de $a\delta = h$ et $a = l$, ces valeurs sont

$$\alpha = \frac{\varpi l}{\omega h}, \quad \alpha = \frac{\varpi l^3}{\omega \varepsilon^2 b};$$

par conséquent, on aura

$$\mathrm{P} = \frac{\pi\varpi\varepsilon^2}{3lh}, \quad \mathrm{P} = \frac{\pi\varpi l}{3b}.$$

314. Les résultats du n° 307 s'étendent aisément à une verge élastique, lorsqu'on la suppose droite ou à simple courbure dans son état naturel, et qu'en la pliant elle reste encore à simple courbure et n'éprouve aucune torsion.

On prendra, dans ce cas, pour le filet moyen, celui qui passe par les centres de gravité de toutes les sections perpendiculaires à sa longueur, lesquelles pourront être constantes ou variables, pourvu qu'en chaque point leurs dimensions soient très petites par rapport au rayon de courbure de la verge. Soit ω l'aire de l'une de ces sections, faite par un point quelconque du filet moyen; décomposons ω en élémens perpendiculaires au plan de ce filet; et soit vdu l'aire de l'élément qui répond à la distance u de ce même filet; la variable u pouvant être positive ou négative, et v désignant une fonction donnée de u. Soient aussi k et $-k'$ les valeurs extrêmes de u; nous aurons

$$\int_{-k'}^{k} vdu = \omega, \quad \int_{-k'}^{k} vudu = 0;$$

la seconde équation résultant de ce que l'origine de la variable u est le centre de gravité de ω.

Désignons par σ, σ', δ, δ', ρ, les mêmes quantités que dans le n° 307, et par γ, γ', r, ce qu'étaient σ, σ', ρ, dans l'état naturel de la verge élastique; on aura, pour les deux états de cette verge,

$$\gamma' = \gamma + \frac{u\gamma}{r}, \qquad \sigma' = \sigma + \frac{u\sigma}{\rho},$$

et, pour le passage de l'un à l'autre,

$$\sigma = \gamma(1 + \delta), \qquad \sigma' = \gamma'(1 + \delta').$$

Si donc on néglige les produits $\frac{\delta u}{r}$ et $\frac{\delta u}{\rho}$, on en déduira

$$\delta' = \delta + u\left(\frac{1}{\rho} - \frac{1}{r}\right);$$

valeur qui coïncide avec celle du numéro cité, dans le cas de la verge naturellement droite, où l'on a $r = \infty$.

Soit encore T la somme des forces perpendiculaires à ω qui tirent ou poussent l'une des deux parties de la verge, séparées par cette section normale. Appelons μ le moment de ces forces par rapport à l'axe passant par le centre de gravité de ω, et perpendiculaires au plan du filet moyen; d'après l'hypothèse du n° 307, on aura

$$\mathrm{T} = \alpha \int_{-k'}^{k} \delta' v du, \qquad \mu = \alpha \int_{-k'}^{k} \delta' vu du;$$

α étant une quantité dépendante de la matière de la verge, qu'on suppose constante dans l'étendue de chaque section ω, mais qui pourra varier d'un point à un autre du filet moyen. En substituant pour δ'

sa valeur précédente, et faisant, pour abréger,

$$\int_{-k'}^{k} \nu u^2 du = \frac{1}{3}\omega q^2,$$

il en résultera

$$T = \alpha\omega\delta, \qquad \mu = \frac{\alpha\omega q^2}{3}\left(\frac{1}{\rho} - \frac{1}{r}\right).$$

Quand la verge élastique sera à double courbure, dans son état naturel ou après son changement de figure, la force T aura encore la même expression; de plus, le filet moyen étant toujours celui qui passe par les centres de gravité de toutes les sections normales, et en désignant par r et ρ ses rayons de courbure en un même point, avant et après ce changement, on pourra prendre cette expression de μ pour le moment de l'élasticité par rapport à un axe passant par ce point et perpendiculaire au plan osculateur du filet moyen; mais il faudra, en outre, avoir égard à la torsion de la verge, comme nous le ferons tout à l'heure.

315. En comparant cette valeur de μ à celle du n° 307, on voit que l'équation différentielle seconde de la courbe plane formée par le filet moyen d'une verge élastique qui n'a éprouvé aucune torsion, ne différera de celle qui répond à la lame élastique proprement dite, qu'en ce qu'elle contiendra $\frac{1}{\rho} - \frac{1}{r}$ au lieu de $\frac{1}{\rho}$, et la quantité q à la place de la demi-épaisseur ε. Si la verge est homogène, et qu'elle soit, dans son état naturel, un prisme ou un cylindre al-

longé, les trois quantités α, ω, q, seront constantes, et l'on aura $r = \infty$. On en conclut que la flexion d'une verge naturellement droite, produite par un poids Q perpendiculaire à sa direction, et la force de ce ressort, se déduiront des valeurs de b et P trouvées dans les n°s 310 et 313, en y mettant q à la place de ε. Par cette substitution, l étant la longueur de cette verge, on aura

$$b = \frac{l^3 Q}{\alpha\omega q^2}, \quad P = \frac{\pi^2 \alpha\omega q^2}{3l^2},$$

ou, ce qui est la même chose,

$$b = \frac{\pi^2 l Q}{3P}, \quad P = \frac{\pi^2 \alpha}{l^2} \int_{-k'}^{k} \nu u^2 du.$$

Pour deux verges différentes, mais de même longueur, les flexions produites par un même poids seront donc en raison inverse des forces de ressort; en sorte qu'il suffira de comparer entre elles les grandeurs de ces forces, dans les différentes hypothèses sur le contour de la section normale.

Supposons que la section normale soit un triangle isocèle, et qu'on veuille plier la verge, de manière que la face correspondante à la base de ce triangle devienne une surface cylindrique, concave ou convexe. Soient a et c la base et la hauteur de ce triangle. Dans le cas de la convexité, vers laquelle sont dirigées les valeurs positives de u (n° 307), nous aurons

$$k = \tfrac{1}{3}c, \quad k' = \tfrac{2}{3}c, \quad \nu = \frac{a}{c}\left(\tfrac{2}{3}c + u\right),$$

et il en résultera

$$P = \frac{\pi^2 \alpha a c^3}{36 l^2}.$$

Dans le cas de la concavité, on aura

$$k = \frac{2}{3}c, \quad k' = \frac{1}{3}c, \quad v = \frac{a}{c}\left(\frac{1}{3}c + u\right);$$

d'où l'on conclut

$$P = \frac{\pi^2 \alpha a c^3}{12 l^2};$$

ce qui montre que, dans ce second cas, la force du ressort est triple de celle qui a lieu dans le premier.

Si la section normale est un carré représenté par f^2, et qu'il s'agisse de plier le ressort, de sorte que deux de ses faces opposées deviennent des surfaces cylindriques, on aura

$$k = k' = \frac{1}{2}f, \quad v = f, \quad P = \frac{\pi^2 \alpha f^4}{12 l^2}.$$

Si elle est un cercle dont le rayon soit k, nous aurons

$$k' = k, \quad v = 2\sqrt{k^2 - u^2}, \quad P = \frac{\pi^3 \alpha k^4}{4 l^2};$$

et en supposant l'aire de la section normale égale dans les deux cas, de sorte qu'on ait $f^2 = \pi k^2$, on voit que la force de ressort qui a lieu dans le premier cas surpasse celle qui répond au second, dans le rapport de π à 3.

Supposons encore que le ressort cylindrique soit un tuyau creux, dont les surfaces concentriques, intérieure et extérieure, aient g et g' pour rayons. Pour avoir la force de ce ressort, il faudra mettre successivement g et g' à la place de k dans la dernière valeur de P, et retrancher les résultats l'un de l'autre; ce qui donne

$$P = \frac{\pi^3 a (g'^2 + g^2)(g'^2 - g^2)}{4l^2}.$$

Si l'aire $\pi(g'^2 - g^2)$ de la section normale est égale à πk^2, on aura donc

$$P = \frac{\pi^3 a k^2 (k^2 + 2g^2)}{4l^2};$$

d'où l'on conclut que le volume, la longueur et la matière étant les mêmes, la force d'un ressort creux est plus grande que celle d'un ressort plein, dans le rapport de $1 + \frac{2g^2}{k^2}$ à l'unité; $2g$ étant le diamètre intérieur, et πk^2 l'aire de la section normale.

316. Formons maintenant les équations d'équilibre d'une verge élastique quelconque, dont tous les points sont sollicités par des forces données.

Appelons A et B les deux extrémités du filet moyen. Soient x, y, z, les trois coordonnées rectangulaires d'un point quelconque M de cette courbe, s l'arc AM, ω la section normale de la verge faite par le point M, γ sa densité en ce point, et, conséquemment, $\gamma\omega ds$ la masse d'une tranche infiniment mince de la verge. Désignons par $X\gamma\omega ds$, $Y\gamma\omega ds$, $Z\gamma\omega ds$, les forces données qui agissent sur cette masse parallèlement aux axes des x, y, z, de sorte que X, Y, Z, soient ces forces rapportées à l'unité de masse. La somme de leurs composantes, suivant la tangente en M au filet moyen, et tendant à augmenter l'arc s, sera

$$\left(X\frac{dx}{ds}+Y\frac{dy}{ds}+Z\frac{dz}{ds}\right)\gamma\omega ds.$$

Représentons aussi par T la force provenant de l'action d'une partie de la verge sur la partie adjacente, appliquée à l'une des faces de la tranche $\gamma\omega ds$, perpendiculaire à ω, et tendant à diminuer ou à augmenter l'arc s, selon qu'elle est positive ou négative. L'autre face de $\gamma\omega ds$ sera tirée ou poussée en sens contraire par une force égale à $T+dT$; par conséquent, pour l'équilibre de cette tranche, il faudra que la force dT soit égale et contraire à la force tangentielle donnée, ou qu'on ait

$$dT+\gamma\omega(Xdx+Ydy+Zdz)=0; \qquad (a)$$

ce qui s'accorde avec l'équation (3) du n° 300.

A cause du peu d'extensibilité de la matière de la verge, on pourra prendre, dans cette équation (a), pour γ et ω la densité et la section normale de la verge au point M, dans son état naturel. Si ces deux quantités sont constantes, et que la formule comprise entre les parenthèses soit une différentielle exacte, on obtiendra, par l'intégration immédiate, la valeur de T; et, parce que l'on a $T=\alpha\omega\delta$ (n° 307), on en conclura la dilatation positive ou négative de l'élément ds, qui se sera allongé dans le rapport de $1+\delta$ à l'unité; mais cela ne fera pas connaître la dilatation de la section normale ω, ni le changement de densité de la verge au point M. Or, d'après ce que j'ai fait voir dans le Mémoire cité au commencement de ce paragraphe, l'allongement ou le raccourcissement de ds est toujours accompagné d'une diminution ou d'une augmentation de ω, mais telle, que le volume ωds variera dans le même sens que ds, et la densité γ, en sens inverse. Il s'ensuit que quand une verge homogène, prismatique ou cylindrique, est attachée par un bout, et tirée à son autre extrémité par une force dirigée suivant le prolongement de sa longueur, elle éprouvera, à la fois, une extension et une augmentation de volume, proportionnelles à cette force; ce qui a été effectivement confirmé par l'expérience. Réciproquement, si cette verge est posée verticalement sur un plan horizontal, et chargée d'un poids à sa partie supérieure, qui ne la fasse pas plier, elle se raccourcira, et, en même temps, son volume sera diminué proportionnellement à la grandeur de ce poids.

317. Prenons sur l'arc AM du filet moyen un point m infiniment voisin de M; par ce point m, faisons une section normale; et concevons que la partie de la verge comprise entre cette section et l'extrémité A, soit rendue tout-à-fait immobile, et que la partie comprise entre l'autre bout B et la section faite par le point M, devienne seulement de forme invariable. Cela étant, cherchons les conditions d'équilibre de cette seconde partie, que nous appellerons K.

En vertu de la torsion de la verge, les points de la tranche comprise entre les deux sections normales faites par M et m, seront sollicités par des forces qui tendront à détordre ses différens filets longitudinaux, et agiront dans des plans perpendiculaires à Mm, c'est-à-dire, à la tangente en M au filet moyen. Ces forces tendront à faire tourner K autour de cette droite, en sens contraire de la torsion. Soit τ leur moment par rapport à cette droite, que l'on appellera le *moment de la torsion* de la verge, correspondant au point M. Si l'on mène par ce point des parallèles aux axes des x, y, z, et si l'on observe que l'axe de ce moment fait, avec ces droites, des angles dont les cosinus sont $\frac{dx}{ds}$, $\frac{dy}{ds}$, $\frac{dz}{ds}$, on en conclura (n° 281)

$$-\tau\frac{dx}{ds},\quad -\tau\frac{dy}{ds},\quad -\tau\frac{dz}{ds},$$

pour les momens par rapport à ces trois parallèles, des forces qui agissent sur K dans le sens de la torsion.

Désignons par μ, le moment de l'élasticité relatif au point M, c'est-à-dire, le moment des forces dont T est la somme, par rapport à un axe mené par ce point et perpendiculaire au plan osculateur du filet moyen; r et ρ étant les rayons de courbure en ce même point, dans l'état naturel et après le changement de forme de la lame, et $\mathcal{C}$ désignant une quantité positive, dépendant de la matière et de la section normale au point M, nous aurons (n° 314)

$$\mu = \mathcal{C}\left(\frac{1}{\rho} - \frac{1}{\pi}\right);$$

et si l'on appelle f, g, h, les angles que l'axe de ce moment fait avec les parallèles aux axes des x, y, z, menés par le point M, les momens de l'élasticité par rapport à ces trois droites seront

$$\mu \cos f, \quad \mu \cos g, \quad \mu \cos h.$$

Soient M' un point quelconque de l'arc MB; x', y', z', ses trois coordonnées; s' l'arc AM', et γ', ω', X', Y', Z', ce que deviennent γ, ω, X, Y, Z, relativement à M'. En appelant l la longueur totale du filet moyen, et faisant

$$\int_s^l [Y'(x'-x) - X'(y'-y)]\gamma'\omega' ds' = Z_,,$$

$$\int_s^l [X'(z'-z) - Z'(x'-x)]\gamma'\omega' ds' = Y_,,$$

$$\int_s^l [Z'(y'-y) - Y'(z'-z)]\gamma'\omega' ds' = X_,,$$

ces trois quantités $X_,$, $Y_,$, $Z_,$, seront les momens des forces données qui agissent sur K, par rapport aux axes menés par le point M, suivant les directions des x, y, z.

Enfin, supposons que des forces particulières agissent à l'extrémité libre de K; représentons par **P, Q, R**, les sommes de leurs composantes parallèles aux axes des x, y, z, et par a', b', c', les coordonnées du point d'application de leur résultante; leurs momens par rapport aux mêmes axes que $Z_,$, $Y_,$, $X_,$, seront

$$Q(a'-x) - P(b'-y),$$
$$P(c'-z) - R(a'-x),$$
$$R(b'-y) - Q(c'-z);$$

et si l'on désigne par a, b, c, les coordonnées de l'extrémité B du filet moyen, on pourra remplacer ces momens par

$$Q(a-x) - P(b-y) + R',$$
$$P(c-z) - R(a-x) + Q',$$
$$R(b-y) - Q(c-z) + P',$$

en faisant, pour abréger,

$$Q(a'-a) - P(b'-b) = R',$$
$$P(c'-c) - R(a'-a) = Q',$$
$$R(b'-b) - Q(c'-c) = P'.$$

Généralement, les coordonnées a', b', c', seront distinctes de a, b, c, parce que les forces extrêmes P, Q, R, ne seront pas appliquées immédiatement à la verge élastique, et qu'elles agiront aux extrémités de bras de levier. Soit que ces forces aient ou non une résultante unique, les quantités P′, Q′, R′, seront leurs momens par rapport à des axes menés par le point B, parallèlement à ceux des x, y, z, ; si donc on suppose qu'on ait en ce point

$$\frac{dx}{ds} = \cos\alpha', \quad \frac{dy}{ds} = \cos\beta', \quad \frac{dz}{ds} = \cos\gamma',$$

et qu'on fasse

$$P'\cos\alpha' + Q'\cos\beta' + R'\cos\gamma' = L,$$

cette quantité L exprimera le moment des forces extrêmes par rapport à la tangente au point B (n° 281); d'où l'on peut déjà conclure que L sera le moment de la torsion extrême, où la valeur de τ relative à ce même point.

Cela posé pour l'équilibre de la partie K de la verge

élastique, il faudra que la somme des momens par rapport à chaque axe, de toutes les forces qui agissent sur ses différentes tranches et à ses extrémités, soit égale à zéro; ce qui donne ces trois équations

$$\left.\begin{array}{l}\mu\cos f-\tau\dfrac{dx}{ds}+X_{,}+P'+R(b-y)-Q(c-z)=0,\\[2mm] \mu\cos g-\tau\dfrac{dy}{ds}+Y_{,}+Q'+P(c-z)-R(a-x)=0,\\[2mm] \mu\cos h-\tau\dfrac{dz}{ds}+Z_{,}+R'+Q(a-x)-P(b-y)=0.\end{array}\right\}\ (b)$$

318. D'après les formules du n° 19, on a

$$\cos f=\frac{dyd^2z-dzd^2y}{\lambda ds^3},$$

$$\cos g=\frac{dzd^2x-dxd^2z}{\lambda ds^3},$$

$$\cos h=\frac{dxd^2y-dyd^2x}{\lambda ds^3};$$

λds^3 étant la racine carrée de la somme des carrés des trois numérateurs. Il en résulte

$$d.\mu\cos f=dy\,d.\frac{\mu d^2z}{\lambda ds^2}-dz\,d.\frac{\mu d^3y}{\lambda ds^3},$$

$$d.\mu\cos g=dz\,d.\frac{\mu d^2x}{\lambda ds^3}-dx\,d.\frac{\mu d^2z}{\lambda ds^3},$$

$$d.\mu\cos h=dx\,d.\frac{\mu d^2y}{\lambda ds^3}-dy\,d.\frac{\mu d^2x}{\lambda ds^3},$$

et, par conséquent,

$$\frac{dx}{ds}d.\mu\cos f+\frac{dy}{ds}d.\mu\cos g+\frac{dz}{ds}d.\mu\cos h=0.$$

On a d'ailleurs

$$\frac{dx^2}{ds^2} + \frac{dy^2}{ds^2} + \frac{dz^2}{ds^2} = 1,$$

$$\frac{dx}{ds} d . \frac{dx}{ds} + \frac{dy}{ds} d . \frac{dy}{ds} + \frac{dz}{ds} d . \frac{dz}{ds} = 0.$$

Si donc on ajoute les différentielles des équations (b), après les avoir multipliées par $\frac{dx}{ds}$, $\frac{dy}{ds}$, $\frac{dz}{ds}$, on aura, en réduisant,

$$d\tau = \frac{dx}{ds} dX_{,} + \frac{dy}{ds} dY_{,} + \frac{dz}{ds} dZ_{,};$$

mais à cause que les quantités soumises à l'intégration dans les expressions de $X_{,}$, $Y_{,}$, $Z_{,}$, s'évanouissent à la limite $s' = s$, il suffit (n° 14) de différentier sous les signes $\int$ par rapport à x, y, z, pour obtenir les valeurs de $dX_{,}$, $dY_{,}$, $dZ_{,}$; on a donc simplement

$$dX_{,} = dz \int_s^l Y'\gamma'\omega' ds' - dy \int_s^l Z'\gamma'\omega' ds',$$

$$dY_{,} = dx \int_s^l Z'\gamma'\omega' ds' - dz \int_s^l X'\gamma'\omega' ds',$$

$$dZ_{,} = dy \int_s^l X'\gamma'\omega' ds' - dx \int_s^l Y'\gamma'\omega' ds';$$

et en substituant ces valeurs dans l'équation précédente, elle se réduit à $d\tau = 0$.

Ainsi le moment de la torsion est constant dans toute la longueur d'une verge élastique en équilibre, quelles que soient les forces qui y sont appliquées.

Sa valeur sera donc partout la même qu'à chacun des deux bouts de la verge; et il est facile de vérifier qu'au point B, on a $\tau = L$, comme on l'a dit plus haut. En effet, en ce point, on a, $x = a$, $y = b$,

$z = c$; les intégrales $X_{,}$, $Y_{,}$, $Z_{,}$, s'évanouissent, et les équations (b) deviennent

$$\tau \cos \alpha' = \mu \cos f + P',$$
$$\tau \cos 6' = \mu \cos g + Q',$$
$$\tau \cos \gamma' = \mu \cos h + R'.$$

A cause que la normale au plan osculateur du filet moyen et la tangente à cette courbe, sont perpendiculaires l'une à l'autre, on a, en ce même point B,

$$\cos \alpha' \cos f + \cos 6' \cos g + \cos \gamma' \cos h = 0;$$

en ajoutant donc les équations précédentes, après les avoir multipliées par $\cos \alpha'$, $\cos 6'$, $\cos \gamma'$, la quantité μ disparaîtra, et, d'après la valeur de L, on aura $\tau = L$.

Le moment de la torsion peut seul se déduire des équations d'équilibre; quant à la torsion elle-même, sa grandeur est variable le long de la verge, lorsque la matière ou la section normale varie d'un point à un autre. Si la verge est homogène, et que la section normale soit constante, la différence des angles de torsion est la même aux extrémités de deux parties de la verge, d'égales longueurs, et proportionnelle aux longueurs, quand elles sont différentes. Supposons, pour fixer les idées, qu'une verge homogène, prismatique ou cylindrique, soit encastrée par un bout, et qu'on applique à son autre extrémité deux forces égales, parallèles et contraires, agissant à distances égales et de deux côtés différens; cette verge restera droite; mais elle se tordra sur elle-même, proportionnellement à sa longueur et au moment de ces deux forces par rapport à son filet moyen, lequel moment sera la valeur de la quantité L. J'ai trouvé, en outre, dans le Mémoire déjà cité (n° 306), que si la section normale de cette verge est un cercle, la quantité de la torsion sera proportionnelle, toutes choses d'ailleurs égales, à la quatrième puissance de son diamètre; ce qui est conforme à l'expérience.

319. Deux des équations (b), ou deux combinaisons quelconques de ces équations, après qu'on y aura substitué la valeur de μ et mis L à la place de τ, serviront à déterminer la figure de la verge en équilibre. Si elle est droite dans son état naturel, et que toutes les forces qui y sont appliquées soient comprises dans un même plan, les trois équations (b) se réduiront à une seule qui sera celle de la courbe plane formée par le filet moyen.

Prenons le plan de ces forces pour celui des x et y; nous aurons

$$z = 0, \quad \cos f = 0, \quad \cos g = 0,$$
$$c = 0, \quad c' = 0, \quad R = 0, \quad \cos \gamma' = 0;$$

d'où il résultera

$$X_{,} = 0, \; Y_{,} = 0, \; P' = 0, \; Q' = 0, \; \tau = L = 0;$$

et les deux premières équations (b) s'évanouiront. A cause de $r = \infty$, la valeur de μ se réduira à $\frac{\varepsilon}{\rho}$; on aura aussi $\cos h = \pm 1$; mais en ayant égard au sens de l'action de T sur la partie K de la verge (n° 314), il est aisé de voir qu'il faudra prendre $\cos h = -1$ dans la troisième équation (b), qui deviendra, de cette manière,

$$\left.\begin{array}{l}\int_s^l [Y'(x'-x)-X'(y'-y)]\gamma'\omega ds' \\ \quad + R' + Q(a-x) - P(b-y) = \frac{\mathcal{C}}{\rho};\end{array}\right\} (c)$$

et l'on remarquera qu'en conservant les notations du n° 314, le coefficient $\mathcal{C}$ aura pour valeur

$$\mathcal{C} = \alpha \int_{-k'}^{k} vu^2 du.$$

Lorsque les forces X et Y seront nulles, cette équation (c) coïncidera avec l'équation (1) du n° 308, en observant que dans celle-ci, les forces P et Q agissent à l'extrémité même de la verge, ce qui rend nul leur moment R'. Dans tous les cas, on fera disparaître par des différentiations, les intégrales contenues dans cette équation (c), qui se changera par là en une équation différentielle du quatrième ordre.

La figure de la verge étant déterminée par l'équation (c), il faudra en outre que les forces données qui y sont appliquées, satisfassent aux conditions d'équilibre du n° 261, qui se réduisent à trois, à cause que ces forces sont toutes comprises dans un même plan. Désignons donc par D et E les sommes des forces particulières qui agissent à l'extrémité A de la verge, parallèlement aux axes des x et y, et par F' leur moment par rapport à ce point A, de manière que D, E, F', soient à l'égard de ce point, ce que P, Q, R', sont relativement à l'autre extrémité B; les trois équations dont il s'agit seront

$$\left.\begin{aligned}
&D + P + \int_0^l X'\gamma'\omega' ds' = 0, \\
&E + Q + \int_0^l Y'\gamma'\omega' ds' = 0, \\
&F' + R' + Q(a - x) - P(b - y) \\
&\qquad + \int_0^l [Y'(x' - x) - X'(y' - y)]\gamma'\omega' ds' = 0,
\end{aligned}\right\} \quad (d)$$

où l'on mettra pour x et y les coordonnées du point A.

Lorsque les deux bouts de la verge seront entièrement libres, les forces extrêmes et leurs momens seront donnés. Si la verge est encastrée à son extrémité A, les forces D et E, ainsi que leur moment F', seront indéterminés; mais on connaîtra les valeurs de x, y, $\frac{dy}{dx}$, relatives à ce point A. Si la verge est seulement retenue par le point fixe A, les forces D et E seront encore indéterminées; leur résultante sera égale et contraire à la charge de ce point d'appui, dont elle exprimera la résistance, et l'on aura $F' = 0$ pour leur moment : on connaîtra alors les valeurs de x et y, mais non plus celle de $\frac{dy}{dx}$. Les mêmes remarques s'appliquent au point B.

320. Supposons, par exemple, que la verge soit homogène et naturellement prismatique ou cylindrique; ce qui rendra constantes les trois quantités γ, ω, ϵ. Supposons, en outre, qu'elle ne soit soumise qu'à des forces perpendiculaires à sa longueur, qui l'écartent très peu de sa position primitive; et prenons pour l'axe des x, le filet moyen dans cette

position; on aura alors

$$D = 0, \quad X = 0, \quad P = 0;$$

ce qui fait disparaître la première équation (d). En négligeant le carré de $\frac{dy}{dx}$, on aura aussi

$$ds = dx, \quad \frac{1}{\rho} = \frac{d^2y}{dx^2};$$

et l'équation (c) se réduira à

$$6\frac{d^2y}{dx^2} = R' + Q(a-x) + \gamma\omega\int_s^l Y'(x'-x)ds'. \quad (e)$$

En la différentiant une première fois, on a

$$6\frac{d^3y}{dx^3} = -Q - \gamma\omega\int_s^l Yds.$$

On a aussi (n° 14)

$$d.\int_s^l Y'ds' = -Yds;$$

en différentiant une seconde fois, et mettant dx au lieu de ds, on aura donc

$$6\frac{d^4y}{dx^4} = \gamma\omega Y. \quad (f)$$

Les quatre constantes arbitraires que contiendra l'intégrale complète de cette dernière équation, se détermineront d'après les conditions relatives aux deux bouts de la verge, et en observant que la valeur de y tirée de cette équation devra satisfaire aux deux précédentes pour toutes les valeurs de x. Or, l'équation (f) résultant des deux autres par la différentiation, il suffira, pour cela, que cette valeur de y satisfasse à celles-ci pour une valeur particulière de x; il suffira donc qu'on ait

$$\varepsilon \frac{d^2y}{dx^2} = R', \quad \varepsilon \frac{d^3y}{dx^3} = -Q, \qquad (g)$$

pour $x = a$; conditions qui résultent de l'équation (e) et de sa différentielle première, en y donnant à x cette valeur particulière. Si l'on y donne à x la valeur relative au point A, et qu'on ait égard aux équations (d), on aura

$$\varepsilon \frac{d^2y}{dx^2} = -F', \quad \varepsilon \frac{d^3y}{dx^3} = E; \qquad (h)$$

mais ces équations n'expriment pas de nouvelles conditions distinctes de celles que renferment les équations (d) et (g), que l'on pourra, si l'on veut, remplacer par le système des équations (g) et (h).

321. Ces formules comprennent le cas de la verge pesante. Alors, je suppose le point A fixe, et j'y place l'origine des coordonnées x et y; je suppose aussi que l'axe des x, qui représente la direction naturelle de la verge, soit horizontal; je prends l'axe des y positives dans le sens de la pesanteur, et je représente cette force par g. On aura $Y = g$, et l'intégrale de l'équation (f) sera

$$\varepsilon y = \frac{g\gamma\omega}{24} x^4 + Cx^3 + C'x^2 + C''x; \qquad (1)$$

C, C', C'', désignant trois constantes arbitraires, et la quatrième étant nulle, à cause qu'on a $x = 0$ et $y = 0$ au point A.

Supposons la verge encastrée à cette extrémité; il faudra qu'on ait aussi $\frac{dy}{dx}=0$ quand $x=0$; d'où il résulte $C''=0$. Supposons, en outre, que le poids Q soit attaché immédiatement à l'autre extrémité B, de sorte que son moment R' soit zéro; en vertu des équations (g), qui répondent à ce point, ou à $x=0$, on aura

$$\begin{aligned} \tfrac{1}{2}g\gamma\omega a^2 + 6Ca + 2C' &= 0, \\ g\gamma\omega a + 6C &= -Q. \end{aligned}$$

Je tire de là les valeurs de C et C'; je les substitue dans l'équation (1), dont je supprime le terme $C''x$; j'appelle q le poids de la verge, de sorte qu'on ait $q=g\gamma\omega a$; il vient

$$\mathcal{E}y=\frac{qx^4}{24a}-\frac{1}{6}(Q+q)x^3+\frac{1}{2}\left(Q+\frac{1}{2}q\right)ax^2;$$

équation qui coïncide avec celle du n° 310, quand on néglige le poids de la verge, et qu'on y met Qc^2 à la place de $\mathcal{E}$.

Dans les deux cas de $Q=0$ et $q=0$, on a

$$b=\frac{qa^3}{8\mathcal{E}}, \quad b=\frac{Qa^3}{3\mathcal{E}},$$

pour l'ordonnée du point B, qui exprime la flexion totale de la verge. En supposant $Q=q$, on voit donc que les flexions produites par un poids Q suspendu à l'extrémité libre d'une verge horizontale encastrée par son autre bout, et, par ce même poids, réparti uniformément sur toute la longueur de cette verge, sont entre elles comme 8 est à 3.

322. Si le point B est fixe comme le point A, et situé sur la même horizontale, il faudra qu'on ait $y = 0$ quand $x = a$; ce qui change l'équation (1) en celle-ci :

$$\varepsilon y = \frac{qx}{24a}(x^3 - a^3) + Cx(x^2 - a^2) + C'x(x - a); \quad (2)$$

q étant toujours le poids de la verge. La détermination des deux constantes C et C′ présentera les cas suivans.

1°. Quand la verge est encastrée à ses deux bouts, il faut qu'on ait $\frac{dy}{dx} = 0$ pour $x = 0$ et pour $x = a$; on tire de là

$$C = -\frac{1}{12}q, \quad C' = \frac{1}{24}aq;$$

et l'équation (2) devient

$$\varepsilon y = \frac{qx^2(x - a)^2}{24a}.$$

En appelant f la flèche de la courbe formée par cette verge, c'est-à-dire, la valeur de y qui répond à son milieu, ou à $x = \frac{1}{2}a$, on aura

$$f = \frac{qa^3}{16.24.\varepsilon}.$$

2°. Si la verge est simplement retenue par les points fixes A et B, les charges de ces points d'appui seront les forces E et Q, prises en sens contraire de leurs directions, et leurs momens F′ et R′ seront nuls (n° 319). En vertu des premières équations (g) et (h), on aura

$\frac{d^2y}{dx^2} = 0$ pour $x = 0$ et pour $x = a$; d'où l'on conclut

$$C = -\frac{1}{12}q, \quad C' = 0.$$

On aura alors

$$\varepsilon y = \frac{qx(a-x)(a^2+ax-x^2)}{24a};$$

et la flèche f sera

$$f = \frac{5qa^3}{16.24.\varepsilon},$$

c'est-à-dire, quintuple de celle qui avait lieu dans le premier cas. D'après les dernières équations (g) et (h), on aura aussi

$$E = Q = -\tfrac{1}{2}q;$$

valeurs qui ont aussi lieu dans le premier cas, et qui sont évidentes en elles-mêmes.

3°. Enfin, lorsque la verge est encastrée à son extrémité A, et seulement retenue à son autre bout, on a $\frac{dy}{dx} = 0$ pour $x = 0$, et $\frac{d^2y}{dx^2} = 0$ pour $x = a$; ce qui donne

$$C = -\frac{5q}{48}, \quad C' = \frac{qa}{16};$$

au moyen de quoi l'équation (2) devient

$$\varepsilon y = \frac{qx^2(a-x)(3a-2x)}{48a}.$$

Les secondes équations (g) et (h) donnent, en même temps,

$$Q = -\tfrac{3}{8}q, \quad E = -\tfrac{5}{8}q;$$

ce qui montre que le poids de la verge se partage inégalement entre les deux points d'appui, et que la charge de l'extrémité encastrée est plus grande que celle de l'autre, dans le rapport de 5 à 3.

323. En supposant toujours les points A et B fixes et situés sur une même horizontale, et la verge homogène et prismatique, considérons le cas où les autres points sont chargés de poids inégalement distribués dans toute la longueur.

Soit donc

$$\gamma\varpi Y = \frac{q}{a}\varphi x;$$

φx étant une fonction donnée qui s'évanouit quand $x = 0$ et quand $x = a$, et q désignant le poids total, ce qui suppose

$$\int_0^a \varphi x dx = a.$$

Cette fonction φx pourra être continue ou discontinue, c'est-à-dire que son expression analytique pourra changer une ou plusieurs fois entre les valeurs extrêmes $x = 0$ et $x = a$; ou, autrement dit, si on la représente par l'ordonnée d'une ligne dont x soit l'abscisse, cette ligne pourra se composer de plusieurs portions de courbes différentes. Si l'on désigne par δ une ligne d'une longueur aussi petite qu'on voudra, nous pourrons supposer, par exemple, que φx soit zéro depuis $x = 0$ jusqu'à $x = \frac{1}{2}a - \delta$, et depuis $x = \frac{1}{2}a + \delta$ jusqu'à $x = a$, de sorte que cette fonction n'ait de valeurs différentes de zéro que dans une très petite étendue δ de part et d'autre de $x = \frac{1}{2}a$.

Ce cas sera celui d'un poids q agissant au milieu de la verge élastique, que nous examinerons tout à l'heure en particulier.

Quelle que soit la fonction φx, continue ou discontinue, pourvu qu'elle soit nulle pour $x = 0$ et pour $x = a$, on aura, depuis $x = 0$ jusqu'à $x = a$ inclusivement,

$$\varphi x = \frac{2}{a}\Sigma\left(\int_0^a \sin\frac{n\pi x'}{a}\varphi x' dx'\right)\sin\frac{n\pi x}{a}; \quad (a)$$

n étant un nombre entier et positif, et la caractéristique Σ indiquant une somme qui s'étend à toutes les valeurs de n, depuis $n = 1$ jusqu'à $n = \infty$. Cette formule est due à Lagrange, qui l'a donnée dans les anciens *Mémoires de l'Académie de Turin* (*); nous la démontrerons plus bas. En en faisant usage, l'équation (f) devient

$$\mathfrak{C}\frac{d^4 y}{dx^4} = \frac{2q}{a^2}\Sigma\left(\int_0^a \sin\frac{n\pi x'}{a}\varphi x' dx'\right)\sin\frac{n\pi x}{a};$$

et en intégrant et observant que $y = 0$ pour $x = 0$ et pour $x = a$, on aura

$$\mathfrak{C}y = \frac{2qa^2}{\pi^4}\Sigma\frac{1}{n^4}\left(\int_0^a \sin\frac{n\pi x'}{a}\varphi x' dx'\right)\sin\frac{n\pi x}{a};$$
$$+ x(a-x)[Cx + C'(a-x)]; \quad (b)$$

C et C′ étant des constantes arbitraires que l'on déterminera comme dans les trois cas du numéro précédent.

324. Examinons en détail le cas où le poids q est

(*) Tome III, page 261.

suspendu au milieu de la verge, c'est-à-dire, le cas où, comme on vient de le dire, la fonction $\varphi x'$ est nulle pour toutes les valeurs de x' qui diffèrent un tant soit peu de $\frac{1}{2}a$.

On pourra alors faire $x' = \frac{1}{2}a$ dans le facteur $\sin\frac{n\pi x'}{a}$ que renferme l'intégrale relative à x'; ce qui donnera

$$\int_0^a \sin\frac{n\pi x'}{a}\,\varphi x' dx' = \sin\frac{n\pi}{2}\int_0^a \varphi x' dx' = a\sin\frac{n\pi}{2},$$

et fera disparaître tous les termes de la somme Σ qui répondent à des nombres pairs n. Je désigne par i un nombre pair ou impair; je fais $n = 2i - 1$, et j'étends la somme Σ à toutes les valeurs de i, depuis $i = 1$ jusqu'à $i = \infty$. A cause de $\sin\frac{(2i-1)\pi}{2} = -(-1)^i$, l'équation ($b$) devient

$$\begin{aligned}\text{Є}y = x(a-x)\,[\text{C}x + \text{C}'(a-x)]\\ - \frac{2qa^3}{\pi^4}\Sigma\frac{(-1)^i}{(2i-1)^4}\sin\frac{(2i-1)\pi x}{a}.\end{aligned}$$

Mais d'après une formule connue, on a, comme on le verra plus bas,

$$\Sigma\,\frac{(-1)^i}{(2i-1)^4}\sin(2i-1)\,\omega = \frac{\pi\omega^3}{24} - \frac{\pi^3\omega}{32},$$

pour toutes les valeurs de ω, depuis $\omega = 0$ jusqu'à $\omega = \frac{1}{2}\pi$. Si donc on a $x < \frac{1}{2}a$, on fera $\omega = \frac{\pi x}{a}$ et l'on aura

$$\Sigma\frac{(-1)^i}{(2i-1)^4}\sin\frac{(2i-1)\pi x}{a} = \frac{\pi^4}{96a^3}\,(4x^3 - 3a^2x);$$

si, au contraire, on a $x > \frac{1}{2}a$, on fera $\omega = \frac{\pi(a-x)}{a}$;
et comme on a

$$\sin\frac{(2i-1)\pi(a-x)}{a} = \sin\frac{(2i-1)\pi x}{a},$$

on en conclura

$$\Sigma\frac{(-1)^i}{(2i-1)^4}\sin\frac{(2i-1)\pi x}{a} = \frac{\pi^4}{96a^3}[4(a-x)^3 - 3a^2(a-x)].$$

De cette manière, nous aurons l'une ou l'autre de ces deux équations :

$$\left.\begin{aligned} \mathcal{E}y &= x(a-x)[Cx + C'(a-x)] - \frac{q}{48}(4x^3 - 3a^2x) \\ \mathcal{E}y &= x(a-x)[Cx + C'(a-x)] - \frac{q}{48}[4(a-x)^3 - 3a^2(a-x)]. \end{aligned}\right\}(1)$$

Il ne restera donc plus qu'à déterminer les constantes C et C′ dans les trois cas suivans :

1°. La condition $\frac{dy}{dx} = 0$ pour $x = 0$ et pour $x = a$, qui a lieu quand la verge est encastrée à ses deux extrémités, donne

$$C' = C = -\frac{q}{16}.$$

Les équations (1) deviendront

$$\mathcal{E}y = \frac{q}{48}(3ax^2 - 4x^3),$$

$$\mathcal{E}y = \frac{q}{48}[3a(a-x)^2 - 4(a-x)^3];$$

au milieu de la verge, on aura $\frac{dy}{dx} = 0$, comme aux extrémités; et la flèche f, ou l'ordonnée correspondante à $x = \frac{1}{2} a$, sera

$$f = \frac{qa^3}{4.48.\varepsilon},$$

c'est-à-dire, double de celle qui avait lieu dans le premier cas du n° 322. En vertu des secondes équations (g) et (h), on aura aussi

$$Q = E = -\frac{1}{2} q,$$

comme cela devait être

2°. Dans le cas de la verge simplement retenue par ses deux bouts, où l'on doit avoir $\frac{d^2y}{dx^2} = 0$ pour $x = 0$ et pour $x = a$, il en résulte

$$C = 0, \quad C' = 0,$$

et, par conséquent,

$$\varepsilon y = \frac{q}{48} (3a^2x - 4x^3),$$

$$\varepsilon y = \frac{q}{48} [3a^2(a - x) - 4(a - x)^3].$$

La tangente au milieu de la courbe est horizontale, et les valeurs de Q et E sont $-\frac{1}{2}q$, comme dans le premier cas; mais la flèche f a pour valeur

$$f = \frac{qa^3}{48.\varepsilon};$$

en sorte qu'elle est quadruple de la précédente, et plus grande dans le rapport de 8 à 5, que celle du second cas du n° 322. Si l'on mène une tangente à la courbe élastique, par l'un ou l'autre des points A et B; que l'on appelle α son inclinaison, et qu'on désigne par f' l'ordonnée verticale du point de cette droite qui répond à l'abscisse égale à $\frac{1}{2}a$, on aura

$$\text{tang}\,\alpha = \frac{qa^2}{16.\varepsilon}, \quad f' = \frac{1}{2}\,a\,\text{tang}\,\alpha\,;$$

d'où l'on conclut

$$f' = \tfrac{3}{2}f.$$

Dans le second cas du n° 322, le rapport de f' à f serait $\frac{8}{5}$.

3°. Enfin, si la verge est encastrée à l'extrémité A et seulement appuyée à l'autre bout B, on aura $\frac{dy}{dx} = 0$ pour $x = 0$, et $\frac{d^2y}{dx^2} = 0$ pour $x = a$; on en déduira

$$C' = -\frac{q}{16}, \quad C = -\frac{q}{32};$$

et les équations (1) deviendront

$$\varepsilon y = \frac{q}{96}(9ax^2 - 11x^3),$$

$$\varepsilon y = \frac{q}{96}(5x^3 - 15ax^2 + 12a^2x - 2a^3).$$

Elles donnent pour $x = \frac{1}{2}a$, la même valeur de y, savoir

$$y = \frac{7qa^3}{8.96.\varepsilon};$$

mais ce n'est pas la plus grande ordonnée. On aura aussi

$$E = -\frac{11q}{16}, \quad Q = -\frac{5q}{16};$$

en sorte que le poids q se partagera dans le rapport de 11 à 5 entre les points d'appui A et B.

325. Nous allons maintenant démontrer la formule de Lagrange, citée précédemment.

Pour cela, considérons la quantité

$$\frac{1-h^2}{1-2h\cos\theta+h^2},$$

qui est une fraction rationnelle par rapport à h, et dans laquelle θ désigne un angle réel. Son développement suivant les puissances de h sera

$$1+2h\cos\theta+2h^2\cos 2\theta+2h^3\cos 3\theta+2h^4\cos 4\theta+\text{etc.};$$

ce qu'on peut aisément vérifier; car si l'on multiplie cette série infinie par le dénominateur $1-2h\cos\theta+h^2$ de la fraction, on retrouve son numérateur, en observant qu'on a

$$2\cos n\theta\cos\theta=\cos(n+1)\theta+\cos(n-1)\theta,$$

quelque soit le nombre n. Si h est moindre que l'unité, abstraction faite du signe, cette série sera convergente, et la fraction sera rigoureusement égale à son développement prolongé à l'infini; à cause de

$$1-2h\cos\theta+h^2=(1-h)^2+4h\sin^2\tfrac{1}{2}\theta,$$

nous aurons donc, dans cette hypothèse,

$$\frac{1-h^2}{(1-h)^2+4h\sin^2\frac{1}{2}\theta}=1+2\Sigma h^n\cos n\theta;$$

la somme Σ s'étendant à toutes les valeurs du nombre entier n, depuis $n=1$ jusqu'à $n=\infty$. Quelles que soient la fonction $f\theta$ et la constante réelle α, on aura

41..

donc aussi

$$\int_0^\pi \frac{(1-h^2)f\theta d\theta}{(1-h)^2+4h\sin^2\frac{1}{2}(\theta-\alpha)} = \int_0^\pi f\theta d\theta + 2\Sigma h^n \int_0^\pi f\theta \cos n(\theta-\alpha)d\theta.$$

Soit g une quantité positive et infiniment petite; cette équation subsistera encore en y faisant $h=1-g$, puisqu'elle a lieu pour toute valeur de h moindre que l'unité. Pour toutes les valeurs finies de n, on aura

$$h^n = (1-g)^n = 1;$$

pour des valeurs infinies de cet exposant, h^n pourra différer de l'unité, mais en intégrant par partie, on a

$$\int f\theta \cos n(\theta-\alpha)d\theta = \frac{1}{n} f\theta \sin n(\theta-\alpha) - \frac{1}{n}\int \frac{df\theta}{d\theta} \sin n(\theta-\alpha)d\theta;$$

en sorte que si $f\theta$ ne devient point infinie, entre les limites $\theta=0$ et $\theta=\pi$, ni pour ces limites, l'intégrale $\int_0^\pi f\theta \cos n(\theta-\alpha)d\theta$, qui multiplie h^n, s'évanouira pour $n=\infty$; d'où il résulte qu'on pourra toujours remplacer h^n par l'unité sous le signe Σ. Au numérateur de la fraction comprise sous le signe $\int$, on aura $1-h^2=2g$, en négligeant g^2 par rapport à $2g$; dans le second terme du dénominateur, on pourra mettre l'unité au lieu de h ou $1-g$; et, de cette manière, nous aurons

$$\frac{1}{2}\int_0^\pi f\theta d\theta + \Sigma \int_0^\pi f\theta \cos n(\theta-\alpha)d\theta = \int_0^\pi \frac{g f\theta d\theta}{g^2+4\sin^2\frac{1}{2}(\theta-\alpha)}. \quad (1)$$

Le coefficient de $d\theta$ sous cette dernière intégrale est infiniment petit, excepté pour les valeurs de θ

infiniment peu différentes de α, qui rendent son dénominateur infiniment petit; cette intégrale est donc infiniment petite ou nulle, tant que la différence $\theta - \alpha$ est une quantité finie; ce qui aura lieu dans toute l'étendue de l'intégration, lorsqu'on supposera $\alpha < 0$, ou $\alpha > \pi$; donc toutes les fois que la constante α tombera en dehors des limites zéro et π, on aura l'équation

$$\frac{1}{2}\int_0^\pi f\theta d\theta + \Sigma\int_0^\pi f\theta \cos n(\theta - \alpha)d\theta = 0. \quad (2)$$

Si, au contraire, on a $\alpha > 0$ et $< \pi$, il y aura des valeurs de θ qui différeront infiniment peu de α; en faisant donc

$$\theta = \alpha + u, \quad d\theta = du,$$

l'intégrale dont il s'agit s'évanouira encore pour les valeurs finies de u, mais non plus pour les valeurs infiniment petites de cette variable, positives ou négatives; à l'égard de celles-ci, on aura

$$f\theta = f\alpha, \quad \sin\tfrac{1}{2}(\theta - \alpha) = \tfrac{1}{2}u;$$

par conséquent, le second membre de l'équation (1) devient

$$f\alpha\int\frac{gdu}{g^2 + u^2},$$

lorsque α tombe entre zéro et π. Or, cette intégrale étant nulle pour toute valeur de u qui n'est point infiniment petite, nous pouvons maintenant l'étendre, sans en altérer la valeur, à des valeurs quelconques de u, positives ou négatives, et la prendre, si nous voulons, depuis $u = -\infty$ jusqu'à $u = \infty$: on aura alors

$$\int_{-\infty}^{\infty} \frac{g du}{g^2 + u^2} = \pi,$$

et finalement

$$\frac{1}{2}\int_0^\pi f\theta d\theta + \Sigma \int_0^\pi f\theta \cos n(\theta - \alpha) d\theta = \pi f\alpha. \quad (3)$$

Ce raisonnement conviendra encore au cas où α coïncide avec une des deux limites zéro ou π; mais si l'on a $\alpha = 0$, on ne pourra donner à u que des valeurs positives, et seulement des valeurs négatives, si l'on a $\alpha = \pi$, afin que dans ces deux cas, la variable θ qu'on a faite égale à $\alpha + u$, ne sorte pas des limites de l'intégration. De cette manière, l'intégrale relative à u se trouvera réduite à la moitié de sa valeur, ou à $\frac{1}{2}\pi$; et si l'on représente par β et γ les valeurs de $f\alpha$ qui répondent à $\alpha = 0$ et $\alpha = \pi$, il en résultera

$$\left.\begin{aligned} \frac{1}{2}\int_0^\pi f\theta d\theta + \Sigma \int_0^\pi f\theta \cos n\theta d\theta &= \frac{1}{2}\pi\beta, \\ \frac{1}{2}\int_0^\pi f\theta d\theta + \Sigma (-1)^n \int_0^\pi f\theta \cos n\theta d\theta &= \frac{1}{2}\pi\gamma. \end{aligned}\right\} \quad (4)$$

Maintenant faisons

$$\theta = \frac{\pi x'}{a}, \quad d\theta = \frac{\pi dx'}{a};$$

et soit aussi

$$f\left(\frac{\pi x'}{a}\right) = \varphi x'.$$

La quantité x étant positive et moindre que la constante a, mettons à la place de α, $-\frac{\pi x}{a}$ dans l'équation (2) et $\frac{\pi x}{a}$ dans l'équation (3); en observant que les limites relatives à x' seront zéro et a, nous aurons

$$\left.\begin{aligned} \frac{1}{2a}\int_0^a \varphi x'dx' + \frac{1}{a}\,\Sigma\int_0^a \varphi x' \cos\frac{n\pi(x'+x)}{a}dx' &= 0, \\ \frac{1}{2a}\int_0^a \varphi x'dx' + \frac{1}{a}\,\Sigma\int_0^a \varphi x' \cos\frac{n\pi(x'-x)}{a}dx' &= \varphi x; \end{aligned}\right\} (5)$$

et en retranchant ces deux équations l'une de l'autre, il vient

$$\frac{2}{a}\Sigma\left(\int_0^a \varphi x' \sin\frac{n\pi x'}{a}\,dx'\right)\sin\frac{n\pi x}{a} = \varphi x;$$

ce qu'il s'agissait de trouver.

326. Cette formule représente les valeurs de la fonction φx, pour toutes les valeurs de la variable x, qui sont positives et moindres que a, et même pour $x = 0$ et $x = a$, lorsque φx sera nulle pour ces valeurs extrêmes. Il est important d'observer que la série indiquée par Σ, finira toujours par être convergente; car pour de très grandes valeurs de n, l'intégrale relative à x' deviendra une très petite quantité, qui diminuera de plus en plus à mesure que n augmentera, et qui sera tout-à-fait nulle pour $n = \infty$, comme on l'a vu plus haut au moyen de l'intégration par partie. Cette remarque est nécessaire et suffit pour justifier l'emploi qu'on fera de la formule précédente.

Les différentes formules par lesquelles on peut ainsi représenter en séries de quantités périodiques, toujours convergentes, des portions de fonctions arbitraires continues ou discontenues, se déduisent des équations (5), que nous venons d'établir. Je me contenterai de donner ici deux de ces formules, qui nous seront utiles dans la suite; pour de plus grands développemens sur cette matière, je renverrai à mes *Mémoires sur le Calcul intégral*, qui font partie du *Journal de l'École Polytechnique*, et où l'on trouvera une théorie complète de ce genre de transformations.

Après avoir ajouté les équations (5) et retranché la première de la seconde, j'y mets $2l$ au lieu de a, puis $x + l$ et $x' + l$ à la place de x et x', et ensuite φx et $\varphi x'$ au lieu de $\varphi(x + l)$ et $\varphi(x' + l)$; les limites des intégrales relatives à x' deviennent $\pm l$, et ces équations sont remplacées par celles-ci :

$$\varphi x = \frac{1}{2l}\int_{-l}^{l}\varphi x'\,dx' + \frac{1}{l}\Sigma\left(\int_{-l}^{l}\varphi x' \cos\frac{n\pi(x'+l)}{2l}dx'\right)\cos\frac{n\pi(x+l)}{2l},$$

$$\varphi x = \frac{1}{l}\Sigma\left(\int_{-l}^{l}\varphi x' \sin\frac{n\pi(x'+l)}{2l}dx'\right)\sin\frac{n\pi(x+l)}{2l}.$$

Partageons chaque somme Σ en deux autres, dont l'une se rapporte aux nombres n pairs, et l'autre aux nombres n impairs. Pour cela, soit i un nombre entier quelconque; et faisons successivement $n = 2i$, $n = 2i - 1$; nous aurons

$$\cos\frac{2i\pi(x+l)}{2l} = (-1)^i \cos\frac{i\pi x}{l}, \quad \sin\frac{2i\pi(x+l)}{2l} = (-1)^i \sin\frac{i\pi x}{l},$$

$$\cos\frac{(2i-1)\pi(x+l)}{2l} = (-1)^i \sin\frac{(2i-1)\pi x}{2l}, \sin\frac{(2i-1)\pi(x+l)}{2l} = -(-1)^i \cos\frac{(2i-1)\pi x}{2l}$$

et de même pour les sinus et cosinus compris sous

les signes $\int$; par conséquent, on aura

$$\left.\begin{aligned}\varphi x = \frac{1}{2l}\int_{-l}^{l}\varphi x'dx' + \frac{1}{l}\Sigma\left(\int_{-l}^{l}\varphi x'\cos\frac{i\pi x'}{l}dx'\right)\cos\frac{i\pi x}{l} \\ +\frac{1}{l}\Sigma\left(\int_{-l}^{l}\varphi x'\sin\frac{(2i-1)\pi x'}{2l}dx'\right)\sin\frac{(2i-1)\pi x}{2l}, \\ \varphi x = \frac{1}{l}\Sigma\left(\int_{-l}^{l}\varphi x'\sin\frac{i\pi x'}{l}dx'\right)\sin\frac{i\pi x}{l} \\ +\frac{1}{l}\Sigma\left(\int_{-l}^{l}\varphi x'\cos\frac{(2i-1)\pi x'}{2l}dx'\right)\cos\frac{(2i-1)\pi x}{2l};\end{aligned}\right\} \quad (6)$$

les sommes Σ s'étendant à toutes les valeurs de i, depuis $i=1$ jusqu'à $i=\infty$. Ces équations auront lieu pour toutes les valeurs de x qui seront comprises entre les limites $\pm l$.

Cela posé, si la fonction φx est telle que l'on ait $\varphi(-x) = -\varphi x$, il en résultera

$$\int_{-l}^{l}\varphi x'dx' = 0, \int_{-l}^{l}\varphi x'\cos\frac{i\pi x'}{l}dx' = 0, \int_{-l}^{l}\varphi x'\cos\frac{(2i-1)\pi x'}{2l}dx' = 0,$$

et, en outre,

$$\int_{-l}^{l}\varphi x'\sin\frac{i\pi x'}{l}dx' = 2\int_{0}^{l}\varphi x'\sin\frac{i\pi x'}{l}dx',$$

$$\int_{-l}^{l}\varphi x'\sin\frac{(2i-1)\pi x'}{2l}dx' = 2\int_{0}^{l}\varphi x'\sin\frac{(2i-1)\pi x'}{2l}dx';$$

au moyen de quoi la seconde équation (6) coïncidera avec la formule (a), en y changeant a en l; et la première se réduira à

$$\varphi x = \frac{2}{l}\Sigma\left(\int_{0}^{l}\varphi x'\sin\frac{(2i-1)\pi x'}{2l}dx'\right)\sin\frac{(2i-1)\pi x}{2l}. \quad (7)$$

Si, au contraire, la fonction φx est telle que l'on ait $\varphi(-x) = \varphi x$, on aura

$$\int_{-l}^{l} \varphi x' \sin \frac{(2i-1)\pi x'}{2l} dx' = 0, \quad \int_{-l}^{l} \varphi x' \sin \frac{i\pi x'}{l} dx' = 0;$$

et les autres intégrales pourront s'étendre seulement depuis $x=0$ jusqu'à $x=l$, en doublant les résultats. La seconde équation (6) rentrera dans l'équation (7), en y mettant $l-x$ au lieu de x, et φx à la place de $\varphi(l-x)$. La première équation (6) deviendra

$$\varphi x = \frac{1}{l}\int_0^l \varphi x' dx' + \frac{2}{l}\Sigma\left(\int_0^l \varphi x' \cos\frac{i\pi x'}{l} dx'\right)\cos\frac{i\pi x}{l}. \quad (8)$$

Ces formules (7) et (8) représenteront les valeurs de φx, depuis $x=0$ jusqu'à $x=l$; celles qui s'en déduiront, en les différentiant par rapport à x, exprimeront, dans le même intervalle, les valeurs de $\frac{d\varphi x}{dx}$. La formule (7) suppose $\varphi x=0$ pour $x=0$, et $\frac{d\varphi x}{dx}=0$ quand $x=l$; la formule (8) exige que l'on ait $\frac{d\varphi x}{dx}=0$ pour $x=0$ et pour $x=l$. Lorsque ces conditions ne sont pas remplies, ces formules ou leurs différentielles n'ont pas lieu pour les valeurs extrêmes de x.

327. Réciproquement, les formules de ce genre font connaître les sommes des nombreuses séries périodiques que l'on a obtenues par différens moyens. Ainsi, par exemple, pour en déduire la somme de la série dont on a fait usage dans le n° 324, j'ajoute les équations (2) et (3), après avoir mis $-\alpha$ à la place de α dans la première; il en résulte

$$\int_0^\pi f\theta d\theta + 2\Sigma\left(\int_0^\pi f\theta \cos n\theta d\theta\right)\cos n\alpha = \pi f\alpha.$$

Je prends ensuite $f\theta = \theta$; on a alors

$$\int_0^\pi f\theta \cos n\theta d\theta = \frac{\cos n\pi - 1}{n^2};$$

quantité nulle pour tous les nombres pairs, et égale à $-\frac{2}{(2i-1)^2}$ pour $n = 2i - 1$. L'équation précédente devient donc

$$\Sigma \frac{\cos(2i-1)\alpha}{(2i-1)^2} = \frac{\pi}{8}(\pi - 2\alpha);$$

la somme Σ s'étendant à toutes les valeurs du nombre entier i, depuis $i = 1$ jusqu'à $i = \infty$.

En multipliant par $d\alpha$ et intégrant, on en déduit

$$\Sigma \frac{\sin(2i-1)\alpha}{(2i-1)^3} = \frac{\pi}{8}(\pi - \alpha)\alpha.$$

On n'ajoute pas de constante arbitraire, parce que les deux membres de cette équation sont nuls, soit pour $\alpha = 0$, soit pour $\alpha = \pi$; en sorte que cette équation a lieu pour toutes les valeurs de α, depuis $\alpha = 0$ jusqu'à $\alpha = \pi$ inclusivement. Si l'on y fait $\alpha = \frac{1}{2}\pi + \omega$, on aura

$$\sin(2i-1)\alpha = -(-1)^i \cos(2i-1)\omega,$$

et, par conséquent,

$$\Sigma \frac{(-1)^i \cos(2i-1)\omega}{(2i-1)^3} = \frac{\pi}{8}\left(\omega^2 - \frac{1}{4}\pi^2\right),$$

depuis $\omega = -\frac{1}{2}\pi$ jusqu'à $\omega = \frac{1}{2}\pi$. Je multiplie par $d\omega$ et j'intègre de nouveau ; il en résulte

$$\Sigma \frac{(-1)^i \sin (2i-1)\omega}{(2i-1)^3} = \frac{\pi\omega^3}{24} - \frac{\pi^3\omega}{32};$$

ce qu'il s'agissait d'obtenir.

328. Si l'on met $2a$ au lieu de a, et ensuite $x'+a$ et $x+a$ à la place de x et x', dans la seconde équation (5), et qu'on fasse $\varphi(a+x) = \mathrm{F}x$, on aura

$$\mathrm{F}x = \frac{1}{4a}\int_{-a}^{a} \mathrm{F}x'dx' + \frac{1}{2a}\Sigma\int_{-a}^{a} \mathrm{F}x' \cos\frac{n\pi(x'-x)}{2a}dx',$$

pour toutes les valeurs de x comprises entre $\pm a$. En faisant

$$\frac{\pi}{2a} = \varepsilon, \quad \frac{n\pi}{2a} = n\varepsilon = u,$$

cette équation pourra s'écrire ainsi :

$$\mathrm{F}x = \frac{\varepsilon}{2\pi}\int_{-a}^{a} \mathrm{F}x'dx' + \frac{1}{\pi}\Sigma\left[\int_{-a}^{a} \mathrm{F}x' \cos u(x'-x)\right]\varepsilon;$$

u étant un multiple de ε, et la somme Σ s'étendant à toutes les valeurs de u, depuis $u = \varepsilon$ jusqu'à $u = \infty$. Or, si la constante a devient infinie, la différence ε des valeurs consécutives de u deviendra infiniment petite, et la somme Σ se changera en une intégrale prise depuis $u = \varepsilon$, ou $u = 0$, jusqu'à $u = \infty$. En faisant donc $a = \infty$ et $\varepsilon = du$, mettant le signe $\int$ au lieu de Σ, et supprimant le premier terme de la formule précédente, nous aurons

$$Fx = \frac{1}{\pi}\int_0^{\infty}\left[\int_{-\infty}^{\infty} Fx' \cos u(x' - x)\, dx'\right] du.$$

Fourier a donné le premier cette formule importante, qui s'étend à toutes les valeurs réelles, positives ou négatives, de la variable x, et convient, comme les précédentes, dont elle se déduit, à une fonction quelconque Fx, continue ou discontinue.

CHAPITRE IV.

PRINCIPE DES VITESSES VIRTUELLES.

329. Dans les cas les plus simples de l'équilibre des machines, la puissance et la résistance sont réciproquement proportionnelles aux espaces que leurs points d'application décriraient simultanément, si l'équilibre venait à se rompre. Pour que ce rapport ait toujours lieu, il faut prendre les espaces infiniment petits qui seraient décrits dans le premier instant, et les remplacer par leurs projections sur les directions des forces. Il a été remarqué depuis long-temps dans les machines simples; Jean Bernouilli l'a ensuite étendu, par induction, à un système quelconque de points matériels sollicité par des forces données; et, sous la dénomination de *principe des vitesses virtuelles*, il est ainsi devenu le principe général de l'équilibre. Nous le démontrerons dans toute sa généralité, après l'avoir vérifié sur les exemples suivans.

1°. Soient (fig. 79) A, A′, A″,... une suite de poulies contenues dans une même chape, et formant une *moufle* fixe, et B, B′, B″,... une autre suite de poulies aussi contenues dans une même chape, et formant une moufle mobile. Supposons qu'un fil soit attaché à la poulie inférieure de la moufle fixe, et s'enroule successivement sur toutes les poulies, en passant alternativement d'une moufle à l'autre. A l'extrémité libre de ce fil, suspendons un poids P qui fasse équilibre à un poids R suspendu à la poulie inférieure de la moufle mobile. La tension du fil sera la même dans toute sa longueur, et égale au poids P; de plus, si les diamètres des poulies sont très petits, eu égard à la distance qui sépare les deux moufles, les cordons qui vont de l'une à l'autre seront sensiblement parallèles et verticaux : la force qui soutient le poids R sera donc égale à la somme de leurs tensions, ou à n fois le poids P, en appelant n le nombre de ces cordons; par conséquent, dans l'état d'équilibre, on aura

$$R = nP.$$

Or, si l'équilibre se rompt, et que le poids R monte ou descende d'une quantité α, tous les cordons qui aboutissent à la moufle mobile se raccourciront ou s'allongeront de cette même quantité. La longueur totale du fil devant rester la même, la partie à laquelle est attaché le poids P s'allongera ou se raccourcira de n fois cette quantité α; donc, en désignant par β la quantité dont le poids P s'élèvera ou s'abaissera, on aura $\beta = n\alpha$, et, conséquemment,

$$R\alpha = P\beta;$$

ce qui renferme le principe qu'on vient d'énoncer.

2°. ABC (fig. 80) représente la roue d'un *treuil*, et A′B′C′ l'intersection du plan vertical de cette roue et de la surface du cylindre; O est le centre commun de ces deux circonférences, et AOC et A′OC′ sont leurs diamètres horizontaux. Un fil s'enroule sur la roue, et s'attache à l'un de ses points; un autre fil, attaché à l'un des points du cylindre, s'enroule de même sur sa surface. On suspend un poids P au premier fil, et un poids R au second; ces deux poids tendent à faire tourner le treuil en sens contraire, et sont supposés en équilibre. Cela posé, si l'on applique au point C′ deux forces R′ et R″, verticales, égales et contraires, l'équilibre ne sera pas troublé; si, de plus, ces forces sont égales à R, la force R″ et le poids R se feront équilibre, puisqu'il n'y aurait pas de raison pour que leur action simultanée fît tourner le treuil plutôt dans un sens que dans le sens opposé; il faudra donc qu'il y ait aussi équilibre entre le poids P et la force R′, perpendiculaires à AOC′, et qui agissent aux extrémités de ce levier, dont O est le point d'appui. Donc, en appelant r le rayon AO de la roue, et r' le rayon OC′ du cylindre, l'équation d'équilibre sera

$$Pr = Rr',$$

à cause de $R' = R$. Maintenant, si l'équilibre se rompt, et que le poids R monte ou descende d'une quantité α, tandis que le poids P descendra ou montera d'une quantité β, il est évident, par la nature de la machine, qu'on aura $\beta r' = \alpha r$; d'où l'on conclut

$$P\beta = R\alpha,$$

conformément à l'énoncé du principe qu'il s'agissait de vérifier.

3°. Supposons qu'une *vis* verticale soit chargée d'un poids R à son extrémité supérieure; qu'une roue horizontale, ayant son centre dans l'axe de cette vis, soit adaptée à son extrémité inférieure; qu'un fil soit enroulé sur cette roue et attaché par un bout à sa circonférence, et qu'on applique à son autre bout une force horizontale F qui agisse suivant une tangente à la roue, et fasse équilibre au poids R. On pourra, si l'on veut, placer sur la direction de cette tangente une poulie fixe et verticale, plier le fil sur cette partie, et remplacer F par un poids P égal à cette force et attaché à l'extrémité libre de la partie verticale du fil. En appelant h la hauteur du *pas* de la vis, et c la circonférence de la roue, on aura

$$Pc = Rh,$$

d'après la condition connue de l'équilibre dans cette machine. Les deux poids R et P tendront à faire tourner la vis en sens contraire; si l'équilibre vient à se rompre, l'un de ces poids montera, et l'autre descendra; et si le poids R s'abaisse ou s'élève d'un pas h de la vis, le poids P s'élévera ou s'abaissera d'une hauteur égale à la circonférence c de la roue; d'où il résulte qu'en appelant, en général, α et β les espaces parcourus simultanément par les deux poids R et P, on aura $\alpha c = \beta h$, et, par conséquent,

$$P\beta = R\alpha,$$

conformément au principe dont nous nous occupons.

4°. Considérons encore deux poids P et R posés sur deux plans inclinés, et attachés l'un à l'autre par un fil passant sur une poulie fixe, située en haut des deux plans qui sont adossés l'un à l'autre. La figure 81 représente une section verticale de ce système; AC est la longueur du plan sur lequel est posé le poids R, BC celle du plan qui supporte le poids P, AB une droite horizontale, et CD une verticale qui représente la hauteur commune des deux plans. Faisons

$$AC = a, \quad BC = b, \quad CD = h;$$

la composante de R suivant CA sera $R\frac{h}{a}$, et celle de P suivant CB aura $P\frac{h}{b}$ pour valeur. Pour l'équilibre, il faudra que ces deux composantes soient égales; en sorte que l'on aura

$$Pa = Rb.$$

Si l'équilibre se rompt, et que le poids R glisse d'une quantité γ sur le plan CB, le poids P glissera de la même quantité, mais en sens contraire, sur le plan AC; et en appelant α la hauteur verticale dont le poids R se sera élevé ou abaissé, et β celle dont le poids P se sera abaissé ou élevé, il est aisé de voir que l'on aura

$$\alpha = \frac{\gamma h}{a}, \quad \beta = \frac{\gamma h}{b};$$

d'où il résulte

$$P\beta = R\alpha,$$

comme dans les exemples précédens : mais ici α et β sont les projections verticales des espaces décrits simultanément par les poids R et P, tandis que, dans le cas précédent, α et β étaient ces espaces mêmes.

330. D'après ce qu'on a vu dans le n° 49, deux forces qui se font équilibre par l'intermédiaire d'un levier quelconque, sont en raison inverse des espaces infiniment petits, projetés sur leurs directions respectives, et que peuvent décrire en même temps leurs points d'application. Cet énoncé est celui qui convient à tous les cas. Ainsi, en appelant P et R la puissance et la résistance en équilibre par l'intermédiaire d'une machine quelconque, supposant qu'on imprime un mouvement infiniment petit à cette machine, et désignant par β et α les projections sur les directions de ces forces, des espaces qui seront décrits en même temps par leurs points d'application, on aura toujours

$$P\beta = Q\alpha;$$

à quoi il faut d'ailleurs ajouter que l'une des projections devra tomber sur la direction même de la force correspondante, et l'autre sur son prolongement, ainsi que cela a lieu dans le levier.

Dans la pratique, il suffira que le mouvement imprimé à la machine soit seulement très petit. En mesurant les longueurs des projections β et α, on en conclura immédiatement le rapport de la puissance à la résistance, sans rien connaître de la composition particulière de la machine.

331. Non seulement cet énoncé convient à une machine quelconque, mais il s'étend aussi à un nombre quelconque de forces en équilibre. Soient donc, en général, M, M', M'', etc. (fig. 82), un système de points matériels liés entre eux de telle manière qu'on

voudra; supposons que des forces P, P′, P″, etc., agissent sur ces points, suivant les directions MA, M′A′, M″A″, etc.; faisons subir à ces points des déplacemens infiniment petits et compatibles avec les conditions du système, de sorte qu'ils soient transportés en N, N′, N″, etc.; projetons N, N′, N″, etc., sur les droites MA, M′A′, M″A″, etc, en a, a', a'', etc., et posons

$$\text{M}a = p, \quad \text{M}'a' = p', \quad \text{M}''a'' = p'', \text{ etc.}$$

En considérant ces projections p, p', p'', etc., comme des quantités positives ou négatives, selon qu'elles tombent sur les directions des forces correspondantes, ou sur leurs prolongemens, nous aurons

$$\text{P}p + \text{P}'p' + \text{P}''p'' + \text{etc.} = 0,$$

lorsque l'équilibre aura lieu; et réciproquement il y aura équilibre, quand cette équation subsistera pour tous les déplacemens compatibles avec les conditions du système.

Les droites infiniment petites MN, M′N′, M″N″, etc., sont ce qu'on appelle les *vitesses virtuelles* des points M, M′, M″, etc.; dénomination qui provient de ce qu'elles sont considérées comme les espaces qui seraient parcourus simultanément par les points du système, dans le premier instant où l'équilibre viendrait à se rompre.

On doit observer que le principe des vitesses virtuelles, contenu dans la formule qu'on vient d'écrire, donne seulement les conditions d'équilibre qui peuvent être exprimées par des équations,

mais non pas celles qui sont relatives à la direction de certaines forces, et à l'étendue dans laquelle elles doivent rencontrer un plan fixe (n° 266). Les mouvemens compatibles avec les conditions du système, qui donnent lieu à des équations d'équilibre, sont ceux dont les mouvemens directement contraires sont également possibles. Mais, par exemple, si un point matériel est posé sur un plan fixe, le mouvement sera possible dans ce plan, suivant chaque direction et suivant la direction contraire; et perpendiculairement à ce plan, il ne pourra avoir lieu que dans une seule direction. Or, la considération des mouvemens dans le plan, donnera lieu aux conditions d'équilibre qui s'expriment par des équations, et la considération du mouvement perpendiculaire déterminera seulement la direction de la force normale, qui doit être contraire à celle du mouvement possible. Dans l'énoncé du principe des vitesses virtuelles, on suppose implicitement que chacun des mouvemens compatibles avec les conditions du système, et le mouvement directement contraire, sont également possibles; en appliquant successivement l'équation précédente à ces deux mouvemens, les quantités p, p', p'', etc., changeront toutes de signe, et il n'en résultera qu'une seule équation d'équilibre.

Si la force P, est la résultante de plusieurs forces données Q, Q', Q'', etc., et qu'on représente par q, q', q'', etc., les projections de MN sur leurs directions, on aura (n° 34)

$$Pp = Qq + Q'q' + Q''q'' + \text{etc.};$$

en sorte qu'on pourra remplacer dans l'équation précédente, le terme Pp relatif à la force P, par cette somme de termes de la même nature, qui répondent à ses composantes; et de même, par rapport aux forces P, P′, P″, etc., si elles sont aussi les résultantes de plusieurs autres forces.

Le principe des vitesses virtuelles, dans le cas d'un point isolé en équilibre, est, comme on l'a vu dans le nº 39, une conséquence de cette dernière équation, soit qu'il s'agisse d'un point entièrement libre, ou qu'il soit assujetti à demeurer sur une surface ou sur une courbe donnée. Il s'agit actuellement de démontrer ce principe général, dans le cas d'un système quelconque de points matériels M, M′, M″, etc.

332. Supposons ces points liés entre eux par des verges inflexibles ou par des fils flexibles, dont les uns soient fixement attachés à ces points, tandis que d'autres les traversent comme des anneaux mobiles. Dans ce dernier cas, ces points ou anneaux ont la liberté de glisser le long des fils qui les traversent, et que l'on suppose, pour cela, parfaitement flexibles.

Après qu'on a appliqué les forces données P, P′, P″, etc., aux points M, M′, M″, etc., et que l'équilibre s'est établi, il est clair que les fils qui joignent ces points deux à deux, éprouveront chacun une tension particulière, c'est-à-dire, que chacun de ces fils sera tiré à ses deux extrémités par des forces égales et contraires, dirigées suivant ses prolongemens, ainsi qu'on l'a déjà dit dans le cas du polygone funiculaire (nº 285). L'intensité de cette force sera la mesure de la tension inconnue que ce fil éprouve. Un fil qui ne serait pas tendu, ne contribuerait pas à l'équilibre, et l'on pourrait en faire abstraction.

La tension peut varier d'un fil à un autre ; mais s'il s'agit de deux fils qui sont le prolongement l'un de l'autre à travers un anneau, la tension est la même dans ces deux parties d'un même fil qui doit nécessairement éprouver une égale tension dans toute sa longueur (289). Ainsi, par exemple, si M est un anneau traversé par le fil M'MM'', la tension de MM' sera égale à celle de MM''.

Lorsque plusieurs fils viennent se croiser dans un même anneau, la tension est la même dans les deux parties de chaque fil, et peut varier d'un fil à l'autre. Si donc, outre le fil M'MM'', il passe encore un fil M'''MM^{iv}, dans l'anneau M, la tension sera la même dans les deux parties MM''' et MM^{iv} de ce dernier fil, et, en général, elle sera différente de celle des deux parties MM' et MM'', du premier fil. Et si un autre fil, tel que MM^{v}, vient aboutir au même anneau M auquel il soit fixement attaché, ce fil aura sa tension particulière, généralement différente de toutes celles des autres fils qui aboutissent au même point M.

Observons encore que si M' est un anneau ainsi que M, et que le fil M''MM', après avoir traversé l'anneau M, passe encore par l'anneau M' pour aller aboutir au point M''', la tension sera la même dans les trois fils M''M, MM', M'M'''; car alors ces trois fils n'en font qu'un seul M''MM'M'''. En général, lorsqu'un fil est partagé en plusieurs parties, par des anneaux mobiles, la tension est la même dans toutes ces parties.

A l'égard des verges inflexibles, quand l'équilibre existe, elles sont tirées ou poussées dans le sens de leur longueur, par des forces égales et contraires, agissant à leurs extrémités. L'intensité commune de ces deux forces, pour chaque verge, est la mesure de la tension ou contraction qu'elle éprouve. S'il en existe une ou plusieurs dans le système, qui ne soit ni tendues, ni contractées, elles sont inutiles à l'équilibre, et l'on peut les supprimer. Ainsi, dans ce qui va suivre, nous supposerons tous les liens physiques qui existent dans le système, tendus ou contractés suivant leurs longueurs par des forces inconnues.

L'avantage du principe des vitesses virtuelles est de donner l'équation d'équilibre dans chaque cas particulier, sans qu'on ait besoin de calculer ces forces intérieures; mais comme la démonstration que nous allons donner est fondée sur la considération de ces forces, de grandeur inconnue, voici la notation dont nous ferons usage pour les représenter.

Nous désignerons par $[m, m']$, la tension ou la contraction du fil flexible ou inflexible qui joint deux points quelconques M et M′ du système. De cette manière $[m, m'']$, $[m', m'']$, etc., représenteront les tensions ou contractions des fils qui joignent M et M″, M′ et M″, etc.

333. Nous aurons aussi à considérer les variations infiniment petites qu'éprouvent les distances des points M, M′, M″, etc., pris deux à deux, soit quand l'un de ces points change seul de position, soit quand ils

sont déplacés simultanément. Alors, nous désignerons par (m, m') la distance de deux points quelconques M et M'; en sorte que (m, m''), (m', m''), etc., soient de même les distances de M et M'', M' et M'', etc. Nous emploierons la caractéristique $\delta_{,}$, pour indiquer les variations de ces distances, relatives au déplacement du point M; la caractéristique $\delta_{,}'$, pour indiquer celles qui ont lieu quand c'est le point M' qui se déplace; la caractéristique $\delta_{,}''$, pour indiquer les variations provenant du déplacement de M''; et ainsi de suite. Enfin, nous réserverons la caractéristique δ, sans aucun accent, pour indiquer la variation de la distance de deux points, résultant de leurs déplacemens simultanés.

Puisqu'on suppose, par exemple, que M a été transporté de M en N et M', de M' en N', nous aurons

$$\delta\,(m, m') = \text{MM}' - \text{NN}',$$
$$\delta_{,}(m, m') = \text{MM}' - \text{NM}',$$
$$\delta_{,}'(m, m') = \text{MM}' - \text{MN}';$$

Il est important d'observer que la variation totale, indiquée par δ, est égale à la somme des variations partielles, indiquées par $\delta_{,}$ et $\delta_{,}'$; de manière qu'on a, pour deux points quelconques,

$$\delta(m, m') = \delta_{,}(m, m') + \delta_{,}'(m, m');$$

équation qui résulte de ce que les déplacemens de M et M' sont infiniment petits, et qui n'a lieu que dans cette hypothèse. En effet (m, m') est une fonction des coordonnées de ces deux points; ces variables prennent des accroissemens infiniment petits, positifs ou négatifs, quand M et M′ sont transportés en N et N′; or, en rejetant les puissances de ces accroissemens supérieures à la première, il est évident que l'accroissement total d'une fonction quelconque de ces coordonnées, est égal à la somme des accroissemens partiels qui seraient dus à la variation de chaque coordonnée isolément; par conséquent, la variation totale de (m, m'), indiquée par la caractéristique δ doit être égale à la somme de ses variations partielles qui répondent à $\delta_{,}$ et $\delta_{,}'$.

334. Tout ce qui précède étant admis, considérons le point quelconque M, auquel est appliquée la force donnée P. Ce point est lié aux autres par les fils MM′, MM″, etc.; il est donc tiré ou poussé, dans le sens de chacun de ces fils, par une force égale à la contraction ou à la tension que ce fil éprouve; en sorte qu'outre la force donnée P, le point M est encore soumis à l'action d'autant d'autres forces qu'il y a de fils aboutissant à ce point. Après qu'on a eu égard à ces forces intérieures, il faut faire abstraction des fils qui lient M aux autres points du système, et le considérer comme un point isolé, autour duquel les forces $[m, m']$, $[m, m'']$, etc., et la force P, doivent se faire équilibre. Si M est un point fixe, il n'en résultera aucune équation de condition; mais s'il est entièrement libre, ou s'il est seulement assujetti à rester sur une surface ou sur un courbe donnée, on aura entre ces forces l'équation des vitesses virtuelles, déjà démontrée pour l'équilibre d'un point matériel isolé.

Pour former cette équation, prenons un point N

infiniment voisin de M, et appartenant à la surface ou à la courbe sur laquelle ce point M est astreint à demeurer, s'il n'est pas entièrement libre. Soient p, t, t', t'', etc., les projections de MN sur les directions des forces P, $[m, m']$, $[m, m'']$, $[m, m''']$, etc.; nous aurons (n° 39),

$$Pp + [m, m'].t + [m, m''].t' + [m, m'''].t'' + \text{etc.} = 0.$$

Mais, à cause que la ligne MN est infiniment petite, il est aisé de voir que sa projection sur la ligne MM' n'est autre chose que la différence des deux distances MM' et NM'; car si l'on abaisse du point N (fig. 83) la perpendiculaire NH sur MM', la droite MH sera cette projection, et l'on aura

$$MH = MM' - HM'.$$

Or, on a aussi

$$HM' = \sqrt{(NM')^2 - (NH)^2} = NM',$$

en négligeant les infiniment petits du second ordre; on aura donc

$$MH = MM' - NM'.$$

D'après les notations convenues, cette équation est

$$t = \delta_{,}(m, m');$$

et l'on aura de même

$$t' = \delta_{,}(m, m''), \quad t'' = \delta_{,}(m, m'''), \quad \text{etc.};$$

par conséquent, l'équation d'équilibre deviendra

$$Pp + [m, m'].\delta_{,}(m, m') + [m, m''].\delta_{,}(m, m'') + [m, m'''].\delta_{,}(m, m''') + \text{etc.} = 0.$$

En considérant les autres points M′, M″, M‴, etc., du système, on aura pour chacun d'eux une équation pareille à celle-ci ; ces équations seront

$$\begin{aligned}
P'p' + [m', m].\delta'_{,}(m', m) + [m', m''].\delta'_{,}(m', m'') \\
+ [m', m'''].\delta'_{,}(m', m''') + \text{etc.} = 0, \\
P''p'' + [m'', m].\delta''_{,}(m'', m) + [m'', m'].\delta''_{,}(m'', m') \\
+ [m'', m'''].\delta''_{,}(m'', m''') + \text{etc.} = 0, \\
P'''p''' + [m''', m].\delta'''_{,}(m''', m) + [m''', m].\delta'''_{,}(m''', m') \\
+ [m''', m''].\delta'''_{,}(m''', m'') + \text{etc.} = 0;
\end{aligned}$$

p', p'', p''', etc., étant les vitesses virtuelles de M′, M″, M‴, etc., projetées sur les directions des forces données P′, P″, P‴, etc., qui agissent sur ces points matériels.

Ajoutons toutes ces équations : en observant que $[m, m']$ et (m, m') sont la même chose que $[m', m]$ et (m', m), et de même pour toutes les notations semblables ; et en substituant la variation totale de chaque distance à la somme de ses variations partielles, nous aurons

$$\left.\begin{aligned}
&Pp + P'p' + P''p'' + P'''p''' + \text{etc.} \\
&+ [m,m'].\delta(m,m') + [m,m''].\delta(m,m'') + [m,m'''].\delta(m,m''') + \text{etc.} \\
&+ [m',m''].\delta(m',m'') + [m',m'''].\delta(m',m''') + \text{etc.} \\
&+ [m'',m'''].\delta(m'',m''') + \text{etc.} \\
&+ \text{etc.} = 0
\end{aligned}\right\} (a)$$

335. Jusqu'ici les déplacemens MN, M′N′, M″N″, etc. (fig. 82), sont indépendans entre eux ; et l'équation (a) suppose seulement que ces points n'ont pas quitté les surfaces ou les courbes données, sur lesquelles ils sont obligés de rester ; mais si nous supposons, en outre, qu'en vertu de ces déplacemens, les points du système

qui sont joints par une verge ou un fil tendu, ont conservé les mêmes distances respectives, nous aurons

$$\delta(m, m') = 0, \quad \delta(m, m'') = 0, \quad \delta(m', m'') = 0, \text{ etc.},$$

et l'équation (a) se réduira à celle-ci :

$$Pp + P'p' + P''p'' + P'''p''' + \text{etc.} = 0, \quad (b)$$

qui est précisément celle du principe des vitesses virtuelles (n° 331).

Si dans les déplacemens des points M, M′, M″, etc., ceux qui sont des anneaux ont glissé le long des fils qui les traversent, l'équation (b) aura encore lieu, pourvu que les longueurs totales de ces fils n'aient pas varié. Supposons, par exemple, que M est un anneau qui a glissé le long du fil M′MM″; alors on n'a plus séparément $\delta(m, m') = 0$ et $\delta(m, m'') = 0$, mais on a toujours

$$\delta(m, m') + \delta(m, m'') = 0,$$

puisque la longueur totale du fil reste constante. Mais, dans ce cas, les tensions $[m, m']$ et $[m, m'']$ des deux parties de ce fil sont égales; les termes qui renferment ces tensions dans l'équation (a) peuvent donc s'écrire ainsi :

$$[m, m'].[\delta(m, m') + \delta(m, m'')],$$

et, par conséquent, ils se détruisent.

En général, on conçoit que si un fil flexible passe à travers un nombre quelconque d'anneaux, les tensions égales de ses différentes parties disparaîtront de l'équation (a) toutes les fois que la longueur totale de ce fil ne variera pas.

Concluons donc, enfin,

1°. Que l'équation résultante du principe des vitesses virtuelles a lieu pour tous les mouvemens infiniment petits qu'on peut donner à un corps solide, libre ou gêné par des obstacles fixes; car dans tous ces mouvemens les distances respectives des points de ce corps sont invariables.

2°. Que cette équation a aussi lieu pour tous les mouvemens infiniment petits que peut prendre un système de points ou d'anneaux liés par des fils flexibles, pourvu que ces fils restent droits ou tendus. Quand cette condition n'est pas remplie, les tensions ne disparaissent pas toutes dans l'équation (a), et, conséquemment, l'équation (b) n'a plus lieu.

336. Il faut encore démontrer que, réciproquement, quand l'équation (b) a lieu pour tous les mouvemens infiniment petits qu'on peut faire prendre au système des points M, M', M'', etc., les forces données P, P', P'', etc., sont en équilibre, ainsi que nous l'avons énoncé précédemment (n° 331).

Supposons pour un moment que l'équilibre n'ait pas lieu. Les points M, M', M'', etc., ou une partie d'entre eux, se mettront en mouvement, et, dans le premier moment, ils décriront simultanément des droites telles que MN, M'N', M''N'', etc.; on pourra donc réduire tous ces points au repos, en leur appliquant des forces convenables, dirigées suivant les prolongemens de ces droites, en sens contraire des mouvemens produits; par conséquent, si nous désignons ces forces inconnues par R, R′, R″, etc., l'équilibre aura lieu entre les forces P, P′, P″, etc., R, R′, R″, etc.; en sorte que r, r', r'', etc., désignant les vitesses virtuelles projetées sur les directions de ces nouvelles forces R, R′, R″, etc., on aura, d'après le principe des vitesses virtuelles qui vient d'être démontré,

$$Pp + P'p' + P''p'' + \text{etc.} + Rr + R'r' + R''r'' + \text{etc.} = 0,$$

ou simplement

$$Rr + R'r' + R''r'' + \text{etc.} = 0, \qquad (c)$$

en vertu de l'équation (b), qui a lieu par hypothèse.

Cette équation (c) existant pour tous les mouvemens infiniment petits compatibles avec les conditions du système des points M, M′, M″, etc., nous pouvons choisir pour leurs vitesses virtuelles les espaces réellement décrits MN, M′N′, M″N″, etc., dans un même instant; mais comme ces lignes sont comptées sur les prolongemens des directions de R, R′, R″, etc., il s'ensuit que toutes les projections r, r', r'', etc., seront négatives (n° 331), et égales, abstraction faite du signe, à ces mêmes lignes MN, M′N′, M″N″, etc. Alors, tous les termes de l'équation (c) étant de même signe, leur somme ne peut être nulle, à moins que chaque terme ne soit séparément égal à zéro; on aura donc

$$R.MN = 0, \quad R'.M'N' = 0, \quad R''.M''N'' = 0, \quad \text{etc.}$$

Or, pour que le produit R.MN soit nul, il faut

qu'on ait, ou $R = 0$, ou $MN = 0$; ce qui signifie, dans l'un et l'autre cas, que le point M ne peut prendre aucun mouvement : il en est de même à l'égard de tous les autres points; par conséquent, le système entier est en équilibre; et c'est ce que nous nous proposions de démontrer.

337. Lorsqu'il sera question des fluides, nous ferons voir, en partant de leur propriété fondamentale, que le principe des vitesses virtuelles a aussi lieu dans l'équilibre d'un système de forces dont les actions se transmettent par l'intermédiaire d'un fluide contenu dans un canal ou dans un vase de forme quelconque. De cette manière, la démonstration du principe général de l'équilibre aura toute l'étendue que l'on peut désirer; car les verges inflexibles, les fils tendus, les fluides contenus dans des canaux, sont les différentes sortes d'intermédiaires qu'on peut établir entre des points matériels, séparés les uns des autres, pour transmettre l'action des forces de l'un de ces points à un autre; et si d'ailleurs, parmi ces points, il y en a qui soient immobiles, d'autres parfaitement libres, et d'autres assujettis à rester sur des surfaces ou sur des courbes données, on aura le système de points matériels le plus général qu'on puisse avoir besoin de considérer. Toutefois, je vais donner une autre démonstration du même principe, que l'on doit à Lagrange, et qui repose sur des notions plus élémentaires que la précédente; elle est fondée sur la possibilité de remplacer toutes les forces appliquées à un système quelconque de points matériels, par un seul poids agissant comme on va d'abord l'expliquer.

338. Si un point M (fig. 84) est sollicité par une force P dirigée suivant la droite MA, on peut d'abord supposer que cette force soit appliquée au point A, et agisse au moyen d'un cordon MA attaché à ce point M. On peut ensuite remplacer ce cordon par un fil qui s'enroule alternativement sur une moufle fixe et sur une moufle mobile, et soit attaché par l'un de ses deux bouts à l'une ou à l'autre de ces deux moufles; celle qui est fixe répondant au point A, et celle qui est mobile au point M. En suspendant verticalement un poids K à l'extrémité libre du fil, la tension sera égale à K dans toute sa longueur. Si les dimensions des poulies sont regardées comme infiniment petites, les tensions de toutes les parties de ce fil, qui aboutissent à la moufle mobile, auront la même direction; en appelant i leur nombre, leur résultante sera égale à iK, et agira sur le point M suivant la direction MA; par conséquent, si l'on a $iK = P$, on pourra remplacer l'action de la force P par celle du poids K.

Il en sera de même à l'égard des autres forces P', P'', etc., appliquées à des points M', M'', etc., suivant des directions $M'A'$, $M''A''$, etc.; chacune d'elles pourra être remplacée par un poids égal à un sous-multiple de son intensité, agissant comme on vient de l'expliquer pour la force P. De plus, il est aisé de voir qu'on pourra toujours faire passer successivement, comme le représente la figure 85, un seul et même fil sur toutes les moufles fixes en A, A', A'', etc., et sur toutes les moufles mobiles attachées aux points M, M', M'', etc. Supposons donc que i, i', i'', etc., sont des nombres entiers, et qu'on ait

$$iK = P, \quad i'K = P', \quad i''K = P'', \quad \text{etc.} \qquad (d)$$

En suspendant verticalement le poids K à l'extrémité libre de ce fil, le système des forces données P, P', P'', etc., se trouvera remplacé par ce seul poids, dont l'action sera transmise aux points M, M', M'', etc., par l'intermédiaire de ce fil, et des moufles fixes et mobiles. A la vérité, les équations (d) supposent les forces P, P', P'', etc., commensurables; mais cette hypothèse est toujours admissible, puisque leur commune mesure K peut être un poids aussi petit qu'on voudra, et même infiniment petit, si cela est nécessaire.

339. Concevons actuellement qu'on imprime aux points M, M', M'', etc., un mouvement qui soit compatible avec les conditions du système, ainsi que le mouvement directement contraire; soient N, N', N'', etc., leurs positions après un temps infiniment petit; et appelons, comme précédemment, p, p', p'', etc., les projections de MN, M'N', M''N'', etc., sur les directions de P, P', P'', etc., ou sur leurs prolongemens.

Le point N étant projeté en a sur la droite MA, chacun des cordons qui vont de A à M sera raccourci d'une quantité AM — AN, pour laquelle on pourra prendre Ma, en négligeant les infiniment petits du second ordre; ce cordon serait, au contraire, allongé de Ma, si le point a tombait sur le prolongement de AM; d'où l'on conclut qu'à raison du déplacement de M, le poids K descendra dans le premier cas, et montera dans le second, d'une quantité égale au produit de Ma et de i; ce qui revient à dire, d'après le signe de p (n° 331), que la variation positive ou négative de sa hauteur verticale sera exprimée par ip, à raison de ce seul déplacement. Il en sera de même par rapport à tous les autres points M', M'', etc.; par conséquent, si l'on désigne par ζ une quantité infiniment petite, qui représente, selon qu'elle sera positive ou négative, la quantité totale dont le poids K descendra ou montera, par suite des déplacemens simultanés de tous les points du système, nous aurons

$$\zeta = ip + i'p' + i''p'' + \text{etc.}$$

Or, le poids K tendant à descendre, et étant la seule force qui agisse sur le système, il est évident que rien ne l'empêchera de produire le mouvement que nous considérons, si cette valeur de ζ est positive; et que, si elle est négative, rien n'empêchera le poids K de produire le mouvement directement contraire, qu'on suppose également possible, et pour lequel ζ changera de signe. Pour que l'équilibre ait lieu, il est donc nécessaire que ζ soit zéro. Réciproquement, le poids K ne pouvant produire aucun mouvement quelconque, sans descendre d'une quantité infiniment petite dans le premier instant, il s'ensuit qu'il n'en produira aucun, et que l'équilibre aura lieu, si l'on a $\zeta = 0$, pour tous les déplacemens des points M, M', M'', etc., infiniment petits et compatibles avec les conditions du système.

Maintenant, si l'on multiplie par K l'équation

$$ip + i'p' + i''p'' + \text{etc.} = 0,$$

nécessaire et suffisante pour l'équilibre, et qu'on ait égard aux équations (d), elle se changera dans l'équation (b) du principe des vitesses virtuelles, qu'il s'agissait d'obtenir.

340. Cette démonstration ne suppose pas le principe préalablement démontré pour un point matériel isolé. Si le système se réduit à un seul point M auquel sont appliquées les forces P, P′, P″, etc., données en grandeur et en direction, on substituera à leur action simultanée celle d'un seul poids K, comme dans le n° 338; et, dans le cas de l'équilibre de ces forces, le principe des vitesses virtuelles se déduira de cette substitution par le raisonnement qu'on vient de faire : or, ce principe fournira immédiatement les équations d'équilibre du point M, assujetti à rester sur une surface ou sur une courbe, ou entièrement libre (n° 39). Dans ce dernier cas, en considérant l'une des forces données comme étant égale et contraire à la résultante de toutes les autres, on en déduira les règles de leur composition et de leur décomposition, et le théorème du parallélogramme des forces. En appliquant ce principe à l'équilibre de trois forces parallèles, dont l'une est, par conséquent, égale et contraire à la résultante des deux autres, on en conclura également les règles de la composition et de la décomposition des forces parallèles.

On déduit aussi, sans difficulté, du principe général des vitesses virtuelles, les équations d'équilibre d'un corps solide entièrement libre, que nous avons trouvées d'une autre manière dans le n° 260.

En effet, nous pouvons d'abord supposer que tous les points de ce corps décrivent des droites égales entre elles et parallèles à l'un des axes des coordonnées. En appelant h la longueur de ces droites, et α, α', α'', etc., les angles que leur direction commune fait avec celles des forces données, nous aurons

$$p = h\cos\alpha, \quad p' = h\cos\alpha', \quad p'' = h\cos\alpha'', \text{ etc.},$$

pour les vitesses virtuelles des points M, M', M'', etc., du corps solide, projetées sur les directions des forces P, P', P'', etc., appliquées à ces points; donc, en substituant ces valeurs dans l'équation (b), et supprimant le facteur h, comme à tous les termes, on aura l'équation d'équilibre

$$\text{P}\cos\alpha + \text{P}'\cos\alpha' + \text{P}''\cos\alpha'' + \text{etc.} = 0.$$

En considérant successivement les mouvemens du corps parallèlement aux deux autres axes des coordonnées, on obtiendra de même les deux autres équations d'équilibre semblables à celle-là.

Nous pouvons aussi faire tourner le corps autour de l'un des axes des coordonnées. Pour former l'équation qui correspondra à ce mouvement, je représenterai les coordonnées des points M, M', M'', etc., et les angles que font les directions des forces P, P', P'', etc., avec celles de ces coordonnées, par les mêmes lettres que dans le n° 260. En supposant que la rotation ait lieu autour de l'axe des z, chacun de ces points décrira un arc de cercle parallèle au plan des

x et y, qui aura pour rayon la perpendiculaire abaissée de ce point sur cet axe. De plus, par la nature du corps solide, l'angle décrit par cette perpendiculaire sera le même pour tous ses points. Si donc on le suppose infiniment petit, qu'on le désigne par ω, et par r, r', r'', etc., les distances des points M, M', M'', etc., à l'axe des z, on aura $r\omega$, $r'\omega$, $r''\omega$, etc., pour leurs vitesses virtuelles ; et en appelant aussi δ, δ', δ'', etc., les angles aigus ou obtus que font les directions de ces vitesses avec celles des forces P, P', P'', etc., il en résultera

$$p = r\omega \cos\delta,\quad p' = r'\omega \cos\delta',\quad p'' = r''\omega \cos\delta'', \text{ etc.},$$

pour les projections de ces mêmes vitesses sur les directions de ces forces ou sur leurs prolongemens.

Soient, en outre, a, b, c, les angles compris entre la direction de la vitesse $r\omega$ et des parallèles aux axes des x, y, z, menées par le point M ; les mêmes angles relatifs à la direction de la force P étant α, β, γ, on aura

$$\cos\delta = \cos a \cos\alpha + \cos b \cos\beta + \cos c \cos\gamma\,;$$

mais à cause que la vitesse $r\omega$ est tangente en M, au cercle du rayon r qui a son centre dans l'axe des z, il est aisé de voir qu'on a

$$\cos b = \pm\frac{x}{r},\quad \cos a = \mp\frac{y}{r},\quad \cos c = 0,$$

et, par conséquent,

$$p = r\omega\cos\delta = \pm(x\cos\beta - y\cos\alpha)\omega.$$

On aura de même

$$p' = \pm (x' \cos \mathit{6}' - y \cos \alpha')\omega,$$
$$p'' = \pm (x'' \cos \mathit{6}'' - y'' \cos \alpha'')\omega,$$
etc.

Les signes dépendront du sens de la rotation ; et l'on devra prendre, à la fois, les signes supérieurs ou les signes inférieurs dans toutes ces valeurs ; en les substituant donc dans l'équation (1) et supprimant le facteur $\pm\omega$, commun à tous les termes, nous aurons

$$p(x\cos \mathit{6} - y\cos \alpha) + p'(x\cos \mathit{6}' - y'\cos \alpha') + \text{etc.} = 0.$$

Cette équation d'équilibre est celle des momens par rapport à l'axe des z, autour duquel le mouvement a eu lieu ; on obtiendra de la même manière les équations des momens par rapport aux axes des x et des y, en faisant tourner successivement le corps solide autour de ces deux droites.

341. On peut donner à l'équation (b), une forme différente qui en rendra les applications plus faciles.

Pour cela, soient x, y, z, les coordonnées du point M dans sa position d'équilibre ; $x + \delta x$, $y + \delta y$, $z + \delta z$, ce qu'elles deviennent quand on transporte ce point matériel dans une position N infiniment voisine ; X, Y, Z, les composantes de la force P suivant les prolongemens des x, y, z, dans le sens positif ; ces quantités infiniment petites δx, δy, δz, seront les projections de la vitesse virtuelle MN sur les directions de X, Y, Z ; et p étant toujours sa projection sur la direction de P, on aura (n° 331)

$$\mathrm{P}p = \mathrm{X}\delta x + \mathrm{Y}\delta y + \mathrm{Z}\delta z.$$

En désignant par les mêmes lettres avec des accens, les quantités analogues qui répondent aux points M′, M″, etc., on aura aussi

$$P'p' = X'\delta x' + Y'\delta y' + Z'\delta z',$$
$$P''p'' = X''\delta x'' + Y''\delta y'' + Z''\delta z'',$$
etc.;

et si l'on ajoute ces équations et la précédente, on pourra écrire

$$Pp + P'p' + P''p'' + \text{etc.} = \Sigma\,(X\delta x + Y\delta y + Z\delta z)\,;$$

la somme Σ s'étendant à tous les points M, M′, M″, etc., du système, et se composant, par conséquent, d'un nombre de parties semblables, égal à celui de ces points. De cette manière, l'équation (*b*) prendra la forme :

$$\Sigma(X\delta x + Y\delta y + Z\delta z) = 0, \qquad (e)$$

qu'il s'agissait de lui donner.

Or, quelle que soit la liaison des points du système, on peut toujours l'exprimer par une ou plusieurs équations entre leurs coordonnées. Soient donc L, L′, L″, etc., des fonctions données de x, y, z, x', y', etc., ou d'une partie de ces coordonnées; et supposons que ces équations soient

$$L = 0, \quad L' = 0, \quad L'' = 0, \quad \text{etc.} \qquad (f)$$

Les déplacemens simultanés de tous les points du système devant être compatibles avec les conditions auxquelles il est assujetti, il faudra que les coordonnées x, y, z, x', y', etc., de M, M′, M″, etc., et les coordonnées $x+\delta x$, $y+\delta y$, $z+\delta z$, $x'+\delta x'$, etc., de N, N′, N″, etc., satisfassent successivement à ces équations ; par conséquent, en négligeant les infiniment petits du second ordre, nous aurons

$$\left.\begin{array}{l}\frac{dL}{dx}\delta x+\frac{dL}{dy}\delta y+\frac{dL}{dz}\delta z+\frac{dL}{dx'}\delta x'+\text{etc.}=0,\\ \frac{dL'}{dx}\delta x+\frac{dL'}{dy}\delta y+\frac{dL'}{dz}\delta z+\frac{dL'}{dx'}\delta x'+\text{etc.}=0,\\ \frac{dL''}{dx}\delta x+\frac{dL''}{dy}\delta y+\frac{dL''}{dz}\delta z+\frac{dL''}{dx'}\delta x'+\text{etc.}=0,\\ \text{etc.}\end{array}\right\}(g)$$

Si l'on change en même temps le sens des déplacemens de tous les points du système, les signes de δx, δy, δz, $\delta x'$, etc., changeront tous à la fois, et ces équations seront encore satisfaites; en sorte que le mouvement infiniment petit auquel elles répondront, et le mouvement directement contraire, sont également compatibles avec les conditions données, comme le suppose implicitement l'énoncé du principe des vitesses virtuelles (n° 331).

Cela posé, au moyen de ces équations (g), on éliminera, dans chaque cas, de l'équation (e), un nombre des quantités δx, δy, δz, $\delta x'$, etc., égal à celui des équations (f); celles de ces quantités qui resteront ensuite dans le premier membre de l'équation (e), seront indépendantes entre elles; on devra donc égaler séparément leurs coefficiens à zéro; ce qui fournira toutes les équations d'équilibre du système, dont le nombre sera égal à trois fois celui des points matériels M, M′, M″, etc., moins le nombre des équations (f). Lorsque les positions de ces points, c'est-à-dire, les valeurs de leurs coordonnées x, y, z, x', etc., seront données, il faudra que les composantes des forces P, P′, P″, etc., satisfassent à ces équations d'équilibre; quand, au contraire, on donnera ces forces en grandeur et en direction, et que les positions des points du système seront inconnues, ces mêmes équations, jointes aux équations (f), serviront à déterminer toutes leurs coordonnées.

342. Les équations (e) et (g) étant linéaires par rapport à δx, δy, δz, $\delta x'$, etc., l'élimination d'une partie de ces quantités pourra se faire, d'après la méthode connue, en ajoutant ces équations après avoir multiplié les équations (g) par des facteurs indéterminés, et en égalant à zéro, dans cette somme, les coefficiens de celles des quantités δx, δy, δz, $\delta x'$, etc., qu'on voudra éliminer. Les coefficiens des quantités restantes devant ensuite être aussi égaux à zéro, il s'ensuit qu'on devra égaler à zéro les coefficiens de toutes les quantités δx, δy, δz, $\delta x'$, etc., indistinctement, dans la somme dont il s'agit; d'où il résultera un nombre d'équations égal à celui des coordonnées, entre lesquelles il restera, dans chaque cas, à éliminer les facteurs indéterminés, pour avoir les équations d'équilibre du système.

En désignant par $\lambda, \lambda', \lambda''$, etc., les facteurs par lesquels on multipliera les équations (g), on aura, par ce procédé,

$$\left.\begin{aligned} X + \lambda\frac{dL}{dx} + \lambda'\frac{dL'}{dx} + \lambda''\frac{dL''}{dx} + \text{etc.} &= 0, \\ Y + \lambda\frac{dL}{dy} + \lambda'\frac{dL'}{dy} + \lambda''\frac{dL''}{dy} + \text{etc.} &= 0, \\ Z + \lambda\frac{dL}{dz} + \lambda'\frac{dL'}{dz} + \lambda''\frac{dL''}{dz} + \text{etc.} &= 0, \end{aligned}\right\} (h)$$

pour les équations provenant des coefficiens de δx, δy, δz; on aura de même

$$\left.\begin{aligned} X' + \lambda\frac{dL}{dx'} + \lambda'\frac{dL'}{dx'} + \lambda''\frac{dL''}{dx'} + \text{etc.} = 0, \\ Y' + \lambda\frac{dL}{dy'} + \lambda'\frac{dL'}{dy'} + \lambda''\frac{dL''}{dy'} + \text{etc.} = 0, \\ Z' + \lambda\frac{dL}{dz'} + \lambda'\frac{dL'}{dz'} + \lambda''\frac{dL''}{dz'} + \text{etc.} = 0, \end{aligned}\right\} (h')$$

pour celles qui proviennent des coefficiens de $\delta x'$, $\delta y'$, $\delta z'$; et ainsi de suite.

Au lieu d'éliminer simplement λ, λ', λ'', etc., on pourra tirer de ces équations les valeurs de ces inconnues; nous allons expliquer comment on en déduira ensuite, en grandeur et en direction, les forces provenant de la liaison des points du système, qui agissent sur tous ces points et font équilibre aux forces données P, P′, P″, etc. La détermination de ces forces inconnues est une partie importante du problème de l'équilibre, dont la solution complète et générale se trouvera ainsi comprise dans l'ensemble des équations (f), (h), (h'), etc.

343. Si l'on suppose que tous les points du système, moins le point M, soient rendus fixes, l'équilibre ne sera pas troublé. En vertu de l'équation $L = 0$, le point M sera alors astreint à se mouvoir sur la surface dont $L = 0$ est l'équation, et dans laquelle les coordonnées x, y, z, seront seules variables. Or, en désignant par μ la résistance de cette surface, laquelle sera dirigée suivant une des deux parties de la normale en M, on pourra remplacer cette surface, ou l'équa-

tion de condition $L=0$, par cette force inconnue. De même, on pourra remplacer $L'=0$ par une force μ_1 normale à la surface qui répond à cette équation; $L''=0$ par une force μ_2 normale à la surface correspondante; et ainsi de suite. Donc, en joignant à la force donnée P, ou à ses composantes X, Y, Z, ces forces normales μ, μ_1, μ_2, etc., on pourra ensuite considérer le point M comme entièrement libre et isolé. Par conséquent, si l'on désigne par a, b, c, les angles que fait la direction de la force μ avec des parallèles aux axes des x, y, z, menées par le point M; par a_1, b_1, c_1, les mêmes angles relatifs à la force μ_1; et ainsi de suite, nous aurons

$$X+\mu\cos a+\mu_1\cos a_1+\mu_2\cos a_2+\text{etc.}=0,$$
$$Y+\mu\cos b+\mu_1\cos b_1+\mu_2\cos b_2+\text{etc.}=0,$$
$$Z+\mu\cos c+\mu_1\cos c_1+\mu_2\cos c_2+\text{etc.}=0,$$

pour les trois équations d'équilibre du point M. De plus, si l'on fait, pour abréger,

$$\nu=\sqrt{\left(\frac{dL}{dx}\right)^2+\left(\frac{dL}{dy}\right)^2+\left(\frac{dL}{dz}\right)^2},$$
$$\nu_1=\sqrt{\left(\frac{dL'}{dx}\right)^2+\left(\frac{dL'}{dy}\right)^2+\left(\frac{dL'}{dz}\right)^2},$$
$$\nu_2=\sqrt{\left(\frac{dL''}{dx}\right)^2+\left(\frac{dL''}{dy}\right)^2+\left(\frac{dL''}{dz}\right)^2},$$
etc.,

on aura aussi, par les formules connues (n° 21),

$$\left.\begin{array}{l}
\cos a = \frac{1}{\nu}\frac{dL}{dx}, \quad \cos b = \frac{1}{\nu}\frac{dL}{dy}, \quad \cos c = \frac{1}{\nu}\frac{dL}{dz}, \\
\cos a_1 = \frac{1}{\nu_1}\frac{dL'}{dx}, \quad \cos b_1 = \frac{1}{\nu_1}\frac{dL'}{dy}, \quad \cos c_1 = \frac{1}{\nu_1}\frac{dL'}{dz}, \\
\cos a_2 = \frac{1}{\nu_2}\frac{dL''}{dx}, \quad \cos b_2 = \frac{1}{\nu_2}\frac{dL''}{dy}, \quad \cos c_2 = \frac{1}{\nu_2}\frac{dL''}{dz}, \\
\text{etc.} ;
\end{array}\right\} (i)$$

ce qui changera les trois équations d'équilibre en celles-ci :

$$X + \frac{\mu}{\nu}\frac{dL}{dx} + \frac{\mu_1}{\nu_1}\frac{dL'}{dx} + \frac{\mu_2}{\nu_2}\frac{dL}{dx} + \text{etc.} = 0,$$

$$Y + \frac{\mu}{\nu}\frac{dL}{dy} + \frac{\mu_1}{\nu_1}\frac{dL'}{dy} + \frac{\mu_2}{\nu_2}\frac{dL''}{dy} + \text{etc.} = 0,$$

$$Z + \frac{\mu}{\nu}\frac{dL}{dz} + \frac{\mu_1}{\nu_1}\frac{dL'}{dz} + \frac{\mu_2}{\nu_2}\frac{dL''}{dz} + \text{etc.} = 0.$$

Or, en les comparant aux trois équations (g) avec lesquelles elles doivent être identiques, on en conclut

$$\mu = \nu\lambda, \quad \mu_1 = \nu_1\lambda', \quad \mu_2 = \nu_2\lambda''. \text{ etc.}$$

Ainsi, par rapport au point M, les forces provenant de sa liaison avec d'autres points du système, sont exprimées par les produits $\nu\lambda$, $\nu_1\lambda'$, $\nu_2\lambda''$, etc. ; ces forces devant être des quantités positives, on donnera aux radicaux ν, ν_1, ν_2, etc., les mêmes signes qu'aux quantités λ, λ', λ'', etc., et leurs directions seront complètement déterminées par les équations (i).

Si l'on appelle de même μ', μ_1', μ_2', etc., les forces provenant de la liaison du système, qui agissent sur le point M' et sont normales aux différentes surfaces sur lesquelles il est obligé de se mouvoir, quand tous les autres points M, M'', M''', etc., sont rendus fixes, on trouvera pareillement

$$\mu' = \nu'\lambda, \quad \mu_1' = \nu_1'\lambda', \quad \mu_2' = \nu_2'\lambda'', \text{ etc.},$$

en faisant pour abréger,

$$\nu' = \sqrt{\left(\frac{dL}{dx'}\right)^2 + \left(\frac{dL}{dy'}\right)^2 + \left(\frac{dL}{dz'}\right)^2},$$

$$\nu_1' = \sqrt{\left(\frac{dL'}{dx'}\right)^2 + \left(\frac{dL'}{dy'}\right)^2 + \left(\frac{dL'}{dz'}\right)^2},$$

$$\nu_2' = \sqrt{\left(\frac{dL''}{dx'}\right)^2 + \left(\frac{dL''}{dy'}\right)^2 + \left(\frac{dL''}{dz'}\right)^2},$$

etc.

On obtiendra de même les expressions des forces relatives aux points M'', M''', etc.

344. En comparant les valeurs de μ et μ', on a

$$\mu\nu' = \mu'\nu;$$

de sorte qu'elles sont entre elles comme les quantités ν et ν'. Lors donc que deux points matériels M et M' sont liés entre eux, et, si l'on veut, à d'autres points en nombre quelconque, par une équation L = o, il en résulte, dans l'état d'équilibre, des forces μ et μ' appliquées à M et M', dont les grandeurs sont entre elles comme ν et ν', et qui font avec les axes des coordonnées, des angles dont les cosinus sont

$$\frac{1}{\nu}\frac{dL}{dx}, \quad \frac{1}{\nu}\frac{dL}{dy}, \quad \frac{1}{\nu}\frac{dL}{dz},$$

pour la force μ, et

$$\frac{1}{v'}\frac{dL}{dx'}, \quad \frac{1}{v'}\frac{dL}{dy'}, \quad \frac{1}{v'}\frac{dL}{dz'},$$

pour la force μ'. Le sens et la grandeur de ces forces dépend du signe et de la grandeur d'une quantité λ qui se déduit, dans chaque cas, des équations d'équilibre.

La considération des surfaces sur lesquelles chacun des points d'un système conserve la liberté de se mouvoir, lorsque tous les autres sont supposés fixes, détermine les directions normales des forces provenant de la liaison de ces mobiles, pour chacune des équations par lesquelles cette liaison est exprimée (n° 290); mais on n'en peut conclure aucun rapport entre les forces relatives à deux points matériels liés par une même équation; et c'est le principe des vitesses virtuelles, ou les équations (h), (h'), etc., qu'on en a déduites, qui fait connaître ce rapport *à priori*, dans le cas de l'équilibre.

345. Pour donner une application de ces formules, reprenons l'exemple du polygone funiculaire que nous avons déjà considéré dans le § Ier du chapitre précédent; et supposons que les points matériels M, M', M'', etc., soient les sommets successifs de ce polygone.

Si l'on appelle l, l', l'', etc., les longueurs données des côtés MM', M'M'', M''M''', etc., les équations (f), seront, dans ce cas,

$$L = \sqrt{(x-x')^2+(y-y')^2+(z-z')^2} - l = 0,$$
$$L' = \sqrt{(x'-x'')^2+(y'-y'')^2+(z'-z'')^2} - l' = 0,$$
$$L = \sqrt{(x''-x''')^2+(y''-y''')^2+(z''-z''')^2} - l'' = 0,$$
etc.;

d'où il résultera

$$\frac{dL}{dx}=-\frac{dL}{dx'}=\frac{x-x'}{l},\quad \frac{dL'}{dx'}=-\frac{dL'}{dx''}=\frac{x'-x''}{l'},\ \text{etc.},$$

$$\frac{dL}{dy}=-\frac{dL}{dy'}=\frac{y-y'}{l},\quad \frac{dL'}{dy'}=-\frac{dL'}{dy''}=\frac{y'-y''}{l'},\ \text{etc.},$$

$$\frac{dL}{dz}=-\frac{dL}{dz'}=\frac{z-z'}{l},\quad \frac{dL'}{dz'}=-\frac{dL'}{dz''}=\frac{z'-z''}{l'},\ \text{etc.};$$

et toutes les autres différences partielles de L, L′, L″, etc., qui entrent dans les formules précédentes, seront égales à zéro.

En considérant les deux points M et M′, on aura

$$\nu=\nu'=\pm 1,\quad \mu=\mu'=\pm\lambda,$$

où l'on prendra les signes supérieurs ou inférieurs, selon que la valeur de λ sera positive ou négative. On conclut de là et des équations précédentes, que les points M et M′ seront sollicités par des forces égales et contraires, dirigées suivant la droite MM′ ou suivant ses prolongemens, et dont la quantité λ, abstraction faite du signe, sera la grandeur commune. Il en sera de même à l'égard des points M′ et M″, M″ et M‴, etc.; en sorte que dans l'état d'équilibre, les quantités λ, λ', λ'', etc., exprimeront les contractions ou les tensions des côtés successifs MM′, M′M″, M″M‴, etc. Comme on aura, d'après les équations (i),

$$\cos a=\pm\frac{x-x'}{l},\ \cos b=\pm\frac{y-y'}{l},\ \cos c=\pm\frac{z-z'}{l},$$

et qu'on devra prendre les signes supérieurs ou inférieurs, selon que la valeur de λ sera positive ou négative, on en conclut, par exemple, que la force appliquée au point M sera dirigée de M vers M′, et exprimera une contraction du côté MM′, quand cette valeur sera négative, et que cette force agira dans le sens opposé et exprimera une tension, lorsque la valeur de λ sera positive. L'un ou l'autre de ces deux cas sera possible, si les côtés du polygone sont des verges inflexibles, jointes par des charnières; et le second cas pourra seul avoir lieu, si les côtés sont des fils flexibles.

Les équations (h), (h'), (h''), etc., pourront s'écrire ainsi :

$$X = \frac{\lambda(x' - x)}{l},$$

$$Y = \frac{\lambda(y' - y)}{l},$$

$$Z = \frac{\lambda(z' - z)}{l},$$

$$X' + \frac{\lambda(x' - x)}{l} = \frac{\lambda'(x'' - x')}{l'},$$

$$Y' + \frac{\lambda(y' - y)}{l} = \frac{\lambda'(y'' - y')}{l'};$$

$$Z' + \frac{\lambda(z' - z)}{l} = \frac{\lambda'(z'' - z')}{l'};$$

$$X'' + \frac{\lambda'(x'' - x')}{l'} = \frac{\lambda''(x''' - x'')}{l''},$$

$$Y'' + \frac{\lambda'(y'' - y')}{l'} = \frac{\lambda''(y''' - y'')}{l''},$$

$$Z'' + \frac{\lambda'(z'' - z')}{l'} = \frac{\lambda'(z''' - z'')}{l''},$$

etc.

Les trois premières montrent que la tension λ sera la résultante des forces X, Y, Z. En les ajoutant aux trois suivantes, on aura

$$X + X' = \frac{\lambda'(x'' - x')}{l'},$$

$$Y + Y' = \frac{\lambda'(y'' - y')}{l'},$$

$$Z + Z' = \frac{\lambda'(z'' - z')}{l'};$$

ce qui fait voir que la tension λ' sera la résultante de X′, Y′, Z′, et des forces X, Y, Z, transportées au point M′, parallèlement à elles-mêmes. En continuant de même, on aura pour la tension d'un côté quelconque la même valeur que dans le n° 287.

Le nombre des sommets M, M′, M″, etc., étant désigné par n, celui des équations précédentes sera $3n$, et celui des tensions λ, λ', λ'', etc., égal à $n - 1$. En éliminant ces quantités, on aura donc $2n + 1$ équations d'équilibre, lesquelles, jointes aux $n - 1$ longueurs données l, l', l'', etc., des côtés du polygone, suffiront pour déterminer les $3n$ coordonnées de ses sommets, et, par conséquent, sa figure d'équilibre. Mais ce calcul n'aurait aucune utilité; et il vaut mieux, comme nous l'avons fait dans le n° 286, tracer successivement les côtés du polygone funiculaire, d'après les grandeurs et les directions données qui agissent à ses différens sommets.

346. Dans le cas d'un système quelconque de points matériels M, M′, M″, etc., si les forces données, qui sont appliquées à ces points, proviennent de leurs attractions ou répulsions mutuelles, et de forces semblables qui émanent d'un ou plusieurs centres,

on aura

$$\Sigma(\mathrm{X}dx+\mathrm{Y}dy+\mathrm{Z}dz)=d\varphi(x,y,z,x',y',z',\text{etc.});$$

φ désignant une fonction donnée des coordonnées de M, M′, M″, etc., dépendante de la loi de ces forces par rapport aux distances.

En effet, à l'égard des forces provenant des centres fixes, cela résulte de ce qu'on a vu dans le n° 158. Supposons, en outre, que U exprime l'action mutuelle de M et M′, qui sera attractive, pour fixer les idées. Soit aussi u leur distance mutuelle, de sorte que U soit une fonction donnée de u, et qu'on ait

$$u^2=(x'-x)^2+(y'-y)^2+(z'-z)^2.$$

Les cosinus des angles que fait la droite MM′ avec des droites menées par le point M, suivant les directions des x, y, z, positives, seront

$$\frac{x'-x}{u},\quad \frac{y'-y}{u},\quad \frac{z'-z}{u};$$

en les multipliant par U, on aura les composantes de cette force appliquée au point M et dirigée suivant MM′. Celles de la même force U, appliquée au point M′ suivant la direction M′M, seront égales et contraires; et de là on conclut

$$\frac{\mathrm{U}}{u}[(x'-x)(dx-dx')+(y'-y)(dy-dy')+(z'-z)(dz-dz')],$$

pour la partie de la somme Σ qui provient de l'action et de la réaction de M et M′. Or, en différentiant la valeur de u^2, on a

$$udu = (x'-x)(dx'-dx)+(y'-y)(dy'-dy)+(z'-z)(dz'-dz);$$

ce qui réduit la quantité précédente à $-\mathrm{U}du$, c'est-à-dire, à la différentielle d'une fonction de u. Il en sera de même pour les parties de la somme Σ provenant des actions mutuelles des autres points du système; par conséquent, sa valeur entière se composera de termes qui seront tous des différentielles exactes, et cette valeur sera aussi la différentielle d'une fonction donnée des coordonnées de tous ces points.

En vertu de l'équation (e), cette fonction, que nous représentons par φ, sera un *maximum* ou un *minimum*, relativement aux valeurs des coordonnées qui répondent à une position d'équilibre du système; et, réciproquement, si l'on détermine le *maximum* ou le *minimum* de la fonction φ, en ayant égard aux équations (f) qui peuvent être données entre les coordonnées, les valeurs qu'on obtiendra pour ces variables répondront à des positions d'équilibre.

On conclut de là que quand le système des points M, M', M'', etc., est en mouvement, de sorte que leurs coordonnées, et, par suite, la quantité φ, soient des fonctions du temps, cette fonction φ atteindra son *maximum* ou son *minimum*, toutes les fois que le système passera dans une position où il resterait en équilibre, si les points qui le composent n'avaient pas de vitesses acquises.

347. Il y aura entre le *maximum* et le *minimum* de la quantité φ une différence essentielle, à laquelle il importe d'avoir égard, et que nous allons expliquer.

On dit que l'état d'équilibre d'un corps ou d'un système de corps est *stable*, lorsqu'en écartant un tant soit peu ces mobiles de leurs positions, ils tendent à y revenir, en faisant de petites oscillations que les frottemens et les résistances des milieux finissent toujours par éteindre ou rendre insensibles. L'équilibre est non stable ou *instantané*, lorsque le corps ou le système de corps qui est dans cet état, tend de plus en plus à s'en éloigner, et finit par *chavirer*, dès qu'on l'en a un peu écarté. En ne supposant aucun frottement qui puisse, jusqu'à un certain point, retenir les corps dans leurs positions, ce second état d'équilibre est un cas purement mathématique, qu'on ne saurait jamais observer, puisque la moindre force perturbatrice suffirait pour le détruire.

Cela posé, les équations fournies par le principe des vitesses virtuelles, ou, ce qui est la même chose, par la condition du *maximum* ou du *minimum* de la fonction φ, sont communes à ces deux états; mais le *maximum* convient à la stabilité, et le *minimum* à l'équilibre instantané; et c'est, en effet, ce que nous ferons voir dans un autre chapitre, où nous considérerons la nature du mouvement qui a lieu lorsqu'un système de points matériels a été très peu écarté d'un état d'équilibre quelconque. En attendant, nous allons donner des exemples de ces deux états d'équilibre dans le cas d'un système de corps pesans, et faire connaître d'abord une propriété de son centre de gravité.

348. Supposons donc que la pesanteur soit la seule force appliquée aux points M, M′, M″, etc., lesquels seront les centres de gravité de corps dont nous

représenterons les poids par ϖ, ϖ', ϖ'', etc. En prenant la pesanteur verticale et dirigée dans le sens de cette force, nous aurons

$$Z = \varpi, \quad Z' = \varpi', \quad Z'' = \varpi'', \quad \text{etc.};$$

les autres composantes seront toutes nulles, et il en résultera

$$d\varphi = \varpi dz + \varpi' dz' + \varpi'' dz'' + \text{etc.}$$

Mais en appelant Π la somme des poids ϖ, ϖ', ϖ'', etc., et z_1 l'ordonnée de leur centre de gravité, verticale et dirigée dans le sens de la pesanteur, on a aussi (n° 64)

$$\Pi z_1 = \varpi z + \varpi' z' + \varpi'' z'' + \text{etc.};$$

on aura donc

$$d\varphi = \Pi dz_1, \qquad \varphi = c + \Pi z_1;$$

c étant une constante arbitraire.

Or, on conclut de là, 1°. que l'ordonnée z_1 est la quantité qui devra être un *maximum* ou un *minimum*, lorsque le système sera en équilibre, et réciproquement; 2°. que le *maximum* de z_1 répondra au cas de l'équilibre stable, et son *minimum* au cas de l'équilibre instantané.

Ainsi, la condition d'équilibre d'un système quelconque de corps pesans, consiste en ce que le centre de gravité du système entier soit le plus bas ou le plus haut possible; le plus bas quand l'équilibre est stable, et le plus haut quand il n'est qu'instantané.

349. D'après ce théorème, si une chaîne pesante, attachée par ses deux bouts à des points fixes, est en

équilibre, son centre de gravité sera le plus bas possible; ce qui s'accorde avec le résultat du n° 296.

Si un point matériel pesant est posé sur une courbe, et qu'en plusieurs points la tangente soit horizontale, l'ordonnée verticale du mobile, comptée dans le sens de la pesanteur, sera un *maximum* dans ceux de ces points où la courbe est concave par en haut, et un *minimum* dans ceux où elle tourne sa concavité par en bas; par conséquent, les premiers seront des positions d'équilibre stable, et les derniers des positions d'équilibre instantané.

Si l'on pose un ellipsoïde homogène et pesant, sur un plan fixe horizontal, son centre de gravité, ou de figure, sera le plus bas possible lorsque l'ellipsoïde touchera le plan fixe par l'une des deux extrémités du plus petit de ses trois axes; et alors l'équilibre sera stable. Quand il le touchera par l'une des extrémités du plus grand de ses trois axes, son centre de gravité sera le plus haut possible; et l'équilibre ne sera qu'instantané. Enfin, si le point de contact est une extrémité de l'axe moyen, l'élévation du centre de gravité sera un *minimum* pour une partie des sections du corps, et un *maximum* pour les autres sections; par conséquent, l'équilibre sera stable ou non stable, selon que les déplacemens auront lieu dans le sens des premières sections ou dans le sens des dernières. Tout cela étant évident, *à priori*, peut servir de vérification au théorème du numéro précédent.

Supposons encore qu'on ait versé dans un vase deux liquides homogènes et pesans. Si la surface de séparation et celle qui termine le liquide supérieur sont toutes deux horizontales, et que ce liquide soit celui qui a la moindre densité, le centre de gravité de ces deux liquides sera le plus bas possible; car il est aisé de voir qu'en inclinant ou courbant l'une ou l'autre des deux surfaces, on élevera toujours le centre de gravité du système. Ces deux surfaces étant toujours horizontales, si le liquide le moins dense est au-dessous de l'autre, on verra de même que le centre de gravité du système sera le plus haut possible. Par conséquent, pour l'équilibre de deux liquides superposés, il est nécessaire et il suffit que chacun d'eux soit terminé par un plan horizontal; mais, pour la stabilité, il faut, de plus, que ce soit le liquide le plus dense qui occupe la partie inférieure du vase. Quand la différence des deux densités est peu considérable, il est possible, avec beaucoup de précaution, de faire surnager le liquide le plus dense; mais cet équilibre non stable ne peut se maintenir assez de temps, pour être observé, qu'à raison du frottement des deux liquides contre les parois du vase.

FIN DU PREMIER VOLUME.

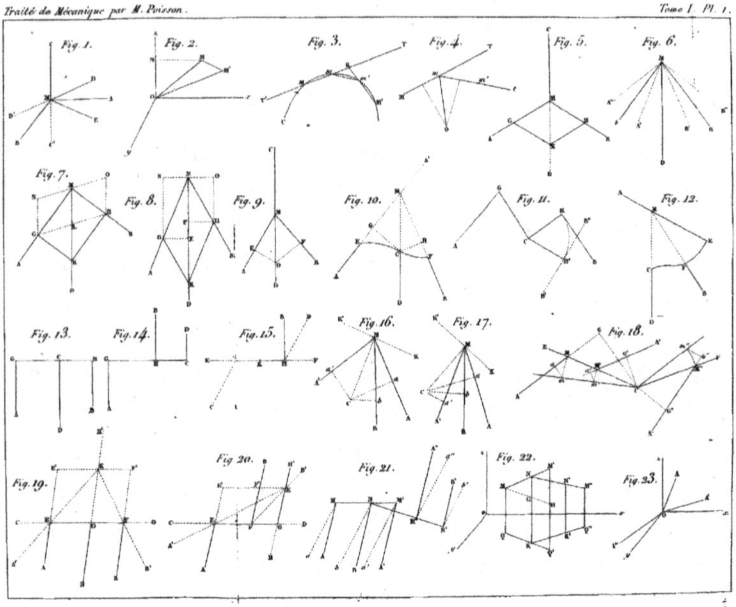

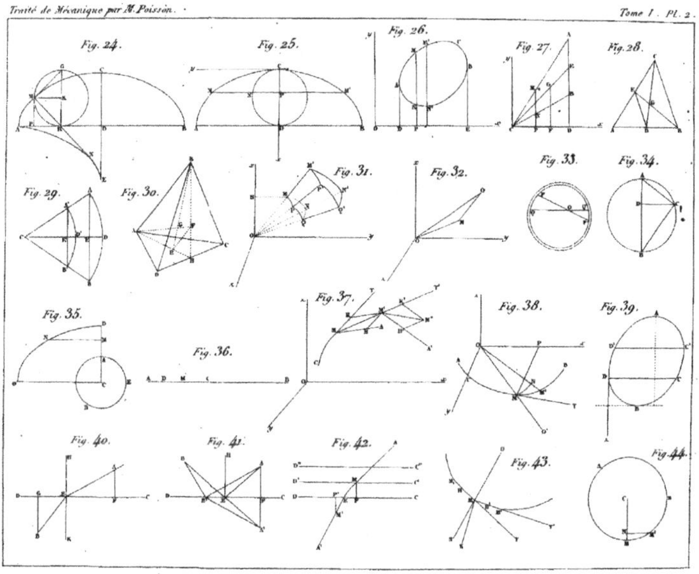
Fig. 24.
Fig. 25.
Fig. 26.
Fig. 27.
Fig. 28.
Fig. 29.
Fig. 30.
Fig. 31.
Fig. 32.
Fig. 33.
Fig. 34.
Fig. 35.
Fig. 36.
Fig. 37.
Fig. 38.
Fig. 39.
Fig. 40.
Fig. 41.
Fig. 42.
Fig. 43.
Fig. 44.

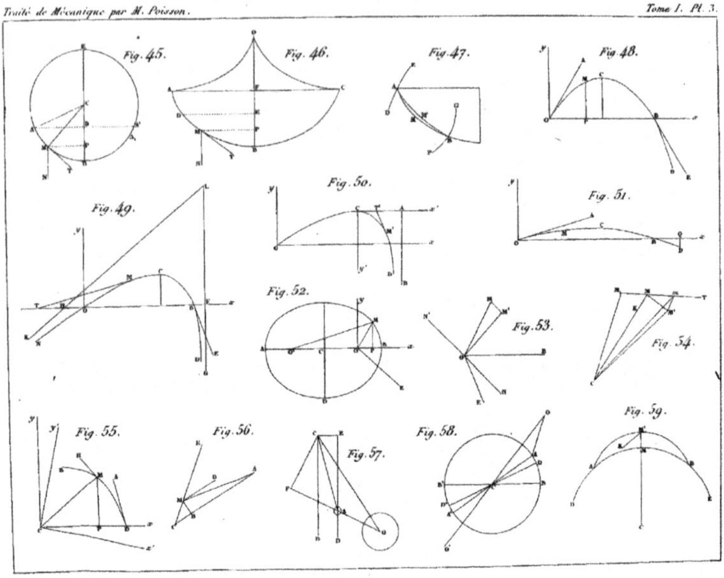
Fig. 45.
Fig. 46.
Fig. 47.
Fig. 48.
Fig. 49.
Fig. 50.
Fig. 51.
Fig. 52.
Fig. 53.
Fig. 54.
Fig. 55.
Fig. 56.
Fig. 57.
Fig. 58.
Fig. 59.

Spotted something that isn't quite right?

Let us know and we'll fix it for future reprints. And as a thank you for your diligence, we'll send you a free Sothis book of your choice.

publisher@sothis.press

This page intentionally left blank

Except of course for that line above. And this one.
And whilst we have your attention, perhaps you'd
like to follow us on Instagram @sothis.press. Go on.

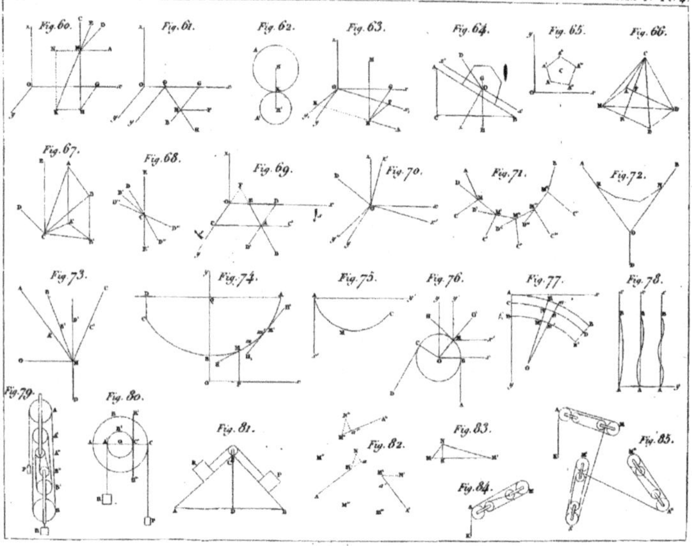
Fig. 60.
Fig. 61.
Fig. 62.
Fig. 63.
Fig. 64.
Fig. 65.
Fig. 66.
Fig. 67.
Fig. 68.
Fig. 69.
Fig. 70.
Fig. 71.
Fig. 72.
Fig. 73.
Fig. 74.
Fig. 75.
Fig. 76.
Fig. 77.
Fig. 78.
Fig. 79.
Fig. 80.
Fig. 81.
Fig. 82.
Fig. 83.
Fig. 84.
Fig. 85.

Made in the USA
Monee, IL
08 November 2026

68032060R00433